电力系统安全自动装置

DIANLI XITONG
ANQUAN ZIDONG ZHUANGZHI

许正亚　主　编

宋丽群　刘　微　韩　笑　副主编

中国水利水电出版社
www.waterpub.com.cn

内 容 提 要

本书阐述了电力系统安全自动装置的工作原理、运行特性和整定计算。全书以数字化安全自动装置贯串，注重基本工作原理，突出大机组、大电力系统安全自动装置的运行要求，注意结合生产实际，注意与继电保护间的配合。对于近几年来电力系统安全自动装置的新原理、新技术也作了相应的叙述。

全书共分七章，分别为备用电源和备用设备自动投入及其厂用电快速切换、输电线路自动重合闸、同步发电机自动并列、同步发电机自动励磁调节、按频率降低自动减负荷、电压稳定和电压控制、电力系统调频和其他自动装置等。

本书可作为大专院校电力工程类电力系统及其自动化和电力系统继电保护两个专业的专业基础课教材，并可作为职业技术学院电力工程类电力系统安全自动装置课程教材；还可作为从事继电保护和安全自动装置工作的技术人员和从事电力系统运行、管理的技术人员的专业读物；也可作为从事继电保护和安全自动装置及电力系统运行管理人员的培训教材，并可供各类大专院校电力工程类专业的师生学习参考。

图书在版编目（CIP）数据

电力系统安全自动装置/许正亚主编 . —北京：中国水利水电出版社，2006（2021.6 重印）
ISBN 978 - 7 - 5084 - 3943 - 3

Ⅰ . 电…　Ⅱ . 许…　Ⅲ . 电力系统-安全装置：自动装置
Ⅳ . TM774

中国版本图书馆 CIP 数据核字（2006）第 083027 号

书　　名	**电力系统安全自动装置**
作　　者	许正亚　主编
出版发行	中国水利水电出版社 （北京市海淀区玉渊潭南路 1 号 D 座　100038） 网址：www. waterpub. com. cn E - mail：sales@ waterpub. com. cn 电话：（010）68367658（营销中心）
经　　售	北京科水图书销售中心（零售） 电话：（010）88383994、63202643、68545874 全国各地新华书店和相关出版物销售网点
排　　版	中国水利水电出版社微机排版中心
印　　刷	天津嘉恒印务有限公司
规　　格	184mm×260mm　16 开本　18 印张　427 千字
版　　次	2006 年 8 月第 1 版　2021 年 6 月第 4 次印刷
印　　数	12001—14000 册
定　　价	**52.00** 元

前 言

　　本书是一本大专院校电力工程类的专业基础课教材，也是一本从事继电保护和安全自动装置工作的技术人员及从事电力系统运行、管理的技术人员的专业读物。全书以数字化安全自动装置贯串，突出大机组、大电力系统安全自动装置运行要求，注重生产实际，故本书具有内容新颖、实用性强的特点。

　　全书共分七章，依次为备用电源和备用设备自动投入及其厂用电快速切换、输电线路自动重合闸、同步发电机自动并列、同步发电机自动励磁调节、按频率降低自动减负荷、电压稳定和电压控制、电力系统调频和其他自动装置等。

　　由于电力系统自动化技术的快速发展，电力系统安全自动装置进入数字化阶段，本书的安全自动装置以数字化贯串，并注意新原理、新技术的采用，因此内容新颖、技术性强；在编写过程中，注意生产实际，注意到整定计算和运行中的有关问题，因此本书在阐明安全自动装置基本工作原理、运行特性的同时，具有理论联系实际的特点；在编写过程中，还注重基本工作原理，由浅入深，逐步展开，力求从基本概念上阐明问题，尽量避免复杂公式的推导，同时在每章后均附有复习思考题，故本书可读性强。

　　本书的部分初稿由宋丽群、刘微、韩笑编写。

　　本书在编写过程中，参阅了国内外许多单位的有关技术资料，在此表示衷心感谢，并致以崇高的敬意。

　　由于水平有限，书中难免存在不妥和错误之处，恳切希望广大师生和读者批评指正。

作　者

2006 年 6 月于南京

角 注 符 号 说 明

一、下 角 注 符 号

ins——插入　　　　　　　sat——饱和

[0]——故障前瞬间　　　cri——临界

b——分支　　　　　　　oper——动作

pol——极化　　　　　　op——工作

dep——偏置　　　　　　loa——负载

fil——滤波　　　　　　max——最大

ave——平均　　　　　　min——最小

eq——等效　　　　　　set——整定

unb——不平衡　　　　　N——额定，中性点

Line——线路　　　　　$\varphi\varphi$——相间

φ——相　　　　　　　　swi——振荡

sen——灵敏　　　　　　dif——差

μ——励磁　　　　　　　com——计算（补偿）

m——测量，幅值　　　　bal——平衡

d——差动　　　　　　　res——制动

er——误差　　　　　　　r——返回

rel——可靠　　　　　　imp——冲击

cc——同型　　　　　　　st——起动

ap——非周期

二、上 角 注 符 号

(1)——单相接地，两相断线　　　(3)——三相短路

(2)——两相短路　　　　　　　　(1.1)——两相接地

目 录

绪　　论

在现代大型电力系统中，单机组容量的提高、超高压长距离输电网络的形成，电网结构也更趋复杂，因此对运行水平的要求必然越来越高。

电能生产的最大特点是不能储存，发电、送电、用电必须在同一时刻完成。因此，电力系统运行极为严格，运行中发生的问题应及时正确处理，否则将影响电力系统正常运行，甚至造成大面积停电，用户供电被迫中断，严重时将影响电力系统运行的稳定性。电能生产过程的另一特点是从发电厂经输电线、变电所到负荷组成的电力系统，在运行过程中是一个有机的整体。任何局部发生的故障，如处理不当，则同样会影响整个电力系统的正常运行。为使电力系统更加安全、经济地运行，保证电能质量，自动化技术是必不可少的手段，且对自动化技术提出了愈来愈高的要求。因而自动化技术在电力系统中显得十分重要。

电力系统自动化技术一般有如下两方面的内容：一是电力系统安全自动装置；二是电网调度自动化。

电力系统安全自动装置，在通常情况下指的是备用电源和备用设备自动投入及其厂用电快速切换、输电线路自动重合闸、同步发电机自动调节励磁、按频率自动减负荷、按电压自动减负荷、自动解列、自动调频等。同步发电机自动并列、线路自动并网也属于电力系统安全自动装置内容。应当指出，电力系统继电保护是重要的自动装置，但已自成体系另设课程，通常不再列入自动装置范围。

备用电源和备用设备自动投入、输电线路自动重合闸可提高供电可靠性，厂用电快速切换可保证厂用电的安全可靠运行；同步发电机自动调节励磁可保证系统电压水平、提高电力系统稳定性以及加快故障切除后电压的恢复过程；按频率自动减负荷可防止电力系统因事故发生功率缺额时频率的过度降低，保证了电力系统的稳定运行；按电压自动减负荷可防止电力系统无功不足时引发的系统失去稳定运行的可能性；自动解列装置可防止系统稳定性破坏时引起系统长期大面积停电和对重要地区的破坏性停电；自动调频装置可保证电力系统正常运行时有功功率的自动平衡，使系统频率在规定范围内变动，同时使有功功率分配合理，提高了系统运行的经济性；同步发电机自动并列装置不仅保证了同步发电机并列操作的正确性和操作的安全性，同时也加快了发电机并列的过程。

上述这些安全自动装置在电力系统中应用相当普遍，直接为电力系统安全、经济运行和保证电能质量服务，发挥着极其重要的作用。

电网调度自动化有如下主要内容：借助现代化的通信技术，将瞬息万变的电力系统各种运行方式下的实时数据传送到调度中心，利用计算机进行处理，实现电力系统的状态估计，满足实时调度需要，保证电力系统运行的稳定性，保证电能质量。电网调度自动化的

　　另一内容是电力系统经济出力的实时调度，在有功功率平衡的基础上，不断跟踪系统负荷的变化，进行功率的合理分配，实现电力系统的经济调度，合理利用能源。电网调度自动化的另一重要内容是对电力系统进行安全分析。所谓安全分析就是利用调度计算机对当前的运行状态进行事故预想，通过事故预想，不仅可提供调度人员正确的反事故措施，而且可评价当前运行方式的安全水平。从而，调度人员可选择出合理的最优运行方式，大大提高系统的安全水平。当系统事故发生后，调度计算机应根据系统的实时运行情况和事故情况提供正确的、强有力的事故处理措施，并自动处理，将事故的影响减小到最低程度。

　　应当看到，电网调度自动化是效果显著、经济效益高、提高电力系统安全经济运行水平的主要技术措施，应加快发展这方面的技术。就目前电力系统来说，安全自动装置一直发挥着极其重要的作用。

　　为配合各类大专院校电力工程类专业基础课的教学要求，本书主要叙述电力系统安全自动装置。

第一章 备用电源和备用设备自动投入及其厂用电快速切换

第一节 概　　述

备用电源和备用设备自动投入装置就是当工作电源或工作设备因故障被断开以后，能自动而且迅速地将备用电源或备用设置投入工作，简称 AAT。

图 1-1 示出了应用 AAT 的典型一次接线图。在图 1-1（a）中，T1 为工作变压器，T2 为备用变压器。正常工作时，QF1、QF2 合上，工作母线Ⅲ上的负荷由工作电源通过 T1 供给；此时 QF3 合上（也可断开）、QF4 断开，T2 处备用状态。当工作母线Ⅲ因任何原因失电时，在 QF2 断开后，QF4 合上（QF3 断开时同时合上），恢复对工作母线Ⅲ的供电。如图 1-1（a）所示，只有 T1 工作、T2 备用的工作方式称为明备用。

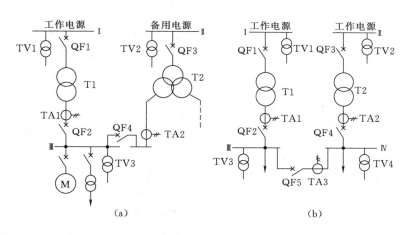

图 1-1　应用 AAT 的典型一次接线
（a）明备用；（b）暗备用

在图 1-1（b）中，正常工作时，母线Ⅲ和母线Ⅳ分别由 T1、T2 供电，分段断路器 QF5 处断开状态。当母线Ⅲ或母线Ⅳ因任何原因失电时，在进线断路器 QF2 或 QF4 断开后，QF5 合上，恢复对工作母线的供电。这种 T1 或 T2 既工作又备用的方式，称暗备用。需要指出，在图 1-1（b）中，T1 或 T2 也可工作在明备用的方式下。这样，图 1-1（b）中有以下备用方式：

方式 1：T1、T2 分列运行，QF2 跳开后 QF5 自动合上，母线Ⅲ由 T2 供电。

方式 2：T1、T2 分列运行，QF4 跳开后 QF5 自动合上，母线Ⅳ由 T1 供电。

方式 3：QF5 合上，QF4 断开，母线Ⅲ、Ⅳ由 T1 供电；当 QF2 跳开后，QF4 自动合上，母线Ⅲ和母线Ⅳ由 T2 供电。

方式 4：QF5 合上，QF2 断开，母线Ⅲ和母线Ⅳ由 T2 供电；当 QF4 跳开后，QF2 自动合上，母线Ⅲ和母线Ⅳ由 T1 供电。

除上述工作方式外，还可将各种方式组合以满足运行需要，如方式 1 和方式 2 组合，方式 3 和方式 4 组合，方式 1 和方式 4 组合，方式 2 和方式 3 组合。工作方式设定后，AAT 可自动识别当前的运行方式，自动选择相应的自投方式。

图 1 - 2 示出了单母线分段或桥形接线，其中 L1、L2 为两条进线，QF3 为桥断路器或母线分段断路器，备用方式如下：

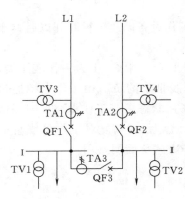

图 1 - 2　单母线分段或桥形接线

（1）母线Ⅰ和母线Ⅱ分列运行，分别由 L1 线、L2 线供电，QF1 跳开后，QF3 自动合上，母线Ⅰ、Ⅱ均由 L2 线供电。

（2）母线Ⅰ和母线Ⅱ分列运行，分别由 L1 线、L2 线供电，QF2 跳开后，QF3 自动合上，母线Ⅰ和母线Ⅱ均由 L1 线供电。

（3）QF3 合上，QF2 断开，母线Ⅰ和母线Ⅱ由 L1 线供电；当 QF1 跳开后，QF2 自动合上，母线Ⅰ和母线Ⅱ均由 L2 线供电。

（4）QF3 合上，QF1 断开，母线Ⅰ、Ⅱ由 L2 线供电；当 QF2 跳开后，QF1 自动合上，母线Ⅰ和母线Ⅱ均由 L1 线供电。

除上述备用方式外，同样可将其组合以满足运行需要。

通过上述备用工作方式可以看出，采用 AAT 有如下优点：

（1）提高供电可靠性，节省建设投资。

（2）简化继电保护装置。如在图 1 - 1 中变压器可分列运行，图 1 - 2 中 L1 线与 L2 线可开环运行，在供电可靠性得到保证的前提下，无疑继电保护装置得到了简化。

（3）限制了短路电流。如在图 1 - 1（b）中母线Ⅲ和母线Ⅳ的出线上发生短路故障，或图 1 - 2 中母线Ⅰ和母线Ⅱ的出线上发生短路故障，因分列或开环运行，所以短路电流受到限制。此外，在一定的场合，由于变压器分列运行，低压侧发生短路故障时，高压母线上的残压相应提高。

由于 AAT 简单、投资小、可靠性高且同时具有上述优点，因而获得了广泛应用。通常 AAT 被看作是一种安全、经济、提高供电可靠性的措施。

第二节　对 AAT 的基本要求

虽然不同一次接线的 AAT 有所不同，但工作原理是相同的，因而基本要求是相同的，分述如下：

（1）应保证在工作电源断开后 AAT 才动作。这样，可防止备用电源投入到故障元件时起不到作用，甚至存在扩大故障的危险。在图 1-1（a）中，只有在 QF2 跳开后，QF4 才能合闸；在图 1-1（b）方式 2 中，只有在 QF4 跳开后，QF5 才能合闸。

为此，AAT 的投入应由供电元件受电侧断路器跳闸且无电流来作为起动条件。

（2）工作母线上的电压不论因任何原因消失时 AAT 均应动作。以图 1-1（b）方式 1 为例，工作母线Ⅲ失去电压的原因有：①工作变压器 T1 故障；②工作母线Ⅲ上发生短路故障；③工作母线Ⅲ的出线上发生短路故障，而故障没有被该出线断路器断开；④QF1 或 QF2 因控制回路、保护回路或操作机构等问题发生误跳闸；⑤运行人员误操作导致 QF1 或 QF2 跳闸；⑥电力系统内的故障使母线Ⅲ失电。

所有这些情况，AAT 均应动作。为此 AAT 应设有反应工作母线电压消失的低电压部分。为防止 TV 断线造成假失压误起动 AAT，可引入受电侧 TA 二次电流消失的辅助判据；同时该电流消失可作受电侧断路器已跳开的判据。

（3）AAT 应保证只动作一次。当工作母线发生持续性短路故障时，AAT 第一次动作将备用电源投入后，因故障仍然存在，继电保护动作将备用电源断开。此后，不允许 AAT 再次动作，以免使备用电源造成不必要的冲击。

为此，AAT 在动作前应有足够的充电时间，通常为 10～15s。

（4）当工作母线和备用母线同时失电、或备用电源消失时，AAT 不应动作。由于电力系统的故障，可能会出现工作电源、备用电源同时消失的情况，此时 AAT 不应动作。若 AAT 动作：一方面，这种动作是无效的；另一方面，当一个备用电源对多段工作母线备用时，所有工作母线上的负荷在电压恢复时均由备用电源供电，容易造成备用电源过负荷，同时也降低了供电可靠性。

为此，AAT 应在备用母线有电压的情况下才允许动作。

（5）AAT 的动作时间以尽可能短为原则。从工作母线失去电压到备用电源投入，中间有一段停电时间。对用户来说，停电时间越短越好。对电动机来说，特别是大型高压电动机，停电时间短时电动机残压高，AAT 动作时可能带来两方面的问题：①对电动机造成过大的冲击电流和冲击力矩，对电动机十分不利；②可能导致备用变压器电流速断保护的误动作。因此，对装有高压大容量电动机的厂用母线，从保护电动机安全角度出发，AAT 的动作时间应在 1s 以上。对于低压电动机，因转子电流衰减快，残压问题无需考虑。

运行实践证明，在有高压大容量电动机的情况下，AAT 的动作时间以 1～1.5s 为宜；低电压场合可减小到 0.5s。需要指出，该动作时间已大于故障点的去游离时间。当然，动作时间还应与继电保护动作时间配合，两级 AAT 间的动作时间也应互相配合。

（6）备用电源投于故障上时，应使继电保护加速动作。

（7）应校验备用电源的过负荷和电动机自起动情况。当过负荷超过允许限度或不能保证电动机自起动时，应在 AAT 动作时自动减负荷。

第三节 AAT 实 现

虽然不同一次接线的 AAT 有所不同，但实现的基本原理相同，以图 1-1（b）一次接线为例，说明 AAT 的实现。

一、方式 1、方式 2 的 AAT 实现

图 1-3 示出了方式 1、方式 2 的 AAT 逻辑框图。QF2、QF4、QF5 的跳位与合位的信息由跳闸位置继电器和合闸位置继电器的触点提供；母线Ⅲ和母线Ⅳ上有、无电压是根据测量 TV3 和 TV4 二次电压来判别的，为判明三相有压和三相无压，测量的是三相电压并非是单相电压，实际可测量 $\dot{U}_{ab}$、$\dot{U}_{bc}$ 即可。为防止 TV 断线误判工作母线失压导致误起动 AAT，采用母线Ⅲ和母线Ⅳ进线电流闭锁，同时兼作进线断路器跳闸的辅助判据，闭锁用电流只需一相即可。AAT 的工作原理说明如下。

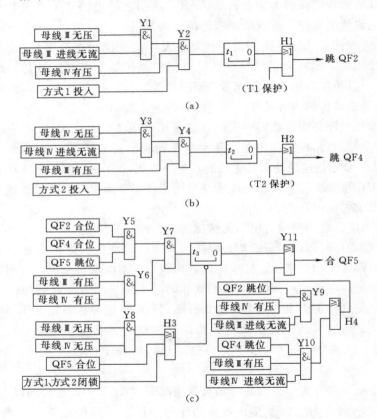

图 1-3　方式 1、方式 2 的 AAT 逻辑框图
(a) QF2 跳闸；(b) QF4 跳闸；(c) QF5 合闸

1. AAT 的充电与放电

由图 1-3 (c) 可见，要使 AAT 动作，必须要使时间元件 t_3 充足电，充电时间需 10～15s，这样才能为 Y11 动作准备好条件。

以图 1-1 (b) 方式 1 为例，充电条件是：变压器 T1、T2 分列运行，即 QF2 处合位、QF4 处合位、QF5 处跳位，所以与门 Y5 动作；母线Ⅲ、母线Ⅳ均三相有压（说明 QF1、QF3 均合上，工作电源均正常），与门 Y6 动作。满足上述条件，没有放电信号的

情况下，与门 Y7 的输出对时间元件 t_3 进行充电。

t_3 的放电信号有：QF5 处合位（AAT 动作成功后，备用工作方式 1 不存在了，t_3 不必再充电）；母线Ⅲ和母线Ⅳ均三相无压（T1、T2 不投入工作，t_3 禁止充电；T1、T2 投入工作后 t_3 才开始充电）；方式 1 和方式 2 闭锁投入（不取用方式 1、方式 2 的备用方式）。这三个条件满足其中之一，瞬时对 t_3 放电，闭锁 AAT 的动作。

可以看出，T1、T2 投入工作后经 10～15s，等 t_3 充足电后 AAT 才有可能动作。

AAT 动作使 QF5 合闸后，t_3 瞬时放电；若 QF5 合于故障上，则由 QF5 上的加速保护使 QF5 立即跳闸，此时母线Ⅲ（方式 2 工作时为母线Ⅳ）三相无压，Y6 不动作，t_3 不可能充电。于是，AAT 不再动作，保证了 AAT 只动作一次。

2. AAT 的起动

图 1-1（b）以方式 1 运行（说明 QF1、QF2 的控制开关必在投入状态），在 t_3 时间元件充足电后，只要确认 QF2 已跳闸，在母线Ⅳ有压情况下，Y9、H4 动作，QF5 就合闸。这说明工作母线受电侧断路器的控制开关（处合闸位）与断路器位置（处跳闸位）不对应起动 AAT 装置（在备用母线有电压情况下）。

图 1-3（a）中是低电压起动 AAT 部分。电力系统内的故障导致工作母线失压（备用母线有压），通过 Y2 起动 t_1 时间元件，跳开 QF2，AAT 动作。

可见，AAT 起动具有不对应起动和低电压起动两部分，实现了工作母线任何原因失电均能起动 AAT 的要求。同时也可以看出，只有在 QF2 跳开后 QF5 才能合闸，实现了工作电源断开后 AAT 才动作的要求；工作母线（母线Ⅲ）与备用母线（母线Ⅳ）同时失电无压，AAT 不动作；备用母线（母线Ⅳ）无压，AAT 也不动作。

3. AAT 动作过程

以方式 1 来说明。当方式 1 运行 15s 后，AAT 的动作过程如下。

工作变压器 T1 故障时，T1 保护动作信号经 H1 使 QF2 跳闸；工作母线Ⅲ上发生短路故障时，T1 后备保护动作信号经 H1 使 QF2 跳闸；工作母线Ⅲ的出线上发生短路故障而没有被该出线断路器断开时，同样由 T1 后备保护动作经 H1 使 QF2 跳闸；电力系统内故障使母线Ⅲ失压时，在母线Ⅲ进线无流、母线Ⅳ有压情况下经时间 t_1 使 QF2 跳闸；QF1 误跳闸时，母线Ⅲ失压、母线Ⅲ进线无流、母线Ⅳ有压情况下经时间 t_1 使 QF2 跳闸，或 QF1 跳闸时联跳 QF2 跳闸。

QF2 跳闸后，在确认已跳开（断路器无电流）、备用母线有压情况下，Y11 动作，QF5 合闸。

当合于故障上时，QF5 上的保护加速动作，QF5 跳开，AAT 不再动作。

可见，图 1-3 示出的 AAT，完全满足 AAT 基本要求。

二、方式 3、方式 4 的 AAT 实现

图 1-4 示出了方式 3、方式 4 的 AAT 逻辑框图。方式 3、方式 4 是图 1-1（b）中一个变压器带母线Ⅲ、母线Ⅳ运行，另一个变压器备用（明备用），此时 QF5 必处合位。在母线Ⅰ、母线Ⅱ均有电压的情况下，QF2、QF5 均处合位而 QF4 处跳位（方式 3），或者 QF4、QF5 均处合位而 QF2 处跳位（方式 4）时，时间元件 t_3 充电，经 10～15s 充电完

成，为 AAT 动作准备了条件。可以看出，QF2 与 QF4 同时处合位或同时处跳位时，t_3 不可能充电，因为在这种情况下无法实现方式 3、方式 4 的 AAT；同样，当 QF5 处跳位时，t_3 也不可能充电，理由同上；此外，II 母线或 I 母线无电压时，t_3 也不充电，说明备用电源失去电压时，AAT 不可能动作。

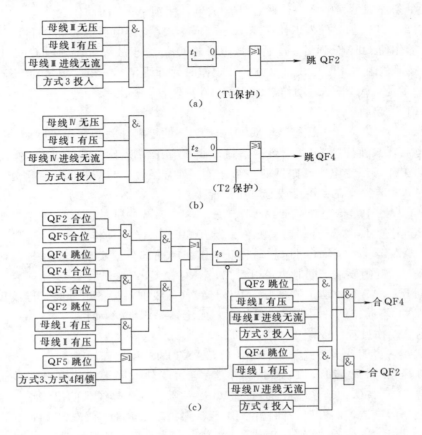

图 1-4　方式 3、方式 4 的 AAT 逻辑框图
(a) QF2 跳闸；(b) QF4 跳闸；(c) QF4、QF2 合闸

　　当然，QF5 处跳位或方式 3、方式 4 闭锁投入时，t_3 瞬时放电，闭锁 AAT 的动作。

　　与图 1-3 相似，图 1-4 示出的 AAT 同样具有工作母线受电侧断路器控制开关与断路器位置不对应的起动方式和工作母线低电压起动方式。因此，当出现任何原因使工作母线失去电压时，在确认工作母线受电侧断路器跳开、备用母线有电压、工作方式 3 或 4 投入情况下，AAT 动作，负荷由备用电源供电。

　　由上述可以看出，图 1-4 满足 AAT 基本要求。

　　需要指出，图 1-1 (b) 的 QF2、QF4 上不设合闸加速保护，在 QF5 上设两段式过电流保护。

　　图 1-1 (a) 和图 1-2 一次接线的 AAT 不难实现。

第四节　AAT 参数整定

整定的参数有低电压元件动作值、过电压元件动作值、AAT 充电时间、AAT 动作时间、低电流元件动作值、合闸加速保护。

1. 低电压元件动作值

低电压元件用来检测工作母线是否失去电压的情况，当工作母线失压时，低电压元件应可靠动作。

为此，低电压元件的动作电压应低于工作母线出线短路故障切除后电动机自起动时的最低母线电压；工作母线（包括上一级母线）上的电抗器或变压器后发生短路故障时，低电压元件不应动作。

考虑上述两种情况，低电压元件动作值一般取额定电压的 25%。

2. 过电压元件动作值

过电压元件用来检测备用母线（暗备用时是工作母线）是否有电压的情况。如在图 1-1（b）中以方式 1、方式 2 运行时，工作母线出线故障被该出线断路器断开后，母线上电动机自起动时备用母线出现最低运行电压 $U_{\min}$，过电压元件应处动作状态。故过电压元件动作电压 U_{op} 为

$$U_{op} = \frac{U_{\min}}{K_{rel} K_r n_{TV}}$$

式中　　K_{rel}——可靠系数，取 1.2；

K_r——返回系数，取 0.9；

n_{TV}——电压互感器变比。

一般 U_{op} 不应低于额定电压的 70%。

3. AAT 充电时间

图 1-1（b）以方式 1 或方式 2 运行，当备用电源动作于故障上时，则由设在 QF5 上的加速保护将 QF5 跳闸。若故障是瞬时性的，则可立即恢复原有备用方式，为保证断路器切断能力的恢复，AAT 的充电时间应不小于断路器第二个"合闸→跳闸"间的时间间隔。一般间隔时间取 10～15s。

可见，AAT 的充电时间是必须的，且充电时间（图 1-3、图 1-4 中的 t_3）应为 10～15s。

4. AAT 动作时间

AAT 动作时间是指由于电力系统内的故障使工作母线失压跳开工作母线受电侧断路器的延时时间。

因为网络内短路故障时低电压元件可能动作，显然此时 AAT 不能动作，所以设置延时是保证 AAT 动作选择性的重要措施。AAT 的动作时间 t_{op}（图 1-3、图 1-4 中的 t_1 和 t_2）为

$$t_{op} = t_{\max} + \Delta t$$

式中　$t_{\max}$——网络内发生使低电压元件动作的短路故障时，切除该短路故障的保护最大

动作时间；

　　Δt——时间级差，取 0.4s。

　　应当指出，当存在两级 AAT 时，低压侧 AAT 的动作时间应比高压侧 AAT 的动作时间大一个时间级差，以避免高压侧工作母线失压 AAT 动作时低压侧 AAT 不必要的动作。

　　5. 低电流元件动作值

　　设置低电流元件用来防止 TV 二次回路断线时误起动 AAT；同时兼作断路器跳闸的辅助判据。低电流元件动作值可取 TA 二次额定电流值的 8%（如 TA 二次额定电流为 5A 时，低电流动作值为 0.4A）。

　　6. 合闸加速保护

　　合闸加速保护电流元件的动作值应保证该母线上短路故障时有不低于 1.5 的灵敏度；当加速保护有复合电压起动时，负序电压可取 7V（相电压）、正序电压可取 50~60V（在上述短路点故障灵敏度不低于 2.0）；加速时间取 3s。

　　对于分段断路器上设置的过电流保护，一般为两段式。第Ⅰ段为电流速断保护，动作电流与该母线上出线最大电流速断动作值配合（配合系数可取 1.1），动作时间与速断动作时间配合；第Ⅱ段的动作电流、动作时限不仅要与供电变压器（或供电线路）的过电流保护配合，而且要与该母线上出线的第Ⅱ段电流保护配合。

第五节　异步电动机断电后的残压变化

　　图 1-5 示出了厂用电简化接线图。发电机 G 通过 T1、QF1 向系统送电，厂用电 6kV Ⅰ段由高压厂用电变压器 T2 供电，QF2 处合闸状态；QF3 处断开状态，6kV 备用段处带电状态（QF4、QF5、QF6 合上）。当 QF2 因故跳闸时，QF3 上的 AAT 动作，6kV Ⅰ段厂用电由备用电源供电。

　　对大型机组来说，6kV Ⅰ段上具有较多的高压大容量电动机，这些电动机组在图 1-5 中用一个等值异步电动机代替。注意到高压大容量异步电动机断电后残压衰减较慢，若残压较高且 AAT 又不检同期合闸，则容易造成很大的合闸冲击电流，可能会对电动机产生严重的冲击，甚至损坏；同时过大的合闸冲击电流可能使备用变压器 T3 的电流速断保护动作，造成厂用电切换的失败。若等到残压衰减到较小值后 AAT 再动作，则由于断电时间过长，影响厂用机械的正常运行；此外，AAT 动作后，电动机组自起动，起动电流大，电动机电压难以恢复，导致自起动困难，甚至被迫停机停炉。

　　为提高厂用电切换的成功率，保证厂用电的可靠正常运行，一般的 AAT 在上述情况下

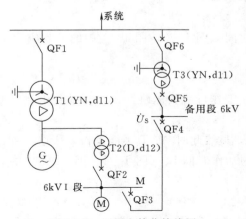

图 1-5　厂用电简化接线图

难于满足要求。正常情况下厂用电应采用检同期切换；在事故情况下，QF2 跳开、QF3 合闸切换时（可称串联切换），应在合闸角度（备用母线电压 $\dot{U}_S$ 与 M 母线残压 $\dot{U}_{MY}$ 间的相位差）未拉开到设定值时 QF3 合闸；当角度越过设定值后，应对 $\dot{U}_{MY}$ 与 $\dot{U}_S$ 检同期 QF3 合闸；若前述 QF3 未能合闸，应不断检测残压 $\dot{U}_{MY}$ 的大小，当 $\dot{U}_{MY}$ 衰减到安全值时，QF3 即合闸。这样的厂用电切换方式，不仅使厂用电的失电时间达到理想的最小值，有利于厂用电的安全可靠运行，而且可避免冲击电流带来的不利影响，提高厂用电的切换成功率。

工作母线断电（QF2 跳开）后电动机残压 $\dot{U}_{MY}$（即工作母线电压）的变化有以下方面。

一、断电后转子电流的频率

正常运行时异步电动机定子电流通过定子绕组产生旋转磁场的速率为同步速 n_1；转子转速为 n 时，则转子电流的频率为

$$f_2 = sf_1 \tag{1-1}$$

式中　f_1——定子电流频率，如 $f_1 = 50\text{Hz}$；

　　　s——转差率，$s = \dfrac{n_1 - n}{n}$。

设断电瞬间转差率为 $s_{[0]}$，则断电后转子交流电流的频率 $f_2 = s_{[0]} f_1$ 保持不变，只是转子电流以转子回路时间常数 T_f 衰减。

二、断电后转子磁场在定子绕组中感应电动势的频率

断电后借助机械惯性，异步电动机仍要转动，相当于没有原动力的异步发电机。虽然转子电流在衰减，但频率保持 $s_{[0]} f_1$ 不变。在不计转子非周期分量电流情况下，转子电流产生的旋转磁场相对于转子的速率为 $s_{[0]} n_1$，该旋转磁场以时间常数 T_f 衰减。

电动机失电后，电动机开始滑行，转速 n 逐渐减慢。因此，衰减的转子旋转磁场截切定子绕组的速率 n_{fd} 为

$$n_{fd} = n + s_{[0]} n_1 \tag{1-2}$$

可见，n_{fd} 随 n 逐渐减小。断电瞬间，$n = (1 - s_{[0]}) n_1$，所以 $n_{fd} = n_1$，保持同步速；随后 n 减小，直到停转，在此过程中转子电流在衰减，当衰减完时，旋转磁场就不存在了。

由式（1-2）可得到电动机断电后转子磁场在定子绕组中感应的电动势频率 f'、角频率 ω' 为

$$f' = pn_{fd} = p(n + s_{[0]} n_1)$$
$$\omega' = 2\pi f' = 2\pi p(n + s_{[0]} n_1)$$

式中　p——电动机的极对数。

所以 ω' 随转速 n 的下降不断变化，数值从同步角频率 ω_1 不断变小，与同步角频率 ω_1 的差值越来越大。由此得出，ω' 主要取决于电动机断电前的负荷大小和负荷性质。

三、断电后电动机残压变化

1. 正常运行时的次暂态电动势 $\dot{E}''_{[0]}$

设异步电动机正常运行时的端电压为 $\dot{U}_{M[0]}$、流入电动机的电流为 $\dot{I}_{M[0]}$，则次暂态电动势 $\dot{E}''_{[0]}$ 为

$$\dot{E}''_{[0]} = \dot{U}_{M[0]} - j\dot{I}_{M[0]}X''$$

式中 X''——异步电动机的次暂态电抗。

取 $\dot{U}_{M[0]}=1$，$\cos\varphi_{[0]}=0.8$，$X''=0.2$，有

$$\dot{E}''_{[0]} = 1 - j0.2 \times 1 \underline{/\text{arccos}0.8} = 0.89 \underline{/-10.3°} \tag{1-3}$$

式（1-3）说明，$\dot{E}''_{[0]}$ 滞后端电压 $\dot{U}_{M[0]}$ 约 10.3°、大小约为 $\dot{U}_{M[0]}$ 的 0.89。

2. 断电后的异步电动机残压

断电后电动机残压等于定子绕组的感应电动势，断电瞬间的残压 $\dot{U}_{MY}$ 与 $\dot{E}''_{[0]}$ 相等。注意到定子绕组的感应电动势一方面取决于转子磁场的强度；另一方面取决于转子磁场截切定子绕组的速度。由于这两个因素均在不断衰减，计及感应电动势的角频率为 ω'，所以电动机断电后的残压 u_{MY} 可表示为（不计转子非周期分量电流产生的磁场作用）

$$u_{MY} = \sqrt{2}E''_{[0]}\sin(\omega't - \delta_{[0]})e^{-\frac{t}{T_a}} \tag{1-4}$$

式中 T_a——残压衰减时间常数，不仅与转子回路衰减时间常数有关，而且也与异步电动机断电前的负荷大小、性质有关；

$\delta_{[0]}$——断电瞬间 $\dot{E}''_{[0]}$ 滞后机端电压 $\dot{U}_{M[0]}$ 的相角，由式（1-3）得 $\delta_{[0]}=10.3°$。

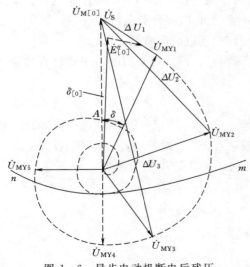

图 1-6 异步电动机断电后残压 $\dot{U}_{MY}$ 的变化轨迹

电动机原机端电压 $\dot{U}_{M[0]}$（与备用段电压 $\dot{U}_S$ 同相位）的角频率为 ω_1，即在相量图上以 ω_1 的角速度逆时针转动；断电后残压 $\dot{U}_{MY}$ 不仅以 T_a 时间常数衰减，同时以 ω' 的角速度逆时针转动。若以 $\dot{U}_{M[0]}$（或 $\dot{U}_S$）作参考物，则 $\dot{U}_{MY}$ 以 $\omega_1-\omega'$ 的相对角速度顺时针转动，同时以 T_a 时间常数衰减。于是 u_{MY} 以相量表示时可写成

$$\dot{U}_{MY} = E''_{[0]}e^{-j[(\omega_1-\omega')t+\delta_{[0]}]}e^{-\frac{t}{T_a}} \tag{1-5}$$

其中，断电瞬间为时间 t 的起始点。

图 1-6 示出了 $\dot{U}_{MY}$ 端点的变化轨迹。$\dot{U}_{MY}$ 沿图中虚线变化时，角速度 ω'、衰减时间常

数 T_a 是变化的，其中 ω' 不断减小。

第六节　备用电源投入时的冲击电流和冲击电压

一、异步电动机断电后的等值阻抗

异步电动机断电后的一段时间内仍在转动，仍然带有负载，因此等值电路与正常运行时完全相同，如图 1-7 所示。r_1、$x_{1\sigma}$ 为定子绕组的电阻、电抗；r'_2、$x'_{2\sigma}$ 为折算到定子侧的转子绕组电阻、电抗；$\dfrac{1-s}{s}r'_2$ 为相应于机械负载在转子回路中接入的电阻 $\left(\dfrac{1-s}{s}r'_2+r'_2=\dfrac{r'_2}{s}，s\text{ 为转差率}\right)$；$r_\mu$、$x_\mu$ 为电动机励磁支路的电阻、电抗。当不计励磁支路阻抗时，电动机等值阻抗 z_1 为

$$z_1 = \left(r_1 + \frac{r'_2}{s}\right) + \mathrm{j}(x_{1\sigma} + x'_{2\sigma}) \tag{1-6}$$

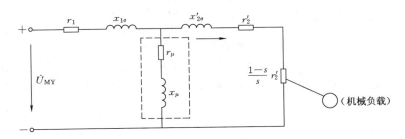

图 1-7　异步电动机断电后的等值电路

电动机起动时，$s=1$，起动阻抗 z_{st} 为

$$z_{st} = (r_1 + r'_2) + \mathrm{j}(x_{1\sigma} + x'_{2\sigma}) \tag{1-7}$$

起动时的功率因数 $\cos\varphi_{st}$ 为

$$\cos\varphi_{st} = \frac{r_1 + r'_2}{\sqrt{(r_1 + r'_2)^2 + (x_{1\sigma} + x'_{2\sigma})^2}}$$

当 $r'_2 = 1.3r_1$ 时，由式（1-6）、式（1-7）可得

$$\left|\frac{z_1}{z_{st}}\right| = \sqrt{\sin^2\varphi_{st} + \left[\frac{1+\dfrac{1.3}{s}}{2.3}\cos\varphi_{st}\right]^2} \tag{1-8}$$

由式（1-8）可作出 $\left|\dfrac{z_1}{z_{st}}\right|$ 随转速变化的关系曲线，如图 1-8 所示。由图明显可见，异步电动机在断电滑行过程中，等值阻抗急剧减小；

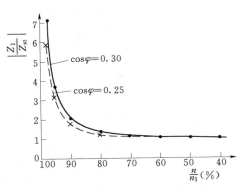

图 1-8　异步电动机断电滑行过程中的阻抗变化

当转速降到 $70\%n_1$ 时，等值阻抗与起动阻抗已十分接近。因此，可以认为备用电源投入时，在一般情况下异步电动机阻抗可用起动阻抗代替。

二、备用电源投入时的冲击电流

异步电动机在断电滑行过程中，备用电源投入时，电动机有冲击电流产生。为研究冲击电流大小及其影响因素，可作如下假设：

(1) 在备用电源投入的短时间内（如 $40\sim100\mathrm{ms}$），电动机转速没有发生变化。

(2) 异步电动机在断电滑行过程中，残压 u_{MY} 的平均 ω' 值表示滑行过程中 ω' 的变化。

设备用母线电压的表示式为

$$u_{\mathrm{S}} = \sqrt{2}U_{\mathrm{S}}\sin[\omega_1(t_{\mathrm{op}}+t)+\alpha] \tag{1-9}$$

式中　ω_1——备用电源的角频率，$\omega_1=2\pi f_1$，$f_1=50\mathrm{Hz}$；

　　　α——备用电源投入时（图 $1-5$ 中 QF3 合闸接通时）的初相角；

　　　t——以 QF3 合闸接通为起始点计算的时间；

　　　U_{S}——备用母线电压有效值；

　　　t_{op}——异步电动机断电到重新恢复供电（QF3 合闸接通时）的时间。

因为备用母线电压与正常运行工作母线电压同相位，所以式（$1-4$）可写成

$$u_{MY} = \sqrt{2}E''_{[0]}\sin[\omega'(t_{\mathrm{op}}+t)+\alpha-\delta_{[0]}]\mathrm{e}^{-\frac{t_{\mathrm{op}}+t}{T_{\mathrm{a}}}} \tag{1-10}$$

图 $1-5$ 中 QF3 合闸时，备用电源回路总阻抗为 $Z_{T3}+Z_{\mathrm{st}}$（Z_{T3} 归算到电动机侧，不计系统阻抗），令电阻分量为 R、电感分量为 L，设流入电动机的冲击电流为 i_{imp}，则有

$$Ri_{\mathrm{imp}} + L\frac{\mathrm{d}i_{\mathrm{imp}}}{\mathrm{d}t} = u_{\mathrm{S}} - u_{MY} \tag{1-11}$$

将式（$1-9$）、式（$1-11$）代入，解得 i_{imp} 为

$$i_{\mathrm{imp}} = \left\{\frac{\sqrt{2}U_{\mathrm{S}}}{Z}\sin[\omega_1(t_{\mathrm{op}}+t)+\alpha-\varphi] - \frac{\sqrt{2}E''_{[0]}\mathrm{e}^{-\frac{t_{\mathrm{op}}+t}{T_{\mathrm{a}}}}}{Z'}\sin[\omega'(t_{\mathrm{op}}+t)+\alpha-\delta_{[0]}-\varphi']\right\}$$
$$- \left\{\frac{\sqrt{2}U_{\mathrm{S}}}{Z}\sin(\omega_1 t_{\mathrm{op}}+\alpha-\varphi) - \frac{\sqrt{2}E''_{[0]}\mathrm{e}^{-\frac{t_{\mathrm{op}}}{T_{\mathrm{a}}}}}{Z'}\sin(\omega' t_{\mathrm{op}}+\alpha-\delta_{[0]}-\varphi')\right\}\mathrm{e}^{-\frac{t}{T}} \tag{1-12}$$

式中　Z——备用电源回路总阻抗，$Z=\sqrt{(\omega_1 L)^2+R^2}$；

　　　φ——备用电源回路阻抗角，$\varphi=\arg\dfrac{\omega L}{R}$；

　　　T——备用电源回路时间常数，$T=\dfrac{L}{R}$；

　　　Z'——备用电源回路在 u_{MY} 作用下的等效阻抗，$Z'=\sqrt{(\omega'L)^2+\left[\left(1-\dfrac{T}{T_{\mathrm{a}}}\right)R\right]^2}$；

　　　φ'——等效阻抗角，$\varphi'=\arg\left(\dfrac{\omega'TT_{\mathrm{a}}}{T_{\mathrm{a}}-T}\right)$。

由式（$1-12$）看出，i_{imp} 由两大部分组成：第一部分是基本分量（交流分量），有 u_{S}、u_{MY} 作用下形成的两个分量，角频率分别是 ω_1、ω'，前者不衰减，后者以时间常数 T_{a} 衰减；第二部分是暂态分量（非周期分量），同样包括两个分量，分别与上述两个基本分量

相对应。暂态分量的衰减时间常数为 T。

当暂态分量电流有最大值时，冲击电流也有最大值；当暂态分量电流为最小值时，冲击电流也达最小值。由式（1-12）可见，t_{op} 趋近零或很小时，暂态分量电流有最小值或不大。但当 t_{op} 增大时，可能出现两个非周期分量电流呈同极性的情况。当 $\sin(\omega_1 t_{op}+\alpha-\varphi)=1$（或为 -1）、$\sin(\omega' t_{op}+\alpha-\delta_{[0]}-\varphi')=-1$（或为 1），即

$$(\omega' t_{op}+\alpha-\delta_{[0]}-\varphi')-(\omega_1 t_{op}+\alpha-\varphi)=-90°-90°$$

$$t_{op}=\frac{180°+(\varphi-\varphi')-\delta_{[0]}}{360(f_1-f')} \tag{1-13}$$

时，冲击电流最大。

设 $\varphi=75°$，得 $T=11.9\text{ms}$；取 $T_a=300\text{ms}$、$f'=47\text{Hz}$，得 $Z'=0.942Z$，$\varphi'=74.7°$。将 $E''_{[0]}=0.89U_{M[0]}$、$\delta_{[0]}=10.3°$ 代入式（1-12），计及 $\dfrac{U_s}{Z}=I_{st}$（起动电流），可得到最大冲击电流 $(i_{imp})_{max}$ 的表示式为（$\omega_1 t_{op}+\alpha-\varphi=90°$）

$$\frac{(i_{imp})_{max}}{\sqrt{2}I_{st}}=\cos\omega_1 t-(1+0.94\text{e}^{\frac{t_{op}}{300}})\text{e}^{-\frac{t}{11.9}}+0.94\text{e}^{\frac{t_{op}}{300}}\text{e}^{-\frac{t}{300}}\cos(0.94\omega_1 t) \tag{1-14}$$

其中，t_{op} 由式（1-13）确定，将上述数字代入得

$$t_{op}=\frac{180°+(75°-74.7°)-10.3°}{360°\times(50-47)}=157.4 \quad (\text{ms}) \tag{1-15}$$

图1-9中曲线1、2、3分别表示式（1-14）中的 ω_1 交流分量、衰减非周期分量、衰减的 $0.94\omega_1$ 交流分量电流，总的 $(i_{imp})_{max}$ 为上述三部分之和，电流波形如图中曲线4。当 t_{op} 缩短到 75ms 时（相应的取 $f'=48\text{Hz}$），最严重情况下 i_{imp} 波形如图中曲线5所示。

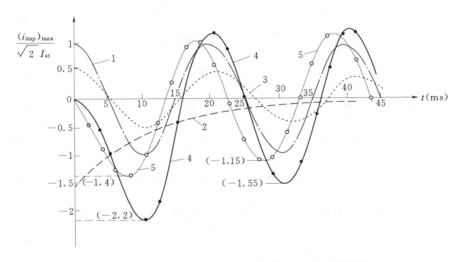

图1-9　备用电源投入时电动机最大冲击电流波形

根据上述对冲击电流的分析，其特点如下：

（1）冲击电流大小与备用电源合闸时的初相角有关，当式（1-12）中的 $\omega_1 t_{op}+\alpha-\varphi=(2n+1)90°$ 时，电动机的合闸冲击电流最为严重，其中 $n=0$、1、2、$\cdots$、且 n 为正整数。

（2）合闸冲击电流与 t_{op} 长短密切相关，t_{op} 愈短合闸冲击电流愈小。在图1-9中，当

电动机断电 157.4ms 后重新供电时，最严重情况下冲击电流最大值 $(i_{imp})_{max}$ 为

$$(i_{imp})_{max} = 2.2\sqrt{2}I_{st} = 3.1I_{st} \tag{1-16}$$

当 $I_{st} = (5\sim7)I_N$ 时，$(i_{imp})_{max}$ 可达 $(15.5\sim21.7)I_N$。当 t_{op} 缩短为 75ms 时，最严重情况下的 $(i_{imp})_{max}$ 为

$$(i_{imp})_{max} = 1.4\sqrt{2}I_{st} = 1.7I_{st} \tag{1-17}$$

可见，缩短 t_{op} 对减小冲击电流十分有效。

（3）最大冲击电流在备用电源合闸后的 10ms 内出现，作用时间也较短，约工频半个周期。

（4）当电动机容量较小时，式（1-12）中 T_a 相对较小；同时供电回路电阻分量较大，则衰减时间常数 T 较短。在这种情况下备用电源合闸时基本上没有冲击电流。

三、备用电源投入时的冲击电压

异步电动机断电滑行过程中，备用电源投入时电动机的冲击电压 U_{imp} 与图 1-6 中的 ΔU 大小有关。当 $\dot{U}_{MY}$ 处 $\dot{U}_{MY1}$ 位置时，$\Delta U = \Delta U_1$；处 $\dot{U}_{MY2}$ 位置时，$\Delta U = \Delta U_2$；处 $\dot{U}_{MY3}$ 位置时，$\Delta U = \Delta U_3$。在图 1-6 中，显然有 $\Delta U_3 > \Delta U_2 > \Delta U_1$。

设备用电源回路总阻抗为 $Z_{T3} + Z_{st}$（Z_{T3} 折算到电动机侧，Z_{st} 理解为电动机组的起动阻抗），则冲击电压 U_{imp} 为

$$U_{imp} = \frac{Z_{st}}{Z_{T3} + Z_{st}}\Delta U$$

为保证电动机起动安全，U_{imp} 应不大于电动机允许起动电压，设为 $1.1U_N$（U_N 为电动机额定电压），则由上式可得

$$\frac{Z_{st}}{Z_{T3} + Z_{st}}\Delta U \leqslant 1.1U_N$$

即

$$\Delta U \leqslant 1.1\left(1 + \frac{Z_{T3}}{Z_{st}}\right)U_N \tag{1-18}$$

根据实际的 Z_{T3}、Z_{st} 值，可确定图 1-5 中 QF3 合闸接通时的安全范围。如图 1-6 中圆弧 $\overset{\frown}{mn}$ 所示。圆弧 $\overset{\frown}{mn}$ 是以相量 $\dot{U}_S$ 端点为圆心、半径 $1.1\left(1 + \frac{Z_{T3}}{Z_{st}}\right)U_N$ 作出的。当 QF3 合闸接通时，$\dot{U}_{MY}$ 在 $\overset{\frown}{mn}$ 上方时，电动机的冲击电压在允许起动电压值内，电动机是安全的。

实际上，发出 QF3 合闸脉冲是用 $\delta = \arg\dfrac{\dot{U}_S}{\dot{U}_{MY}}$ 来界定的。一般在 QF3 合闸接通时 δ 角不大于 60°，因而发出 QF3 合闸脉冲的 δ 角不大于 30°，保证 QF3 合闸接通时 ΔU 在安全范围内。

第七节 厂 用 电 切 换

根据电动机断电后备用电源合闸时对冲击电流、冲击电压的分析，实现厂用电快速切

换的先决条件如下：

（1）备用电源电压 $\dot{U}_S$ 应与工作电源电压 $\dot{U}_M$ 同相位。在图 1-5 中，当 T1 为（YN，d11）、T3 为（YN，d11）接线时，T2 应为（D，d12）接线；当 T1 为（YN，d11）、T2 为（D，yn1）接线时，T3 应为（YN，yn12）接线。

如果取用 T2 高压侧电压互感器二次电压反映工作母线 M 的电压，或取用 T3 高压侧电压互感器二次电压反映备用母线电压，在这种情况下工作电压与备用电压间有额外的相位移，应进行补偿。

（2）断路器动作快速。如真空断路器合闸时间在 50ms 左右。若断路器动作速度较慢，则失去厂用电快速切换的意义。

厂用电的快速切换指的是工作电源断路器跳闸后或在跳闸过程中，快速的将备用电源合上恢复供电，使工作母线失电时间很短的切换。本章讨论的是厂用电的事故切换，事故切换由保护出口起动，具有快速切换、同期捕捉切换、残压切换和失压起动切换四部分。

一、厂用电快速切换

厂用电的快速切换，指的是图 1-5 中 QF2 跳闸后，快速检测 $\dot{U}_S$ 与 $\dot{U}_{MY}$ 间的频差和相角差大小。当频差和相差均在设定范围内时，立即发出 QF3 合闸脉冲，完成厂用电的快速切换。由于断路器动作快速，所以 QF3 合闸时的冲击电流、冲击电压均在安全值内，且厂用电失电时间短，保证了厂用电的正常运行。

通常，设定的频差为 1Hz；设定的相角差为 30°。当断路器合闸时间为 70ms 时，在相角差 30° 时发合闸脉冲，则 QF3 合闸接通时的最大相角差 δ_{max} 为

$$\delta_{max} = 30° + 360° \times \frac{70}{1000} = 55.2° < 60°$$

工作母线最长失电时间 t_{lose} 为

$$t_{lose} = 70 + \frac{30° - 10.3°}{360°} \times 1000 = 124.7 \quad (ms)$$

上述的厂用电快速切换，是 QF2 跳闸后才发出 QF3 的合闸脉冲，跳闸脉冲和合闸脉冲是串联发出的，故称串联切换。串联切换时工作母线断电时间相对长一些。为缩短工作母线断电时间，QF3 的合闸脉冲可在 QF2 跳闸脉冲发出之后、QF2 跳开之前发出，这样工作母线断电时间小于 QF3 的合闸时间。与串联切换相区别，这种切换方式称为同时切换。

厂用电的快速切换是在无闭锁信号输入的情况下才起动，当有下列闭锁信号之一时，装置实行闭锁。

（1）工作母线电压互感器隔离开关断开；在图 1-5 中，当 QF2 与 QF3 同时为断开或闭合情况时，因无法实现厂用电切换，所以应闭锁。

（2）备用电源失电。

（3）电压互感器二次回路断线。

（4）外部保护动作闭锁，如工作母线差动保护或工作母线发生永久性故障时。

（5）装置异常。

在同时切换中，若该跳闸的断路器未跳闸（如 QF2），为避免工作电源与备用电源并列，应将合闸的断路器跳闸（如 QF3）。

二、厂用电捕捉同期切换

在图 1-5 中，QF2 跳闸后快速切换若未成功，则工作母线残压 $\dot{U}_{MY}$ 在图 1-6 中有可能进入圆弧 $\overset{\frown}{mn}$ 下方的不安全区域，此时不允许切换。$\dot{U}_{MY}$ 越过 $\delta = 180°$（$\dot{U}_{MY4}$）后，当 $\dot{U}_{MY}$ 与 $\dot{U}_S$ 第一次相位重合（A 点）时，QF3 的主触头闭合，这称厂用电的捕捉同期切换。显然，当捕捉同期切换成功时，争取到了 QF3 合闸机会，此时工作母线残压约在 $65\% \sim 70\%$，对电动机起动很有利，同时冲击电流、冲击电压都最小。

同期捕捉切换中的"同期"与发电机同期并网中的"同期"有很大的不同。同期捕捉切换中，电动机无外加励磁且无外加原动力，因此存在较大频差、压差情况，只要相角差在零度附近的一定范围内备用电源合上，电动机很快会恢复正常异步运行。

同期捕捉切换可用如下两种方法实现：

（1）采用恒定导前相角原理，此时设定的参数是频差（一般取 $4 \sim 5Hz$）和导前相角（一般取 $90°$）。装置实时计算 $\dot{U}_{MY}$ 与 $\dot{U}_S$ 间的相角差和频差，当 $\dot{U}_{MY}$ 超前 $\dot{U}_S$ 的相角为设定值（如图 1-6 中 $\dot{U}_{MY5}$ 位置）时，若频差不超过设定频差，则发合闸脉冲，实现恒定导前相角原理将 QF3 合闸；若频差超过设定值，则放弃合闸，转入残压切换。

（2）采用恒定导前时间原理，此时设定的参数是频差（一般取 $4 \sim 5Hz$）和导前时间（等于发出合闸脉冲到 QF3 主触头闭合止的时间）。装置在实时计算 $\dot{U}_{MY}$ 与 $\dot{U}_S$ 间的频差和相角差的基础上，根据一定的变化规律，计算出 $\dot{U}_{MY}$ 导前 $\dot{U}_S$ 的时间，当导前时间为设定值且频差不超过设定频差时，发出 QF3 合闸脉冲，令 QF3 合闸；当频差超过设定值时，同样不发合闸脉冲，转入残压切换。

需要注意，导前时间原理在理论上要比导前相角原理捕捉同期正确，但实现复杂得多。

三、厂用电残压切换

当捕捉同期切换没有成功时，就转入残压切换。残压切换是当 $\dot{U}_{MY}$ 衰减到 $20\% \sim 40\%$ 额定电压时，令 QF3 合闸，实现厂用电切换。残压切换虽可保证电动机安全，但停电时间相对较长。残压切换是同期捕捉切换不成功时的最佳切换。

最严重的情况是 $\dot{U}_{MY}$ 与 $\dot{U}_S$ 反相合闸，当最大残压为 $40\% U_N$ 时，则冲击电压、冲击电流分别为

$$U_{imp} = \frac{Z_{st}}{Z_{T3} + Z_{st}} \times 1.4 U_N$$

$$I_{imp} = \frac{1.4 U_N}{Z_{T3} + Z_{st}}$$

若 $Z_{T3}=30\%Z_{st}$、起动电流 $I_{st}=\dfrac{U_N}{Z_{T3}+Z_{st}}$，则上两式可写成

$$U_{imp}=1.08U_N<1.1U_N$$

$$I_{imp}=1.4I_{st}$$

考虑到暂态冲击电流作用主要在合闸后半个工频周期，因此上述冲击电流并不危及电动机的安全。

四、失压起动切换（长延时切换）

电力系统故障导致工作母线失压，此时低电压元件判别工作母线失压，跳开工作母线进线断路器，再合上备用电源，恢复对工作母线的供电。

失压起动切换相当于 AAT 中的低电压起动，所以设定的参数是低电压元件动作电压（一般取 40% 额定电压）和失压延时（相当于 AAT 的动作时间）。可以认为，失压起动切换相当于残压切换的后备。失压起动切换又称长延时切换。

残压切换和失压起动切换，会导致工作母线失电时间长，容易造成电动机组自起动困难。

在有高压大容量电动机的厂用电事故切换中，快速切换可大大缩短厂用工作母线失电时间，一般失电时间在 100ms 内，可保证厂用电的正常运行；当快速切换没有成功时，同期捕捉切换是最佳手段，切换成功时厂用工作母线失电时间约为 0.4～0.6s；同期捕捉切换没有成功时，最佳手段是残压切换，残压切换成功时，厂用工作母线失电时间约为 1～2s；失压起动切换可认为是残压切换的后备，失压起动切换即使成功，厂用工作母线失电时间也是较长的。

五、关于备用变压器电流速断保护动作时间

在图 1-5 中，在 QF2 跳开、QF3 合闸的事故串联切换中，若快速切换或捕捉同期切换成功，则备用变压器通过的冲击电流不会导致电流速断保护发生误动作。

但是，在有些场合，上述切换过程中不检测频差和相角差大小，当 QF2 跳闸后立即对 QF3 进行合闸，同样可实现厂用电的快速切换。此时，因不检测相角差大小就立即进行快速切换，所以有可能引起较大的冲击电流。当备用变压器电流速断保护动作时限为 0s 时，一旦冲击电流值达到电流速断保护动作值，电流速断保护就可能发生误动作。为避免这一误动作，电流速断保护只要设定 100～200ms 时限就可以避免冲击电流的影响。

高压网络中采用 AAT 时，因负荷电压衰减较慢，所以 AAT 动作时同样可能产生较大冲击电流，造成电流互感器二次零序回路有较大不平衡电流，导致线路零序电流保护不能正常工作，应引起注意采取相应措施。

【复习思考题】

1-1 试述对 AAT 的基本要求。

1-2 试述 AAT 的充电时间、AAT 的动作时间的整定原则。

1-3 在图 1-1（b）接线中，以备用方式 1 运行，当母线Ⅲ发生瞬时性短路故障、

或母线Ⅲ某一出线发生短路故障而未被该出线断路器断开时，试说明 AAT 的动作过程。

1-4 在图 1-1（b）中，低压侧分列运行，当工作电源Ⅰ、Ⅱ为一个电源时，试设计 QF5 上的 AAT 逻辑框图。

1-5 试设计图 1-2 中备用方式 1 的 AAT 逻辑框图。

1-6 试说明工作母线 TV 二次断线造成假失压时，如何防止 AAT 误动？

1-7 高压大容量异步电动机，断电后残压如何变化？在变化过程中说明角频率、衰减时间常数变化特点。

1-8 在有高压大容量异步电动机厂用电的串联切换中，试说明冲击电流的特点。

1-9 在厂用电的事故切换中，何谓快速切换、捕捉同期切换、残压切换？

1-10 分析并说明厂用电为何要采用快速切换、捕捉同期切换？

1-11 试述厂用电快速切换的条件。

1-12 在图 1-5 中，6kVⅠ段由 T2 变压器经 QF2 供电，QF3、QF4、QF5 处合闸状态、QF6 处断开状态，T3 处备用状态，这样工作母线电压取 M 母线 TV 二次电压，备用电压取高压母线 TV 二次电压。试确定接入厂用电快速切换装置中交流电压的相位。当不进行电压平衡调整时，试确定补偿的相角差。

1-13 当备用电源与工作电源间存在一定相角差（如大于 20°）时，说明厂用电事故串联切换的工作过程。

第二章 输电线路自动重合闸

第一节 概　　述

在电力系统中，输电线路（特别是架空线路）是发生故障几率最多的元件。因此，如何提高输电线路工作可靠性，对电力系统安全运行具有重要意义。

在输电线路的故障中，约有 90％以上是瞬时性故障。这些瞬时性故障多数由雷电引起的绝缘子表面闪络、线路对树枝放电、大风引起的碰线、鸟害和树枝等物掉落在导线上以及绝缘子表面污染等原因引起。这些故障被继电保护动作断路器断开后，故障点断电去游离，电弧熄灭，绝缘强度恢复，故障自行消除。此时，如果将输电线路的断路器合上，就能恢复供电，从而减少停电时间，提高供电可靠性。这种断路器的合闸，固然可通过运行人员手动操作进行，但由于停电时间长，效果并不十分显著。实际运行中，广泛采用自动重合闸装置将断路器合闸。这自动重合闸装置简称 ARC。

ARC 的主要作用如下：

（1）提高供电可靠性，减少线路停电次数，对单侧电源的供电线路尤其显著。

（2）提高电力系统并列运行稳定性，提高输电线路的传输容量。

（3）可纠正断路器本身机构不良、继电保护误动作以及误碰引起的误跳闸。

然而，输电线路还可能发生如倒杆、断线、绝缘子击穿或损坏等原因引起的永久性故障，在线路被断开后，故障仍然存在。在发生永久性故障的情况下，ARC 动作合闸必然给系统带来不利影响，主要表现在以下两个方面：

（1）使电力系统再一次受到故障的冲击，对电力系统稳定运行不利，可能会引起电力系统的振荡。

（2）使断路器工作条件恶化，因为在很短时间内断路器要连续两次切断短路电流。

为避免 ARC 带来的不利影响，应该判别出故障是瞬时性还是永久性的。如果是瞬时性故障，ARC 应动作；如果是永久性故障，ARC 应不动作。然而，目前运行中的 ARC 均不具有这一功能。

由于输电线路的故障大多数是瞬时性的，同时 ARC 具有投资很低、工作可靠等优点，因此在输电线路上 ARC 获得了极为广泛的应用。DL400—91《继电保护和安全自动装置技术规程》规定，对 3kV 及以上的架空线路及电缆与架空混合线路，当具有断路器时，应装设自动重合闸装置；对于旁路断路器和兼作旁路的母联断路器或分段断路器，宜装设自动重合闸装置；对于低压侧不带电源的降压变压器以及母线，必要时也可装设自动重合闸装置。

衡量自动重合闸运行有两个指标：重合闸成功率和正确动作率。其意义为

$$重合闸成功率 = \frac{ARC\,动作成功的次数}{ARC\,总动作次数}$$

$$正确动作率 = \frac{ARC\,正确动作次数}{ARC\,总动作次数}$$

ARC 的成功率一般在 $70\% \sim 90\%$。

ARC 应满足如下基本要求：

（1）ARC 可按控制开关与断路器位置不对应原理起动。对综合重合闸装置，尚应实现由保护起动的方式。

（2）用控制开关或通过遥控装置将断路器断开；或将断路器投于故障线路上而立即由保护装置将其断开时，ARC 均不应动作。这就是手动跳闸闭锁重合闸，或手动合闸闭锁重合闸。

（3）在任何情况下（包括装置元件损坏以及 ARC 输出触点粘住），ARC 的动作次数应符合预先的规定。

ARC 如果多次重合于永久性故障，不仅使系统遭受多次冲击，而且还可能损坏断路器，从而扩大事故。因此，一次式 ARC 只能动作一次，当重合于永久性故障断路器再次跳闸后，ARC 就不应再动作；二次式 ARC，则能动作两次，当第二次重合于永久性故障断路器跳闸后，ARC 就不应再动作。

在高压电网中使用的基本上是一次式 ARC；只有在 110kV 及以下单侧电源线路中断路器断流容量允许时，才有可能采用二次式 ARC，例如用在无经常值班人员变电所引出的无遥控的单回线上，或给重要负荷供电且无备用电源的单回线上。

（4）ARC 动作后经整定的时间能自动复归，准备好再次动作。

（5）ARC 应能在重合闸后加速继电保护的动作，必要时还应能在重合闸前加速继电保护的动作。

（6）ARC 应具有接收外来闭锁信号的功能。由于手动跳闸、手动合闸于故障线路、遥控操作断路器、按频率自动减负荷装置动作将断路器跳闸、低气压、线路故障断路器拒跳等产生的闭锁信号，ARC 能自动接收，使 ARC 不动作。

（7）ARC 按断路器配置。在实际应用中，母线和变压器很少采用 ARC，而在输电线路上 ARC 的应用极为广泛，如设在线路微机保护中，或与线路微机保护构成一套装置。对线路 ARC，按作用于断路器的方式，可分为三相重合闸、单相重合闸和综合重合闸。

1）三相重合闸指的是线路上发生任何形式的故障时，均实行三相自动重合。当重合闸到永久性故障时，断开三相并不再重合。

2）单相重合闸指的是线路上发生单相故障时，实行单相自动重合（断路器可分相操作）。当重合闸到永久性故障时，一般是断开三相并不再进行重合；线路上发生相间故障时，则断开三相不进行自动重合。

3）综合重合闸指的是线路上发生单相故障时，实行单相自动重合。当重合到永久性故障时，一般是断开三相不再进行重合；线路上发生相间故障时，实行三相自动重合，当重合到永久性故障上时，断开三相不再进行自动重合。

按重合闸动作次数，可分为一次重合闸和二次重合闸。按重合闸使用的条件，可分为单侧电源线路重合闸和双侧电源线路重合闸。单侧电源线路中又有顺序重合闸；双侧电源线路重合闸可分为检无压和检同期重合闸、解列重合闸和自同步重合闸。

图2-1示出了自动重合闸（ARC）的分类。

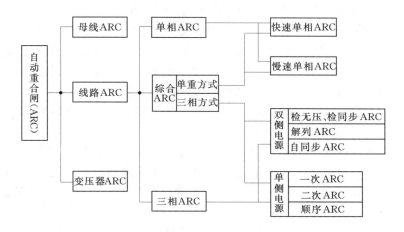

图 2-1 自动重合闸（ARC）的分类

第二节 输电线路三相自动重合闸

在数字式保护中，重合闸部分设计在保护装置中，或设计成单独插件与保护部分同置于一个机箱内。三相重合闸统一设计成检无压、检同步重合，可满足不同的需要。考虑到线路保护按线路配置，重合闸按断路器配置，对 $\frac{3}{2}$ 断路器接线和多角形接线，重合闸部分设在断路器保护装置中。

一、检无压和检同步三相自动重合闸

（一）工作原理

图2-2中 MN 为双侧电源线路，所谓双侧电源线路是指两个或两个以上电源间的联络线。

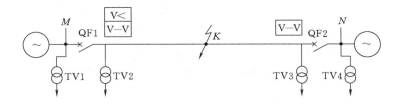

图 2-2 说明检无压和检同步三相自动重合闸工作原理

图中 TV1、TV4 用来测量 M、N 侧母线电压，TV2、TV3 用来测量线路侧电压。图中 V＜表示低电压元件，用来检测线路是否无压；V—V 表示检同步元件，用来判别线路侧电压与母线电压是否同步。

检无压和检同步三相自动重合闸，就是当线路两侧断路器跳闸后，先重合一侧检定线路无电压而重合，后重合另一侧检定同步再进行重合。这种重合方式，不会产生危及电气设备安全的冲击电流，也不会引起系统振荡。其工作情况如下：

（1）线路上发生瞬时性故障。设 MN 线路上 K 点发生了瞬时性故障，线路两侧继电保护动作，QF1、QF2 跳闸，故障点断电，电弧熄灭。因 M 侧低电压元件检测到线路无压，将 QF1 断路器合上。QF1 合上后，N 侧检测到线路有电压，N 侧检定同步元件开始工作，当满足同步条件时，将 QF2 合上，恢复线路正常供电。

若 N 侧在检定同步的过程中线路上又发生故障，则 M 侧继电保护动作将 QF1 跳闸，N 侧的 QF2 不会合闸。

（2）线路上发生永久性故障。两侧断路器 QF1、QF2 跳闸后，M 侧检定线路无电压先重合，由于是永久性故障，立即由无压侧的后加速保护动作，使 QF1 再次跳闸，而同步侧断路器 QF2 始终不能合闸。可以看出，M 侧断路器 QF1 连续两次切断短路电流，N 侧断路器 QF2 只切断一次短路电流。

（3）由于误碰或保护装置误动作造成断路器跳闸。当误跳发生在 N 侧时，借助检定同步元件的工作，将 QF2 合上，恢复同步运行。当这种情况发生在 M 侧（无压侧），若该侧不设检定同步的元件，则 QF1 不会自动合上，所以该侧必须设检定同步的元件，使QF1 能自动合闸。

由上工作情况可见，在检无压和检同步的三相自动重合闸中，线路两侧的检定同步元件一直是投入工作的；而检定线路无电压的元件只能线路一侧投入。如果两侧均投入检线路无电压的元件，则线路两侧断路器跳闸后，两侧均检测到线路无电压，两侧断路器合上，势必造成不检同步合闸，容易造成冲击电流，甚至引起系统振荡。

图 2-2 中 M 侧（检无压侧）断路器 QF1 比 N 侧（检同步侧）断路器 QF2 的工作条件要恶劣，为使两侧断路器工作条件接近相同，N 侧同样设检定线路无电压的元件。这样，线路两侧的检无压的元件定期轮换投入。需要特别指出，对于发电厂的送出线路，电厂侧通常设为检同步侧（或重合闸停用），检无压的元件不能投入，这样可避免重合于永久性故障时发电机在短时间内遭受两次冲击，可保护发电机大轴的安全。

（二）检同步的工作原理

1. 检无压和检同步的逻辑原理图

在数字式 ARC 中，几乎所有的检无压和检同步的逻辑原理图是相同的，如图 2-3 所示。输入的信号有 ARC 起动信号、ARC 充电完成的信号；U_L 为线路电压低值起动元件，U_H 为线路电压高值起动元件；SYN（δ）为检同步元件，检测母线电压与线路电压间的相角差 δ 的大小。当有平行双回线路时，还可输入另一平行线电流，"有流"表示线路两侧电源间还存在电气上的联系。

SW1～SW4 为 ARC 的功能选择开关，由定值输入时写入，置"1"（相当于图中相应选择开关接通）或置"0"的意义为：

SW1：置"1"表示 ARC 投入，置"0"表示 ARC 退出。

SW2：置"1"表示 ARC 不检无压、不检同步重合，即不检定重合；置"0"表示不

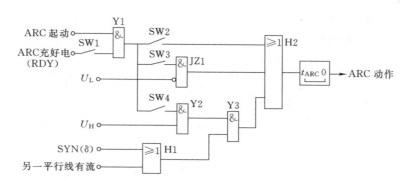

图 2-3　检无压和检同步的逻辑原理图

检定退出。

SW3：置"1"表示 ARC 检线路无压重合，置"0"表示检线路无压功能退出。

SW4：置"1"表示 ARC 检同步重合，置"0"表示检同步功能退出。

通过控制字的设定，ARC 可得到不同的功能。

在双侧电源单回线路上，若线路两侧的 SW1＝"1"、SW2＝"1"、SW3＝"0"、SW4＝"0"，则构成了不检定重合闸。当两侧电动势相角差较小（重合闸动作时间 t_{ARC} 较短）时重合，即为三相快速重合闸；当两侧电动势相角差较大时重合，即为非同步重合闸。三相快速重合闸、非同步重合闸的使用是有一定条件的，实际使用中并不能保证重合后同步成功。在单侧电源线路的电源侧，置 SW1＝"1"、SW2＝"1"、SW3＝"0"、SW4＝"0"（线路侧无 TV），就构成了单侧电源线路的三相自动重合闸。

2. 检同步的工作情况

在图 2-2 中，设 M 侧为检无压侧，N 侧为检同步侧，两侧的重合闸功能控制字如表 2-1。

表 2-1　　　　　　　　　　　　　**线路两侧 ARC 控制字**

控制字名称	SW1	SW2	SW3	SW4
M 侧（检无压）	1	0	1	1
N 侧（检同步）	1	0	0	1

检同步 ARC，是在 ARC 动作合上断路器后，两侧系统很快进入同步运行状态。其同步条件为两侧频差在设定值内、两侧电压差在设定值内以及两侧电压间相角差 δ 在设定值内时，ARC 发出合闸脉冲。通常，ARC 只检测频差和相角差 δ，不检测电压差。

图 2-3 中，MN 线路发生瞬时性故障两侧断路器跳闸后，M 侧检测到线路无电压，ARC 的起动信号经与门 Y1、禁止门 JZ1、或门 H2，延时 t_{ARC} 令 QF1 合闸；如果 MN 线路还存在另一平行线路，而且该平行线路仍然处在工作状态，则 M、N 两侧电源不会失去同步，同步条件是满足的，此时因另一平行线路有电流，所以或门 H1 动作，N 侧 ARC 起动信号经与门 Y1、与门 Y2、与门 Y3、或门 H2；延时 t_{ARC} 令 N 侧 QF2 合闸，恢复平行双回线运行。这就是检定另一平行双回线路有电流的 ARC。

当 MN 为单回线路时，N 侧在检定同步的过程中，$\dot{U}_M$（由 TV3 检测）、$\dot{U}_N$（由 TV4 检测）有不同的角频率 ω_M（$\omega_M = 2\pi f_M$）、ω_N（$\omega_N = 2\pi f_N$）。若以 $\dot{U}_N$ 为基准，则 $\dot{U}_M$ 以相对角频率 $\omega_M - \omega_N$ 转动，如图 2-4 所示。当 $\omega_M > \omega_N$ 时，$\dot{U}_M$ 以角速度 $\omega_M - \omega_N$ 逆时针转动；当 $\omega_M < \omega_N$ 时，$\dot{U}_M$ 以角速度 $\omega_N - \omega_M$ 顺时针转动。如果设定

$$\left| \arg \frac{\dot{U}_M}{\dot{U}_N} \right| \leqslant \delta_{set} \tag{2-1}$$

时，SYN (δ) 为"1"，即 $\dot{U}_M$ 在 $1 \to 2$（$\omega_M < \omega_N$ 时）或 $2 \to 1$（$\omega_M > \omega_N$ 时）区间 SYN(δ) 为"1"。若 $\dot{U}_M$ 在 $1 \to 2$ 或 $2 \to 1$ 区间内频差不发生变化，则 SYN(δ) 为"1"的时间 t_{set} 有如下关系

$$|\omega_M - \omega_N| t_{set} = 2\delta_{set}$$

即

$$t_{set} = \frac{\delta_{set}}{180°} \frac{1}{|f_M - f_N|} \tag{2-2}$$

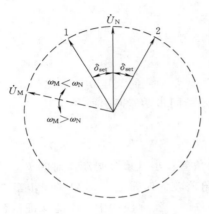

图 2-4 $\dot{U}_M$ 与 $\dot{U}_N$ 间的相量关系

根据图 2-3 示出的逻辑原理图，当 $t_{set} \geqslant t_{ARC}$ 时，与门 Y3 的输出"1"信号经或门 H2 可使时间元件 t_{ARC} 动作，即 ARC 动作。于是有

$$\frac{\delta_{set}}{180°} \frac{1}{|f_M - f_N|} \geqslant t_{ARC}$$

即

$$|f_M - f_N| \leqslant \frac{\delta_{set}}{180°} \frac{1}{t_{ARC}} \tag{2-3}$$

得到整定频差为

$$|f_M - f_N|_{set} = \frac{\delta_{set}}{180°} \frac{1}{t_{ARC}} \tag{2-4}$$

式中 δ_{set}——ARC 装置设定的动作角度，如 $30°$；

t_{ARC}——整定的重合闸动作时间。

由式（2-4）可以看出，t_{ARC} 确定后，δ_{set} 愈大时，整定频差相应增大；δ_{set} 确定后，t_{ARC} 增大时，相应整定频差减小。实际上，先确定 t_{ARC}，而后再确定 δ_{set}。

合闸时频差和相角差都得控制在设定值内，满足了在同步侧检定同步的条件。

在临界情况下，即在图 2-4 中 $\dot{U}_M$ 在 1 位置（或 2 位置），ARC 发出动作脉冲。考虑到断路器的合闸时间 $t_{QF \cdot H}$，最大的合闸相角差 δ_{max} 为

$$\delta_{max} = \delta_{set} + 2\pi |f_M - f_N|_{set} t_{QF \cdot H} = \delta_{set} \left(1 + \frac{2t_{QF \cdot H}}{t_{ARC}}\right) \tag{2-5}$$

在 δ_{max} 时合闸产生的冲击电流，必在电气设备的允许范围内。

在非同期三相自动重合闸中，当线路两侧均设在不检定工作方式时，线路发生永久性故障，两侧断路器均要重合于永久性故障一次。若线路侧有 TV，则可以一侧检定线路无电压先重合，另一侧检定线路有电压重合，或检测频差重合。这样，线路发生永久性故障

时，后重合侧的 ARC 就不动作，不会对系统造成再次冲击，断路器也不会再次切断故障电流。

二、解列自动重合闸

图 2-5 示出了主系统通过单回线路向地区系统供电的接线，地区系统因小电源存在，故输电线为双侧电源线路。正常运行时，将不重要负荷安排在系统受电的母线上，地区重要负荷安排在地区小电源供电的母线上，并且重要负荷与小电源容量基本平衡，通过受电侧母联断路器（解列点）的负荷电流为最小。

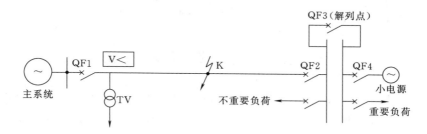

图 2-5 双侧电源线路上选用解列自动重合闸示意图

该输电线的送电侧装设检无压重合闸。解列自动重合闸是指当线路上发生故障时，小电源侧在解列点将小电源解列，送电侧检无压重合。线路上 K 点发生故障时，主系统侧继电保护动作后断开线路断路器 QF1，地区系统侧继电保护动作后不跳线路断路器 QF2，而将解列点断路器 QF3 跳闸。这样，地区系统解列，地区重要负荷供电得到保证，电能质量也得到保证，地区不重要负荷供电中断。

如果 K 点发生的是瞬时性故障，则主系统侧检无压重合，地区不重要负荷恢复供电，然后在 QF3 解列点进行同步并列，恢复原有的正常工作状态。如果 K 点发生的是永久性故障，主电源侧重合闸不成功，断路器再次跳闸，地区不重要负荷被迫供电中断。

解列重合闸使用的关键问题是解列点的选择，正常运行时选择合适的解列点应使小电源容量与所带负荷接近平衡。

三、自同步重合闸

图 2-6 是水电站向系统送电的单回线路上使用自同步重合闸的示意图。正常运行时，水电站向系统输送功率，如果 K 点发生故障，则系统侧断路器跳闸，水电站侧线路断路器不跳闸，而跳开发电机断路器并进行灭磁。而后，系统侧检线路侧无电压重合，若重合成功，则水电站侧以自同步方式与系统并列，恢复正常运行。若重合不成功，则系统侧保护跳闸，水电站侧停机。若水电站侧采用检同步重合闸，则由于两侧断路器跳闸后频差相差太大，式（2-3）无法满足，水电站侧检同步重合闸不可能动作，致使系统不能恢复正常运行。

如果水电站侧有地区负荷，并且有两台以上机组时，则应考虑一部分机组带地区负荷与系统解列，另一部分机组实行自同步重合闸。

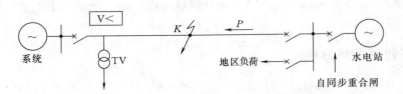

图 2-6　水电站采用自同步重合闸示意图

自同步重合闸和水轮发电机组的自起动装置一起工作。

除上述自动重合闸外，还有二次式重合闸。在由几段串联线路的电力网中，可应用带前加速的重合闸或顺序重合闸，这是三相自动重合闸的一种使用方式。

第三节　输电线路 ARC 实现

在输电线路数字式 ARC 中，当断路器可以分相操作时（220kV 及以上断路器），将三相重合闸、单相重合闸、综合重合闸、重合闸停用集成为一个装置，通过切换开关或控制字获得不同的重合闸方式和重合闸功能。当断路器不能分相操作时（110kV 及以下断路器），只有三相重合闸、重合闸停用两种方式。可以看出，各种数字保护中的重合闸部分的构成原理基本相同。本节以 220kV 及以上线路的 ARC 为例，阐明输电线路 ARC 构成的基本原理。

一、输电线路 ARC 的功能逻辑框图

220kV 及以上输电线路 ARC 中，有重合闸方式选择、重合闸起动、三相重合闸部分（包括延时）、单相重合闸部分（包括延时）、重合闸充电、重合闸闭锁、重合闸出口执行等部分组成。

图 2-7 示出了 220kV 及以上输电线路 ARC 的功能逻辑框图。图中由虚线框分成几大部分，每个虚线框左上角注明了 A～G 字符，各部分的逻辑功能如下：

A 为重合闸方式选择部分；

B 为重合闸不对应方式起动部分；

C 为三相重合闸部分；

D 为单相重合闸部分；

E 为重合闸充电部分；

F 为重合闸闭锁部分；

G 为重合闸输出（合闸脉冲、加速脉冲）。

输入重合闸的各量说明如下：

CH1：三重方式控制（由屏上压板控制）。

CH2：综重方式控制（由屏上压板控制）。

KCT：跳闸位置继电器，任一相断路器的跳闸位置继电器动作时，KCT 动作。

L_A、L_B、L_C：分别为 A 相、B 相、C 相低定值（$6\%I_N$，I_N 为电流互感器二次额流）

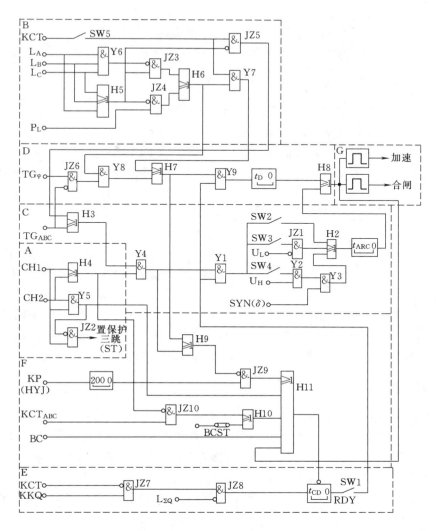

图 2-7　220kV 及以上输电线路 ARC 的功能逻辑框图

过流元件。

P_L：低功率运行标志，正常运行电流小于 $10\%I_N$ 时，置 P_L 标志。

TG_{ABC}：三相跳闸固定动作。

TG_φ：任意一相跳闸固定动作。

KKQ：控制开关处"合闸后"位置时动作的双位置继电器。

KP（HYJ）：合闸压力继电器。

KCT_{ABC}：A、B、C 相跳闸位置继电器同时动作。

BC：闭锁重合闸，由保护装置内部判别或外部输入。

BCST：由外部输入的闭锁重合闸的三跳压板。

$L_{\Sigma Q}$：保护装置的起动元件。

U_L、U_H：分别为线路低电压起动和高电压起动元件。

SYN（δ）：检同步元件。

SW1～SW4：ARC 的功能选择开关，其含义同图 2-3 所示。

SW5：置"1"时，断路器和控制开关不对应起动重合闸投入。

二、重合闸方式选择

重合闸方式选择见图 2-7 中虚线方框 A。借助 CH1、CH2 不同状态的组合可获得不同的重合闸方式。CH1 用来控制三重方式（压板接通时，CH1 被置"1"），CH2 用来控制综重方式（压板接通时，CH2 被置"1"），组合成的重合闸方式如表 2-2 所示。通过 CH1、CH2 的组合，可实现单相重合闸、三相重合闸、综合重合闸、重合闸停用的方式。

单相重合闸时，CH1＝"0"、CH2＝"0"，所以 H4＝"0"、Y5＝"0"；三相重合闸时，CH1＝"1"、CH2＝"0"，所以 H4＝"1"、Y5＝"0"，H4 输出的"1"为 Y4 动作准备了条件，同时 JZ2 输出的"1"置保护为三相跳闸方式；综合重合闸时，

表 2-2 **CH1、CH2 组合成的重合闸方式**

	单重	三重	综重	停用
CH1	0	1	0	1
CH2	0	0	1	1

CH1＝"0"、CH2＝"1"，此时 H4＝"1"、Y5＝"0"（与三相重合闸时相同）；重合闸停用时，CH1＝"1"、CH2＝"1"，此时 H4＝"1"、Y5＝"1"，通过 H11 瞬间使 t_{CD} 放电，闭锁重合闸（通过 SW1 置"0"也可停用重合闸），Y1、Y9 不可能动作。

三、重合闸充电

重合闸充电见图 2-7 虚线方框 E。线路发生故障，ARC 动作一次，表示断路器进行了一次"跳闸→合闸"过程。为保证断路器切断能力的恢复，断路器进入第二次"跳闸→合闸"过程须有足够的时间，否则切断能力会下降。为此，ARC 动作后需经一定间隔时间（也可称 ARC 复归时间）才能投入。一般这一间隔时间取 10～15s。

另外，线路上发生永久性故障时，ARC 动作后，也应经一定时间后 ARC 才能动作，以免 ARC 的多次动作。

为满足上述两方面的要求，重合闸充电时间取 15～25s。在非数字式重合闸中，利用电容器放电获得一次重合闸脉冲，因此该电容器充电到能使 ARC 动作的电压值应为 15～25s。在数字式重合闸中模拟电容器充电是一个计数器，计数器计数相当于电容器充电，计数器清零相当于电容器放电。在图 2-7 中 t_{CD} 延时元件具有充电慢、放电快的特点。t_{CD} 为 15～25s，即计数器计到充满电的计数值，此时 RDY 为"1"，为 Y1、Y9 动作准备了条件。

重合闸的充电条件应是：

（1）重合闸投入运行处正常工作状态，说明保护装置未起动，当然起动元件 $L_{\Sigma Q}$ 不动作。

（2）在重合闸未起动情况下，三相断路器处合闸状态，断路器跳闸位置继电器未动作。断路处合闸状态，说明控制开关处"合闸后"状态，双位置继电器 KKQ 励磁处动作状态（因控制开关"跳闸后"状态断开，KKQ 返回线圈失电）；断路器跳闸位置继电器

未动作，即 KCT 没有动作。

（3）在重合闸未起动情况下，断路器正常状态下的气压或油压正常。这说明断路器可以进行跳合闸，允许充电。

（4）没有闭锁重合闸的输入信号。

（5）在重合闸未起动情况下，没有 TV 断线失压信号。当 TV 断线失压时，保护装置工作不正常，重合闸装置对无压、同步的检定也会发生错误。在这种情况下，装置内部输出闭锁重合闸的信号，实现闭锁，不允许充电。

在满足充电条件下，图 2-7 中 KKQ 的动作信号经 JZ7、JZ8 对 t_{CD} 充电，经 $15\sim25s$ 后，t_{CD} 充满电，RDY 为"1"，此时重合闸才可以动作。

四、重合闸起动方式

重合闸起动有两种方式：控制开关与断路器位置不对应起动以及保护起动。

（一）控制开关与断路器位置不对应起动方式

1. 工作原理

重合闸的位置不对应起动就是断路器控制开关 SA（KK）处"合闸后"状态、断路器处跳闸状态，两者位置不对应起动重合闸。

用位置不对应起动重合闸的方式，线路发生故障保护将断路器跳开后，出现控制开关与断路器位置不对应，从而起动重合闸；如果由于某种原因，例如工作人员误碰断路器操作机构、断路器操作机构失灵、断路器控制回路存在问题以及保护装置出口继电器的触点因撞击振动而闭合等，这一系列因素致使断路器发生"偷跳"（此时线路没有故障存在），则位置不对应同样能起动重合闸。可见，位置不对应起动重合闸可以纠正各种原因引起的断路器"偷跳"。断路器"偷跳"时，保护因线路没有故障处于不动作状态，保护不能起动重合闸。

这种位置不对应起动重合闸的方式，简单可靠，在各级电网的重合闸中有着良好的运行效果，是所有自动重合闸起动的基本方式，对提高供电可靠性和系统的稳定性具有重要意义。为判断断路器是否处跳闸状态，需要应用到断路器的辅助触点和跳闸位置继电器。因此，当发生断路器辅助触点接触不良、跳闸位置继电器异常以及触点粘牢等情况时，位置不对应起动重合闸失效，这显然是这一起动方式的缺点。

为克服位置不对应起动重合闸这一缺点，在断路器跳闸位置继电器每相动作条件中还增加了线路相应相无电流条件的检查，进一步地确认并提高了起动重合闸的可靠性。

2. 位置不对应起动方式的实现方法

图 2-8 是位置不对应起动重合闸示意图，其中 KTW_A、KTW_B、KTW_C 分别是分相跳闸位置继电器的常开触点；KKQ1 为控制开关处合闸后位置时双位置继电器 KKQ 动作接通的常开触点（称合后通触点）；KKQ2 为 KKQ 的常闭触点（控制开关处跳闸后位置时闭合）；KTW 为跳闸位置继电器常闭触点，KHW 为合闸位置继电器常闭触点。

考虑到单断路器的数字式重合闸模块一般均放置在保护装置内，三个分相跳闸继电器的触点不仅继电保护模块要使用，重合闸模块也要使用。因此，图 2-8 中（a）和图 2-8（b）串联起来构成位置不对应起动重合闸方式基本上不采用。常用的位置不对应起动重

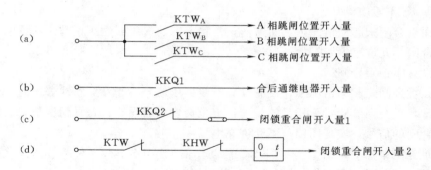

图 2-8 位置不对应起动重合闸示意图

(a) 三个分相跳闸继电器触点分别接入重合闸装置；(b) 合后通开入量接入
重合闸装置；(c) 闭锁重合闸开入量1；(d) 闭锁重合闸开入量2

合闸的方法如下：

(1) 方法1：图 2-8 (a) 和图 2-8 (b) 条件同时满足，在断路器跳闸位置起动重合闸时，还要求检查断路器在跳闸前是否在正常合闸工作状态。其中图 2-8 (b) 条件满足判定控制开关处合闸后位置，图 2-8 (a) 条件满足判定断路器已跳闸（一相或三相跳闸）。

(2) 方法2：图 2-8 中 (c) 条件不满足，同时图 2-8 (a) 条件满足，在断路器跳闸位置起动重合闸时，还要求检查重合闸装置是否已充满电。其中图 2-8 (c) 条件不满足，说明原先三相断路器在正常运行状态且三相断路器均在合闸位置，只有这样重合闸装置才能充满电；图 2-8 (a) 条件满足时重合闸起动，才会发出重合闸脉冲。

(3) 方法3：在控制回路中未设双位置继电器 KKQ 的情况下，图 2-8 (d) 条件不满足，同时图 2-8 (a) 条件满足，在断路器跳闸位置起动重合闸时，还要求检查重合闸装置是否已充满电。工作原理与方法2相同。

应当指出，方法3位置不对应起动重合闸的方法，在控制回路断线时也能闭锁重合闸；有的断路器跳闸回路中串接有低气压接点，在跳闸后有可能会出现瞬时低气压，相当于出现瞬时控制回路断线，即图 2-8 (d) 的 KTW、KHW 均接通，错误闭锁重合闸，造成重合闸拒动。如果是瞬时性故障，则会影响系统的正常运行。为克服这一不利影响，在使用这一方法时，必须增加一定时间确认后再去闭锁重合闸，如图 2-8 (d) 中的延时返回时间元件。

实际应用中，可采用上述任一方法或相互结合使用。

3. 位置不对应起动重合闸的实现

单相故障时，假设单相跳闸，图 2-7 中的 L_A、L_B、L_C 有一个元件不动作（表示已跳闸），所以 Y6＝"0"、H5＝"1"，因此 H6＝"1" 表示单相已经跳闸成功。当 SW5＝"1"（位置不对应起动重合闸投入），KCT 动作信号经 Y7、H7 可使 Y9 动作（KKQ 的动作信号已使重合闸充满电，RDY＝"1"）起动单相重合闸的时间元件 t_D，实现单相重合闸。可见，跳开相无电流是位置不对应起动重合闸的必要条件。

当线路负荷电流很小时，单相故障跳闸后，另两相的低定值过流元件可能不动作。此时 H5＝"0"，低功率标志 P_L 为"1"（P_L 整定 $10\% I_N$），所以 JZ4＝"1"，H6＝"1"，同样能使位置不对应起动重合闸实现起动。

多相故障时，线路三相跳闸（或单相故障实行三相跳闸），图 2-7 中的 L_A、L_B、L_C 均返回（表示三相已跳闸），所以 Y6＝"0"、H5＝"0"。KCT 动作信号经 KW5、JZ5、H3、Y4（三相重合闸或综合重合闸方式时，H4＝"1"）可使 Y1 动作，实现三相重合闸。同样，位置不对应起动重合闸是经三相无电流确认后才起动重合闸的。

图 2-7 中位置不对应起动重合闸采用的是方法 1。

（二）保护起动方式

1. 工作原理

目前大多数线路自动重合闸装置，在保护动作发出跳闸命令后，重合闸才发合闸命令，因此自动重合闸应支持保护跳闸命令的起动方式。

保护起动重合闸，就是用线路保护跳闸出口触点（A 相、B 相、C 相、三跳）来起动重合闸。因为是采用跳闸出口触点来起动重合闸，因此只要固定跳闸命令，无须固定选相结果，从而简化了重合闸回路。

保护起动重合闸可纠正继电保护误动作引起的误跳闸，但不能纠正断路器的"偷跳"。

2. 保护起动的实现方法

单相故障时，单相跳闸固定命令同时应检查单相无电流，方可起动单相重合闸。

多相故障时，三相跳闸固定命令同时应检查三相无电流（也可不检），方可起动重合闸。

当线路保护双重化配置时，另一套保护动作后可起动本保护的重合闸，即另一套保护单相跳闸触点引入本保护重合闸，作本保护的"外部单跳起动重合闸"的开关量输入；另一套保护三相跳闸触点引入本保护重合闸，作本保护的"外部三跳起动重合闸"的开关量输入。本保护接收到"外部单跳起动重合闸"、"外部三跳起动重合闸"的开入量后，再经本装置检查线路无电流后，起动本装置的重合闸。

当位置不对应起动重合闸投入时，可以不使用外部保护起动重合闸的方式，以减少两保护之间的联系，同时位置不对应起动重合闸可以有外部保护起动重合闸的功能。但从提高起动可靠性的角度出发，两者可同时使用。

3. 保护起动重合闸的实现

单相故障断路器单相跳闸后，一相无电流时图 2-7 中 H6＝"1"；单相跳闸固定信号 TG_φ（此时无三跳固定信号）经 JZ6、Y8、H7 可使 Y9 动作，实现单相重合闸。

多相故障断路器三相跳闸后，三相跳闸固定信号 TG_{ABC} 经 H3、Y4（置三相重合或综合重合方式时）可使 Y1 动作，实现三相重合闸。这种实现没有经三相无流确认。

五、重合闸计时

在图 2-7 中，单相故障单相跳闸时，重合闸以单相重合方式计时，重合闸动作时间为 t_D，即重合闸起动后经 t_D 后发出重合脉冲。

多相故障三相跳闸时，重合闸以三相重合方式计时，重合闸动作时间为 t_{ARC}，即重合闸起动后经 t_{ARC} 后发出重合脉冲。

在装设综合重合闸的线路上，假定线路第一次发生的是单相故障，故障相跳闸后线路转入非全相运行，经单相重合闸动作时间 t_D 给断路器发出重合脉冲。若在发出重合脉冲前健全相又发生故障，继电保护动作实行三相跳闸，则有可能出现第二次发生故障的相断路器刚一跳闸，没有适当间隔时间就收到单相重合闸发出的重合脉冲立即合闸。这样除了使重合闸不成功外，严重的会导致高压断路器出现跳经 0s "合→跳" 的特殊动作循环，甚至断路器在接到跳闸命令的同时又接到合闸命令。这一过程会给断路器带来严重的危害。对于空气断路器，将导致排气过程中又收到合闸命令出现合不上又跳不开的现象。对高压少油断路器，在消弧室不能充分去游离情况下立即合闸，主触头将提前击穿，继而立即跳闸。由于消弧室内压力大增，对断路器机械强度发生严重冲击；且去游离不充分，断流容量大为降低。其他型式断路器也有同样情况。

为保证断路器的安全，在装设综合重合闸的线路上，重合闸的计时必须保证是由最后一次故障跳闸算起，即非全相运行期间健全相发生故障而跳闸，重合闸必须重新计时。

在图 2-7 中，线路单相故障跳闸后，在非全相运行过程中健全相发生故障时，继电保护动作实行三相跳闸，于是 H5 的输出由 "1" 变为 "0"，H6 的输出由 "1" 变 "0"、Y7 的输出由 "1" 变 "0"，因此 t_D 时间元件瞬时返回，停止单相重合闸的计时。与此同时，位置不对应和三相跳闸固定同时起动三相重合闸，以第二次故障保护动作重新开始计时，以三相重合闸动作时间 t_{ARC} 进行三相重合。

六、自动重合闸的闭锁

重合闸闭锁就是将重合闸充电计数器瞬间清零，在图 2-7 中就是将 t_{CD} 瞬间放电。

（1）由保护定值控制字设定闭锁重合闸的故障出现时：如相间距离Ⅱ段、Ⅲ段；接地距离Ⅱ段、Ⅲ段；零序电流保护Ⅱ段、Ⅲ段；选相无效、非全相运行期间健全相发生故障引起的三相跳闸等。如用户选择闭锁重合闸时，则这些故障出现时实行三相跳闸不重合。

（2）不经保护定值控制字控制闭锁重合闸的故障发生时：如手动合闸故障线或自动合于故障线，此时的故障可认为是永久性故障；线路保护动作，单相跳闸或三相跳闸失败转为不起动重合闸的三相跳闸，因为此时可能断路器本身发生了故障。

（3）手动跳闸或通过遥控装置将断路器跳闸时：闭锁重合闸；断路器失灵保护动作跳闸，闭锁重合闸；母线保护动作跳闸不使用母线重合闸时，闭锁重合闸。

（4）断路器操作气（液）压下降到允许重合闸值以下时：闭锁重合闸，由图 2-7 中的 H9、JZ9、H11 实现。对于气（液）压瞬时性降低，因引入了 200ms 延时，所以不闭锁重合闸；考虑到断路器在跳闸过程中会造成气（液）压的降低，为保证重合闸顺利进行，只要重合闸起动，就解除低气（液）压的闭锁。在图 2-7 中，只要 H9 一动作，JZ9 输出为 "0"，就解除了低气（液）压闭锁。

（5）使用单相重合闸方式，而保护动作三相跳闸。此时，图 2-7 中的 H4= "0"，三相跳闸位置继电器 KCT$_{ABC}$ 的动作信号经 JZ10、H10、H11 闭锁重合闸。

（6）重合闸停用断路器跳闸。此时，图 2-7 中 Y5= "1"，通过 H11 闭锁重合闸。

（7）重合闸发出重合脉冲的同时，闭锁重合闸。此时，图 2-7 中 H8 输出的 "1" 信号经 H11 闭锁重合闸。

（8）当线路配置双重化保护时，若两套保护的重合闸同时投入运行，则重合闸也实现了双重化。为避免两套装置的重合闸出现不允许的两次重合情况，每套装置的重合闸检测到另一套重合闸已将断路器合上后，应立即闭锁本装置的重合闸。如果不采取这一闭锁措施，则不允许两套装置中的重合闸同时投入运行，只能一套投入运行。

（9）检测到 TV 二次回路断线失压，因检无压、检同步失去了正确性，在这种情况下应闭锁重合闸。

对于 110kV 及以下电压等级的输电线路，断路器不能分相操作，所以只能实行三相重合闸。此时重合闸功能的逻辑框图只有图 2−7 中重合闸充电部分、三相重合闸部分和重合闸闭锁部分，其功能性逻辑框图如图 2−9 所示。图中输入量文字符号的意义与图 2−7 中相同，其中发出闭锁重合闸的信号 BC 有以下功能：

（1）手动跳闸或通过遥控装置跳闸。

（2）按频率自动减负荷动作跳闸、低电压保护动作跳闸、过负荷保护动作跳闸、母线保护动作跳闸。

（3）当选择检无压或检同步工作时，检测到母线 TV、线路侧 TV 二次回路断线失压。

（4）检线路无压或检同步不成功时。

（5）弹簧未储能。

（6）断路器控制回路发生断线。

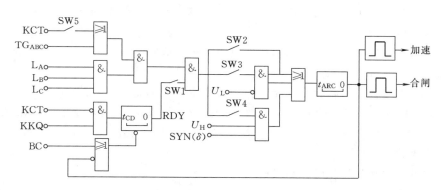

图 2−9　110kV 及以下输电线路 ARC 的功能逻辑框图

第四节　输电线路 ARC 运行

一、线路故障时 ARC 动作行为

以图 2−7 为例，说明在综合重合闸方式下线路发生故障时 ARC 的动作行为。

（一）单相（A 相）接地故障

当线路上 A 相发生瞬时性单相接地时，线路两侧选为 A 相接地，继电保护动作后两侧 A 相断路器跳闸；两侧 A 相断路器跳闸后，保护起动、位置不对应均起动重合闸；两侧分别以单相重合闸时限实行单相重合闸，因重合时故障点电弧已熄灭，两侧重合成功，恢复正常运行。

当线路上 A 相发生瞬时性故障一侧选相元件拒动时，非拒动侧 A 相跳闸，跳闸后由保护起动、位置不对应起动单相重合闸；拒动侧因选相元件拒动实行三相跳闸，三相跳闸后由保护起动、位置不对应起动三相重合闸。

拒动侧三相跳闸后，非拒动侧三相无电流，H5＝"0"，当正常运行时线路电流大于 $10\%I_N$ 时，有 H6＝"0"、Y7＝"0"，关闭单相重合闸回路，单相重合闸停止计时（清零）；与此同时，通过位置不对应起动重合闸回路，即 JZ5 输出的"1"起动三相重合闸，于是拒动侧检同步重合，重合成功后非拒动侧也以检同步重合，将跳开相断路器合上。当正常运行时线路电流小于 $10\%I_N$ 时，虽然非拒动侧由于三相跳闸三相无电流，但低功率运行标志 P_L 为"1"，本侧的单相重合闸仍可起动，同时三相重合闸也起动。这样，拒动侧检同步三相重合，非拒动侧以单相重合闸或检同步三相重合将故障相断路器合上。

当线路上 A 相发生永久性故障时，两侧 A 相断路器跳闸后，两侧起动单相重合闸。但由于重合于永久性故障上，保护加速立即三相跳闸并将重合闸闭锁。如果正常运行时线路电流大于 $10\%I_N$，则后重合侧关闭单相重合闸，起动三相重合闸，当该侧检线路无压投入时，该侧重合后再三相跳闸并将重合闸闭锁；当该侧为检同步侧时，则该侧重合闸不动作（因线路侧无电压）。如果正常运行时线路电流小于 $10\%I_N$，则后重合侧单相重合于永久性故障上，保护加速立即三相跳闸并将重合闸闭锁（该侧为检线路无压侧时，三相重合闸动作并立即三相跳闸；当为检同步侧时，该侧三相重合闸不动作）。

（二）多相故障

多相故障指的是两相故障、两相接地故障、三相故障。发生多相故障时，继电保护动作后进行三相跳闸。

两侧三相跳闸后，两侧起动三相重合闸。如果发生的是瞬时性故障，则检线路无压侧先重合，重合成功后，后重合侧检同步重合，恢复正常运行；如果发生的是永久性故障，则检线路无压侧先重合于永久性故障上，保护加速立即三相跳闸，后重合侧因线路侧无压，同步条件无法满足，重合闸不动作。

（三）两相（AB 相）相继接地故障

如果线路 A 相发生接地故障时，B 相也相继发生接地故障，当 B 相故障发生在保护返回之前，则判断为多相故障，表现为 A 相先跳闸，B、C 相后跳闸，重合闸的动作情况与多相故障时相同。当 B 相故障发生在保护返回之后，即非全相运行期间 B 相发生故障，根据 B 相故障发生在重合闸脉冲前或后，动作情况如下：

1. 重合闸脉冲发出前 B 相发生接地故障

线路两侧的 A 相断路器跳闸后，单相重合闸起动在 t_D 充电过程中 B 相发生了接地故障，此时线路两侧的非全相运行过程中健全相发生故障的保护动作，跳开两侧两健全相断路器，停止单相重合闸计时，两侧转为三相重合闸。此后的动作情况与多相故障时相同。可以看出，重合闸计时是从 B 相故障跳闸开始的。

2. 重合闸脉冲发出后 B 相发生接地故障

这种情况相当于先重合侧单相重合于故障线路，先重合侧保护加速立即三相跳闸并将重合闸闭锁，重合闸不成功。B 相接地故障如在后重合侧重合闸脉冲发出后发生，则后重合侧保护同样加速立即三相跳闸；B 相接地故障如在后重合侧重合闸脉冲发出前而在先重合侧重合闸脉冲发出后发生，则后重合侧非全相运行保护动作将 B、C 相断路器跳闸，单相重合闸停止计时，转为三相重合闸。当后重合侧为检线路侧无压时，则要重合一次；当后重合侧为检同步时，则重合闸不动作。

（四）一相断路器正常状态下自动跳闸

当一相断路器自动跳闸时，线路转入非全相运行，继电保护自动将非全相运行过程中会误动作保护退出运行。此时，位置不对应起动重合闸。当负荷电流大于 $10\%I_N$，起动单相重合闸；当负荷电流小于 $10\%I_N$ 时起动三相重合闸（单相重合闸也起动），将断路器合上，恢复正常运行。

（五）断路器拒绝跳闸

线路发生故障，继电保护动作，发出跳闸脉冲。若断路器拒绝跳闸，则保护不返回，经适当时间起动断路器失灵保护；失灵保护动作后，跳开与拒绝跳闸断路器连接在同一母线上的所有断路器，同时闭锁重合闸。

（六）断路器拒绝合闸

设线路发生了瞬时性单相接地故障，故障相断路器跳闸起动重合闸，发出重合脉冲后断路器拒绝合闸，则线路转入非全相运行。当不允许长期非全相运行时，由零序电流保护后备段动作跳开其他两相断路器。

输电线路原来的重合闸（包括综合重合闸）构成较复杂，特别是综合重合闸考虑的问题也较多。随着继电保护技术的发展，输电线路的数字式重合闸构成要简单得多，同时综合重合闸中不少需考虑的问题在继电保护中也获得了较好的解决。因此，没有单独的输电线路数字式重合闸装置，总是与继电保护一起组成成套线路保护装置。

二、线路 ARC 参数整定

（一）单侧电源线路三相自动重合闸

1. 重合闸充电时间 t_{CD}（不需设定）

重合闸充电时间就是重合闸的复归时间，根据本章第三节的分析，应取 $t_{CD}=15\sim25s$。

2. 重合闸动作时间 t_{ARC}

单侧电源线路重合闸动作时限 t_{ARC} 应大于下列时间：故障点熄弧时间（考虑到电动机反馈电流对熄弧时间的影响）及周围介质去游离时间；断路器及操作机构准备好再次动作的时间。从保证故障点有足够的断电时间出发，重合闸动作时间的最小值 $t_{ARC \cdot min}$ 为

$$t_{ARC \cdot min} = t_y + \Delta t - t_H \qquad (2-6)$$

式中　t_y——故障点去游离时间，对 $330\sim500kV$ 线路应大于 $0.4s$，对 $110\sim220kV$ 线路应大于 $0.3s$，对 $35\sim66kV$ 线路应大于 $0.2s$，对 $6\sim10kV$ 线路应大于 $0.1s$；

　　　t_H——断路器的合闸时间；

　　　Δt——时间裕度，可取 $0.4s$。

按式（2-6）整定，当重合闸动作时，保护已返回，断路器及其操作机构也已准备好可以重合。

为提高重合闸的成功率，可酌情延长重合闸动作时间，3～110kV 电网有关的整定规程中规定，单侧电源线路的三相一次重合闸动作时间不宜小于 1s；如采用二次重合闸，第二次重合闸动作时间不宜小于 5s。

（二）检无压和检同步三相自动重合闸

1. 重合闸充电时间 t_{CD}（不需设定）

与单侧电源线路三相自动重合闸相同，充电时间 $t_{CD}=15～25s$。

2. 检线路侧无压的动作电压 U_{opL}

在检无压和检同步三相自动重合闸中，检线路侧无压先三相重合。检定线路侧无电压的动作电压 U_{opL} 为

$$U_{opL} = 50\%U_N$$

式中　U_N——线路的额定电压。

当三相跳闸后线路侧电压低于 U_{opL} 值，即判线路无压。

3. 检线路侧有压的动作电压 U_{opH}

在检无压和检同步三相自动重合闸中，检线路无压侧重合成功后，检同步侧检定线路有电压的动作电压 U_{opH} 为

$$U_{opH} = 80\%U_N$$

当三相跳闸后线路侧电压高于 U_{opH} 值，即判无压侧已三相重合成功，该侧进入检同步程序。

4. 检同步的动作角 δ_{set}

δ_{set} 应满足可能出现的最不利运行方式下，小电源侧发电机的冲击电流不超过允许值。发电机的冲击电流周期分量 I_{imp} 不得超过如下数值：

汽轮发电机　　　　　　　　　　$\dfrac{I_{imp}}{I_N} \leqslant \dfrac{0.65}{X''_d}$

有阻尼绕组的水轮发电机　　　　$\dfrac{I_{imp}}{I_N} \leqslant \dfrac{0.6}{X''_d}$

无阻尼绕组的水轮发电机　　　　$\dfrac{I_{imp}}{I_N} \leqslant \dfrac{0.6}{X'_d}$

同步调相机　　　　　　　　　　$\dfrac{I_{imp}}{I_N} \leqslant \dfrac{0.84}{X''_d}$

电力变压器　　　　　　　　　　$\dfrac{I_{imp}}{I_N} \leqslant \dfrac{1}{u_K\%}$

式中　I_N——同步电机或电力变压器的额定电流；

　　　X''_d——同步电机直轴次暂态电抗；

　　　X'_d——同步电机直轴暂态电抗；

　　　$u_K\%$——电力变压器的短路电压。

在计算冲击电流时，两侧电动势的相角差由式（2-5）确定。

一般输电线路可取 $\delta_{set}=30°$ 左右。

5. 重合闸动作时间 t_{ARC}

重合闸动作时间 t_{ARC} 除考虑单侧电源线路重合闸的因素外，还应考虑线路两侧保护以

不同时间切除故障的可能性（对分支线路，尚应考虑对侧和分支侧断路器相继跳闸的情况下，故障点仍有足够的断电去游离时间）。图 2-10 示出了双侧电源单回线路故障点消弧时间、断电时间与重合闸动作时间的关系。由图可见，故障点断电时间由两侧保护、断路器跳合闸、重合闸整定时间综合确定。对于使用三相重合闸的线路，除同杆并架线路外，在两侧断路器三相跳闸后，不存在潜供电流，故障点最短断电时间就是故障点的去游离时间。对于同杆并架使用三相重合闸线路以及单相重合闸线路，由于存在潜供电流，还要考虑潜供电流的消弧时间，所以最短断电时间要长些。

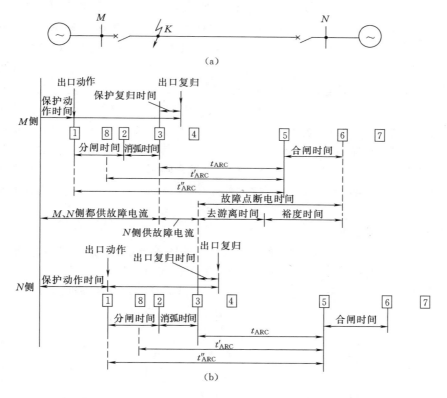

图 2-10 消弧时间、断电时间与重合闸动作时间的关系

(a) 等值系统；(b) 各时间配合关系

1—跳闸线圈励磁；2—主触点分离；3—主触点消弧；4—主触点分离到底；

5—给合闸脉冲；6—主触点接通；7—主触点合到底；8—辅助触点转换

图 2-10 (a) 所示的是三相重合闸线路，由图 2-10 (b) 可知，t''_{ARC} 是保护动作起动重合闸的整定时间；t'_{ARC} 是仅有位置不对应起动重合闸的整定时间；当保护动作跳闸、位置不对应起动重合闸均经无电流检定时（如图 2-7 中的起动重合闸），重合闸整定时间为 t_{ARC}。图 2-10 (b) 中三相重合闸的动作时间为

$$t_{ARC} = \Delta t_{op} + t_y + \Delta t - t_H \qquad (2-7)$$

式中 Δt_{op}——两侧保护动作时间差，可取线路对侧保护延时段动作时间，一般情况下按线路一侧保护Ⅰ段动作、而另一侧保护Ⅱ段动作来计算。

在 3～110kV 电网中，对多回路并列运行的双侧电源线路三相一次重合闸，为提高重合闸的成功率，可酌情延长重合闸动作时间，检定线路无压侧重合闸动作时间不宜小于5s；大型电厂出线的三相一次重合闸动作时间一般整定为 10s。

在 220～500kV 电网中，发电厂出线或密集型电网的线路三相重合闸，检定线路无压侧重合闸动作时间一般整定为 10s。

大型电厂高压输出线出口处发生三相短路故障时，必然对发电机大轴造成疲劳损伤，如再重合到永久性故障上，则对发电机的安全极为不利，对发电机轴的寿命影响甚大。为保证发电机的安全，电厂高压输出线不能采用三相快速重合闸。如果采用三相重合闸，则重合闸动作时间不能小于 10s（在重合闸动作时间内，第一次故障引起的机轴振荡已趋于平静），即使重合于永久性故障，相当于发生一次不重合的故障跳闸，对发电机的轴疲劳损耗不大。当然，对大型电厂的高压输出线，电厂侧可采用检同步重合闸（系统侧采用检线路侧无压重合）、单相重合闸（即使重合到单相永久性故障上，对发电机轴的疲劳损耗影响不大）、检线路三相有压的单相重合闸，或停用重合闸。这样，可避免发生永久性故障时重合闸引起发电机轴过大的疲劳损耗。

（三）关于三相快速重合闸动作时间

一般情况下，系统中相当多的线路不会因为重合闸不成功或重合于永久性故障上而影响系统的稳定性。但是，系统中也有存在稳定问题的线路，此时重合闸应考虑系统稳定性问题。

1. 暂态稳定的必要条件

图 2-11 示出了一条 MN 联络线，M 侧为系统的等值发电机，或是大型电厂的等值发电机，其等值 d 轴电抗为 $X_{d\Sigma}$（包括变压器等阻抗在内）；N 侧为大容量电力系统，其等值电抗为 X_S，X_S 远小于 $X_{d\Sigma}$。正常运行时联络线输送功率 P 可表示为

$$P = \frac{E_q E_N}{X_\Sigma}\sin\delta \qquad\qquad (2-8)$$

图 2-11　系统联络线

式中　E_q——M 侧等值发电机空载电动势；

　　　E_N——N 侧系统内电动势；

　　　δ——E_q 与 E_N 间的相角差；

　　　X_Σ——M、N 侧间联系总电抗，$X_\Sigma = X_{d\Sigma} + X_{MN} + X_S$，$X_{MN}$ 为联络线 MN 电抗（正序）。

由式（2-8）作出功角特性 $P = f(\delta)$ 的关系曲线如图 2-12 所示。当机组输入功率为 P_T时，则稳定运行在 a 点（a'点不能稳定运行），此时的 δ 角为 δ_0，因机组的输入功率等于输出功率（a 点），所以发电机转子速度为同步速度。

对图 2-11 的 M 侧等值发电机来说，当不计发电机损耗时，转子运动方程可写为

$$J\frac{d\omega}{dt} = T_T - T \qquad (2-9a)$$

$$T_T = \frac{P_T}{\omega} \qquad (2-9b)$$

$$T = \frac{P}{\omega} \qquad (2-9c)$$

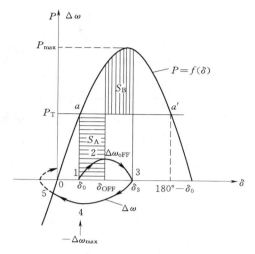

图 2-12　暂态稳定说明

式中　　J——发电机组的转动惯量；

　　　　ω——发电机组的转子角速度；

T_T、P_T——原动机施加于转子的机械转矩、此机械转矩的电功率；

　T、P——发电机组输出转矩、此输出转矩的电功率。

在我国，机组参数习惯采用惯性常数 M，M 的表达式为

$$M = 2\left(\frac{\frac{1}{2}J\omega_0^2}{S_N}\right)$$

式中　　ω_0——机组的额定角速度，汽轮机组的同步角速度；

　　　　S_N——发电机机组的额定容量，MVA。

将式（2-9a）中的 J 以 M 表示，则有

$$\frac{1}{\omega_0}\frac{d\omega}{dt} = \frac{1}{M}\frac{\omega_0}{\omega}\frac{P_T - P}{S_N} \qquad (2-10)$$

因为 ω 的单位为 rad/s，P_T 与 P 的单位为 MW，J 的单位为 s^2/rad^2，所以 M 的单位为 s。

在不失去稳定的前提下，发电机转速与同步速很接近，故式（2-10）中 $\frac{\omega_0}{\omega}$ 可取为 1。如果令 $\omega_* = \frac{\omega}{\omega_0}$、$P_{T*} = \frac{P_T}{S_N}$、$P_* = \frac{P}{S_N}$，则式（2-10）可表示为

$$\frac{d\omega_*}{dt} = \frac{P_{T*} - P_*}{M} \qquad (2-11)$$

省去标么符号"$*$"，得到 P_T、P 用标么值表示时的转子运动方程为

$$\frac{d\omega}{dt} = \frac{\omega_0}{M}(P_T - P) \qquad (2-12)$$

为简化分析，不计调速器作用，即在整个分析过程中机组的原动机力矩不变，同时认为发电机电动势保持不变。

因为图 2-11 中 N 侧系统容量很大，角频率保持同步角速度 ω_0，所以当 ω 变化时，δ 角可表示为

$$\delta = \delta_0 + (\omega - \omega_0)t \qquad (2-13)$$

所以

$$\frac{d\delta}{dt} = \omega - \omega_0 \qquad (2-14)$$

$$\frac{\mathrm{d}^2\delta}{\mathrm{d}t^2} = \frac{\mathrm{d}\omega}{\mathrm{d}t} \tag{2-15}$$

将式（2-15）代入式（2-12），得到

$$\frac{\mathrm{d}^2\delta}{\mathrm{d}t^2} = \frac{\omega_0}{M}(P_\mathrm{T} - P) \tag{2-16}$$

在 $P = P_\mathrm{T}$ 的初始稳定运行条件下，设在图 2-11 的 M 母线输出的另一空载线出口发生金属性三相短路，若故障开始瞬间为时间起始点，计及 $P = 0$，则由式（2-12）可得

$$\int_{\omega_0}^{\omega} \mathrm{d}\omega = \int_0^t \frac{\omega_0}{M} P_\mathrm{T} \mathrm{d}t$$

所以

$$\omega = \omega_0 + \omega_0 \frac{P_\mathrm{T}}{M} t \tag{2-17a}$$

或

$$\Delta\omega = \omega - \omega_0 = \omega_0 \frac{P_\mathrm{T}}{M} t \tag{2-17b}$$

此式说明，短路故障发生后转子角速度以时间 t 线性上升，机组转子动能增大。将式（2-17a）代入式（2-14），可得

$$\int_{\delta_0}^{\delta} \mathrm{d}\delta = \int_0^t \omega_0 \frac{P_\mathrm{T}}{M} t \, \mathrm{d}t$$

所以

$$\delta = \delta_0 + \frac{1}{2}\omega_0 \frac{P_\mathrm{T}}{M} t^2 \tag{2-18}$$

可以看出，短路故障发生后 δ 角以时间 t 的平方增大。

图 2-12 中 1→2 表示了故障发生后 $\Delta\omega$ 的变化 $\left[\Delta\omega = \sqrt{\dfrac{2\omega_0 P_\mathrm{T}}{M}(\delta - \delta_0)}\right]$。若保护动作时间为 t_op、断路器跳闸时间为 t_T（包括消弧时间），则故障切除时间 t_OFF 为

$$t_\mathrm{OFF} = t_\mathrm{op} + t_\mathrm{T} \tag{2-19}$$

故障切除时的 $\Delta\omega_\mathrm{OFF}$、$\delta_\mathrm{OFF}$ 由式（2-17b）、式（2-18）得到为

$$\Delta\omega_\mathrm{OFF} = \omega_0 \frac{P_\mathrm{T}}{M} t_\mathrm{OFF} \tag{2-20}$$

$$\delta_\mathrm{OFF} = \delta_0 + \frac{1}{2}\omega_0 \frac{P_\mathrm{T}}{M} t_\mathrm{OFF}^2 \tag{2-21}$$

故障切除后，输电线路恢复原有状态，因输出功率 $P = \dfrac{E_\mathrm{q} E_\mathrm{N}}{X_\Sigma}\sin\delta_\mathrm{OFF} > P_\mathrm{T}$，所以机组开始减速，但因机组转子积累动能的作用，$\delta$ 角还要继续增大，直到 $\Delta\omega = 0$ 时 δ 角才开始回转（假设系统是暂态稳定的）。故障切除后，由式（2-12）并计及式（2-8）后可得到

$$\int_{\omega_\mathrm{OFF}}^{\omega} \mathrm{d}\omega = \int_{t_\mathrm{OFF}}^t \frac{\omega_0}{M}(P_\mathrm{T} - P_\mathrm{max}\sin\delta)\mathrm{d}t \tag{2-22}$$

其中

$$P_\mathrm{max} = \frac{E_\mathrm{q} E_\mathrm{N}}{X_\Sigma}$$

即

$$\omega = \omega_\mathrm{OFF} - \frac{\omega_0}{M}\int_{t_\mathrm{OFF}}^t (P_\mathrm{max}\sin\delta - P_\mathrm{T})\mathrm{d}t \tag{2-23a}$$

或

$$\Delta\omega = \omega - \omega_\mathrm{OFF} = -\frac{\omega_0}{M}\int_{t_\mathrm{OFF}}^t (P_\mathrm{max}\sin\delta - P_\mathrm{T})\mathrm{d}t \tag{2-23b}$$

可见，$\Delta\omega$ 随着 t 的增加由 ω_{OFF} 逐渐减小，根据此式作出 $\Delta\omega$ 与 δ 的关系曲线如图 2-12 中的 2→3。到达 3 点，$\Delta\omega=0$，即机组转子速度回到同步速，已将转子积累的动能转为有功功率送入系统。在 3 点上，因 $\Delta\omega=0$，由式（2-23）得到关系式

$$\int_{t_{\text{OFF}}}^{t_3} (P_{\max}\sin\delta - P_{\text{T}})\mathrm{d}t = 0$$

其中 t_3 是转子回到同步速时的时间，相应的 δ 角就是图 2-12 中的 δ_3 角。

机组转子回到同步速后，由于输出功率 P 仍然大于 P_{T}，所以转子速度还要减速，此时的 δ 角由 δ_3 开始回摆（假设系统是暂态稳定的），在回摆过程中，由式（2-12）并计及式（2-8）后可得到

$$\int_{\omega_0}^{\omega} \mathrm{d}\omega = \int_{t_3}^{t} \frac{\omega_0}{M}(P_{\text{T}} - P_{\max}\sin\delta)\mathrm{d}t$$

即

$$\omega - \omega_0 = -\frac{\omega_0}{M}\int_{t_3}^{t} (P_{\max}\sin\delta - P_{\text{T}})\mathrm{d}t \qquad (2-24\text{a})$$

或

$$\Delta\omega = -\frac{\omega_0}{M}\int_{t_3}^{t} (P_{\max}\sin\delta - P_{\text{T}})\mathrm{d}t \qquad (2-24\text{b})$$

可见，回摆过程中只要 $P_{\max}\sin\delta - P_{\text{T}} > 0$，转子速度将逐渐减小（$\Delta\omega < 0$），$\Delta\omega$ 的数值逐渐增大，$\Delta\omega$ 与 δ 的关系曲线如图 2-12 中的 3→4。回摆到 $\delta=\delta_0$ 时，$P_{\max}\sin\delta_0=P_{\text{T}}$，$\Delta\omega$ 数值达到最大，转子达到最低转速。δ 角再减小时，因 $P_{\max}\sin\delta < P_{\text{T}}$，所以转子又要加速，$\Delta\omega$ 数值减小，$\Delta\omega$ 与 δ 的关系曲线如图 2-12 中 4→5。如果机组存在正阻尼，则上述转子转速变化的振荡过程将逐渐衰减，最后仍然恢复到 δ_0 处稳定运行。如果情况是这样，则说明这个送电方式在这种故障情况下保持了暂态稳定。

要保持暂态稳定，在图 2-12 中的 3 点应满足 $\Delta\omega=0$，δ 角才能回摆。在 1 点，$\Delta\omega=0$。于是，δ 角从 δ_0 变化到 δ_3 角，有关系式

$$\int_{\delta_0}^{\delta_3} \Delta\omega \mathrm{d}\omega = 0 \qquad (2-25)$$

考虑到式（2-14），式（2-25）变化为

$$\int_{\delta_0}^{\delta_3} \frac{\mathrm{d}\delta}{\mathrm{d}t}\mathrm{d}\omega = 0$$

将式（2-12）代入，可得

$$\int_{\delta_0}^{\delta_3} \frac{\omega_0}{M}(P_{\text{T}} - P)\mathrm{d}\delta = 0$$

即

$$\int_{\delta_0}^{\delta_{\text{OFF}}} (P_{\text{T}} - P)\mathrm{d}\delta + \int_{\delta_{\text{OFF}}}^{\delta_3} (P_{\text{T}} - P)\mathrm{d}\delta = 0 \qquad (2-26)$$

式（2-26）是保持暂态稳定的必要条件。

注意，式（2-26）左边的 P 是故障时的功角特性，右边的 P 是故障切除后的功角特性。以图 2-11 为例，保持暂态稳定的必要条件由式（2-26）得到为

$$\int_{\delta_0}^{\delta_{\text{OFF}}} P_{\text{T}}\mathrm{d}\delta = \int_{\delta_{\text{OFF}}}^{\delta_3} (P_{\max}\sin\delta - P_{\text{T}})\mathrm{d}\delta \qquad (2-27)$$

此式左边就是图 2-12 中的加速面积 S_{A}，右边就是图 2-12 中的减速面积 S_{B}。当 $S_{\text{B}}=S_{\text{A}}$ 时，就能保持暂态稳定。任何减小加速面积、增大减速面积的措施都能提高系统暂态稳

定。由式（2-21）明显可见，加快切除故障的时间，可有效减小 δ_{OFF} 角。这不仅减小了加速面积 S_A，同时增大了减速面积 S_B，提高暂态稳定的效果是双重性的，效果十分明显。当然还有其他提高暂态稳定的措施。

2. 三相快速重合闸对暂态稳定的影响

在有稳定问题的线路上，采用三相快速重合闸就是当线路发生故障时，继电保护快速使故障线路断路器跳闸，并紧接着重合，保证断路器断开后重合的整个时间约为 0.5s，在短时间内两侧电动势相角差摆开不大，所以系统不会失步，能保持系统的暂态稳定。

设在图 2-11 中 K 点发生三相永久性故障，若不重合，则由图 2-12 可知，$S_B=S_A$，系统是暂态稳定的。当采用三相快速重合闸时，因重合闸动作时间为 0.5s 左右，所以相当于在减速面积近似与加速面积相等时重合（$S_B \approx S_A$），即图 2-13 (a) 中 δ_3 附近重合，由重合于故障获得加速面积 S_C，因减速面积 $S_D < S_C$，所以 δ 角达到 $180° - \delta_0$ 时，机组没有回到同步速，即 $\Delta\omega > 0$，于是在经过 $180° - \delta_0$ 后 δ 角不断增加，$\Delta\omega$ 变化如图 2-13 (a) 中 1→2→3→4→5→6，机组对系统失去暂态稳定。可见，采用三相快速重合闸，当重合于故障未消失的线路时，机组对系统容易失去暂态稳定，不重合反而机组是稳定的。如果不是三相快速重合闸，选择在出现 $-\Delta\omega_{max}$ 时 [图 2-13 (b) 中 4 点处，即 δ_0 角] 进行重合（最佳重合），即使重合于故障，则机组转子获得的加速能量首先用来恢复机组到额定转速，机组的减速面积为图 2-13 (b) 中的 $S_B + S_C$；当第二次获得的加速面积仍为 S_A 时，同样在 δ_{OFF} 时切除故障，此时的机组转速仍低于同步速，δ 角即开始回摆。显而易见，这种情况下机组对系统不会失去暂态稳定。

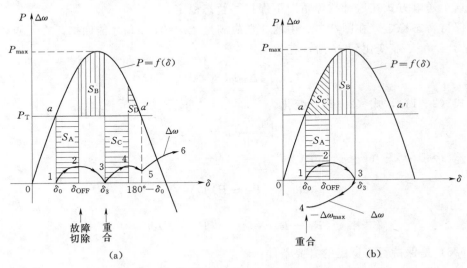

图 2-13 不同重合闸时间对系统暂态稳定的影响
(a) 三相快速重合闸重合于故障线路；(b) 按 $-\Delta\omega_{max}$ 重合于故障线路

虽然图 2-13 (b) 示出的是理想情况，但重合时间仍对系统暂态稳定存在影响。如果考虑重合到故障未消失的线路上的系统稳定，则采用三相快速重合闸将显著降低系统的稳定水平，甚至失去稳定；而采用最佳重合时间（$\Delta\omega$ 出现 $-\Delta\omega_{max}$ 重合）重合，重合到故障未消失的线路上时，不会对系统稳定带来不利影响，可保持第一次故障不重合的稳定水平。

实际最佳重合时间可按最大送电方式在 δ 角回摆到 $-\Delta\omega_{max}$ 出现时重合。

由上分析可见，对于一般的三相快速重合闸，只有在依靠重合成功才能保持系统稳定的情况下应用才有意义，因为在这种情况下不重合系统就会失去稳定，属于这种情况的有大环网或重负荷单回线路，在这些线路上采用单相或三相快速重合闸是合理的，重合成功可保持系统稳定。当然，重合到故障未消失的线路上，系统必然失去稳定。

（四）单相重合闸动作时间 t_D

在应用单相重合闸的线路上，必然要出现线路的非全相运行。在非全相运行期间，因潜供电流的影响，与三相重合闸相比，故障点具有熄弧慢的特点。在图 2 - 10（b）中，故障点断电时间要增加潜供电流消弧时间，于是最小动作时间 $t_{D.min}$ 由式（2 - 7）可得到为

$$t_{D.min} = \Delta t_{op} + t'_y + t_y + \Delta t - t_H \qquad (2-28)$$

式中　t'_y——潜供电流消弧时间。

可见，单相重合闸的动作时间要比三相重合闸动作时间长。动作时间由运行方式部门确定，一般整定为 $0.7\sim1s$。

单相重合闸应用在带分支变压器的线路上时，分支变压器负荷形成反馈电流，同样影响故障点消弧，重合闸动作时间应考虑这一影响因素，重合闸动作时间应长些。

在个别情况下，例如线路发生单相接地，零序电流 II 段动作跳开故障相，然而在非全相运行期间因负荷较大，导致零序电流 II 段不复归。当重合闸由保护复归才起动时，则只有待非全相闭锁该保护时重合闸才起动，即开始计时，这样会使断路器比正常情况晚重合约 0.2s（转入非全相开始闭锁该保护的时间）。当然，这种情况不会给系统运行带来问题，但在整定时要注意这一时间。

三、自动重合闸与继电保护的配合

自动重合闸与继电保护配合，可加快切除故障，提高供电可靠性，对保持系统暂态稳定有利。

自动重合闸与继电保护的配合，主要有重合闸前加速保护和重合闸后加速保护。

1. 重合闸前加速保护

重合闸前加速保护一般用于单侧电源辐射形电网中，重合闸仅装在靠近电源线路的电源一侧。重合闸前加速就是当线路上（包括邻线及以外的线路）发生故障时，靠近电源侧的保护首先瞬时无选择性动作跳闸，而后借助 ARC 来纠正这种非选择性动作。当重合于故障上时，无选择性的保护自动解除，保护按原有选择性要求动作。

图 2 - 14 示出了单电源供电的辐射形网络，QF1、QF2、QF3 上均安装了按阶梯形时限特性配合整定的过电流保护，QF1 上的过电流保护动作时限 t_1 最长。为实现前加速保护，在 QF1 上还装设了能保护到线路 CD 的电流速断保护以及 ARC（ARC 含在保护装置中）。若在 AB 或 BC、CD 上发生故障（如图 2 - 14 中 K_1 点），则 QF1 上的电流速断保护首先动作将 QF1 断开（ARC 动作前加速了保护），而后 ARC 动作将 QF1 合上。如果故

障为瞬时性，则重合成功，恢复供电；如故障为永久性，则保护有选择性地动作，切除故障。即 K_1 点故障，跳开 QF3；BC 线故障，跳开 QF2；AB 线故障，跳开 QF1。为使无选择性的电流速断保护范围不致延伸太长，动作电流要躲过变压器低压侧短路故障（如图 2-14 中 K_2 点）流过 QF1 的短路电流。

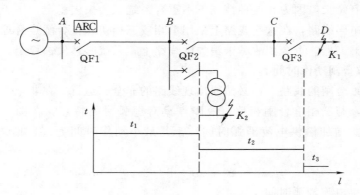

图 2-14　重合闸前加速保护说明

图 2-15 示出了重合闸前加速保护功能逻辑框图。KAZ 是被加速的零序电流继电器，KA 是被加速的电流继电器，KTW 为断路器跳闸位置继电器（KTW＝"0"表示断路器已合上），RDY＝"1"表示重合闸已充好电，SW1 为投零序电流保护加速的控制字，SW2 为投电流保护加速的控制字，SW3 为投前加速保护的控制字。控制字为"1"，相应功能投入；控制字为"0"相应功能退出。手动合闸且断路器已合上时，加速保护的时间为 400ms，当手动合闸于故障线路时，保护加速可立即跳闸。当 SW3＝"1"时，实现重合闸前加速保护，重合闸动作后，RDY 立即为"0"，前加速保护自动退出（SW3＝"0"时，前加速保护退出，重合闸后加速保护投入）。为防止断路器三相触头不同时接通时产生零序电流引起零序电流保护加速段误动，可增加延时 t_1 以避免产生零序电流，可取 t_1＝100ms；同样取 t_2＝100ms 以躲过合闸时线路电容充电电流的影响。

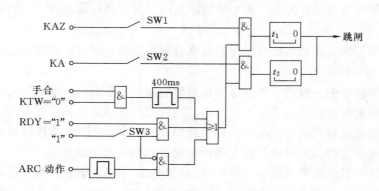

图 2-15　重合闸前加速保护功能逻辑框图

采用重合闸前加速保护的优点是：

（1）能快速切除线路上的瞬时性故障。

（2）由于能快速切除瞬时性故障，故障点发展成永久性故障的可能性小，从而提高重合闸的成功率。

（3）由于能快速切除故障，能保证发电厂和重要变电所的负荷少受影响。

（4）使用设备少，简单经济（在数字保护中该优点不存在）。

采用重合闸前加速保护的缺点是：

（1）靠近电源一侧断路器工作条件恶化，切除故障次数与合闸次数多。

（2）当 ARC 拒动或 QF1 拒合时，将扩大停电范围，甚至在最末一级线路上的故障，也能造成除 A 母线用户外其他所有用户的停电。

（3）重合于永久性故障时，故障切除的时间可能较长。

（4）在重合闸过程中除 A 母线负荷外，其他用户都要暂时停电。

重合闸前加速保护主要用于 35kV 以下由发电厂或重要变电所引出的不太重要的直配线上。

2. 重合闸后加速保护

重合闸后加速保护就是当线路上发生故障时，保护首先按有选择性的方式动作跳闸。当 ARC 动作重合于永久性故障上时，保护得到加速，快速切除故障，与第一次切除故障是否带有时限无关。

被加速的保护对线路末端故障应有足够的灵敏度，一般加速第 II 段，有时也可加速第 III 段，这样对全线的永久性短路故障，ARC 动作后均可快速切除。加速的保护可以是电流保护的第 II 段、零序电流保护第 II 段（或第 III 段）、接地距离第 II 段（或第 III 段）、相间距离第 II 段（或第 III 段），或者在数字式保护中加速定值单独整定的零序电流加速段、电流加速段。加速距离保护时，如重合后（单相重合或三相重合）不会发生系统振荡，则加速段可不经振荡闭锁控制；当三相跳闸三相重合后，有可能发生系统振荡，则加速段需经振荡闭锁控制。

当图 2-15 中的 SW3 置 "0" 时，重合闸后加速保护就投入了（加速的保护如上所述），ARC 一动作，就将被加速的保护投入。零序电流加速段仍需带 100ms 延时，保护加速的时间可取 3s，优点是：

（1）对于重合后在短时间内发生的短路故障仍可快速切除，可提高系统的暂态稳定性。

（2）重合时，有时故障有再生演变延时，此时仍可快速切除。

（3）重合于故障未消失的线路时，有足够的时间可靠跳闸。

采用重合闸后加速保护的优点是：

（1）故障首次切除保证了选择性，不会扩大停电范围，在高压电网中显得特别重要。

（2）重合于永久性故障线路，仍能快速、有选择性的将故障切除。

（3）应用不受网络结构和负荷条件的限制。

采用后加速保护的缺点是：

（1）首次故障的切除可能带有时限，但对装有纵联保护的线路上发生的故障，两侧保护均可瞬时动作跳闸，该缺点并不存在。

（2）每条线路的断路器上都应设 ARC，这对数字式保护来说并不增加多大的复杂性。

根据以上分析，重合闸后加速保护的优点是明显的，广泛应用在各级电网特别在高压电网中。

四、ARC 在 $\frac{3}{2}$ 接线中的运行

图 2-16 示出了 $\frac{3}{2}$ 接线方式示意图。QF1、QF2、QF3 构成一串断路器，QF4、QF5、QF6 构成另一串断路器，其中 QF2 与 QF5 为中间断路器，QF1、QF3 与 QF4、QF6 分别为两个边断路器。线路保护（或变压器保护）动作后发出跳闸命令要断开两个断路器。如 L1 线的保护发出跳闸命令，要断开 QF1、QF2 两个断路器。同时重合闸发出指令要重合 QF1 和 QF2 这两个断路器，并且对这两个断路器的重合有顺序要求。然而，重合闸是按断路器配置的，即 QF1 和 QF2 各配置一套 ARC，与断路器失灵保护、三相不一致保护等各组成一套断路器保护。

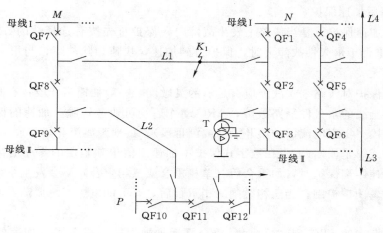

图 2-16　$\frac{3}{2}$ 接线方式示意图

（一）边断路器重合优先

1. 断路器失灵保护动作情况

L1 线路上 K_1 点故障时，线路保护动作，N 变电所断开 QF1、QF2 断路器，M 变电所断开 QF7、QF8 断路器。讨论 M 变电所断路器失灵保护动作情况。

当 QF7 失灵时，QF7 的失灵保护应将 M 变电所 Ⅰ 母线上所有断路器跳开，同时通过远跳装置向 N 变电所的 QF1、QF2 发出跳闸命令；M 变电所 Ⅰ 母线发生故障时，母线保护动作后将该母线上所有断路器跳开，若此时 QF7 失灵，则 QF7 的失灵保护将 QF8 跳开，同时通过远跳装置向 N 变电所的 QF1、QF2 发跳闸命令。可见，边断路器的失灵保护动作后，应跳开边断路器所在母线上的所有断路器和本串中断路器，同时远跳该失灵断路器连接线路对侧的两个断路器。

L1 线路上 K_1 点故障时，当 QF8 失灵时，QF8 的失灵保护应将 QF7、QF9 跳开，同时通过远跳装置向 N 变电所的 QF1、QF2 发跳闸命令、向 P 变电所的 QF10、QF11 发跳闸命令。可见，中断路器失灵保护动作后，应跳开本串两边断路器，同时远跳该失灵断路

器连接线路对侧的断路器（QF8 失灵时，远跳 QF1、QF2 与 QF10、QF11）。

2. 重合闸动作顺序

以图 2-16 为例讨论 M 变电所内重合闸动作顺序。

L1 线路上 K_1 点故障，两侧断路器 QF1、QF2 与 QF7、QF8 跳开后，同时，重合闸发出命令要求重合断路器。对 M 变电所来说，QF7 和 QF8 的重合有顺序要求。当边断路器 QF7 先重合时，若重合于永久性故障，则保护加速动作使 QF7 快速跳闸；即使此时 QF7 失灵，QF7 失灵保护动作后将 M 变电所 I 母线上所有断路器跳开，但 L2 线及其他各连接元件的运行都不受影响，即供电都不受影响。当中断路器 QF8 先重合时，若重合于永久性故障，则保护加速动作使 QF8 快速跳闸；倘若此时 QF8 失灵，QF8 失灵保护动作后跳开两边断路器，同时远跳 QF10、QF11，影响了 L2 线的运行。

由上分析可见，当线路保护动作跳开两个断路器后，应先重合边断路器，即边断路器重合优先；等边断路器重合成功后，中断路器重合闸开始计时；再重合中断路器（中断路器重合肯定成功）。如果边断路器重合不成功，重合于故障线路，则保护再次快速跳开边断路器，中断路器不再重合。

（二）ARC 与保护间的配合

在我国，500kV 系统大多采用 $\frac{3}{2}$ 接线方式，线路重合闸采用单相重合闸方式。

1. 单条线路故障时 ARC 与保护间的配合

设图 2-16 中 L1 线 K_1 点 A 相故障，保护将 QF1、QF2 与 QF7、QF8 的 A 相跳开，并分别起动重合闸。讨论 M 变电所的情况。

（1）QF7 的 A 相断路器先重合，如果是瞬时性故障，则 QF7 的 A 相重合成功，QF8 的 ARC 开始计时，ARC 动作将 QF8 的 A 相重合；如果是永久性故障，则 QF7 的 A 相重合时保护加速动作，将 QF7、QF8 三相跳闸，QF7、QF8 不再进行重合。

（2）若在向 QF7 发出重合闸脉冲前，K_1 点发展为多相故障（AB 相相间、AB 相接地等），则 QF7、QF8 三相跳开并不进行重合（采用单相重合方式）。

（3）若在向 QF7 发出重合闸脉冲后重合闸复归前 K_1 点发展为多相故障，则保护判为重合于永久性故障，QF7、QF8 三相跳开，不再重合。

2. L1 线、L2 线发生故障时 ARC 与保护间的配合

这种情况出现在 L1 线、L2 线是同杆并架的双回线路上，可能 L1 线、L2 线的同名相发生接地，也可能 L1 线、L2 线的异名相发生接地。

（1）L1 线、L2 线同名相（A 相）接地时，有以下情况：

1）如果 L1 线、L2 线同时发生 A 相接地，则对 M 变电所来说，QF7、QF8、QF9 均 A 相跳闸；当故障为瞬时性时，QF7、QF9 的 A 相重合成功后，QF8 再重合 A 相；若 L2 线的故障为永久性，则 QF7、QF8、QF9 的 A 相跳闸后，QF7 的 A 相重合成功，而 QF9 的 A 相重合于故障，L2 线保护将 QF8、QF9 立即三相跳闸，并闭锁重合闸。

2）如果 L1 线、L2 线相继发生 A 相接地（L1 线先、L2 线后），则对 M 变电所来说，QF7、QF8 的 A 相先跳开；紧接着因 L2 线 A 相接地，所以 QF9（QF8 的 A 相已跳开）的 A 相跳开。不管 QF8 的重合闸是否已开始计时，只要 QF9 有跳闸信号，QF8 的重合闸应闭锁。只有 QF9 的 A 相重合后，QF8 的重合闸才开始对 A 相重合。这样，保证了 QF8 的重合闸计时从最后一次故障跳闸算起，从而保证了 QF8 的安全。如果 $L2$ 线的 A 相接地在 QF8 的重合闸复归后发生，则 $L2$ 线的故障相当于新发生的一次故障，与第一次 $L1$ 线的故障无关。

(2) $L1$ 线（A 相）、$L2$ 线（B 相）异名相接地时，有以下情况：

1) 当故障同时发生时，与 $L1$ 线、$L2$ 线同名相同时发生一相接地时相比，除中间断路器 QF8 三相跳闸外（不允许长期非全相运行），其他动作情况完全相同。

2) 当故障相断发生时，与 $L1$ 线、$L2$ 线同名相相继接地时相比，只是中间断路器 QF8 三相跳闸（不允许长期非全相运行），其他动作情况完全相同。

3. 异常情况下 ARC 与保护间的配合

在正常情况下，中断路器只有在两边断路器重合后才能进行重合。图 2-16 中 $L1$ 线、$L2$ 线假设为同杆并架双回线，两线可能为同名相或异名相且同时或相继发生接地故障，在单相重合闸方式下，应该两边断路器单相重合后，中断路器才重合。如果 M 变电所 QF7 的重合闸停用或因气压低等原因不能重合，则当 $L1$ 线发生单相瞬时性接地时，QF7 进行三相跳闸，QF8 实行单相跳闸，此时 QF8 不必等 QF7 重合成功后再重合，而直接按单相重合方式重合。当然，重合脉冲发出前，$L2$ 线发生接地故障，则停止重合，等 QF9 重合成功后再重合。

（三）对 ARC 的运行要求

对 ARC 的运行要求按单相重合方式来说明。

(1) 边断路器重合到永久性故障上应闭锁中断路器重合闸。如在图 2-16 的 M 变电所中，QF7 重合于永久性故障上，则 QF8 无须再重合。此时采用 $L1$ 线路保护加速动作的输出触点闭锁 QF8 的重合闸。

(2) 重合闸停用或气压低等原因不能重合的断路器实行三相跳闸。这种情况可由重合闸输出的三跳触点（GTST）来沟通三跳回路，实现断路器的三相跳闸。当重合闸未充满电时、重合闸为三重方式时、重合闸停用时、重合闸装置故障或直流电源消失时，满足以上任一条件，GTST 常闭触点就闭合，就可进行断路器的三相跳闸。

GTST 常闭触点闭合后，实行断路器的三相跳闸，可由线路保护动作触点与本断路器重合闸装置输出的 GTST 串接后再三相跳闸；也可将本断路器重合闸输出的 GTST 分别与线路保护分相跳闸触点并接进行三相跳闸。为简化重合闸与保护间的连线，也可将本断路器重合闸输出的 GTST 并接在该断路器失灵保护重跳的三个分相出口中进行三相跳闸。当线路任一相有电流、收到一个或两个单相跳闸信号等使 GTST 闭合（重合闸装置故障或直流电源消失情况除外），重合闸可发三跳令进行三相跳闸。

(3) 边断路器重合成功后才允许中断路器重合。这可用边断路器重合闸脉冲发出后中断路器重合闸才开始计时来实现。或者边断路器重合闸起动时，向中断路器的重合闸发"重合闸等待"信号，接到此信号后等待边断路器重合；边断路器重合后"重合闸等待"信号消失，中断路器重合闸开始计时，再进行重合。

当边断路器处分闸状态或重合闸停用时，中断路器重合闸直接计时或收不到边断路器重合闸的"重合闸等待"信号，中断路器可直接重合。

（4）同杆并架双回线上存在跨线故障，如图 2 - 16 中 *L1* 线 A 相与 *L2* 线 B 相发生跨线故障，在单相重合方式下，*M* 变电所的 QF7 跳开 A 相并起动重合闸，QF9 跳开 B 相并起动重合闸，QF8 跳开 A 相和 B 相并闭锁重合闸。此时 QF8 处非全相状态，要求立即跳开三相。

因为 QF8 的重合闸并不满足沟通三相跳闸条件，所以重合闸中应设有异线异名相单相跳闸时立即进行三相跳闸的回路；或者利用断路器保护中"两个单相跳闸命令重跳三相"功能将断路器三相跳开。对于 *L1* 线、*L2* 线异名相相继发生故障的情况，当第二次故障在中断路器重合闸脉冲发出前时，只要将跳闸命令固定，就是异线异名相单相跳闸命令同时出现，就可立即三相跳闸。

五、其他

1. 条件三相一次重合闸

条件三相一次重合闸就是重合闸在一定条件下进行。即线路发生任何故障时都是三相跳闸，而只有单相故障时进行三相重合，其他多相故障不进行重合。

条件三相重合闸是通过重合闸与保护配合一起实现的。重合闸装置置"三相重合"方式，保护装置中置多相故障闭锁重合闸状态，同时单相故障时实现三相跳闸。

条件三相一次重合闸可避免重合于永久性多相故障时对系统造成的冲击，一般在受端电网馈线上使用。

2. "检线路无压母线无压"、"检母线无压线路有压"、"检母线有压线路无压"的重合方式

在 110kV 及以下电压等级的线路重合闸中，除"检同步"和"不检"方式外，还提供了"检线路无压母线无压"、"检母线无压线路有压"、"检线路无压母线有压"的重合闸方式。"检线路无压母线无压"方式是线路和母线均无压时重合闸动作，可用于单侧电源线路的受电侧且希望先重合的情况；"检母线无压线路有压"方式，可用于单侧电源线路的受电侧，在电源侧先重合成功后再重合；"检线路无压母线有压"方式，可用于双侧电源线路先进行重合的一侧。

检测线路无压或母线无压时，应无 TV 断线信号发出。

3. 大型发电厂高压配出线的重合闸方式

为避免三相重合于永久性故障上对发电机大轴造成伤害，高压配出线电厂侧的重合闸方式应采用检同步的重合闸或检三相有压的重合闸，也可采用单相重合闸。因为上述的重合闸方式，电厂侧重合时线路已没有故障，对于单相重合于永久性故障的情况，发电机大轴并不会受到严重的损伤。

第五节　选　相　元　件

在装设单相重合闸或综合重合闸的线路上，线路发生单相接地两侧断路器跳闸后，必然出现线路的非全相运行，这在装设三相重合闸的线路上是不会出现的。因此，在单相重合闸或综合重合闸中（包括继电保护）必须考虑线路非全相运行带来的影响。尽管在数字

式保护中线路保护与重合闸组成一套保护装置，并且数字式保护功能完善灵活，使得保护与重合闸间的配合与原有情况相比较要简单得多，但是仍然要考虑以下问题：

（1）选相功能。这是综合重合闸或单相重合闸装置应有的功能，线路发生单相接地时正确选出故障相。在数字式线路保护中大多也具有选相功能（不增加硬件），双重选相可使选相更为可靠。

（2）非全相运行对继电保护的影响。

（3）单相故障两侧断路器跳闸后，故障点熄弧受潜供电流的影响，具有熄弧慢的特点。

（4）当单相重合不成功时，线路转入长期非全相运行，此时应考虑对系统的影响（一般由零序电流保护后备段动作跳开其他两相）。

一、分相跳闸功能逻辑框图

在装设单相重合闸或综合重合闸的线路上，单相接地时经选相元件控制实行单相跳闸（多相故障时实行三相跳闸），这由分相跳闸回路实现。图 2-17 示出了某保护（如方向纵联保护）的分相跳闸功能逻辑框图（其他保护的分相跳闸功能逻辑框图与此很相似），其中：

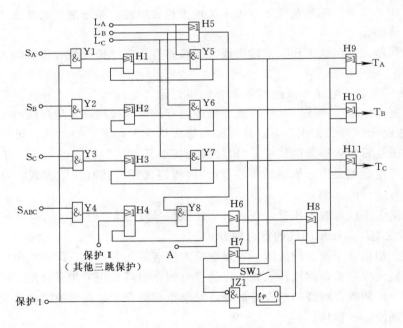

图 2-17　分相跳闸功能逻辑框图

S_A、S_B、S_C：分别为该保护的 A 相、B 相、C 相选相元件。

S_{ABC}：该保护中多相故障选相元件。

L_A、L_B、L_C：分别为 A 相、B 相、C 相低定值（$6\%I_N$）过流元件。

T_A、T_B、T_C：该保护跳 A 相、B 相、C 相。

保护 I：一般为快速保护，如方向纵联保护、快速距离 I 段保护，有时也可接入零序方向过流Ⅱ段保护。

A：两个选相元件动作的故障发生时 A 值为"1"（A 的功能逻辑框图图中未画）。

SW1：该保护三相跳闸功能选择的控制字，置"1"时为三相跳闸方式。

保护Ⅱ：不经选相元件控制要求三相跳闸的保护，如零序电流Ⅲ段保护等。

由图 2-17 可见，发生单相故障时，保护动作信号（保护Ⅰ）经选相元件控制，再由低定值过流元件 L_φ 按相保持，发出分相跳闸脉冲。故障相一跳开，该相的低定值过流元件返回，按相保持解除，收回跳闸脉冲。

如果发生的是多相故障，保护Ⅰ动作信号经 S_{ABC} 控制经 H4、Y8、H6、H8、H9、H10、H11 进行三相跳闸。保护Ⅱ动作信号或 A 的动作信号均实行三相跳闸。

SW1 置"1"时，不论故障形式，实行三相跳闸。

若单相故障时选相元件拒动，则 Y5、Y6、Y7 无输出，H7 无输出，保护Ⅰ动作信号经 JZ1、选相拒动延时 t_φ，通过 H8、H9、H10、H11 进行三相跳闸。t_φ 是选相元件拒动后备三跳的延时时间。t_φ 的考虑原则如下：

（1）单相故障时应跳故障相不应误跳三相，所以 t_φ 应大于选相元件动作时间、低定值电流元件动作时间之和。

（2）选相元件拒动时不应引起上一级保护误动，所以 t_φ 应与上一级Ⅱ段保护动作时间配合。

因此，可取 $t_\varphi = 200\text{ms}$（在模拟式综合重合闸中，取 250ms）。

从图 2-17 可以看出，选相元件只用于选相，不起判断故障点是否在保护区内的作用，所以对选相元件应满足如下要求：

（1）保护区内发生任何形式的短路故障时，能判别出故障相别，或判别出是单相故障还是多相故障。

（2）单相接地故障时，非故障相选相元件应可靠不动作。

（3）正常运行情况下，选相元件处可靠不动作状态。

（4）动作速度快，不影响继电保护快速切除故障。

二、序电流选相

序电流选相是基于比较零序电流与 A 相负序电流间的相位关系，再配合阻抗元件的动作行为选出故障相别与故障类型。因为采用零序电流进行比相，所以只对接地故障进行选相，（当故障没有零序电流时，肯定是多相故障）。分析时，假定系统各元件序阻抗角相等，这样保护安装处各序电流的相位分别与故障支路的各序电流相同，所以各序电流直接采用保护安装处的电流，而不采用故障支路各序电流。

（一）序电流选相工作原理

1. 单相接地时 $\dot{I}_0$ 与 $\dot{I}_{A2}$ 间的相位关系

单相接地时，故障支路的 $\dot{I}_0$ 与 $\dot{I}_{\varphi 2}$ 相位相同、幅值相等，并且不受接地过渡电阻的影响。当以 $\dot{I}_{A2}$ 为基准时，则 A 相接地时，$\dot{I}_0$ 与 $\dot{I}_{A2}$ 同相位；B 相接地时，$\dot{I}_0$ 超前 $\dot{I}_{A2}$ 的相角为 120°；C 相接地时，$\dot{I}_0$ 滞后 $\dot{I}_{A2}$ 的相角为 120°。不同相别单相接地时 $\dot{I}_0$ 与 $\dot{I}_{A2}$ 间的相位关

系如图 2-18（a）～图 2-18（c）所示。

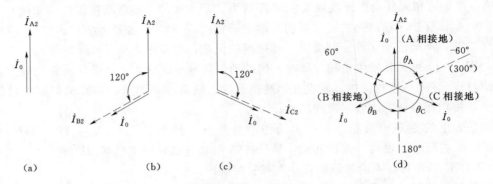

图 2-18 不同相别单相接地时 $\dot{I}_0$ 与 $\dot{I}_{A2}$ 间的相位关系

(a) A 相接地；(b) B 相接地；(c) C 相接地；(d) 以 $\dot{I}_{A2}$ 为基准时不同相别单相接地时 $\dot{I}_0$ 的相位

仍以 $\dot{I}_{A2}$ 为基准，将 A 相、B 相、C 相接地时的 $\dot{I}_0$ 移入图 2-18（d）中，三个 $\dot{I}_0$ 相量延长线将整个平面分为 θ_A 区、θ_B 区、θ_C 区，θ_A、θ_B、θ_C 三区的动作式可表示为

θ_A 区：
$$-60° < \arg \frac{\dot{I}_0}{\dot{I}_{A2}} < 60° \tag{2-29a}$$

θ_B 区：
$$60° < \arg \frac{\dot{I}_0}{\dot{I}_{A2}} < 180° \tag{2-29b}$$

θ_C 区：
$$180° < \arg \frac{\dot{I}_0}{\dot{I}_{A2}} < 300° \tag{2-29c}$$

若单相接地时，计算出的 $\arg \dfrac{\dot{I}_0}{\dot{I}_{A2}}$ 值满足式（2-29a）则为 A 相接地；满足式（2-29b），则为 B 相接地；满足式（2-29c），则为 C 相接地。

2. 两相接地时 $\dot{I}_0$ 与 $\dot{I}_{A2}$ 间的相位关系

（1）两相金属性接地时。两相接地时特殊相是非故障相，根据电力系统故障分析结果，故障支路的 $\dot{I}_0$ 与特殊相的 $\dot{I}_{\varphi2}$ 同相位。BC 相金属性接地时，$\dot{I}_0$ 与 $\dot{I}_{A2}$ 同相位，$\left[\arg \dfrac{\dot{I}_0}{\dot{I}_{A2}}\right]_{BC}$ 处 θ_A 区，相量关系如图 2-19（a）所示；CA 相金属性接地时，$\dot{I}_0$ 超前 $\dot{I}_{A2}$ 的相角为 120°，当以 $\dot{I}_{A2}$ 为基准时，$\left[\arg \dfrac{\dot{I}_0}{\dot{I}_{A2}}\right]_{CA}$ 处 θ_B 区，相量关系如图 2-19（b）所示；AB 相金属性接地时，$\dot{I}_0$ 滞后 $\dot{I}_{A2}$ 的相角为 120°，当以 $\dot{I}_{A2}$ 为基准时，$\left[\arg \dfrac{\dot{I}_0}{\dot{I}_{A2}}\right]_{AB}$ 处 θ_C 区，相量关系如图 2-19（c）所示。

（2）两相经过渡电阻 R_g 接地时。两相经过渡电阻 R_g 接地时，通过 R_g 的电流是 3 倍

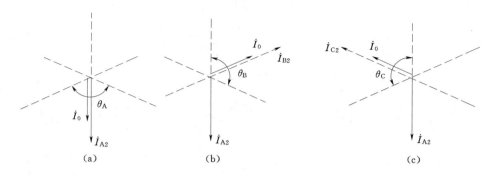

图 2-19 不同相别两相金属性接地时 $\dot{I}_0$ 与 $\dot{I}_{A2}$ 间的相位关系

(a) BC 相接地；(b) CA 相接地；(c) AB 相接地

的故障支路零序电流（$3\dot{I}_{K0}$），所以 R_g 以 $3R_g$ 的形式出现在零序网络中。图 2-20（a）示出了 K 点 BC 相经 R_g 接地，因特殊相是非故障相（A 相），所以复合序网是 A 相的正序、负序、零序网络相并联，如图 2-20（b）所示，其中 $Z_{\Sigma 1}$、$Z_{\Sigma 2}$、$Z_{\Sigma 0}$ 是故障点系统的正序、负序、零序综合阻抗。由图 2-20（b），有关系式 $\dot{I}_{KA2}Z_{\Sigma 2} = \dot{I}_{K0}(3R_g + Z_{\Sigma 0})$，即

$$\frac{\dot{I}_{K0}}{\dot{I}_{KA2}} = \frac{Z_{\Sigma 2}}{3R_g + Z_{\Sigma 0}} \tag{2-30}$$

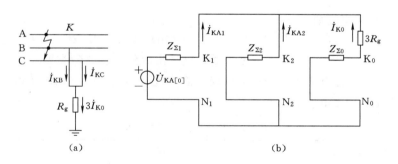

图 2-20 K 点 BC 相经 R_g 接地时的复合序网

(a) K 点 BC 相经 R_g 接地；(b) 复合序网

注意到保护安装处的 $\dot{I}_0$、$\dot{I}_{A2}$ 分别与 $\dot{I}_{K0}$、$\dot{I}_{KA2}$ 同相位，由上式可得到

$$\left(\arg\frac{\dot{I}_0}{\dot{I}_{A2}}\right)_{BC} = \arg\frac{\dot{I}_{K0}}{\dot{I}_{KA2}} = \arg\left(\frac{Z_{\Sigma 2}}{3R_g + Z_{\Sigma 0}}\right) \tag{2-31}$$

当 R_g 从 $0 \sim \infty$ 变化时，$\left(\arg\dfrac{\dot{I}_0}{\dot{I}_{A2}}\right)_{BC}$ 从 $0° \sim \varphi_{\Sigma 2}$ 变化。因 $Z_{\Sigma 2}$ 阻抗角 $\varphi_{\Sigma 2}$ 大于 $60°$，所以 $\left(\arg\dfrac{\dot{I}_0}{\dot{I}_{A2}}\right)_{BC}$ 可能满足式（2-29b），落入 θ_B 区。

CA 相经过渡电阻 R_g 接地时，特殊相是 B 相，有关系式

$$\frac{\dot{I}_{K0}}{\dot{I}_{KB2}} = \frac{Z_{\Sigma 2}}{3R_g + Z_{\Sigma 0}} \qquad (2-32)$$

得到

$$\left(\arg \frac{\dot{I}_0}{\dot{I}_{A2}}\right)_{CA} = \arg\left(\frac{\dot{I}_{K0}}{\dot{I}_{KA2}}\right) = \arg\left(\frac{\dot{I}_{K0}}{\dot{I}_{KB2}\,e^{-j120°}}\right) = 120° + \arg\left(\frac{Z_{\Sigma 2}}{3R_g + Z_{\Sigma 0}}\right)$$

当 R_g 从 $0 \sim \infty$ 变化时，$\left(\arg \dfrac{\dot{I}_0}{\dot{I}_{A2}}\right)_{CA}$ 在 $120° \sim 120° + \varphi_{\Sigma 2}$ 范围变化。因 $Z_{\Sigma 2}$ 阻抗角大于

$60°$，所以 $\left(\arg \dfrac{\dot{I}_0}{\dot{I}_{A2}}\right)_{CA}$ 可能满足式（2-29c），落入 θ_C 区。

AB 相经过渡电阻 R_g 接地时，特殊相是 C 相，可类似地得到

$$\left(\arg \frac{\dot{I}_0}{\dot{I}_{A2}}\right)_{AB} = \arg\left(\frac{\dot{I}_{K0}}{\dot{I}_{KA2}}\right) = \arg\left(\frac{\dot{I}_{K0}}{\dot{I}_{KC2}\,e^{j120°}}\right) = -120° + \arg\left(\frac{Z_{\Sigma 2}}{3R_g + Z_{\Sigma 0}}\right)$$

当 R_g 从 $0 \sim \infty$ 变化时，$\left(\arg \dfrac{\dot{I}_0}{\dot{I}_{A2}}\right)_{AB}$ 从 $-120° \sim (-120° + \varphi_{\Sigma 2})$ 变化。因 $\varphi_{\Sigma 2} > 60°$，所以

$\left(\arg \dfrac{\dot{I}_0}{\dot{I}_{A2}}\right)_{AB}$ 可能满足式（2-29a），落入 θ_A 区。

（二）序电流选相规则

根据上述分析，满足式（2-29a）、式（2-29b）和式（2-29c）相位关系可能的故障类型如表 2-3 所示。由表 2-3 可见，要正确选出故障相和故障类型，除按式（2-29）进行判别外，还应配合阻抗元件的动作情况才能确定。当然，阻抗元件在本线末端故障时应有足够的灵敏度。选相规则如下。

表 2-3 式（2-29）反应的故障类型

式（2-29a） θ_A：$-60° < \arg \dfrac{\dot{I}_0}{\dot{I}_{A2}} < 60°$	式（2-29b） θ_B：$60° < \arg \dfrac{\dot{I}_0}{\dot{I}_{A2}} < 180°$	式（2-29c） θ_C：$180° < \arg \dfrac{\dot{I}_0}{\dot{I}_{A2}} < 300°$
A 相接地、BC 相接地、AB 相接地	B 相接地、CA 相接地、BC 相接地	C 相接地、AB 相接地、CA 相接地

（1）计算 $\dot{I}_0$、$\dot{I}_{A2}$，确定 $\arg \dfrac{\dot{I}_0}{\dot{I}_{A2}}$ 所处的区域，即确定是 θ_A 区、θ_B 区还是 θ_C 区。

（2）确定 $\arg \dfrac{\dot{I}_0}{\dot{I}_{A2}}$ 所处的区域后，进行阻抗计算确定阻抗元件动作行为，从而判别出

故障相别和故障类型。如当 $\arg \dfrac{\dot{I}_0}{\dot{I}_{A2}}$ 在 θ_A 区时，则先对 A 相阻抗元件 Z_A 的行为进行判别。

1) 当 Z_A 元件动作时，再判别阻抗元件 Z_B 的行为。若 Z_B 元件动作，则判为 AB 相接地；若 Z_B 元件不动作，则判为 A 相接地。

2) 当 Z_A 元件不动作时，再判别阻抗元件 Z_{BC} 的行为。若 Z_{BC} 元件动作，则判为 BC 相接地；若 Z_{BC} 元件不动作，则判为选相无效，此时可经选相元件拒动后备三相跳闸的延时时间 $(t_\varphi = 200\text{ms})$ 进行三相跳闸。

$\arg \dfrac{\dot{I}_0}{\dot{I}_{A2}}$ 在 θ_B 区或 θ_C 区时可类似判别。图 2-21 示出了序电流选相的流程图。通过流程图选相，既选出了故障相别和故障类型，同时又满足了选相元件的要求。

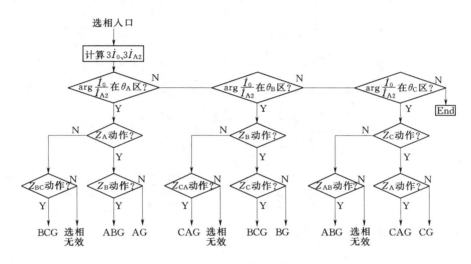

图 2-21　序电流选相流程图

（三）非全相运行时序电流选相元件行为

图 2-22 (a) 示出了线路 MN 在 M 侧 A 相断路器断开的情况，其中 Z_{M1}、Z_{M2}、Z_{M0} 为 M 母线左侧系统等值正序、负序、零序阻抗；Z_{N1}、Z_{N2}、Z_{N0} 为 N 母线右侧系统等值正序、负序、零序阻抗；Z_{MN1}（$Z_{MN2} = Z_{MN1}$）、Z_{MN0} 为线路 MN 的正序、零序阻抗；$\dot{E}_M$、$\dot{E}_N$ 分别为 M、N 侧的等值电动势。

图 2-22 (a) 全相运行时，线路 MN 中的三相电流为负荷电流，M 侧的三相电流可表示为

$$\dot{I}_{\text{loa}\cdot A} = \frac{\dot{E}_{MA} - \dot{E}_{NA}}{Z_{11}} \tag{2-33a}$$

$$\dot{I}_{\text{loa}\cdot B} = a^2 \dot{I}_{\text{loa}\cdot A} \tag{2-33b}$$

$$\dot{I}_{\text{loa}\cdot C} = a \dot{I}_{\text{loa}\cdot A} \tag{2-33c}$$

式中　Z_{11}——断相口系统纵向正序阻抗，$Z_{11} = Z_{M1} + Z_{MN1} + Z_{N1}$；

a、a^2——运算子，$a = e^{j120°}$、$a^2 = e^{j240°}$。

图 2-22 (a) 的 MN 线路在 M 侧 A 相断开时，出现断相口 XY，线路处非全相运行

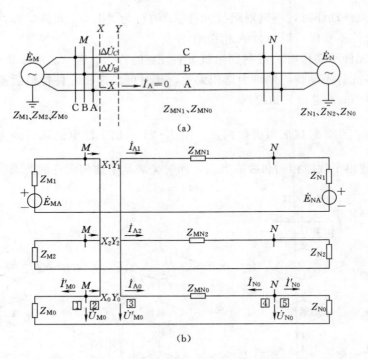

图 2-22 非全相运行及其复合序网

(a) 非全相运行线路；(b) 复合序网

状态。此时，在断相口 XY 间，可写出方程

$$\Delta \dot{U}_B = 0 \qquad (2-34a)$$

$$\Delta \dot{U}_C = 0 \qquad (2-34b)$$

$$\dot{I}_A = 0 \qquad (2-34c)$$

其中 $\Delta \dot{U}_B$、$\Delta \dot{U}_C$ 分别为 B 相、C 相在断相口 XY 两点间的电压。因为是 A 相断线，所以特殊相为断线相。将式（2-34）用特殊相的序分量表示，应用对称分量法可得

$$\Delta \dot{U}_{A1} = \Delta \dot{U}_{A2} = \Delta \dot{U}_{A0} = \frac{\Delta \dot{U}_A}{3} \qquad (2-35a)$$

$$\dot{I}_{A1} + \dot{I}_{A2} + \dot{I}_{A0} = \dot{I}_A = 0 \qquad (2-35b)$$

式（2-35a）说明了在断相口 XY 两点间的正序、负序、零序电压相等；式（2-35b）说明了特殊相的正序、负序、零序电流之和为零。据此两点作出非全相运行时的复合序网如图 2-22（b）所示（指特殊相的），断相口系统的正序、负序、零序网络在断相口并联。

由复合序网求得非全相运行线路中的零序电流、负序电流分别为（A 相断开）

$$\dot{I}_0 = -\frac{\dot{E}_{MA} - \dot{E}_{NA}}{Z_{11} + \dfrac{Z_{22}Z_{00}}{Z_{22} + Z_{00}}} \cdot \frac{Z_{22}}{Z_{22} + Z_{00}} = \frac{-(\dot{E}_{MA} - \dot{E}_{NA})Z_{22}}{Z_{11}Z_{22} + Z_{11}Z_{00} + Z_{22}Z_{00}} \qquad (2-36a)$$

$$\dot{I}_{A2} = -\frac{\dot{E}_{MA} - \dot{E}_{NA}}{Z_{11} + \dfrac{Z_{22}Z_{00}}{Z_{22} + Z_{00}}} \frac{Z_{00}}{Z_{22} + Z_{00}} = \frac{-(\dot{E}_{MA} - \dot{E}_{NA})Z_{00}}{Z_{11}Z_{22} + Z_{11}Z_{00} + Z_{22}Z_{00}} \qquad (2-36b)$$

所以

$$\left(\arg\frac{\dot{I}_0}{\dot{I}_{A2}}\right)_{A相断开} = \arg\frac{Z_{22}}{Z_{00}} = 0° \qquad (2-37a)$$

同理可得到

$$\left(\arg\frac{\dot{I}_0}{\dot{I}_{A2}}\right)_{B相断开} = 120° + \arg\frac{Z_{22}}{Z_{00}} = 120° \qquad (2-37b)$$

$$\left(\arg\frac{\dot{I}_0}{\dot{I}_{A2}}\right)_{C相断开} = -120° + \arg\frac{Z_{22}}{Z_{00}} = -120° \qquad (2-37c)$$

式中 Z_{22}、Z_{00}——断相口系统纵向综合负序、零序阻抗，$Z_{22} = Z_{M2} + Z_{MN2} + Z_{N2}$，$Z_{00} = Z_{M0} + Z_{MN0} + Z_{N0}$。

可见，A 相断开，$\arg\dfrac{\dot{I}_0}{\dot{I}_{A2}}$ 满足式（2-29a），落入 θ_A 区；B 相断开，$\arg\dfrac{\dot{I}_0}{\dot{I}_{A2}}$ 满足式（2-29b），落入 θ_B 区；C 相断开，$\arg\dfrac{\dot{I}_0}{\dot{I}_{A2}}$ 满足式（2-29c），落入 θ_C 区。非全相运行时，序电流选相选出的是断开相。

当非全相运行时两侧电动势夹角很小时，将式（2-33a）代入式（2-36），得到

$$\dot{I}_0 = -\frac{\dfrac{1}{Z_{00}}}{\dfrac{1}{Z_{11}} + \dfrac{1}{Z_{22}} + \dfrac{1}{Z_{00}}} \dot{I}_{loa \cdot A} \qquad (2-38a)$$

$$\dot{I}_{A2} = -\frac{\dfrac{1}{Z_{22}}}{\dfrac{1}{Z_{11}} + \dfrac{1}{Z_{22}} + \dfrac{1}{Z_{00}}} \dot{I}_{loa \cdot A} \qquad (2-38b)$$

负荷电流愈大，非全相运行时的零序、负序电流也愈大。空载线路非全相运行时，零序电流和负序电流均为零。因零序电流经断相口两侧接地中性点构成回路，所以断相口任一侧没有接地中性点时（$Z_{00} \rightarrow \infty$），零序电流为零。

（四）对序电流选相的评价

序电流选相选相明确、选相灵敏度较高、允许接地故障时过渡电阻较大、选相不受系统振荡和非全相运行的影响。但序电流选相必须要有零序电流和负序电流，因此对于两相相间故障和三相故障，无法选出故障相；在单侧电源线路上接地故障时，负荷侧可能负序电流过小影响选相的正确性；对于转换性接地故障（如一相接地在保护正向，另一相接地在保护反方向上）和平行双回线路的跨线接地故障，序电流选相不能正确选出故障相；此外，因要取得负序电流和零序电流，选相时间相对长一些。尽管如此，序电流选相获得了较为广泛的应用。

只要接地故障存在，负序电流和零序电流就不会消失，选相结果也不会消失，因此，

序电流选相具有"稳态"性质。

三、相电流差突变量选相

设保护安装处由母线流向线路的三相电流为$\dot{I}_A$、$\dot{I}_B$、$\dot{I}_C$，相电流差就是$\dot{I}_{AB}=\dot{I}_A-\dot{I}_B$、$\dot{I}_{BC}=\dot{I}_B-\dot{I}_C$、$\dot{I}_{CA}=\dot{I}_C-\dot{I}_A$，相电流差突变量是故障后的$\dot{I}_{AB}$、$\dot{I}_{BC}$、$\dot{I}_{CA}$与故障前的$\dot{I}_{AB}$、$\dot{I}_{BC}$、$\dot{I}_{CA}$（即负荷电流分量）的相量差，用符号$\Delta\dot{I}_{AB}$、$\Delta\dot{I}_{BC}$、$\Delta\dot{I}_{CA}$表示。实际上，$\Delta\dot{I}_{AB}$、$\Delta\dot{I}_{BC}$、$\Delta\dot{I}_{CA}$就是故障分量电流。

（一）相电流差突变量选相工作原理

1. 线路故障时保护安装处的$\Delta\dot{I}_{\varphi\varphi}$表达式

设图2-23中K点故障支路电流为$\dot{I}_{KA}$、$\dot{I}_{KB}$、$\dot{I}_{KC}$，M侧线路电流为$\dot{I}_A$、$\dot{I}_B$、$\dot{I}_C$，M侧正序、负序、零序电流的分配系数为C_1、C_2、C_0。$\dot{I}_A$、$\dot{I}_B$、$\dot{I}_C$除负荷电流$\dot{I}_{loa\cdot A}$、$\dot{I}_{loa\cdot B}$、$\dot{I}_{loa\cdot C}$分量外，还有各序电流分量。计及$C_1=C_2$，$\dot{I}_A$、$\dot{I}_B$、$\dot{I}_C$可表示为

$$\dot{I}_A=\dot{I}_{loa\cdot A}+C_1\dot{I}_{KA1}+C_2\dot{I}_{KA2}+C_0\dot{I}_{KA0}$$
$$=\dot{I}_{loa\cdot A}+C_1\dot{I}_{KA}+(C_0-C_1)\dot{I}_{KA0} \qquad (2-39a)$$

$$\dot{I}_B=\dot{I}_{loa\cdot B}+C_1\dot{I}_{KB1}+C_2\dot{I}_{KB2}+C_0\dot{I}_{KB0}$$
$$=\dot{I}_{loa\cdot B}+C_1\dot{I}_{KB}+(C_0-C_1)I_{KB0} \qquad (2-39b)$$

$$\dot{I}_C=\dot{I}_{loa\cdot C}+C_1\dot{I}_{KC1}+C_2\dot{I}_{KC2}+C_0\dot{I}_{KC0}$$
$$=\dot{I}_{loa\cdot C}+C_1\dot{I}_{KC}+(C_0-C_1)\dot{I}_{KC0} \qquad (2-39c)$$

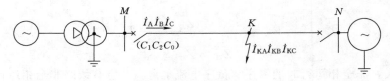

图2-23 K点故障时求M侧三相电流

其中$\dot{I}_{K\varphi1}$、$\dot{I}_{K\varphi2}$、$\dot{I}_{K\varphi0}$（$\varphi=$A、B、C）为故障支路的正序、负序、零序电流。

根据$\Delta\dot{I}_{AB}=\Delta\dot{I}_A-\Delta\dot{I}_B$、$\Delta\dot{I}_{BC}=\Delta\dot{I}_B-\Delta\dot{I}_C$、$\Delta\dot{I}_{CA}=\Delta\dot{I}_C-\Delta\dot{I}_A$，而$\Delta\dot{I}_A=\dot{I}_A-\dot{I}_{loa\cdot A}$、$\Delta\dot{I}_B=\dot{I}_B-\dot{I}_{loa\cdot B}$、$\Delta\dot{I}_C=\dot{I}_C-\dot{I}_{loa\cdot C}$，于是由式（2-39）可得到

$$\Delta\dot{I}_{AB}=C_1(\dot{I}_{KA}-\dot{I}_{KB}) \qquad (2-40a)$$

$$\Delta\dot{I}_{BC}=C_1(\dot{I}_{KB}-\dot{I}_{KC}) \qquad (2-40b)$$

$$\Delta\dot{I}_{CA}=C_1(\dot{I}_{KC}-\dot{I}_{KA}) \qquad (2-40c)$$

2. 单相接地时的$\Delta\dot{I}_{AB}^{(1)}$、$\Delta\dot{I}_{BC}^{(1)}$、$\Delta\dot{I}_{CA}^{(1)}$

令 K 点 A 相接地，有 $\dot{I}_{KA}^{(1)}\neq 0$、$\dot{I}_{KB}^{(1)}=0$、$\dot{I}_{KC}^{(1)}=0$，于是由式（2-40）得到

$$\Delta\dot{I}_{AB}^{(1)}=C_1\,\dot{I}_{KA}^{(1)} \tag{2-41a}$$

$$\Delta\dot{I}_{BC}^{(1)}=0 \tag{2-41b}$$

$$\Delta\dot{I}_{CA}^{(1)}=-C_1\,\dot{I}_{KA}^{(1)} \tag{2-41c}$$

可以看出，两非故障相电流差的突变量 $\Delta\dot{I}_{BC}^{(1)}$ 为零（因 C_1 与 C_2 不完全相等，实际为较小的不平衡值），含有故障相的相电流差突变量（$\Delta\dot{I}_{AB}^{(1)}$、$\Delta\dot{I}_{CA}^{(1)}$）具有很大的数值（绝对值）。

3. 两相相间故障时的 $\Delta\dot{I}_{AB}^{(2)}$、$\Delta\dot{I}_{BC}^{(2)}$、$\Delta\dot{I}_{CA}^{(2)}$

令 K 点 BC 相短路，有 $\dot{I}_{KA}^{(2)}=0$、$\dot{I}_{KB}^{(2)}=-\dot{I}_{KC}^{(2)}$，于是由式（2-40）得到

$$\Delta\dot{I}_{AB}^{(2)}=-C_1\,\dot{I}_{KB}^{(2)} \tag{2-42a}$$

$$\Delta\dot{I}_{BC}^{(2)}=2C_1\dot{I}_{KB}^{(2)} \tag{2-42b}$$

$$\Delta\dot{I}_{CA}^{(2)}=-C_1\,\dot{I}_{KB}^{(2)} \tag{2-42c}$$

可以看出，$\Delta\dot{I}_{AB}^{(2)}$、$\Delta\dot{I}_{BC}^{(2)}$、$\Delta\dot{I}_{CA}^{(2)}$ 均具有很大的数值（绝对值），其中两故障相的相电流差突变量（$\Delta\dot{I}_{BC}^{(2)}$）最大。

4. 两相接地故障时的 $\Delta\dot{I}_{AB}^{(1\cdot1)}$、$\Delta\dot{I}_{BC}^{(1\cdot1)}$、$\Delta\dot{I}_{CA}^{(1\cdot1)}$

令 K 点 BC 相金属性接地，作出复合序网如图 2-20（b）所示（$R_g=0$），由复合序网求得

$$\dot{I}_{KA1}^{(1\cdot1)}=\frac{\dot{U}_{KA[0]}}{Z_{\Sigma1}+\dfrac{Z_{\Sigma2}Z_{\Sigma0}}{Z_{\Sigma2}+Z_{\Sigma0}}} \tag{2-43a}$$

$$\dot{I}_{KA2}^{(1\cdot1)}=-\frac{Z_{\Sigma0}}{Z_{\Sigma2}+Z_{\Sigma0}}\,\dot{I}_{KA1}^{(1\cdot1)} \tag{2-43b}$$

$$\dot{I}_{KA0}^{(1\cdot1)}=-\frac{Z_{\Sigma2}}{Z_{\Sigma2}+Z_{\Sigma0}}\,\dot{I}_{KA1}^{(1\cdot1)} \tag{2-43c}$$

计及三相短路电流 $\dot{I}_{KA}^{(3)}=\dfrac{\dot{U}_{KA(0)}}{Z_{\Sigma1}}$、$Z_{\Sigma2}=Z_{\Sigma1}$，故障点故障支路电流 $\dot{I}_{KB}^{(1\cdot1)}$、$\dot{I}_{KC}^{(1\cdot1)}$ 由式（2-43）可表示为

$$\dot{I}_{KB}^{(1\cdot1)}=a^2\,\dot{I}_{KA1}^{(1\cdot1)}+a\,\dot{I}_{KA2}^{(1\cdot1)}+\dot{I}_{KA0}^{(1\cdot1)}=\left(a^2-\frac{aZ_{\Sigma0}+Z_{\Sigma2}}{Z_{\Sigma2}+Z_{\Sigma0}}\right)\dot{I}_{KA1}^{(1\cdot1)}$$

$$=\left(a^2+\frac{Z_{\Sigma0}-Z_{\Sigma1}}{2Z_{\Sigma0}+Z_{\Sigma1}}\right)\dot{I}_{KA}^{(3)} \tag{2-44a}$$

$$\dot{I}_{KC}^{(1\cdot1)}=a\,\dot{I}_{KA1}^{(1\cdot1)}+a^2\,\dot{I}_{KA2}^{(1\cdot1)}+\dot{I}_{KA0}^{(1\cdot1)}=\left(a-\frac{a^2Z_{\Sigma0}+Z_{\Sigma2}}{Z_{\Sigma2}+Z_{\Sigma0}}\right)\dot{I}_{KA1}^{(1\cdot1)}$$

$$=\left(a+\frac{Z_{\Sigma0}-Z_{\Sigma1}}{2Z_{\Sigma0}+Z_{\Sigma1}}\right)\dot{I}_{KA}^{(3)} \tag{2-44b}$$

由式（2-44）经化简可得

$$| \dot{I}_{KB}^{(1\cdot1)} | = | \dot{I}_{KC}^{(1\cdot1)} | = \sqrt{1 + \frac{(2Z_{\Sigma1} + Z_{\Sigma0})(Z_{\Sigma1} - Z_{\Sigma0})}{(2Z_{\Sigma0} + Z_{\Sigma1})^2}} \ | \dot{I}_{KA}^{(3)} | \qquad (2-45\text{a})$$

$$| \dot{I}_{KB}^{(1\cdot1)} - \dot{I}_{KC}^{(1\cdot1)} | = | a^2 - a | \ | \dot{I}_{KA}^{(3)} | = \sqrt{3} \ | \dot{I}_{KA}^{(3)} | \qquad (2-45\text{b})$$

当 $Z_{\Sigma0} \to 0$ 时，有 $| \dot{I}_{KB}^{(1\cdot1)} | = | \dot{I}_{KC}^{(1\cdot1)} | \to | \dot{I}_{KB}^{(1\cdot1)} - \dot{I}_{KC}^{(1\cdot1)} |$；在实际的中性点接地系统中，$K$ 点的 $Z_{\Sigma0} \neq 0$ 总有一定数值，故有

$$| \dot{I}_{KB}^{(1\cdot1)} | = | \dot{I}_{KC}^{(1\cdot1)} | < | \dot{I}_{KB}^{(1\cdot1)} - \dot{I}_{KC}^{(1\cdot1)} | \qquad (2-46)$$

因为 K 点 BC 相金属性接地，有 $\dot{I}_{KA}^{(1\cdot1)} = 0$，所以式（2-40）可写为

$$\Delta \dot{I}_{AB}^{(1\cdot1)} = -C_1 \dot{I}_{KB}^{(1\cdot1)} \qquad (2-47\text{a})$$

$$\Delta \dot{I}_{BC}^{(1\cdot1)} = C_1 (\dot{I}_{KB}^{(1\cdot1)} - \dot{I}_{KC}^{(1\cdot1)}) \qquad (2-47\text{b})$$

$$\Delta \dot{I}_{CA}^{(1\cdot1)} = C_1 \dot{I}_{KC}^{(1\cdot1)} \qquad (2-47\text{c})$$

可以看出，$\Delta \dot{I}_{AB}^{(1\cdot1)}$、$\Delta \dot{I}_{BC}^{(1\cdot1)}$、$\Delta \dot{I}_{CA}^{1\cdot1}$ 均具有很大的数值（绝对值），其中两故障相的相电流差突变量（$\Delta \dot{I}_{BC}^{(1\cdot1)}$）最大。

5. 三相故障时的 $\Delta \dot{I}_{AB}^{(3)}$、$\Delta \dot{I}_{BC}^{(3)}$、$\Delta \dot{I}_{CA}^{(3)}$

令 K 点三相故障，因故障点故障支路电流对称，所以式（2-40）可表示为

$$\Delta \dot{I}_{AB}^{(3)} = \sqrt{3} C_1 \dot{I}_{KA}^{(3)} e^{j30°} \qquad (2-48\text{a})$$

$$\Delta \dot{I}_{BC}^{(3)} = -j \sqrt{3} C_1 \dot{I}_{KA}^{(3)} \qquad (2-48\text{b})$$

$$\Delta \dot{I}_{CA}^{(3)} = -\sqrt{3} C_1 \dot{I}_{KA}^{(3)} e^{-j30°} \qquad (2-48\text{c})$$

可见，$\Delta \dot{I}_{AB}^{(3)}$、$\Delta \dot{I}_{BC}^{(3)}$、$\Delta \dot{I}_{CA}^{(3)}$ 绝对值相等，并且很大。

（二）相电流差突变量选相规则

由上分析可见，当发生单相接地时，两非故障相的 $\Delta \dot{I}_{\varphi\varphi}$ 具有很小的数值，其他两个 $\Delta \dot{I}_{\varphi\varphi}$ 具有很大的数值；当发生两相故障、两相接地故障时，三个 $\Delta \dot{I}_{\varphi\varphi}$ 均具有很大的数值，并且两故障相的 $\Delta \dot{I}_{\varphi\varphi}$ 数值最大；当发生三相故障时，三个 $\Delta \dot{I}_{\varphi\varphi}$ 均具有很大的数值，其数值相等。不同相别、不同短路故障类型时 $\Delta \dot{I}_{\varphi\varphi}$ 元件的动作情况如表 2-4 所示。

表 2-4　　　　　$\Delta \dot{I}_{\varphi\varphi}$ 元件动作情况

	A 相接地	B 相接地	C 相接地	两相故障 两相接地故障	三相故障
$\Delta \dot{I}_{AB}$	+	+	−	+	+
$\Delta \dot{I}_{BC}$	−	+	+	+	+
$\Delta \dot{I}_{CA}$	+	−	+	+	+
说明	$\| \Delta \dot{I}_{BC} \|$ 最小	$\| \Delta \dot{I}_{CA} \|$ 最小	$\| \Delta \dot{I}_{AB} \|$ 最小	两故障相的 $\| \Delta \dot{I}_{\varphi\varphi} \|$ 最大	三个 $\| \Delta \dot{I}_{\varphi\varphi} \|$ 相等

注　+为动作，−为不动作。

由表 2-4 可得到如下的选相规则：

(1) 当 $\Delta \dot{I}_{AB}$、$\Delta \dot{I}_{BC}$、$\Delta \dot{I}_{CA}$ 三个元件均动作时，可判定发生了多相故障，只要再检出 $|\Delta \dot{I}_{AB}|$、$|\Delta \dot{I}_{BC}|$、$|\Delta \dot{I}_{CA}|$ 中最大者，就可判定相间故障相别。

(2) 当 $\Delta \dot{I}_{AB}$、$\Delta \dot{I}_{BC}$、$\Delta \dot{I}_{CA}$ 仅有两个元件动作时，则与两个元件直接相关的相就是故障相，判该相接地故障，如 $\Delta \dot{I}_{AB}$、$\Delta \dot{I}_{BC}$ 动作，则选为 B 相接地。

图 2-24 示出了相电流差突变量选相流程。

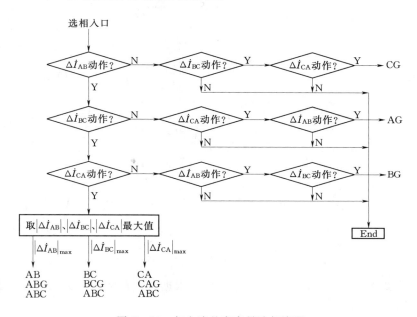

图 2-24 相电流差突变量选相流程

由表 2-4 可以看出，可取出 $|\Delta \dot{I}_{AB}|$、$|\Delta \dot{I}_{BC}|$、$|\Delta \dot{I}_{CA}|$ 的最小值进行选相。如当 $|\Delta \dot{I}_{AB}|$ 为最小且有 $|\Delta \dot{I}_{AB}| \ll |\Delta \dot{I}_{BC}|$、$|\Delta \dot{I}_{AB}| \ll |\Delta \dot{I}_{CA}|$，则可判定为 C 相接地；如 $|\Delta \dot{I}_{AB}|$ 仍为最小，但 $|\Delta \dot{I}_{AB}|$ 与 $|\Delta \dot{I}_{BC}|$ 比较、$|\Delta \dot{I}_{AB}|$ 与 $|\Delta \dot{I}_{CA}|$ 比较差距不是很大，则可判定为多相故障，此时再判断出 $|\Delta \dot{I}_{AB}|$、$|\Delta \dot{I}_{BC}|$、$|\Delta \dot{I}_{CA}|$ 中最大者，就可选出相间故障的相别。

(三) 对相电流差突变量选相的评价

相电流差突变量选相具有选相速度快、选相灵敏度较高、选相允许故障点过渡电阻较大、单相接地能正确选相、电力系统振荡选相元件不误动、频率偏离额定频率较大选相元件不误动的特点；两相经较大过渡电阻接地时，在最不利条件下不漏选。但在单侧电源线路上发生故障时，负荷侧的相电流差突变量选相元件不能正确选出故障相，如发生单相接地，则负荷侧的故障分量电流是零序电流，当然该侧的相电流差突变量 $\Delta \dot{I}_{AB} = 0$、$\Delta \dot{I}_{BC} = 0$、$\Delta \dot{I}_{CA} = 0$，无法选出故障相；此外，对于转换性接地故障（如一相接地在保护正向，另一相接地在保护反方向上）和平行双回线路的跨线接地故障，不能正确选出故障相。

相电流差突变量选相同样获得了较为广泛的应用。

（四）关于 $\Delta i_{\varphi\varphi}$ 元件

图 2-25 可用来说明 $\Delta i_{\varphi\varphi}(n)$ 含义。图中 $\Delta i_{\varphi\varphi}(t)$ 表示相电流差［如 $i_{AB}(t)$］瞬时电流波形。如 t_1 时刻发生故障，则 t_1 前 $i_{\varphi\varphi}(t)$ 就是负荷电流 $i_{loa}(t)$ 波形［$i_{loa}(t) = i_{loa\cdot\varphi\varphi}(t)$］；$t_1$ 后 $i_{\varphi\varphi}(t)$ 除了故障分量电流 $\Delta i_{\varphi\varphi}(t)$ 外，还有负荷电流 $i_{loa}(t)$ 分量（图中用虚线波形表示），即

$$i_{\varphi\varphi}(t) = \Delta i_{\varphi\varphi}(t) + i_{loa}(t) \tag{2-49}$$

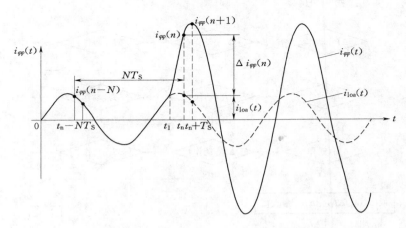

图 2-25　说明 $\Delta i_{\varphi\varphi}(n)$ 意义

显而易见，只要故障不消失，$\Delta i_{\varphi\varphi}(t)$ 也不消失。根据突变量电流含义，$\Delta i_{\varphi\varphi}(t)$ 也可称"相电流差突变量"。

关键的问题是 $\Delta i_{\varphi\varphi}(t)$ 的采样。t_n 时刻对 $i_{\varphi\varphi}(t)$ 采样得到采样值 $i_{\varphi\varphi}(n)$；由式（2-49）得到 t_n 时刻 $\Delta i_{\varphi\varphi}(t)$ 的采样值 $\Delta i_{\varphi\varphi}(n) = i_{\varphi\varphi}(n) - i_{loa}(n)$，其中 $i_{loa}(n)$ 是 t_n 时刻 $i_{loa}(t)$ 的采样值；$i_{loa}(n) = i_{loa}(n-N)$，而 $i_{loa}(n-N) = i_{\varphi\varphi}(n-N)$，于是得到

$$\Delta i_{\varphi\varphi}(n) = i_{\varphi\varphi}(n) - i_{\varphi\varphi}(n-N) \tag{2-50}$$

其中 $i_{\varphi\varphi}(n-N)$［即 $i_{loa}(n-N)$］为 $i_{\varphi\varphi}(t)$ 在 $t_n - NT_S$ 时刻的采样值，而 T_S 为采样周期，N 为每工频周期采样点数。由式（2-50）可得到突变量电流 $\Delta i_{\varphi\varphi}(t)$ 的采样值 $\Delta i_{\varphi\varphi}(n)$、$\Delta i_{\varphi\varphi}(n+1)$、$\Delta i_{\varphi\varphi}(n+2)$、…

应用半周积分算法，有关系式

$$S = \int_0^{\frac{T}{2}} \sqrt{2} I \mid \sin(\omega t + \theta) \mid \mathrm{d}t = \frac{2\sqrt{2}}{\omega} I \tag{2-51a}$$

而

$$S = T_S \left\{ \frac{1}{2} \mid i(0) \mid + \sum_{k=1}^{\frac{N}{2}-1} \mid i(k) \mid + \frac{1}{2} \mid i\left(\frac{N}{2}\right) \mid \right\} = T_S \sum_{k=1}^{\frac{N}{2}} \mid i(k) \mid \tag{2-51b}$$

所以

$$I = \frac{\pi}{\sqrt{2} N} \sum_{k=1}^{\frac{N}{2}} \mid i(k) \mid \tag{2-52}$$

由于 $\Delta i_{\varphi\varphi}(t)$ 为正弦波形，故可求得故障发生后 t_n 时刻起工频半周期内的 $\Delta i_{\varphi\varphi}(t)$ 有效值 $|\Delta \dot{I}_{\varphi\varphi}(n)|$ 为

$$|\Delta \dot{I}_{\varphi\varphi}(n)| = \frac{\pi}{\sqrt{2}N}\sum_{n}^{n+\frac{N}{2}-1}|\Delta i_{\varphi\varphi}(k)| \qquad (2-53)$$

$\Delta i_{\varphi\varphi}(k)$ 已知，所以 $|\Delta \dot{I}_{\varphi\varphi}(n)|$ 可计算出。时间窗长度为半个工频周期，即 10ms。

实际的 $\Delta \dot{I}_{\varphi\varphi}$ 元件动作方程为

$$|\Delta \dot{I}_{\varphi\varphi}(n)| > k_1\Delta I_{T\varphi\varphi} + k_2 I_N + k_3\begin{bmatrix}\Delta I_{AB}\\\Delta I_{BC}\\\Delta I_{CA}\end{bmatrix}_{max\cdot M} \qquad (2-54)$$

而 $$\Delta I_{T\varphi\varphi} = |\Delta \dot{I}_{\varphi\varphi}(n) - \Delta \dot{I}_{\varphi\varphi}(n-N)|$$

其中 $k_1\Delta I_{T\varphi\varphi}$ 构成浮动门槛，防止电力系统振荡或频率偏差时 $\Delta \dot{I}_{\varphi\varphi}$ 元件误动作，取 $k_1 = 1.25$；$k_2 I_N$ 构成固定门槛，取 $k_2 = 0.2$；第三部分防止单相接地时因正、负序阻抗不完全相等引起两非故障相的 $\Delta \dot{I}_{\varphi\varphi}$ 元件误动，同时保证单相接地线路一侧先单相跳闸时后跳闸侧两非故障相的 $\Delta \dot{I}_{\varphi\varphi}$ 元件不误动，取 $k_3 \leqslant 10\%$，下标 M 表示记忆作用。

观察图 2-25 中 $i_{\varphi\varphi}(t)$ 波形，短路故障 20ms 后（一个工频周期后），任意时刻 $\Delta i_{\varphi\varphi}(n) = 0$，即 $\Delta i_{\varphi\varphi}(n)$ 持续的时间只有一个工频周期。因此，相电流差突变量选相具有"暂态"性质。但这并不意味着短路故障 20ms 后故障分量电流 $\Delta i_{\varphi\varphi}(t)$ 为零，而是用式 (2-51) 得不到相电流差突变量的采样值。即无法取得 $\Delta i_{\varphi\varphi}(t)$ 的采样值。

四、电流电压序分量选相

电流电压序分量选相就是比较零序补偿电压与 A 相负序补偿电压的相位，以判定故障的类型和相别。零序、A 相负序补偿电压就是整定阻抗 Z_{set} 末端的零序电压、A 相负序电压，可表示为

$$\dot{U}_{op\cdot A0} = \dot{U}_{A0} - \dot{I}_{A0}Z_{set0} = \dot{U}_{A0} - (1+3K)\dot{I}_{A0}Z_{set} \qquad (2-55a)$$

$$\dot{U}_{op\cdot A2} = \dot{U}_{A2} - \dot{I}_{A2}Z_{set} \qquad (2-55b)$$

式中　　$\dot{U}_{A0}$、$\dot{U}_{A2}$——保护安装处 A 相的零序电压、负序相电压；

$\dot{I}_{A0}$、$\dot{I}_{A2}$——由母线流向被保护线路的 A 相零序电流、负序电流；

Z_{set}、Z_{set0}——整定阻抗及相应的零序阻抗；

K——零序电流补偿系数，$K = \dfrac{Z_0 - Z_1}{3Z_1}$，而 Z_0、Z_1 为被保护线路的零序、正序阻抗，$Z_0 = (1+3K)Z_1$。

1. 电流电压序分量选相工作原理

设选相元件装设在图 2-26 (a) 中线路 MN 的 M 侧，当保护方向上发生接地故障时，因零序网络、负序网络均为无源网络，有 $\dot{U}_{A0} = -\dot{I}_{A0}Z_{M0}$、$\dot{U}_{A2} = -\dot{I}_{A2}Z_{M2}$（$Z_{M1} =$

Z_{M2}），于是由式（2-55）可得到

$$\theta = \arg\left(\frac{\dot{U}_{op \cdot A0}}{\dot{U}_{op \cdot A2}}\right) = \arg\left(\frac{\dot{U}_{A0} - \dot{I}_{A0} Z_{set0}}{\dot{U}_{A2} - \dot{I}_{A2} Z_{set}}\right)$$

$$= \arg\left[\frac{-\dot{I}_{A0}(Z_{M0} + Z_{set0})}{-\dot{I}_{A2}(Z_{M1} + Z_{set})}\right] = \arg\frac{\dot{I}_{A0}}{\dot{I}_{A2}} \qquad (2-56)$$

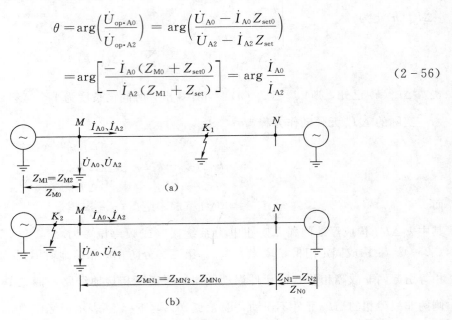

图 2-26　正、反向短路故障

(a) 正向接地故障；(b) 反向接地故障

当接地故障发生在保护反方向上时，如图 2-26（b）中 K_2 点，有 $\dot{U}_{A0} = \dot{I}_{A0}$（$Z_{MN0} +$ Z_{N0}）、$\dot{U}_{A2} = \dot{I}_{A2}$（$Z_{MN2} + Z_{N2}$），于是由式（2-56）、考虑到 $Z_{set0} < Z_{MN0} + Z_{N0}$、$Z_{set} < Z_{MN2}$ $+ Z_{N2}$ 可得到

$$\theta = \arg\left(\frac{\dot{U}_{op \cdot A0}}{\dot{U}_{op \cdot A2}}\right) = \arg\left[\frac{\dot{I}_{A0}(Z_{MN0} + Z_{N0} - Z_{set0})}{\dot{I}_{A2}(Z_{MN2} + Z_{N2} - Z_{set})}\right]$$

$$= \arg\frac{\dot{I}_{A0}}{\dot{I}_{A2}} \qquad (2-57)$$

由式（2-56）、式（2-57）可见，零序补偿电压和 A 相负序补偿电压间的相位关系，与零序电流和 A 相负序电流间的相位关系相同，因此电流电压序分量选相的工作原理与序电流选相的工作原理完全相同，但选相要引入电压量。

2. 电流电压序分量选相规则

观察式（2-31），当 $R_g \to \infty$ 时，有 $\left[\arg\dfrac{\dot{I}_0}{\dot{I}_{A2}}\right]_{BC} \to \varphi_{\Sigma2}$，而 $\varphi_{\Sigma2}$ 极限值是 $90°$，因此若将图 2-18（d）中的 θ_B 区间逆时针转动 $30°$，则 θ_B 区间将不反应 BC 相接地故障；同样，将图 2-18（d）中的 θ_A 区间逆时针转动 $30°$，则 θ_A 区间不反应 AB 相接地故障；将 θ_C 区间逆时针转动 $30°$，则 θ_C 区间不反应 CA 相接地故障。于是 θ 角判据与反应的故障可表示为

θ_A 区： $\quad -30° < \theta \leqslant 90°$（反应 A 相接地、BC 相接地）$\qquad$ (2-58a)

θ_B 区： $\quad 90° < \theta \leqslant 210°$（反应 B 相接地、CA 相接地）$\qquad$ (2-58b)

θ_C 区： $\quad 210° < \theta \leqslant 330°$（反应 C 相接地、AB 相接地）$\qquad$ (2-58c)

θ 角判定后，可通过检测阻抗大小以及序电流大小区分单相接地、两相接地。如当 θ 处 θ_A 区，若 BC 相间阻抗元件（Ⅲ段）不动作，则判为 A 相接地；若 BC 相间阻抗元件（Ⅲ段）动作，则当 $|\dot{I}_{A2}| < 0.5\,|\dot{I}_{A1}|$ 或 $|\dot{I}_{A0}| < 0.5\,|\dot{I}_{A1}|$ 时，判为 BC 相接地。此外，结合 B 相、C 相方向元件的动作情况，对正向一相接地和反向另一相接地的转换性故障，可判定正向的故障相别。

对于 θ 处 θ_B 或 θ_C 区，可类似选相。

3. 对电流电压序分量选相的评价

电流电压序分量选相具有序电流选相相同的优点。所不同的是单侧电源线路上发生单相接地时，负荷侧仍能选出故障相。当单侧电源线路上发生 A 相接地时，线路负荷侧只有零序电流 $\dot{I}_{N0}$（负荷侧具有中性点接地变压器）而没有负序电流（不计负荷电流）。如图 2-26 中 N 侧电源消失时，N 侧的零序、A 相负序补偿电压可表示为

$$\dot{U}_{op\cdot A0} = \dot{U}_{A0} - \dot{I}_{N0} Z_{set0} = -\dot{I}_{N0}(Z_{N0} + Z_{set0})$$

$$\dot{U}_{op\cdot A2} = \dot{U}_{A2} - \dot{I}_{NA2} Z_{set} = \dot{U}_{A2} = \dot{U}_{KA2}$$

故障点 A 相负序电压 $\dot{U}_{KA2} = -\dot{I}_{KA2}^{(1)} Z_{\Sigma 2} = -\dfrac{\dot{I}_{KA}^{(1)}}{3} Z_{\Sigma 2}$、$\dot{I}_{N0} = C'_0 \dot{I}_{KA0}^{(1)} = C'_0 \dfrac{\dot{I}_{KA}^{(1)}}{3}$（$C'_0$ 为 N 侧零序电流分配系数），所以可得到

$$\theta = \arg\left(\frac{\dot{U}_{op\cdot A0}}{\dot{U}_{op\cdot A2}}\right) = \arg\left(C'_0 \frac{Z_{N0} + Z_{set0}}{Z_{\Sigma 2}}\right) \approx 0°$$

由图 2-18 可知 θ 处 θ_A 区。由于该侧 BC 相阻抗元件不动作，故判为 A 相接地。

此外，结合序电流大小比较、方向元件的动作情况，对正向、反向发生转换性单相接地时，也能判定正向的接地相别。

电流电压序分量选相具有"稳态"性质。与序电流选相相同，电流电压序分量选相获得了较为广泛的应用。

五、补偿电压突变量选相

设相补偿电压、相间补偿电压突变量为

$$\Delta\dot{U}_{op\cdot\varphi} = \Delta\dot{U}_{\varphi} - \Delta(\dot{I}_{\varphi} + K3\dot{I}_0) Z_{set} \qquad (2-59a)$$

$$\Delta\dot{U}_{op\cdot\varphi\varphi} = \Delta\dot{U}_{\varphi\varphi} - \Delta\dot{I}_{\varphi\varphi} Z_{set} \qquad (2-59b)$$

式中 $\quad \Delta\dot{U}_{\varphi}$、$\Delta\dot{U}_{\varphi\varphi}$——保护安装处母线相电压、相间电压的故障分量（突变量），$\varphi = A$、B、C，$\varphi\varphi = AB$、BC、CA；

$\quad \Delta(\dot{I}_{\varphi} + K3\dot{I}_0)$、$\Delta\dot{I}_{\varphi\varphi}$——由母线流向被保护线路的带零序电流补偿的相电流、相间电流的故障分量（突变量），K 值见式（2-55）；

Z_{set}——整定的阻抗值。

设在保护方向上发生 A 相接地，保护安装处正序（负序）、零序电流分配系数为 C_1（C_2 = C_1）、C_0，根据故障分量电压、故障分量电流的含义，求得 $\Delta \dot{U}_{op \cdot \varphi}$ 与 $\Delta \dot{U}_{op \cdot \varphi\varphi}$ 分别为

$$\Delta \dot{U}_{op \cdot A}^{(1)} = -[2C_1 + (1+3K)C_0](Z_{M1} + Z_{set}) \frac{\dot{I}_{KA}^{(1)}}{3} \qquad (2-60a)$$

$$\Delta \dot{U}_{op \cdot B}^{(1)} = -[(1+3K)C_0 - C_1](Z_{M1} + Z_{set}) \frac{\dot{I}_{KA}^{(1)}}{3} \qquad (2-60b)$$

$$\Delta \dot{U}_{op \cdot C}^{(1)} = -[(1+3K)C_0 - C_1](Z_{M1} + Z_{set}) \frac{\dot{I}_{KA}^{(1)}}{3} \qquad (2-60c)$$

$$\Delta \dot{U}_{op \cdot AB}^{(1)} = -C_1(Z_{M1} + Z_{set}) \dot{I}_{KA}^{(1)} \qquad (2-61a)$$

$$\Delta \dot{U}_{op \cdot BC}^{(1)} = 0 \qquad (2-61b)$$

$$\Delta \dot{U}_{op \cdot CA}^{(1)} = C_1(Z_{M1} + Z_{set}) \dot{I}_{KA}^{(1)} \qquad (2-61c)$$

可见，单相接地时故障相的相补偿电压突变量、与故障相有关的相间补偿电压突变量有最大值；两个非故障相相间补偿电压突变量最小。

当保护方向上发生 BC 相间故障时，求得的 $\Delta \dot{U}_{op \cdot \varphi}$、$\Delta \dot{U}_{op \cdot \varphi\varphi}$ 分别为

$$\Delta \dot{U}_{op \cdot A}^{(2)} = 0 \qquad (2-62a)$$

$$\Delta \dot{U}_{op \cdot B}^{(2)} = -C_1 \dot{I}_{KB}^{(2)}(Z_{M1} + Z_{set}) \qquad (2-62b)$$

$$\Delta \dot{U}_{op \cdot C}^{(2)} = C_1 \dot{I}_{KB}^{(2)}(Z_{M1} + Z_{set}) \qquad (2-62c)$$

$$\Delta \dot{U}_{op \cdot AB}^{(2)} = C_1 \dot{I}_{KB}^{(2)}(Z_{M1} + Z_{set}) \qquad (2-63a)$$

$$\Delta \dot{U}_{op \cdot BC}^{(2)} = -2C_1 \dot{I}_{KB}^{(2)}(Z_{M1} + Z_{set}) \qquad (2-63b)$$

$$\Delta \dot{U}_{op \cdot CA} = C_1 \dot{I}_{KB}^{(2)}(Z_{M1} + Z_{set}) \qquad (2-63c)$$

式中 Z_{M1}——保护安装处电源侧阻抗，参见图 2-26（a）；

        C_1——保护安装处正序电流分配系数。

可以看出，两故障相相间补偿电压有最大值；非故障相补偿电压突变量最小。

两相接地短路故障时，相补偿电压突变量相间、补偿电压突变量特点与两相短路故障时相同。

图 2-26（a）中 K_1 点三相短路故障时，求得的 $\Delta \dot{U}_{op \cdot \varphi}$、$\Delta \dot{U}_{op \cdot \varphi\varphi}$ 分别为

$$\Delta \dot{U}_{op \cdot A}^{(3)} = -\Delta \dot{I}_A(Z_{M1} + Z_{set}) = -\frac{Z_{M1} + Z_{set}}{Z_{M1} + Z_{MK1}} \dot{U}_{KA[0]} \qquad (2-64a)$$

$$\Delta \dot{U}_{op \cdot B}^{(3)} = -\Delta \dot{I}_B(Z_{M1} + Z_{set}) = -\frac{Z_{M1} + Z_{set}}{Z_{M1} + Z_{MK1}} \dot{U}_{KA[0]} e^{-j120°} \qquad (2-64b)$$

$$\Delta \dot{U}_{op \cdot C}^{(3)} = -\Delta \dot{I}_C(Z_{M1} + Z_{set}) = -\frac{Z_{M1} + Z_{set}}{Z_{M1} + Z_{MK1}} \dot{U}_{KA[0]} e^{j120°} \qquad (2-64c)$$

$$\Delta \dot{U}_{op \cdot AB}^{(3)} = -\sqrt{3} \frac{Z_{M1} + Z_{set}}{Z_{M1} + Z_{MK1}} \dot{U}_{KA[0]} e^{j30°} \qquad (2-65a)$$

$$\Delta \dot{U}_{op \cdot BC}^{(3)} = j\sqrt{3} \frac{Z_{M1} + Z_{set}}{Z_{M1} + Z_{MK1}} \dot{U}_{KA[0]} \qquad (2-65b)$$

$$\Delta \dot{U}_{op \cdot CA}^{(3)} = \sqrt{3} \frac{Z_{M1} + Z_{set}}{Z_{M1} + Z_{MK1}} \dot{U}_{KA[0]} e^{-j30°} \qquad (2-65c)$$

作为选相元件，$Z_{MK1} < Z_{set}$，于是有

$$| \Delta \dot{U}_{op \cdot A}^{(3)} | = | \Delta \dot{U}_{op \cdot B}^{(3)} | = | \Delta \dot{U}_{op \cdot C}^{(3)} | > \dot{U}_{KA[0]} \qquad (2-66)$$

即三相短路时三个相补偿电压突变量数值相等，均高于故障点故障前的相电压$U_{KA[0]}$（可认为等于额定电压U_N）；三个相间补偿电压突变量数值均等于相补偿电压突变量数值的$\sqrt{3}$倍，即

$$| \Delta \dot{U}_{op \cdot \varphi\varphi}^{(3)} | = \sqrt{3} | \Delta \dot{U}_{op \cdot \varphi}^{(3)} | \qquad (2-67)$$

根据不同短路故障类型时 $\Delta \dot{U}_{op \cdot \varphi}$、$\Delta \dot{U}_{op \cdot \varphi\varphi}$ 的特点，选相步骤与选相规则如下：

（1）先计算出 $| \Delta \dot{U}_{op \cdot \varphi} |$ 的大小，取出最大相的 $| \Delta \dot{U}_{op \cdot \varphi} |_{max}$。

（2）如 $| \Delta \dot{U}_{op \cdot \varphi} |_{max} > 4 | \Delta \dot{U}_{op \cdot \varphi} |_{另两相}$，则判为单相接地，且该最大值 $| \Delta \dot{U}_{op \cdot \varphi} |_{max}$ 的相为接地相。

（3）如 $| \Delta \dot{U}_{op \cdot \varphi} |_{max} \not> 4 | \Delta \dot{U}_{op \cdot \varphi} |_{另两相}$，则判为多相故障；此时再检出另两相中的最小 $| \Delta \dot{U}_{op \cdot \varphi} |_{min}$。当 $| \Delta \dot{U}_{op \cdot \varphi} |_{min} > U_N$ 时，判为三相故障；当 $| \Delta \dot{U}_{op \cdot \varphi} |_{min} \not> U_N$ 时，判为两个 $| \Delta \dot{U}_{op \cdot \varphi} |$ 有较大值间的相间短路故障或该两相接地短路故障。

单相接地时，由式（2-60）、式（2-61）可见，$| \Delta \dot{U}_{op \cdot \varphi} |_{max}$ 必大于 $| \Delta \dot{U}_{op \cdot \varphi\varphi} |_{另两相}$ 的 4 倍；两相短路故障时，由式（2-62）、式（2-63）可见，$| \Delta \dot{U}_{op \cdot \varphi} |_{max} = | \Delta \dot{U}_{op \cdot \varphi\varphi} |_{另两相}$；三相短路故障时，$| \Delta \dot{U}_{op \cdot \varphi} |_{max} = \frac{1}{\sqrt{3}} | \Delta \dot{U}_{op \cdot \varphi\varphi} |_{另两相}$；两相接地短路故障时，$| \Delta \dot{U}_{op \cdot \varphi} |_{max} \leqslant 4 | \Delta \dot{U}_{op \cdot \varphi\varphi} |_{另两相}$。所以选相是可靠的。

补偿电压突变量选相具有电流电压序分量选相特点，同样选相要引入电压量。只是选相具有"暂态"性能。

该选相元件同样获得较为广泛的应用。

六、其他原理选相

1. 低电压选相

低电压选相原理很简单，接地故障时用相电压选相，相间故障时则用相间电压选相。

低电压选相适用于短路容量特别小的一侧，尤其在弱电源侧其他选相方法有困难时更显出其优越性。在很短的线路上，电源侧也可应用低电压选相，但须校验灵敏度。

2. 电流电压复合突变量选相

电流电压复合突变量选相实际上就是补偿电压突变量选相，只是选相判据不同。电流电压复合突变量是相间补偿电压突变量。

根据前述不同短路故障类型时对 $| \Delta \dot{U}_{op \cdot \varphi\varphi} |$ 大小的分析，可以得到：当满足

$$\min\{|\Delta\dot{U}_{\text{op·AB}}|、|\Delta\dot{U}_{\text{op·BC}}|、|\Delta\dot{U}_{\text{op·CA}}|\}$$

$$<\frac{1}{4}\max\{|\Delta\dot{U}_{\text{op·AB}}|、|\Delta\dot{U}_{\text{op·BC}}|、|\Delta\dot{U}_{\text{op·CA}}|\} \tag{2-68}$$

判定为单相接地故障。若 $|\Delta\dot{U}_{\text{op·AB}}|$ 最小，则为 C 相接地；若 $|\Delta\dot{U}_{\text{op·BC}}|$ 最小，则为 A 相接地；若 $|\Delta\dot{U}_{\text{op·CA}}|$ 最小，则为 B 相接地。式（2-68）不满足时，判为多相故障。

图 2-26（a）正向 K_1 点多相故障时，在 M 侧有

$$\Delta\dot{U}_{\varphi\varphi}=-\Delta\dot{I}_{\varphi\varphi}Z_{\text{M1}}$$

$$\Delta\dot{U}_{\text{op·}\varphi\varphi}=\Delta\dot{U}_{\varphi\varphi}-\Delta\dot{I}_{\varphi\varphi}Z_{\text{set}}=-\Delta\dot{I}_{\varphi\varphi}(Z_{\text{M1}}+Z_{\text{set}})$$

显然，不论是 AB、BC 或 CA 相间故障，总满足

$$|\Delta\dot{U}_{\text{op·}\varphi\varphi}|\geqslant|\Delta\dot{U}_{\varphi\varphi}| \tag{2-69}$$

图 2-26（b）反向 K_2 点多相故障时，在 M 侧有

$$\Delta\dot{U}_{\varphi\varphi}=\Delta\dot{I}_{\varphi\varphi}(Z_{\text{MN1}}+Z_{\text{N1}})$$

$$\Delta\dot{U}_{\text{op·}\varphi\varphi}=\Delta\dot{U}_{\varphi\varphi}-\Delta\dot{I}_{\varphi\varphi}Z_{\text{set}}=\Delta\dot{I}_{\varphi\varphi}(Z_{\text{MN1}}+Z_{\text{N1}}-Z_{\text{set}})$$

因 $Z_{\text{set}}<Z_{\text{MN1}}+Z_{\text{N1}}$，所以得到

$$|\Delta\dot{U}_{\text{op·}\varphi\varphi}|<|\Delta\dot{U}_{\varphi\varphi}| \tag{2-70}$$

可见，在多相故障情况下，无论是哪两相相间故障式（2-69）均满足，则判定正向发生了多相故障；若均不满足，则判定反向发生了多相故障；若不同时满足，则判定正向一相接地和反向另一相接地的转换性接地故障，此时可用相电流、相电压构成的方向元件选择出正向接地相别。

实际上，式（2-69）是三个（$\varphi\varphi$＝AB、BC、CA）幅值比较方式工作的突变量方向继电器。

电流电压复合突变量选相具有补偿电压突变量选相特点。

第六节　非全相运行对继电保护的影响

输电线路装设单相重合闸或综合重合闸后，不可避免地线路将出现非全相运行。本节重点讨论非全相运行对继电保护的影响。

一、零序方向电流保护

（一）非全相运行时的零序电流

当不计输电线路分布电容时，一个断相口和两个断相口的非全相运行，线路中的零序电流是相同的。

非全相运行时，若断相口两侧等值电动势间的夹角不摆开，则由式（2-38a）得到非全相运行线路中的零序电流为

$$| \, 3 \dot{I}_0 \, | = \frac{\dfrac{1}{Z_{00}}}{\dfrac{1}{Z_{11}} + \dfrac{1}{Z_{22}} + \dfrac{1}{Z_{00}}} | \, 3 \dot{I}_{\text{loa}} \, | \tag{2-71}$$

零序电流随负荷电流大小而发生变化。

非全相运行时，当断相口两侧等值电动势间夹角 δ 发生变化时，计及

$$| \, \dot{E}_{\text{MA}} - \dot{E}_{\text{NA}} \, | = 2 E_\varphi \sin \frac{\delta}{2} \tag{2-72}$$

其中 E_φ 是 $\dot{E}_{\text{MA}}$、$\dot{E}_{\text{NA}}$ 的相电动势值。代入式（2-36a），化简得到

$$| \, 3 \dot{I}_0 \, | = \frac{6 Z_{22}}{Z_{11} Z_{22} + Z_{11} Z_{00} + Z_{22} Z_{00}} E_\varphi \sin \frac{\delta}{2} \tag{2-73}$$

式（2-73）说明，非全相运行 δ 角较大时，零序电流（非全相运行线路、全相运行线路）可达到较大的数值；当 δ 角为 $180°$ 时，零序电流有最大值。当然，$\delta = 0$ 时（线路空载）非全相运行不会产生零序电流。

非全相运行伴随系统振荡时，零序电流随 δ 角的变大可达到很大的数值。

（二）非全相运行时零序方向元件的行为

输电线路上发生了接地故障，若接地故障在保护方向上，保护安装处的 $3\dot{I}_0$、$3\dot{U}_0$ 的关系为

$$3 \dot{U}_0 = - 3 \dot{I}_0 Z_{0(-)} \tag{2-74}$$

式中　　$3\dot{U}_0$——保护安装处的零序电压（3 倍）；

　　　　$3\dot{I}_0$——保护安装处母线流向被保护线路的零序电流（3 倍）；

　　　　$Z_{0(-)}$——保护安装处母线保护反方向上的零序等值阻抗。

当 $Z_{0(-)}$ 的阻抗角为 $70°\sim80°$ 时，则 $3\dot{U}_0$ 滞后 $3\dot{I}_0$ 的相角为 $100°\sim110°$。此时零序方向元件处动作状态。

若接地故障在保护反方向上，保护安装处的 $3\dot{I}_0$、$3\dot{U}_0$ 关系为

$$3 \dot{U}_0 = 3 \dot{I}_0 Z_{0(+)} \tag{2-75}$$

式中　　$Z_{0(+)}$——保护安装处母线保护正方向上的零序等值阻抗。

当 $Z_{0(+)}$ 的阻抗角为 $70°\sim80°$ 时，则 $3\dot{U}_0$ 超前 $3\dot{I}_0$ 的相角为 $70°\sim80°$。此时零序方向元件处制动状态。

以下讨论非全相运行时零序方向元件的行为。

1. 一个断相口情况

在断相口两侧分别有接地中性点的条件下，非全相运行时线路中就有零序电流（$\delta \neq 0°$）；因零序电压、零序电流仅存在于零序网络中，所以讨论零序方向元件的行为，只需在零序网络中求出 $3\dot{U}_0$ 与 $3\dot{I}_0$ 间的相位关系。

在图 2-22（b）零序网络中，断相口在保护 2、保护 4 的保护方向上，此时有关系式

保护 2：　　　　　　　　　　　$3 \dot{U}_{\text{M0}} = - (3 \dot{I}_{\text{A0}}) Z_{\text{M0}} \tag{2-76a}$

保护 4：
$$3\dot{U}_{N0} = -(3\dot{I}_{N0})Z_{N0} \tag{2-76b}$$

式（2-76）与式（2-74）比较，$3\dot{U}_0$ 与 $3\dot{I}_0$ 间的相位关系与保护方向上发生了接地故障时的相位关系相同，故零序方向元件处动作状态。

在图 2-22（b）零序网络中，断相口在保护 1、保护 3、保护 5 的反方向上，此时关系式为

保护 1：
$$3\dot{U}_{M0} = (3\dot{I}'_{M0})Z_{M0} \tag{2-77a}$$

保护 3：
$$3\dot{U}'_{M0} = (3\dot{I}_{A0})(Z_{MN0} + Z_{N0}) \tag{2-77b}$$

保护 5：
$$3\dot{U}_{N0} = (3\dot{I}'_{N0})Z_{N0} \tag{2-77c}$$

式（2-77）与式（2-75）比较，$3\dot{U}_0$ 与 $3\dot{I}_0$ 间的相位关系完全与保护反方向上发生了接地故障时的相位关系相同，故零序方向元件处制动状态。

2. 两个断相口情况

单相瞬时性接地故障在两侧故障相断路器跳开后就成为两个断相口的非全相运行状况。作出图 2-22（a）两个断相口非全相运行时的零序网络如图 2-27（a）所示。当不考虑线路分布电容时，断相口在线路上移动并不改变零序电流的大小和分布。这样，两个断相口串联合并为一个断相口时，该断相口上的零序电压 $\Delta\dot{U}_0$ 为

$$\Delta\dot{U}_0 = -\dot{I}_{A0}(Z_{M0} + Z_{MN0} + Z_{N0}) = -\dot{I}_{A0}Z_{00}$$

有两个断相口时，每个断相口上的零序电压为 $\frac{1}{2}\Delta\dot{U}_0$，即 $-\frac{1}{2}\dot{I}_{A0}Z_{00}$。

在图 2-27（a）中，对于保护 2、保护 4，两个断相口均在保护方向上，所以 $3\dot{U}_0$ 滞后 $3\dot{I}_0$ 的相角为 $100°\sim110°$，零序方向元件处动作状态；对于保护 1、保护 5，断相口均在保护反方向上，所以 $3\dot{U}_0$ 超前 $3\dot{I}_0$ 的相角为 $70°\sim80°$，零序方向元件处制动状态。

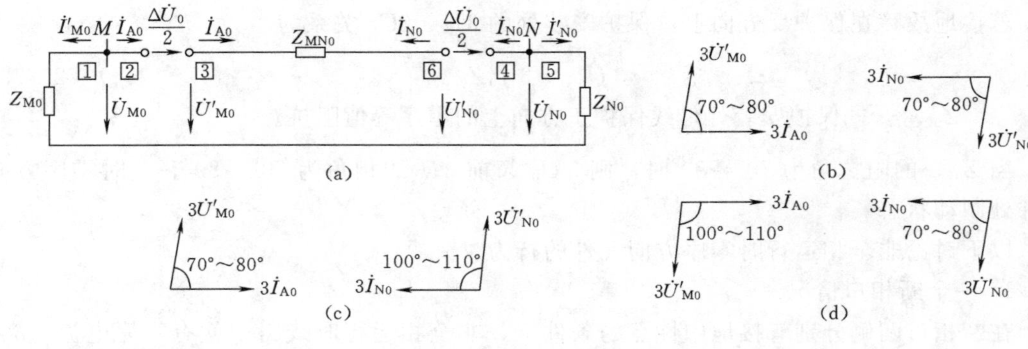

图 2-27　两个断相口的非全相运行及 TV 在线路侧时 $3\dot{U}_0$、$3\dot{I}_0$ 间的相位关系

（a）零序网络；（b）$Z_{M0} < \frac{Z_{00}}{2}$、$Z_{N0} < \frac{Z_{00}}{2}$ 时；（c）$Z_{M0} < \frac{Z_{00}}{2}$、$Z_{N0} > \frac{Z_{00}}{2}$ 时；（d）$Z_{M0} > \frac{Z_{00}}{2}$、$Z_{N0} < \frac{Z_{00}}{2}$ 时

对于保护 3、保护 6（采用线路侧 TV），一个断相口在保护方向上，而另一个断相口

在保护反方向上，其 $3\dot{U}_0$ 与 $3\dot{I}_0$ 间的相位关系，讨论如下。

在图 2-27（a）中 $\dot{I}_{A0}$、$\dot{I}_{N0}$ 的正方向规定下，计及 $\frac{1}{2}\Delta\dot{U}_0 = -\frac{1}{2}\dot{I}_{A0}Z_{00}$、$\dot{I}_{N0} = -\dot{I}_{A0}$，保护 3、保护 6 的零序电压可表示为

$$3\dot{U}'_{M0} = 3\left(-\frac{\Delta\dot{U}_0}{2} + \dot{U}_{M0}\right) = \frac{3}{2}\dot{I}_{A0}Z_{00} - 3\dot{I}_{A0}Z_{M0} = -3\dot{I}_{A0}\left(Z_{M0} - \frac{Z_{00}}{2}\right)$$

$$(2-78a)$$

$$3\dot{U}'_{N0} = 3\left(\frac{\Delta\dot{U}_0}{2} + \dot{U}_{N0}\right) = \frac{3}{2}\dot{I}_{N0}Z_{00} - 3\dot{I}_{N0}Z_{N0} = -3\dot{I}_{N0}\left(Z_{N0} - \frac{Z_{00}}{2}\right) \quad (2-78b)$$

当 $Z_{M0} < \frac{Z_0}{2}$、$Z_{N0} < \frac{Z_{00}}{2}$ 时，有 $3\dot{U}'_{M0}$ 超前 $3\dot{I}_{A0}$ 的相角为 $70°\sim80°$、$3\dot{U}'_{N0}$ 超前 $3\dot{I}'_{N0}$ 的相角为 $70°\sim80°$，相量关系如图 2-27（b），保护 3、保护 6 的零序方向元件均处制动状态；当 $Z_{M0} < \frac{Z_{00}}{2}$、$Z_{N0} > \frac{Z_{00}}{2}$ 时，有 $3\dot{U}'_{M0}$ 超前 $3\dot{I}'_{A0}$ 的相角为 $70°\sim80°$、$3\dot{U}'_{N0}$ 滞后 $3\dot{I}_{N0}$ 的相角为 $100°\sim110°$，相量关系如图 2-27（c），保护 3 的零序方向元件处制动状态、保护 6 的零序方向元件处动作状态；当 $Z_{M0} > \frac{Z_{00}}{2}$、$Z_{N0} < \frac{Z_{00}}{2}$ 时，有 $3\dot{U}'_{M0}$ 滞后 $3\dot{I}_{A0}$ 的相角为 $100°\sim110°$、$3\dot{U}'_{N0}$ 超前 $3\dot{I}_{N0}$ 的相角为 $70°\sim80°$，相量关系如图 2-27（d），保护 3 的零序方向元件处动作状态、保护 6 的零序方向元件处制动状态。需要指出，不会出现 $Z_{M0} > \frac{Z_{00}}{2}$、$Z_{N0} > \frac{Z_{00}}{2}$ 的情况。

可见，在两个断相口非全相运行线路上，当采用母线侧 TV 时，线路两侧的零序方向元件均处动作状态（相当于线路内部发生了接地故障）；当采用线路侧 TV 时，零序方向元件仍有动作可能，但线路两侧的零序方向元件至少有一侧处制动状态。

3. 全相运行线路上零序方向元件的行为

线路非全相运行时，不管是一个断相口还是两个断相口的非全相运行，只要非全相运行线路中有负荷电流、非全相运行线路两侧同时有接地中性点，则非全相运行线路中就有零序电流。当全相运行线路两侧同时有接地中性点时，在全相运行线路中同样有零序电流流通。

在没有环状线路结构的电网中，对于全相运行线路两侧的零序方向元件，断相口相当于线路外部发生了接地故障。断相口在保护方向上的一侧，$3\dot{U}_0$ 滞后 $3\dot{I}_0$ 的相角为 $100°\sim110°$，零序方向元件处动作状态；断相口在保护反方向上的一侧，$3\dot{U}_0$ 超前 $3\dot{I}_0$ 的相角为 $70°\sim80°$，零序方向元件处制动状态。

在环状线路结构的电网中，对于全相运行线路任一侧的零序方向元件，断相口既在保护方向上，又在保护反方向上。此时全相运行线路两侧的零序方向元件的动作行为：一侧处动作状态、另一侧处制动状态，或两侧均处制动状态，这由电网的零序电流具体分布、流向确定。但在平行双回线路中，当其中一条线路出现非全相运行时，另一全相运行的线路两侧的零序方向元件均处制动状态。

（三）非全相运行时零序方向电流保护的对策

由上分析可见，非全相运行时，不仅在非全相运行线路中产生零序电流，而且在全相运行线路中同样产生零序电流（线路两侧存在接地中性点）。对于零序方向元件，非全相运行时均有发生动作的可能，零序方向电流保护会发生不正确的动作行为，须采取一定的对策防止误动作。

1. 非全相运行线路

线路零序方向电流保护通常设有四段。

（1）不灵敏Ⅰ段、灵敏Ⅰ段、Ⅱ段、Ⅲ段，不灵敏Ⅰ段因定值大于非全相运行时的最大零序电流，所以非全相运行时不退出，作非全相运行时健全相接地故障保护用；Ⅲ段零序方向电流保护的动作时限大于第一次故障算起的单相重合闸周期，非全相运行时不退出；灵敏Ⅰ段和Ⅱ段零序方向电流因整定值小于非全相运行时的零序电流，非全相运行期间退出工作。

（2）零序方向电流保护设Ⅰ段、Ⅱ段、Ⅲ段、Ⅳ段，其中第Ⅳ段的动作时限已大于第一次故障算起的单相重合闸周期，非全相运行时不退出；Ⅰ段、Ⅱ段、Ⅲ段零序方向电流保护在非全相运行期间退出工作。

在复杂网络中为简化上述Ⅲ段或Ⅳ段时限的整定，均采用相同的动作时限。当系统发生接地故障时，为与其他线路零序方向电流保护的Ⅲ段或Ⅳ段动作时限相配合，出现非全相运行时可将本线的零序方向电流保护的Ⅲ段或Ⅳ段时限自动缩短一个时间级差（如0.5s）。

对于非全相运行期间保留工作的零序方向电流保护的相应段，为保证健全相发生接地故障时发挥作用，零序方向元件应正确可靠工作。为此，当采用母线侧零序电压时，零序方向元件不退出。当采用线路侧零序电压时，健全相发生接地故障，零序方向元件有可能处制动状态，所以应退出工作，即此时的零序方向元件的动作状态不构成保护的动作条件。

2. 全相运行线路

电力系统非全相运行时，在全相运行的线路中同样有零序电流（线路两侧存在接地中性点），全相运行线路保护安装处的零序方向元件有动作的可能，因此全相运行线路上的零序方向电流保护同样有不正确动作的可能性。

对于零序方向电流保护的第Ⅰ段，定值一般都大于邻线非全相运行在本线产生的最大零序电流，故不会发生误动作，无须采取措施；对于零序方向电流保护的第Ⅲ段或第Ⅳ段，动作时限大于单相重合闸周期，同时非全相运行线路上的零序方向电流保护相应段的动作时限自动缩短了一个时间级差，故不会发生误动作，无须采取措施。对于零序方向电流保护的其他段（如第Ⅱ段），定值有时小于邻线非全相运行在本线路中产生的零序电流，为防止发生误动作，须经选相元件闭锁。因为邻线非全相运行时，全相运行线路上保护的选相元件是不动作的。

二、距离保护

在距离保护中，Ⅰ段、Ⅱ段一般经振荡闭锁控制，Ⅲ段距离保护的动作时限因大于系统振荡周期，Ⅲ段不经振荡闭锁控制。

非全相运行期间，当两侧等值电动势夹角达到一定程度时，健全相上的阻抗元件有发生误动作可能。实际上，短路故障发生时振荡闭锁开放距离保护只有160ms，非全相运行期间即使发生振荡，振荡闭锁已将Ⅰ段、Ⅱ段距离保护关闭，并且振荡闭锁不会再开放保护。因此，非全相运行系统发生振荡时，距离保护不会发生误动作。

非全相运行期间或非全相运行系统发生振荡，健全相发生接地故障或相间故障时，由健全相上的Ⅱ段接地距离或Ⅱ段相间距离加速动作，实行三相跳闸。

（1）线路转入非全相运行，序电流选相选出的是跳开相。分析表明，当选出的不是跳开相时，可判断出健全相发生了接地故障，加速接地距离Ⅱ段保护实行三相跳闸。

（2）线路转入非全相运行，接在两健全相上的相电流差突变量元件［见式（2-55）］动作时，开放相间距离，当Ⅱ段相间距离元件动作时，加速实行三相跳闸。

（3）线路转入非全相运行，健全相发生短路故障，振荡闭锁开放，保证了上述Ⅱ段距离保护的正确动作。

可见，非全相运行期间或非全相运行系统发生振荡，健全相上的距离保护不开放，但当健全相发生短路故障时，保护可靠开放，加速切除健全相上的短路故障。

非全相运行期间，接在健全相上的接地、相间工频变化量阻抗继电器，不受非全相运行的影响。

三、方向纵联保护

输电线方向纵联保护中，其方向元件通常有零序方向元件、阻抗方向元件、突变量方向元件（工频变化量方向元件、正序突变量方向元件、相间电压突变量和相电流差突变量构成的方向元件等）、能量积分方向元件。

线路转入非全相运行，当采用母线侧TV时，线路两侧的零序方向元件处动作状态，相当于健全相上又发生了短路故障；当采用线路侧TV时，虽然两侧的零序方向元件不可能同时动作，但当健全相上发生接地故障时，并不能保证线路两侧的零序方向元件一定动作，即在这种情况下零序方向纵联保护有发生拒动可能。基于上述原因，在非全相运行期间，零序方向纵联保护退出工作。

在非全相运行期间，健全相上的Ⅱ段距离（接地、相间）保护得到了加速。因此，在非全相运行期间，距离方向纵联保护没有投入的必要，同样是退出工作。

线路转入非全相运行，即使系统发生振荡，健全相上的工频变化量方向元件、健全相上的相间电压突变量和相电流差突变量构成的方向元件、能量积分方向元件不会误动作；同时健全相上发生短路故障时，能正确判断故障方向。因此，健全相上的工频变化量方向纵联保护、健全相上的故障分量方向纵联保护、能量积分方向纵联保护，在非全相运行期间是投入工作的。

四、分相电流纵差动保护

无论是光纤分相电流纵差动保护，还是微波分相电流纵差动保护，在原理上是不受非全相运行及系统振荡的影响。因此，非全相运行期间分相电流纵差动保护是投入工作的。

第七节　单相重合闸过程中故障点的消弧

在单相重合闸方式的超高压输电线路上，单相接地时只切除线路故障相，线路转入非全相运行。如果是瞬时性故障，则要求故障点尽快消弧，这样对重合闸成功有利。然而，在非全相运行期间，两运行相通过电容耦合在故障点形成电流；两运行相的负荷电流，通过相间互感耦合，同样在故障点形成电流。这两部分电流之和称为潜供电流。

为使单相重合闸成功，要求潜供电流较小，并且熄弧时恢复电压也较低。

此外，当输电线路存在分支变压器时，分支变压器的负荷在非全相运行期间在故障点形成反馈电流，同样影响故障点的消弧。

一、潜供电流

在超高压输电线路上，线路阻抗远小于线路相间容抗以及线路对地容抗，因此在分析电容耦合的潜供电流时，完全可不计线路阻抗。

图 2-28 示出了非全相运行期间分布电容等值电路，其中 C_M 为输电线路单位长度的相间电容，C_0 为输电线路单位长度的对地电容（输电线路单位长度的零序电容即为 C_0；输电线路单位长度的正序电容 $C_1 = 3C_M + C_0$），l 为输电线路长度。因为线路 A 相两侧断路器断开，所以 BC 相间电容、B 相与 C 相的对地电容不影响电容耦合形成的潜供电流。

当将线路两侧电动势合并时，作出等值电路如图 2-29（a）所示，其中 $\dot{I}_{und \cdot C}$ 就是相间电容耦合形成的潜供电流。再将 B 相、C 相两支路合并，等值电路如图 2-29（b）所示。

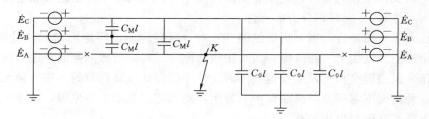

图 2-28　非全相运行期间分布电容等值电路

由图 2-29（b）可方便求得相间电容耦合形成的潜供电流 $\dot{I}_{und \cdot C}$ 为

$$\dot{I}_{und \cdot C} = j\omega(2C_M l)\left(-\frac{\dot{E}_A}{2}\right) = -j\omega C_M l \dot{E}_A \tag{2-79}$$

由式（2-79）可知，$|\dot{I}_{und \cdot C}|$ 与相间电容、电网电压成正比，电压等级愈高、线路愈长时，潜供电流 $\dot{I}_{und \cdot C}$ 也愈大。$\dot{I}_{und \cdot C}$ 与故障点位置无关，完全由线路相间电容 $C_M l$ 形成。

当潜供电流 $\dot{I}_{und \cdot C}$ 熄弧时，故障相上稳态恢复电压 $\dot{U}_{re}$ 由图 2-29（b）求得为

$$\dot{U}_{re} = \left(-\frac{\dot{E}_A}{2}\right)\frac{2C_M l}{2C_M l + C_0 l} = -\dot{E}_A \frac{C_M}{2C_M + C_0} \tag{2-80}$$

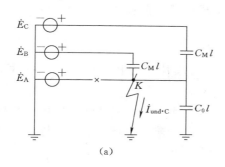 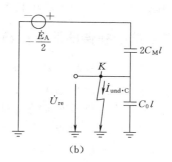

图 2-29 求电容耦合潜供电流的电路

(a) 线路两侧电源合并；(b) B相、C相支路合并

比较式（2-79）、式（2-80），$\dot{U}_{\text{re}}$ 滞后 $\dot{I}_{\text{und·C}}$ 的相角为 90°（工频），这说明 $\dot{I}_{\text{und·C}}$ 过零熄弧时，$\dot{U}_{\text{re}}$ 正处最大值时刻，这对故障点熄弧不利。

由式（2-79）、式（2-80）可知，设法消除或减小 C_M 的作用，可有效减小潜供电流和降低恢复电压，当然有利于故障点的消弧，提高重合闸的成功率，同时也缩短了单相重合闸时间。

产生潜供电流的另一原因是两个非故障相有负荷电流，通过与故障相的互感耦合引起。图 2-30 示出了相间互感耦合形成潜供电流的示意图，$\dot{I}_{\text{loa}}$ 为两非故障相等值的负荷电流，该负荷电流通过相间互感耦合在故障线段中的感应电动势分别为 $\dot{E}'_{\text{loa}}$、$\dot{E}''_{\text{loa}}$，通过故障线段对地电容在故障点形成相应电流。显而易见，互感耦合形成的潜供电流 $\dot{I}_{\text{und·L}}$ 是上述两部分电流之差。$\dot{I}_{\text{und·L}}$ 与负荷电流大小、故障点位置有关。当故障点在线路中部时，$\dot{I}_{\text{und·L}}$ 为零；当故障点 K 向线路一侧移动时，$\dot{I}_{\text{und·L}}$ 逐渐增大，K 点在线路出口处时 $\dot{I}_{\text{und·L}}$ 达最大值；K 点移向线路另一侧时，$\dot{I}_{\text{und·L}}$ 反相。

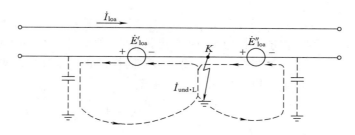

图 2-30 相间互感耦合形成潜供电流

总的潜供电流 $\dot{I}_{\text{und}} = \dot{I}_{\text{und·C}} + \dot{I}_{\text{und·L}}$，在通常情况下，$\dot{I}_{\text{und·C}}$ 比 $\dot{I}_{\text{und·L}}$ 大得多，故可认为 $\dot{I}_{\text{und}} \approx \dot{I}_{\text{und·C}}$。

故障点能否消弧，除风速、风向、电弧长度等因素外，关键是恢复电压大小、潜供电流大小以及两者间的相角差。

在超高压长线路上，为提高单相重合闸的成功率，应采取消弧措施。

二、带电抗器补偿的消弧措施

由式（2-79）、式（2-80）可知，用电感补偿掉相间电容 C_M 的影响，可有效减小潜供电流，且有效降低恢复电压，对消弧十分有利。

将图 2-28 中的三角形连接的相间电容 $C_M l$ 变换为星形连接，再采用六个电抗器进行补偿，如图 2-31 所示。为能完全消除相间电容的影响，电抗值 X_M 应与 $3C_M l$ 的容抗值相等，计及 $3C_M = C_1 - C_0$，可得到

$$\frac{1}{X_M} = \omega 3 C_M l = \omega (C_1 - C_0) l \tag{2-81}$$

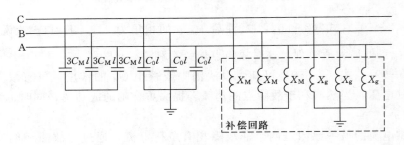

图 2-31　带并联电抗器（6 个）的补偿回路

并联电抗器还要补偿一定百分比的正序电容，于是得到关系式

$$\frac{1}{X_M} + \frac{1}{X_g} = \beta \omega C_1 l$$

即

$$\frac{1}{X_g} = \beta \omega C_1 l - \frac{1}{X_M} = \omega C_0 l - (1 - \beta) \omega C_1 l \tag{2-82}$$

其中 β 是并联电抗器补偿度，即正序电容补偿系数。

当输电线路两侧均采用补偿时，式（2-81）、式（2-82）中的 l 为线路实际长度的一半。

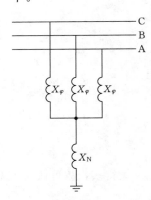

图 2-32　4 个电抗器的
补偿回路

实际上不采用图 2-31 中的补偿回路，而采用图 2-32 示出的补偿回路（4 个电抗器），两个补偿回路应该等效。

当两个补偿回路施加同样的正序电压时，两个补偿回路吸取的电流应相等，于是有

$$\frac{1}{X_\varphi} = \frac{1}{X_M} + \frac{1}{X_g} = \beta \omega C_1 l$$

即

$$X_\varphi = \frac{1}{\beta \omega C_1 l} \tag{2-83}$$

两个补偿回路施加同样的零序电压 $\dot{U}_0$ 时，两个补偿回路吸取同样的零序电流 $\dot{I}_0$。在图 2-31 中，有 $\dot{U}_0 = j\dot{I}_0 X_g$；在图 2-32 中，有 $\dot{U}_0 = j\dot{I}_0 (X_\varphi + 3X_N)$。因此，可得到

$$X_{\mathrm{N}} = \frac{1}{3}(X_{\mathrm{g}} - X_{\varphi})$$

将式（2-82）、式（2-83）代入，得到

$$X_{\mathrm{N}} = \frac{1}{3\omega\beta C_1 l} \frac{C_1 - C_0}{C_0 - (1-\beta)C_1} \tag{2-84}$$

考虑到式（2-83），式（2-84）改写为

$$X_{\mathrm{N}} = \frac{X_{\varphi}}{3} \frac{C_1 - C_0}{C_0 - (1-\beta)C_1} \tag{2-85}$$

图 2-32 中的 X_{φ}、X_{N} 由式（2-83）、式（2-85）确定。由式（2-85）可见，X_{N} 比 X_{φ} 小得多。

由上分析可知，在三个电抗器 X_{φ} 中性点加一个小电抗 X_{N} 接地后，可极大地减少单相重合闸过程中的潜供电流，且极大地减慢潜供电流熄弧时故障点的电压恢复速度，从而缩短故障点的消弧时间，提高单相重合闸的成功率。

并联电抗器 X_{φ} 的接入，可平衡系统的无功功率、有效抑制工频过电压、降低操作过电压、防止发电机自励磁。中性点 X_{N} 的接入，不仅可有效减小潜供电流、缩短潜供电流的消弧时间，而且可有效避免非全相的谐振过电压。

在平行双回线路上，一回线单相跳闸后，另一回线路通过电容、互感的耦合，同样在故障点形成潜供电流，导致故障点消弧的困难，两回线路换位不相同时尤为明显。即使故障线路实行三相跳闸，在同杆并架的双回线路上也存在故障点的消弧问题。

三、单相重合闸线路分支变压器负荷的反馈电流

图 2-33 示出了带分支变压器的单相重合闸线路。当分支变压器中性点接地时，分支侧应装设单相重合闸，以下讨论分支变压器中性点不接地时的情况。

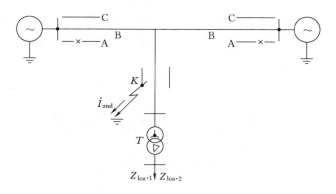

图 2-33　带分支变压器的单相重合闸线路

当 K 点单相接地时（设为 A 相），在单相重合闸过程中，若不将分支变压器负荷切除，则因负荷反馈在故障点形成电流，影响故障点消弧。

设 K 点 A 相接地时，K 点的三相电压可简单认为：$\dot{U}_{\mathrm{KA}} = 0$、$\dot{U}_{\mathrm{KB}} = \dot{E}_{\mathrm{B}}$、$\dot{U}_{\mathrm{KC}} = \dot{E}_{\mathrm{C}}$，于是在电源侧 A 相跳开后，各序电压为

$$\dot{U}_{KA1} = \frac{1}{3}(a\dot{E}_B + a^2\dot{E}_C) = \frac{2}{3}\dot{E}_A$$

$$\dot{U}_{KA2} = \frac{1}{3}(a^2\dot{E}_B + a\dot{E}_C) = -\frac{1}{3}\dot{E}_A$$

$$\dot{U}_{KA0} = \frac{1}{3}(\dot{E}_B + \dot{E}_C) = -\frac{1}{3}\dot{E}_A$$

通过分支变压器的正序、负序电流为

$$\dot{I}_{A1} = \frac{\dot{U}_{KA1}}{Z'_{loa \cdot 1}} = \frac{2\dot{E}_A}{3Z'_{loa \cdot 1}}$$

$$\dot{I}_{A2} = \frac{\dot{U}_{KA2}}{Z'_{loa \cdot 2}} = -\frac{\dot{E}_A}{3Z'_{loa \cdot 2}}$$

式中　　$Z'_{loa \cdot 1}$、$Z'_{loa \cdot 2}$——折算到分支变压器高压侧的负荷正序、负序阻抗。

负荷在故障点引起的反馈电流为

$$\dot{I}_{und} = -(\dot{I}_{A1} + \dot{I}_{A2}) = \frac{\dot{E}_A}{3}\left(\frac{1}{Z'_{loa \cdot 2}} - \frac{2}{Z'_{loa \cdot 1}}\right) \qquad (2-86)$$

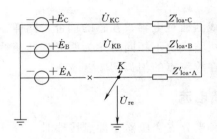

当 $\dot{I}_{und}$ 过零瞬间熄弧时，作出等值电路如图 2-34 所示，$Z'_{loa \cdot A}$、$Z'_{loa \cdot B}$、$Z'_{loa \cdot C}$ 为分支变压器高压侧见到的三相负荷阻抗。由图 2-34 求得 $\dot{I}_{und}$ 过零熄弧时故障点的恢复电压 $\dot{U}_{re}$ 为

$$\dot{U}_{re} = \frac{1}{2}(\dot{E}_B + \dot{E}_C) = -\frac{\dot{E}_A}{2} \qquad (2-87)$$

图 2-34　故障点 K 熄弧时的等值电路　　$\dot{U}_{re}$ 与 $\dot{I}_{und}$ 间的相位关系由负荷性质确定。

由式（2-86）、式（2-87）可知，分支变压器在单相重合闸过程中负荷不切除，会在故障点形成反馈电流，影响故障点消弧，负荷愈大，反馈电流也愈大，这一电流还与负荷性质有关。故障点的恢复电压较大，影响消弧。

为保证单相重合闸的成功，在单相重合闸过程中应将分支变压器的负荷切除。

第八节　关于重合闸方式的选定

自动重合闸方式的选定，应根据电网结构、系统稳定要求、电力设备承受能力和继电保护可靠性等原则，合理选定。

一、110kV 及以下单侧电源线路的自动重合闸

（1）采用三相一次重合闸方式。

（2）当断路器断流容量允许时，对无经常值班人员变电所引出的无遥控的单回线以及给重要负荷供电无备用电源的单回线，可采用二次重合闸方式。

（3）由几段串联线路构成的电力网，为快速切除短路故障，可采用带前加速的重合闸

方式，也可采用顺序重合闸方式。

二、110kV 及以下双侧电源线路的自动重合闸

（1）采用检无压和检同步的三相重合闸方式。

（2）双侧电源的单回线路，可采用如下重合闸方式：

1）解列重合闸方式。

2）水电厂条件许可时，可采用自同步重合闸方式。

三、220～500kV 线路自动重合闸

（1）220kV 单侧电源线路，采用不检同步的三相重合闸方式，也可选用单相重合闸或综合重合闸方式。

（2）对于 220kV 线路，当同一送电截面的同级电压及高一级电压的并联回数等于或大于 4 回时，选用一侧检线路无压、另一侧检线路与母线电压同步的三相重合闸方式（由运行方式部门规定哪一侧检线路无压先重合）。三相重合闸时间无压侧整定为 10s 左右，同步侧整定为 0.8s。

（3）220kV 弱联系的双回线路，可选用单相重合闸或综合重合闸方式。

（4）220kV 大环网线路，采用三相快速重合闸可认为是合理的，因为重合成功可保持系统的稳定性。

（5）330kV、500kV 及并联回路数等于或小于 3 回的 220kV 线路，采用单相重合闸方式。单相重合闸时间由运行方式确定（一般为 1s），并且不宜随运行方式变化而改变。

（6）带地区电源的主网络终端线路，一般选用解列三相重合闸方式（主网侧检线路无电压重合），也可选用综合重合闸方式。

（7）对可能发生跨线故障的 330～500kV 同杆并架双回线路，如输送容量较大，且为了提高电力系统安全稳定水平，可考虑采用按相自动重合闸方式。

四、大型机组高压配出线的自动重合闸

为避免重合于高压配出线出口三相永久性故障对发电机轴寿命的影响，重合闸方式如下。

（1）高压配出线电厂侧宜采用单相重合闸方式。

（2）高压配出线采用三相重合闸时，宜在系统侧检线路无压先重合，电厂侧再检同步重合，即使是正常操作也须如此操作。

五、带有分支的线路自动重合闸

当带有分支的线路上采用单相重合闸方式时，分支侧的自动重合闸可采用下列方式。

1. 分支侧无电源时

（1）分支处变压器中性点接地时，采用零序电流起动的低电压选相的单相重合闸方式。重合后不再跳闸。

（2）分支处变压器中性点不接地时，若所带负荷较大，则采用零序电压起动的低电压

选相的单相重合闸方式，重合后不再跳闸；也可采用零序电压起动跳分支变压器低压侧三相断路器（切去负荷），重合后不再跳闸。当分支侧的负荷很小时，分支侧不设重合闸，也不跳闸。

2. 分支侧有电源时

（1）当分支侧电源不大时，可用简单保护将分支侧电源解列，而后按分支侧无电源方式处理。

（2）当分支侧电源较大时，则在分支侧装设单相重合闸。

六、其他

（1）在 $\frac{3}{2}$ 接线中，要求边断路器重合优先，重合成功后本串中断路器才能重合。

（2）当装有同步调相机和大型同步电动机时，线路重合闸方式及动作时限的选择，宜按双侧电源线路的规定执行。

（3）当一组断路器设置两套重合闸装置时（如线路的两套保护均设有重合闸功能），若两套重合闸同时投入运行，则应采取措施保证线路故障后仅实现一次重合。如果仅投入一套重合闸，无须采取措施。

（4）如果电力系统不允许长期非全相运行，为防止断路器一相断开后，重合闸拒动而造成非全相运行，应具有断开三相的措施，并能保证选择性。

（5）为防止断路器三相触头不同时接通产生的零序电流影响，零序电流Ⅰ段保护和加速段应带 100ms 延时。这一延时也可避免转入全相运行零序电流不立即消失逐渐衰减带来的影响。

【复 习 思 考 题】

2-1   何谓重合闸成功率？何谓重合闸正确动作率？

2-2   试述 ARC 应满足的基本要求。

2-3   在检无压和检同步三相自动重合闸中，当处于下列情况会出现什么问题？

（1）线路两侧检无压均投入。

（2）线路两侧仅一侧检同步投入。

2-4   在检无压和检同步三相自动重合闸中，在重合闸起动时一侧电源突然消失，试述重合闸的动作过程，有何结果？

2-5   试述重合闸两种起动方式的优缺点。

2-6   试述检定同步的工作原理。

2-7   输电线重合闸有哪些闭锁条件？

2-8   为何重合闸充电时间一般需在 15s 以上？

2-9   什么是解列重合闸？应用有何条件？其优点是什么？

2-10   重合闸充电有何条件？

2-11   在综合重合闸中，为何重合闸计时要从最后一次故障跳闸算起？

2-12   试述加快切除短路故障为何能提高系统的暂态稳定性？

2-13 $\frac{3}{2}$接线的输电线路上装设了单相重合闸装置，若输电线路上发生单相接地故障故障相断路器跳闸后，边断路器或该串中断路器拒绝重合，试分析其动作结果。

2-14 什么是重合闸前加速保护？何谓重合闸后加速保护？各具什么优点？

2-15 在综合重合闸中，对选相元件有何要求？

2-16 解释分析故障分量、突变量以及两者的根本区别。

2-17 选相元件拒动时延时实行三相跳闸，该延时时间应考虑哪些因素？

2-18 试述序电流选相的基本工作原理。

2-19 试述相电流差突变量选相基本工作原理。

2-20 序电流选相、相电流差突变量选相两者的根本区别是什么？

2-21 某220kV单侧电源线路上装设了综合重合闸装置，负荷侧应采用何种选相元件？为什么？

2-22 试说明非全相运行线路中零序电流变化的规律？

2-23 在两个断相口的非全相运行线路上，线路侧$3\dot{U}_0$与$3\dot{I}_0$的相位关系有何特点？

2-24 非全相运行过程中，为何要将零序方向纵联保护、距离方向纵联保护退出？

2-25 非全相运行过程中，怎样加速距离保护第Ⅱ段？

2-26 单相重合闸动作时间为何比三相重合闸动作时间长？

2-27 什么是潜供电流？与哪些因素有关？

2-28 怎样缩短潜供电流的消弧时间？

2-29 大机组高压配出线上应采用何种自动重合闸方式？为什么？

2-30 三相快速重合闸在何种场合下可应用？为什么？

2-31 某输电线路上有两套重合闸装置，可以同时投入运行吗？为什么？

2-32 为何在检定同步重合闸的一侧不设后加速保护？

2-33 单侧电源线路重合闸方式的选择原则是什么？

2-34 双侧电源线路重合闸有何特殊要求？

2-35 试比较单相重合闸与三相重合闸的优缺点。

2-36 双侧电源线路上故障点断电时间与哪些因素有关？试说明。

2-37 输电线路自动重合闸怎样分类？

第三章　同步发电机自动并列

第一节　概　　述

在发电厂中有两种类型的同期操作：一种是将发电机接入系统的操作，另一种是发电厂与系统间或两个系统间的并列操作。完成同期操作的断路器称为并列点，在发电厂中并列点是较多的。同期操作是一个复杂、重要的操作，一般均由自动准同期装置完成。

图 3-1 示出了发电机 G 经主变压器 T 通过断路器 QF 与系统 S 并列的电路。QF 准同期并列时，并列点两侧的电压 $\dot{U}_G$ 与 $\dot{U}_S$ 应满足以下条件：

（1）$\dot{U}_G$ 与 $\dot{U}_S$ 相序必须相同。

（2）$\dot{U}_G$ 与 $\dot{U}_S$ 的频率差在规定范围内。

（3）$\dot{U}_G$ 与 $\dot{U}_S$ 的电压差在规定范围内。

（4）$\dot{U}_G$ 与 $\dot{U}_S$ 间的相角差在 0°附近时 QF 主触头闭合。

上述第一个条件在发电机并列前已得到满足，所以自动并列装置（也称自动准同期装置）主要是满足后 3 个条件。因此，自动准同期装置有以下三个主要组成部分：频差和频差方向测量及其调速脉冲形成部分；压差和压差方向测量及其调压脉冲形成部分；合闸脉冲发出部分。自合闸脉冲发出瞬间到相角差为 0°的时间 t_{lead} 正好等于 QF 断路器总的合闸时间，t_{lead} 称为导前时间。

设 $\dot{U}_S$ 的幅值为 U_{mS}、频率为 f_S，$\dot{U}_G$ 的幅值为 U_{mG}、频率为 f_G，当 u_G 与 u_S 两相量重合时为时间 t 的起始点时，则 u_G、u_S 可表示为

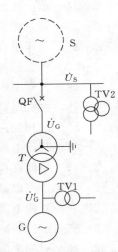

图 3-1　发电机经主变通过 QF 与系统并列

$$u_G = U_{mG}\sin\omega_G t \tag{3-1a}$$

$$u_S = U_{mS}\sin\omega_S t \tag{3-1b}$$

式中　ω_G、ω_S——u_G、u_S 的角频率，$\omega_G = 2\pi f_G$、$\omega_S = 2\pi f_S$。

以 $\dot{U}_S$ 为参考相量，则在相量图上 $\dot{U}_G$ 以 $\omega_G - \omega_S$ 的相对角速度转动，如图 3-2 所示。当 $\omega_G > \omega_S$ 时，$\dot{U}_G$ 逆时针转动；当 $\omega_G < \omega_S$ 时，$\dot{U}_G$ 顺时针转动；当 $\omega_G = \omega_S$ 时，$\dot{U}_G$ 与 $\dot{U}_S$ 相对静止。

一、滑差、滑差周期、滑差电压

$$\omega_\Delta = \omega_G - \omega_S = 2\pi(f_G - f_S) \tag{3-2}$$

ω_Δ 称滑差角速度，简称滑差。$\omega_\Delta > 0$ 时 $\dot{U}_G$ 逆时针转动；$\omega_\Delta < 0$ 时 $\dot{U}_G$ 顺时针转动；$\omega_\Delta = 0$ 时 $\dot{U}_G$ 不转动。滑差随 f_G 或 f_S 变化而变化。

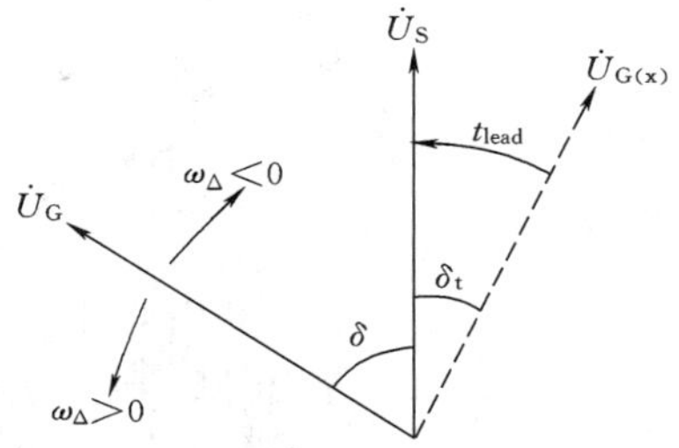

如果从 $\dot{U}_G$ 与 $\dot{U}_S$ 相位重合时开始计时，则当 ω_Δ 不变时相角差 δ 可表示为

$$\delta = \omega_\Delta t \qquad (3-3)$$

δ 变化 360°（2π rad）所需时间称滑差周期（或频差周期），用符号 T_Δ 表示，于是有关系式

图 3-2 $\dot{U}_G$ 以 $\omega_G - \omega_S$ 相对
角速度转动

$$\int_0^{T_\Delta} |\omega_\Delta| \, dt = 2\pi \qquad (3-4)$$

当在一个滑差周期 T_Δ 内频差 $\Delta f = f_G - f_S$ 不发生变化时，由式（3-2）、式（3-4）可得

$$T_\Delta = \frac{1}{|\Delta f|} \qquad (3-5)$$

T_Δ 长短反映了 $\dot{U}_G$ 与 $\dot{U}_S$ 间频差大小。T_Δ 短表示频差大；T_Δ 长表示频差小。

令 $u_\Delta = u_G - u_S$ 为滑差电压，即并列点两侧电压瞬时值之差。若 $U_{mG} = U_{mS} = U_m$，则由式（3-1）可得

$$u_\Delta = 2U_m \sin\frac{\omega_\Delta t}{2} \cos\left(\frac{\omega_G + \omega_S}{2}t\right) \qquad (3-6)$$

图 3-3 示出了滑差电压的波形，是一个角速度为 $\dfrac{\omega_G + \omega_S}{2}$、幅值以 $2U_m \sin\dfrac{\omega_\Delta}{2}t$ 关系变化的交流电压。将式（3-3）代入式（3-6）后为

$$u_\Delta = 2U_m \sin\frac{\delta}{2} \cos\left(\frac{\omega_G + \omega_S}{2}t\right) \qquad (3-7)$$

当 $\delta = \pm 180°$ 时，u_Δ 的幅值最大；当 $\delta = 0°$ 或 $\delta = 360°$ 时，u_Δ 有最小值。图 3-3 中同时也示出了 $\dot{U}_G$ 与 $\dot{U}_S$ 两相量的相对关系，u_Δ 波形上方 $\dot{U}_G$ 与 $\dot{U}_S$ 相对关系为 $\omega_\Delta > 0$ 情况，下方为 $\omega_\Delta < 0$ 情况。

在图 3-3 中，$T_{\Delta 1} < T_{\Delta 2}$，所以必有 $|\omega_{\Delta 1}| > |\omega_{\Delta 2}|$，即 $|\Delta f_1| > |\Delta f_2|$。

二、导前时间

为实现 $\delta = 0°$ 瞬间并列断路器主触头闭合，即要求滑差电压 u_Δ 在最小值时刻（即同期点）并列断路器主触头闭合，为此在图 3-3 中应在导前同期点的某一时刻（图中为 t_x 时刻）向并列断路器发出合闸脉冲命令，而发出合闸脉冲命令时刻到同期点间的时间为导前时间 t_{lead}。只有导前时间 t_{lead} 等于并列断路器实测的总合闸时间时，才能保证 $\delta = 0°$ 时刻即在同期点发电机并入系统。

在图 3-2 中，$\dot{U}_G$ 相量在 $\dot{U}_{G(x)}$ 位置时（当 $\omega_\Delta > 0$ 时）发出合闸脉冲命令，而 $\dot{U}_G$ 相量从 $\dot{U}_{G(x)}$ 位置转动到 $\dot{U}_S$ 位置所需时间正好是 t_{lead}。导前时间 t_{lead} 对应的相角差 δ_t 为

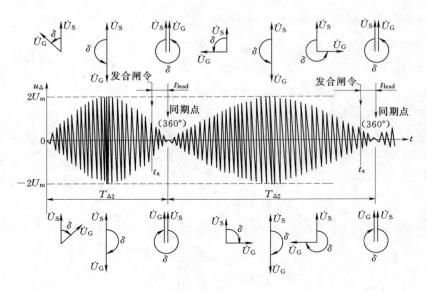

图 3-3　滑差电压 u_Δ 的波形

$$\delta_t = \omega_\Delta t_{\text{lead}} \tag{3-8}$$

式中　ω_Δ——$\dot{U}_G$ 相量在 $\dot{U}_{G(x)}$ 位置时的滑差。

显然 δ_t 随频差发生变化。

应当指出，不同并列点因断路器型号不同有不同的导前时间，一经设定不随频差变化。在实际并列过程中，当有不同频差时，图 3-2 中 $\dot{U}_{G(x)}$ 位置随频差发生变化，但 $\dot{U}_{G(x)}$ 转动到 $\dot{U}_S$ 位置所需时间 t_{lead} 不发生变化。当然，相应的 δ_t 随频差发生变化。

三、关于相位补偿

图 3-1 中发电机 G 通过 QF 与系统 S 准同期并列时，QF 主触头应在 $\dot{U}_G$ 与 $\dot{U}_S$ 同相时刻闭合。然而，T 与 QF 间无电压互感器，无法获取 $\dot{U}_G$。实际上，发电机准同期方式并列时，用电压互感器 TV1、TV2 获取同期电压，即用 TV2 获取 $\dot{U}_S$（大小与相位），用 TV1 获取发电机侧的同期电压（大小与相位），这样输入到自动准同期装置的两路同期电压分别是 TV1、TV2 的二次电压。由于主变 T 接线组别（通常为 YN，d11 接线）的影响，两路同期电压（用 $\dot{U}_g$、$\dot{U}_s$ 表示）间的相位并不与 $\dot{U}_G$、$\dot{U}_s$ 间的相位相同，因而需要相位补偿，即将一路同期电压进行移相。

为使移相较为正确，通常将系统电压进行移相。移相是在自动准同期装置内部进行的，图 3-4 示出了移相（相位补偿）示意图。

设图 3-1 中 T 为 YN、d11 接线，低压侧电压以 $\dot{U}'_G$ 表示，图 3-5 示出了 $\dot{U}'_G$ 与 $\dot{U}_G$ 间的相位关系。注意到 QF 主触头闭合时 $\dot{U}_G$ 与 $\dot{U}_S$ 同相位，所以当 $\dot{U}_g$ 分别取 TV1 二次电压 $\dot{U}'_{ac}$（一次电压为 $\dot{U}'_{GAC}$）、$\dot{U}'_{ba}$（一次电压为 $\dot{U}'_{GBA}$）、$\dot{U}'_{cb}$（一次电压为 $\dot{U}'_{GCB}$）与 $\dot{U}_S$

取 TV2 二次同名相电压即 $\dot{U}_{ac}$（一次电压为 $\dot{U}_{SAC}$）、$\dot{U}_{ba}$（一次电压为 $\dot{U}_{SBA}$）、$\dot{U}_{cb}$（一次电压为 $\dot{U}_{SCB}$）时，$\dot{U}_s$ 应向超前方向移相 30°，即图 3-4 中的 $\varphi = 30°$。

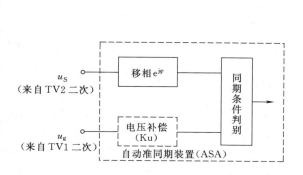

图 3-4 自动准同期装置内部移相
（相位补偿）示意图

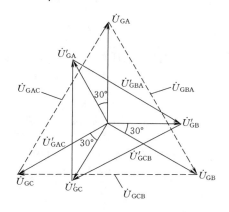

图 3-5 YN，d11 接线变压器两侧
电压的相位关系

观察图 3-5 可以看出，因为 $\dot{U}_{GA}$、$\dot{U}_{GB}$、$\dot{U}_{GC}$ 分别与 $\dot{U}'_{GAC}$、$\dot{U}'_{GBA}$、$\dot{U}'_{GCB}$ 同相位，所以当 $\dot{U}_g$ 分别取 TV1 二次电压 $\dot{U}'_{ac}$、$\dot{U}'_{ba}$、$\dot{U}'_{cb}$ 与 $\dot{U}_s$ 取 TV2 二次相电压 $\dot{U}_a$（一次电压为 $\dot{U}_{SA}$）、$\dot{U}_b$（一次电压为 $\dot{U}_{SB}$）、$\dot{U}_c$（一次电压为 $\dot{U}_{SC}$）时，$\dot{U}_s$ 不需移相，即图 3-4 中的 $\varphi = 0°$，但 $\dot{U}_s$ 的幅值应进行修正，需乘以系数 $\sqrt{3}$。如果 $\dot{U}_s$ 取 TV2 二次开口三角形相电压（称三次电压）$\dot{U}_{\Delta a}$、$\dot{U}_{\Delta b}$、$\dot{U}_{\Delta c}$，则不需进行幅值修正，即是乘以系数 1。

前述的相位补偿情况如表 3-1 所示。当然，同期电压的移相、幅值修正不在自动准同期装置中实现时，也可用外电路（转角变压器或 $1:\sqrt{3}$ 的中间变压器）来实现。

表 3-1 主变 YN，d11 接线时系统侧同期电压 $\dot{U}_s$ 的移相角度

发电机侧同期电压 $\dot{U}_g$（取 TV1 二次电压）	系统侧同期电压 $\dot{U}_s$（取 TV2 二次、三次电压）		
	取 TV1 二次同名相电压，但要向超前方向移相 30°	取 TV2 二次侧相电压，不移相但要幅值修正需乘系数 $\sqrt{3}$	取 TV2 三次侧相电压，不需移相，不需幅值修正
$\dot{U}'_{ac}$	$\dot{U}_{ac}e^{j30°}$	$\sqrt{3}\dot{U}_a$	$\dot{U}_{\Delta a}$
$\dot{U}'_{ba}$	$\dot{U}_{ba}e^{j30°}$	$\sqrt{3}\dot{U}_b$	$\dot{U}_{\Delta b}$
$\dot{U}'_{cb}$	$\dot{U}_{cb}e^{j30°}$	$\sqrt{3}\dot{U}_c$	$\dot{U}_{\Delta c}$

同期电压经相位补偿后，当自动准同期装置检测到经相位补偿后的两路同期电压出现同相的时刻，也正是并列点两侧电压同相的时刻。

四、关于电压补偿

并列点两侧电压差在设定的范围内时，自动准同期装置才可能开放合闸脉冲命令发出

的回路。

在图 3-1 中，系统侧电压 U_S 随系统运行情况发生变化，设最高运行电压为 $U_{S\cdot max}$、最低运行电压为 $U_{S\cdot min}$，中间值电压 $U_{S\cdot m}$ 为

$$U_{S\cdot m} = \frac{1}{2}(U_{S\cdot max} + U_{S\cdot min}) \tag{3-9}$$

所以系统侧同期电压的设定值 $U_{s\cdot set}$ 为

$$U_{s\cdot set} = \frac{U_{S\cdot m}}{n_{TV2}} \tag{3-10}$$

式中　n_{TV2}——电压互感器 TV2 变比，如 $\frac{220}{\sqrt{3}}kV / \frac{100}{\sqrt{3}}V / 100V$。

如果系统侧的额定电压为 U_N、$U_{S\cdot max} = 1.1U_N$、$U_{S\cdot min} = U_N$，则 $U_{S\cdot m} = 1.05U_N$；当电压互感器变比为 $\frac{U_N}{\sqrt{3}} / \frac{100}{\sqrt{3}}$ 时，可得到 $U_{s\cdot set} = 105V$。

实际上，系统电压 U_S 不断变化，所以系统侧同期电压 U_s 也作相应变化。当 $U_S = U_N$ ~ $1.1U_N$ 变化时，则 U_s 在 $100 \sim 110V$ 间变化。

以下讨论发电机侧同期电压的设定值 $U_{g\cdot set}$。令并列点发电机侧的电压 U_G 等于 $U_{S\cdot m}$，于是由图 3-1 可得到

$$U_{g\cdot set} = \frac{U_{S\cdot m}}{K_T n_{TV1}} \tag{3-11}$$

式中　n_{TV1}——电压互感器 TV1 变比，如 $\frac{U_{GN}}{\sqrt{3}} / \frac{100}{\sqrt{3}} / \frac{100}{3}$，其中 U_{GN} 为发电机额定电压（线电压）；

　　　　K_T——主变 T 的实际变比，$K_T = \frac{U_H}{U_{GN}}$，其中 U_H 为考虑到主变实际分接头档位后主变高压侧实际电压。

若 $U_H = 1.1U_N$、$U_{S\cdot m} = 1.05U_N$，则由式（3-11）得到

$$U_{g\cdot set} = \frac{1.05U_N}{\dfrac{1.1U_N}{U_{GN}} \cdot \dfrac{U_{GN}}{100}} = 95.45(V) \tag{3-12}$$

因为 $U_{g\cdot set}$ 与 $U_{s\cdot set}$ 相对应，所以在同期电压比较前应将 U_g 进行补偿，见图 3-4，补偿系数为

$$K_U = \frac{U_{s\cdot set}}{U_{g\cdot set}} = K_T \frac{n_{TV1}}{n_{TV2}} \tag{3-13}$$

由 $K_T = \frac{U_H}{U_{GN}}$、$n_{TV1} = \frac{U_N}{100}$、$n_{TV2} = \frac{U_{GN}}{100}$，则式（3-13）为

$$K_U = \frac{U_H}{U_N} \tag{3-14}$$

当 $U_H = 1.1U_N$ 时，有 $K_U = 1.1$。

在进行电压差比较时，实际比较的是 $K_U U_g$ 与 U_s 间的大小。设准同期并列时设定的压差大小为 $(\Delta U)_{set}$，则 $K_U U_g$ 满足准同期电压差的条件为

$$U_{s \cdot set} - (\Delta U)_{set} \leqslant K_U U_g \leqslant U_{s \cdot set} + (\Delta U)_{set} \tag{3-15}$$

如取 $(\Delta U)_{set} = 4V$，则在上述参数下 U_g 的范围为 $91.82V \leqslant U_g \leqslant 99.09V$，相应发电机机端电压范围为

$$0.918 U_{GN} \leqslant U'_G \leqslant 0.991 U_{GN}$$

主变高压侧的电压范围为 $1.01 U_N \leqslant U_G \leqslant 1.09 U_N$。当 $(\Delta U)_{set}$ 取 5V 时，在上述参数下，U_G 的允许变化范围完全与 U_S 的变化范围 $(U_{S \cdot min} \sim U_{S \cdot max})$ 吻合。

五、线路型同期

图 3-1 中是发电机通过 QF 断路器与系统实现准同期并列，同期对象是发电机，属机组型同期。在机组型同期中，作为自动准同期装置，当频差超出设置频差 $(\Delta f)_{set}$ 时，装置应发出增速或减速脉冲，使发电机频率尽快跟踪系统频率，使 Δf 尽快进入设置频差范围内；当频差过小时，自动准同期装置自动发出增速脉冲，打破这种近似同频不同相的局面，缩短同期并列的时间。当压差超出设置压差 $(\Delta U)_{set}$ 时，装置应发出升压或降压脉冲，使发电机电压尽快跟踪系统电压，使压差 ΔU 尽快进入设置压差范围内。若压差、频差均在设置范围内，则装置自动发出合闸脉冲命令，在 $\delta = 0°$ 时刻并列断路器主触头正好闭合，完成自动准同期并列。

发电厂与系统或两个系统间一般通过线路联系，所以这种情况下的同期称线路型同期。在线路型同期中，自动准同期装置不发出增速或减速、升压或降压脉冲，因为脉冲的发出是无效的。在线路型同期中，一种情况是频差 $\Delta f \neq 0$，在频差、压差均满足时自动准同期装置导前同期点 t_{lead} 时间发出合闸脉冲命令，完成两系统间（发电厂可视为一个系统）的自动准同期并列；另一种情况是两系统间的 $\Delta f = 0$（两系统间在并列点外还存在其他环并线路），此时两同期电压间的相角差不会发生变化，只要相角差在设定的 δ_{set} 范围内、同时压差满足要求，自动准同期装置就发出合闸脉冲命令，完成自动并列，不过并列断路器主触头闭合时刻并不一定 $\delta = 0°$。当然，若相角差大于 δ_{set}，则并列断路器不会自动合闸，此时需调整负荷分配，使相角差在设定范围内。

虽然线路型同期在 $\Delta f \neq 0$ 情况下也能保证在 $\delta = 0°$ 实现准同期并列，但自动准同期装置不发出调速、调压脉冲，只能等待 Δf、ΔU 满足要求［因此这种情况 $(\Delta U)_{set}$ 取相对较大值，所以 ΔU 一般总满足要求］；在满足要求情况下实现自动准同期并列。因此，线路型同期实质上是等待同期，处被动状态，满足同期条件就在 $\delta = 0°$ 时刻实现两系统间并列；不满足 Δf、ΔU 条件，只能处等待状态。等待同期也称"捕捉同期"。

机组型同期时是不会出现等待同期状态的。

第二节 准同期条件分析

本节讨论图 3-1 中 QF 并列合闸时的情况。

一、发电机并入系统时的冲击电流和冲击功率

发电机并列前处空载状态，转子电流产生的磁场匝链定子绕组的磁链 Ψ_{fd} 在定子绕组

中感应的电动势在主变高压侧为 $\dot{U}_{\mathrm{G}}$，在 QF 主触头闭合瞬间设 $\dot{U}_{\mathrm{G}}$ 与 $\dot{U}_{\mathrm{S}}$ 间的相角差为 δ，作出 Ψ_{fd}、$\dot{U}_{\mathrm{G}}$、$\dot{U}_{\mathrm{S}}$ 相量关系如图 3-6 所示。由图可见，在 q 轴方向上压差为 $U_{\mathrm{G}}-U_{\mathrm{S}}\cos\delta$，因电流作用在 d 轴方向，发电机的电抗为 X''_{d}，所以产生的冲击电流周期分量有效值为 $\dfrac{U_{\mathrm{G}}-U_{\mathrm{S}}\cos\delta}{X''_{\mathrm{d}}+X_{\mathrm{T}}+X_{\mathrm{S}}}$；在 d 轴方向上压差为 $0-U_{\mathrm{S}}\sin\delta$，因电流作用在 q 轴方向，发电机的电抗为 X''_{q}，所以产生的冲击电流周期分量有效值为 $\dfrac{0-U_{\mathrm{S}}\sin\delta}{X''_{\mathrm{q}}+X_{\mathrm{T}}+X_{\mathrm{S}}}$。流过发电机的冲击电流为上述两部分的相量和，得到冲击电流周期分量有效值 I_{imp} 为

$$I_{\mathrm{imp}}=\sqrt{\left(\frac{U_{\mathrm{G}}-U_{\mathrm{S}}\cos\delta}{X''_{\mathrm{d}}+X_{\mathrm{T}}+X_{\mathrm{S}}}\right)^{2}+\left(\frac{U_{\mathrm{S}}\sin\delta}{X''_{\mathrm{q}}+X_{\mathrm{T}}+X_{\mathrm{S}}}\right)^{2}} \qquad (3-16)$$

式中　I_{imp}——以发电机额定电流为基准的冲击电流周期分量有效值的标么值；

$\quad\ X''_{\mathrm{d}}$、X''_{q}——以发电机额定容量为基准的 d 轴、q 轴次暂态电抗标么值；

$\quad\quad\ X_{\mathrm{T}}$——以发电机额定容量为基准的主变阻抗标么值；

$\quad\quad\ X_{\mathrm{S}}$——以发电机额定容量为基准的系统 S 阻抗标么值；

U_{G}、U_{S}——并列点两侧电压标么值。

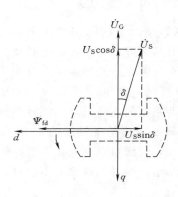

图 3-6　Ψ_{fd}、$\dot{U}_{\mathrm{G}}$、$\dot{U}_{\mathrm{S}}$ 相量关系

由式（3-16）可知，QF 并列合闸时只要 $\delta\neq0°$ 或 $U_{\mathrm{G}}\neq U_{\mathrm{S}}$，就会产生冲击电流。$\delta$ 偏离 0° 愈大、U_{G} 与 U_{S} 差值愈大，冲击电流也愈大。冲击电流最大瞬时值可表示为

$$(i_{\mathrm{imp}})_{\max}=1.8\sqrt{2}I_{\mathrm{imp}} \qquad (3-17)$$

冲击电流形成的电动力对发电机定子绕组产生影响，特别是定子绕组端部。由式（3-16）明显可见，只有在 $U_{\mathrm{G}}=U_{\mathrm{S}}$、$\delta=0°$ 时并列，冲击电流才等于零。

并列时如果 $\delta\neq0°$ 还会产生冲击电磁力矩，相应的冲击功率 P_{imp} 为（隐极机）

$$P_{\mathrm{imp}}=\frac{U_{\mathrm{G}}U_{\mathrm{S}}}{X_{\mathrm{d}}+X_{\mathrm{T}}}\sin\delta \qquad (3-18)$$

式中　X_{d}——发电机直轴同步电抗。

当 $\dot{U}_{\mathrm{G}}$ 超前 $\dot{U}_{\mathrm{S}}$ 时，$\delta>0°$，发电机发出电功率 P_{imp}，发电机起制动作用；当 $\dot{U}_{\mathrm{G}}$ 滞后 $\dot{U}_{\mathrm{S}}$ 时，$\delta<0°$，发电机吸取 P_{imp}，对发电机起加速作用。

作为自动准同期装置，引起并列时 $\delta\neq0°$ 的主要原因是设定的导前时间与并列断路器合闸总时间不相等。误发合闸脉冲命令时 δ 角变大。

电磁冲击力矩过大必然危害发电机。

二、电压差的影响

电压差对同期的影响主要表现在对冲击电流数值的影响。在 $\delta=0°$ 并列时电压差对同期的影响分析如下：

（1）冲击电流的数值。考虑到 $\delta=0°$，由式（3-16）可得

$$I_{\text{imp}(\delta=0°)} = \frac{|U_G - U_S|}{X''_d + X_T + X_S} \tag{3-19}$$

可见，冲击电流在数值上与压差 $|U_G - U_S|$ 成正比。为防止冲击电流过大时危及定子绕组，应限制压差大小。一般情况下压差限制在额定电压的 10% 以下，可取 5% 左右。

（2）冲击电流的性质。发电机流出的冲击电流为

$$\dot{I}_{\text{imp}(\delta=0°)} = -\text{j} \frac{\dot{U}_G - \dot{U}_S}{X''_d + X_T + X_S} \tag{3-20}$$

作出 $\dot{I}_{\text{imp}(\delta=0°)}$ 相量如图 3-7 所示。由图可见，当 $U_G > U_S$ 时，$\dot{I}_{\text{imp}(\delta=0°)}$ 滞后 $\dot{U}_G$ 的相角为 90°，如图 3-7（a）所示，$\dot{I}_{\text{imp}(\delta=0°)}$ 为感性电流，起去磁作用，发电机发出感性无功功率；当 $U_G < U_S$ 时，$\dot{I}_{\text{imp}(\delta=0°)}$ 超前 $\dot{U}_G$ 的相角为 90°，如图 3-7（b）所示，$\dot{I}_{\text{imp}(\delta=0°)}$ 为容性电流，起助磁作用，发电机发出容性无

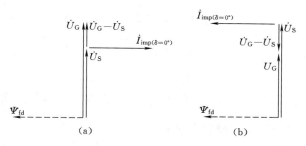

图 3-7 压差引起的冲击电流性质
(a) $U_G > U_S$；(b) $U_G < U_S$

功功率（吸取感性无功功率）。可见，$\dot{I}_{\text{imp}(\delta=0°)}$ 不产生电磁力矩，所以只要 $\dot{I}_{\text{imp}(\delta=0°)}$ 不超过安全值，$\dot{I}_{\text{imp}(\delta=0°)}$ 对发电机不会造成危害。

三、相角差的影响

发电机并列合闸时存在 δ 角，对同期的影响主要表现在电磁冲击力矩和冲击电流两方面。无论从哪方面，均应控制并列合闸时的 δ 角。分析相角差引起的冲击电流时，因为是准同期并列，所以令 $U_G = U_S = 1.05$，于是式（3-16）改写为

$$I_{\text{imp}(\delta)} = \frac{1.05}{X''_d + X_T + X_S} \sqrt{(1-\cos\delta)^2 + \left(\frac{X''_d + X_T + X_S}{X''_q + X_T + X_S}\sin\delta\right)^2}$$

按规定，$I_{\text{imp}(\delta)} \leqslant \dfrac{0.74}{2X''_d}$，由上式可得

$$4\sin^4\frac{\delta}{2}\left[1 + \left(\frac{X''_d + X_T + X_S}{X''_q + X_T + X_S}\frac{\cos\frac{\delta}{2}}{\sin\frac{\delta}{2}}\right)^2\right] \leqslant 0.1242\left(\frac{X''_d + X_T + X_S}{X''_d}\right)^2$$

即

$$\left[1 - \left(\frac{X''_d + X_T + X_S}{X''_q + X_T + X_S}\right)^2\right]\sin^4\frac{\delta}{2} + \left(\frac{X''_d + X_T + X_S}{X''_q + X_T + X_S}\right)^2\sin^2\frac{\delta}{2} - \frac{0.1242}{4}\left(\frac{X''_d + X_T + X_S}{X''_d}\right)^2 \leqslant 0$$

$$\tag{3-21}$$

解得最大允许的合闸角 $\delta_{\text{on·max}}$ 为

$$\delta_{\text{on·max}} = 2\arcsin\sqrt{\dfrac{\sqrt{1+0.1242\dfrac{(X''_q+X_T+X_S)^4-(X''_d+X_T+X_S)^2(X''_q+X_T+X_S)^2}{[X''_d(X''_d+X_T+X_S)]^2}}-1}{2\left[\left(\dfrac{X''_q+X_T+X_S}{X''_d+X_T+X_S}\right)^2-1\right]}}$$

$$(3-22)$$

如果 $X''_d = X''_q$（隐极机），则由式（3−21）求得

$$\delta_{\text{on·max}} = 2\arcsin\left[0.1762\left(1+\dfrac{X_T+X_S}{X''_d}\right)\right] \qquad (3-23)$$

若图 3−1 中 S 为无穷大系统，则 $X_S=0$，当取 $X''_d=0.17$、$X_T=0.135$ 时，由式（3−23）求得 $\delta_{\text{on·max}}=36.9°$；若发电机直接与无穷大系统并列，则 $X_T+X_S=0$，由式（3−23）求得 $\delta_{\text{on·max}}=20.3°$。

可以看出，发电机与系统并列时限制 δ 角是十分必要的。理想状态下应是 $\delta=0°$ 时刻与系统并列，此时无冲击力矩，仅有压差引起的无功冲击电流，发电机并列是最安全的。

四、频差的影响

发电机与系统并列后，要求很快进入同步运行。实际上，当发电机在 $\delta\neq0°$ 状况下并列时，存在一个暂态过程才进入同步运行。暂态过程要越短越好。

由式（3−18）可见，发电机并入系统后，若 $\delta>0°$ 则发电机发出有功功率，P_{imp} 起制动作用，发电机转速降低；若 $\delta<0°$ 则发电机吸取有功功率，P_{imp} 起加速作用，发电机转速增加。

设发电机并入系统时 $\omega_{G1}>\omega_S$、且 $\dot U_G$ 超前 $\dot U_S$ 的相角为 δ_1，在发电机的功角特性 $P=f(\delta)$ 上处 1 点，如图 3−8（a）中所示；在 $\omega_\Delta=f(\delta)$ 曲线上同样处 1 点，此时 $\omega_{\Delta1}=\omega_{G1}-\omega_S$、$\delta=\delta_1$，如图 3−8（b）中所示。发电机并入系统后，因发电机处在制动状态，发电机开始减速，所以滑差 ω_Δ 不断减小，但因 ω_G 仍大于 ω_S，故 δ 角不断增大，在功角特性上由 1 点经 2 点到 3 点；在 $\omega_\Delta=f(\delta)$ 曲线上，同样由 1 点经 2 点到 3 点。到达 3 点时，ω_G 降到 ω_S 值，即 $\omega_{\Delta3}=0$，此时 δ 角不再增大，因 3 点仍处在制动区，所以 3 点后发电机要减速，出现 $\omega_G<\omega_S$ 情况，随着 δ 角的回摆，减速越来越大，到达 4 点，ω_G 有最低值，此时的 $\omega_{\Delta4}=\omega_{G·min}-\omega_S<0$、数值最大；在功角特性上回摆到 4 点，有 $\delta=0°$。4 点后发电机进入加速区，转速开始增大，δ 角继续回摆，到达 5 点时 $\omega_{G5}=\omega_S$，此时的 $\omega_{\Delta5}=0$，δ 角不再回摆。5 点后，发电机仍然处在加速区，发电机加速，出现 $\omega_G>\omega_S$ 情况，ω_Δ 增大；δ 角不断减

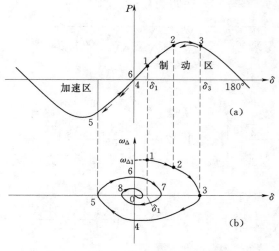

图 3−8 发电机并列后的暂态过程示意图

(a) $P=f(\delta)$ 曲线；(b) $\omega_\Delta=f(\delta)$ 曲线

小，到达 6 点 $\delta=0°$，发电机不再加速。6 点后，发电机又进入制动区，发电机减速，ω_Δ 减小；但因 $\omega_{G6}>\omega_S$ 故 δ 角要增大…，重复前述过程。考虑到发电机的阻尼作用，作出 ω_Δ 随 δ 角的变化曲线如图 3－8（b）中箭头所示，由 1 点→2 点→3 点→4 点→5 点→6 点→…→0 点，最终 $\omega_G=\omega_S$，$\delta=0°$；在 $P=f(\delta)$ 曲线上，由 1 点→2 点→3 点→…最终 $\delta=0°$。

从图 3－8 示出的发电机并入系统的暂态过程可以看出，进入同步运行的暂态过程与合闸时刻的滑差 ω_Δ 大小有关。当 $\omega_{\Delta 1}$ 较小时，δ_3 角较小，发电机很快进入同步运行，暂态过程很短；当 $\omega_{\Delta 1}$ 较大时，δ_3 角也较大，发电机要经历较长时间振荡才能进入同步运行，如图 3－8 中所示；当 $\omega_{\Delta 1}$ 很大时，δ_3 角将超过 180°，发电机并入系统后不能进入同步运行状态。需要指出，发电机在 $\delta=0°$ 时刻并入系统也不改变这一状况。因此，发电机与系统并列时应控制频差大小，一般控制频差在 0.25Hz 以内。

第三节 频差及频差方向测量

在发电机的同期并列过程中，发果频差不满足要求，则自动准同期装置应能自动检测频差方向，检测出发电机频率高还是系统频率高。当发电机频率高时，应发出减速脉冲；当系统频率高时，应发出增速脉冲。要求发电机频率自动跟踪系统频率，尽快使频差进入设定范围，以缩短发电机同期并列的时间。

自动准同期装置发调速脉冲时，脉冲宽度应与频差成正比，比例系数可设定，或者直接设定脉冲宽度；调速脉冲的周期也可以设定。这样可适应不同机组的调速器特性。在同期并列过程中，当出现频差过小的情况时，自动准同期装置应自动发出增速脉冲，以缩短同期并列的时间。

一、频差大小的测量

1. 用软件测频差

设 T_G 为发电机电压（待并侧电压）周期、T_S 为系统电压周期，则频差为

$$\Delta f = f_G - f_S = \frac{1}{T_G} - \frac{1}{T_S} = \frac{T_S - T_G}{T_G T_S} \qquad (3-24)$$

只要测量 T_G、T_S 就可计算出 Δf 值。

采用交流采样值线性拟合过零点算法，可较精确地计算出同期电压的周期。图 3－9 示出了发电机电压经数字滤波后的采样值，其中 O、O' 两点间的时间即为发电机电压 u_G 的周期 T_G。设电压过零点 O 从负到正前后相邻两个采样点为 B、A，其中 B 点采样值为负，A 点采样值为正，因 A、B 两点均在正弦电压过零点附近，所以 AB 线段与电压 u_G 的变化可认为是吻合的，于是 AB 线段的方程为

$$u_G = \frac{u_1 - u_0}{T_y} t \qquad (3-25)$$

式中 u_1——A 点 u_G 的采样值，其值为正；

         u_0——B 点 u_G 的采样值，其值为负；

         T_y——采样间隔时间。

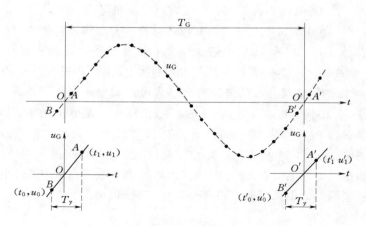

图 3-9　软件测 u_G 周期的波形图

令 $u_G A$ 点、B 点采样值分别等于 u_1、u_0，可得到 t_1、t_0 分别为（$t_1 < 0$）

$$t_1 = \frac{u_1}{u_1 - u_0} T_y \tag{3-26a}$$

$$t_0 = \frac{u_0}{u_1 - u_0} T_y \tag{3-26b}$$

由于 u_1、u_0、T_y 为已知，故 t_1、t_0 可由式（3-26）计算得出。

令 O' 点为与 O 点相邻的电压 u_G 从负到正的过零点，图中 B' 点采样值为负、A' 点采样值为正，类似地可得到（$t'_0 < 0$）

$$t'_1 = \frac{u'_1}{u'_1 - u'_0} T_y \tag{3-27a}$$

$$t'_0 = \frac{u'_0}{u'_1 - u'_0} T_y \tag{3-27b}$$

u'_1、u'_0 为 A 点、B 点 u_G 的采样值。

若图 3-9 中 A 点到 B' 点共有 K 个 T_y，则 u_G 的周期 T_G 为

$$T_G = K T_y + \frac{u_1}{u_1 - u_0} T_y - \frac{u'_0}{u'_1 - u'_0} T_y \tag{3-28}$$

由式（3-28）可测量出 T_G。同理可测量出 T_s。于是频差 Δf 可计算出。

2. 将同期电压整形后测频差

图 3-10 中示出了同期电压 u_G、u_s 经整形电路后的方波电压 $[u_G]$、$[u_s]$，其中 τ_G 为 u_G 电压半个周期、τ_s 为 u_s 电压半个周期，即 $T_G = 2\tau_G$、$T_s = 2\tau_s$，于是式（3-24）可写成

$$\Delta f = \frac{1}{2} \frac{\tau_s - \tau_G}{\tau_G \tau_s} \tag{3-29}$$

如果 τ_G、τ_s 时间内对已知时钟频率 f_c 的脉冲计数，令计数值为 N_G、N_s，则上式变化为

$$\Delta f = \frac{1}{2} \frac{N_s - N_G}{N_G N_s} f_c \tag{3-30}$$

因为 N_G、N_s 只有一个计数脉冲的误差，所以只要 f_c 足够大，测量到的 Δf 可达到

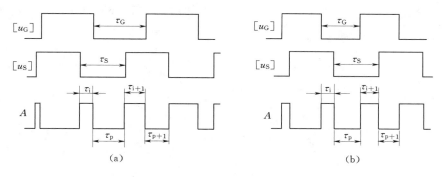

图 3-10 $[u_G]$、$[u_S]$ 及 $A=[u_G] \oplus [u_S]$ 波形

(a) $f_G < f_S$；(b) $f_G > f_S$

很高的精度。

利用 $A=[u_G] \oplus [u_S]$ 波形同样可测量 Δf 值。A 波形如图 3-10 所示，τ_i 为 A 波形高电位脉宽，τ_p 为 A 波形低电位脉宽。当 $f_G < f_S$ 时，由图 3-10（a）可得

$$\tau_G = \tau_p + \tau_{i+1}$$
$$\tau_S = \tau_p + \tau_i$$

代入式（3-29）得到

$$\Delta f = \frac{1}{2} \frac{\tau_i - \tau_{i+1}}{\tau_G \tau_S} \qquad (3-31)$$

当 $f_G > f_S$ 时，由图 3-10（b）可得

$$\tau_G = \tau_i + \tau_p$$
$$\tau_S = \tau_{i+1} + \tau_p$$

代入式（3-29）得到

$$\Delta f = \frac{1}{2} \frac{\tau_{i+1} - \tau_i}{\tau_G \tau_S} \qquad (3-32)$$

归纳式（3-31）、式（3-32），可得

$$|\Delta f| = \frac{1}{2} \left| \frac{\tau_{i+1} - \tau_i}{\tau_G \tau_S} \right|$$

如果 τ_i、τ_{i+1}、τ_G、τ_S 值用时钟频率 f_C 的脉冲计数值 N_i、N_{i+1}、N_G、N_S 代入，则上式表示为

$$|\Delta f| = \frac{1}{2} \left| \frac{N_{i+1} - N_i}{N_G N_S} \right| f_C \qquad (3-33)$$

从而可方便计算出 Δf 值。

3. 比较导前时间脉冲、导前相角脉冲次序检测频差大小

发电机在同期并列过程中，导前时间脉冲（用符号 $U_{lead·t}$ 表示）发出时刻导前同期点的时间为 t_{lead}。当 $\omega_\Delta > 0$（$f_G > f_S$）时，逆时针转动的 $\dot{U}_G$ 在 $\dot{U}_{G(x)}$ 处发出 $U_{lead·t}$，$\dot{U}_G$ 从 $\dot{U}_{G(x)}$ 转动到 $\dot{U}_S$ 位置的时间正好为 t_{lead}，如图 3-11（a）所示，图中 $\delta_t = \omega_\Delta t_{lead}$ 的大小随 ω_Δ 大小发生变化；当 $\omega_\Delta < 0$（$f_G < f_S$）时，顺时针转动的 $\dot{U}_G$ 同样在 $\dot{U}_{G(x)}$ 处发出 $U_{lead·t}$，而

$\dot{U}_G$ 从 $\dot{U}_{G(x)}$ 转动到 $\dot{U}_S$ 位置的时间正好为 t_{lead}，δ_t 如图 3－11（b）所示。两者的区别仅是 $\dot{U}_G$ 转动的方向不同。

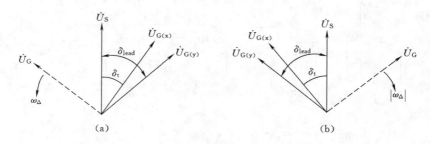

图 3－11   说明导前时间脉冲、导前相角脉冲发出的次序
（a）$f_G > f_S$ 时；（b）$f_G < f_S$ 时

导前相角脉冲（用符号 $U_{lead\cdot\delta}$ 表示）发出时刻导前同期点的相角为 δ_{lead}，δ_{lead} 固定不变，不随频差变化，δ_{lead} 为

$$\delta_{lead} = \omega_{\Delta\cdot set}\, t_{lead} \tag{3-34}$$

式中 $\omega_{\Delta\cdot set}$——整定频差 $(\Delta f)_{set}$ 对应的滑差，$\omega_{\Delta\cdot set} = 2\pi\,(\Delta f)_{set}$。

由式（3-34）可知，当 $(\Delta f)_{set}$、t_{lead} 设定后，δ_{lead} 的数值不变化。

令 $U_{lead\cdot\delta}$ 在 $\dot{U}_{G(y)}$ 处时发出，因为 $U_{lead\cdot\delta}$ 为导前相角脉冲，所以 $\dot{U}_G$ 逆时针转动时，$\dot{U}_{G(y)}$ 滞后 $\dot{U}_S$，如图 3-11（a）中所示；当 $\dot{U}_G$ 顺时针转动时，$\dot{U}_{G(y)}$ 超前 $\dot{U}_S$，如图 3-11（b）中所示。由式（3-8）、式（3-34）可以得到

$$\frac{\delta_t}{\delta_{lead}} = \frac{|\omega_\Delta|}{\omega_{\Delta\cdot set}} = \frac{|\Delta f|}{(\Delta f)_{set}} \tag{3-35}$$

当 $|\Delta f| < (\Delta f)_{set}$ 时，有 $\delta_t < \delta_{lead}$，即 $U_{lead\cdot\delta}$ 先于 $U_{lead\cdot t}$ 发出；当 $|\Delta f| = (\Delta f)_{set}$ 时，有 $\delta_t = \delta_{lead}$，即 $U_{lead\cdot\delta}$ 与 $U_{lead\cdot t}$ 同时发出；当 $|\Delta f| > (\Delta f)_{set}$ 时，有 $\delta_t > \delta_{lead}$，即 $U_{lead\cdot t}$ 先于 $U_{lead\cdot\delta}$ 发出。

因此，当导前相角脉冲先于导前时间脉冲发出时，就判别为 $|\Delta f| < (\Delta f)_{set}$，说明频差已满足了要求，从而检测出频差大小。

二、频差方向的测量

频差方向指的是发电机电压的频率高于还是低于系统频率，从而可确定调速脉冲性质。

当自动准同期装置测量频差由软件实现时，根据式（3-24）可方便测量出频差方向。当 $T_G < T_S$ 时，判发电机频率高于系统频率；当 $T_G = T_S$ 时，判发电机频率与系统频率相等；当 $T_G > T_S$ 时，判发电机频率低于系统频率。

当自动准同期装置用式（3-30）测量频差时，则当 $N_G < N_S$ 时，判发电机频率高于系统频率；当 $N_G = N_S$ 时，判发电机频率与系统频率相等；当 $N_G > N_S$ 时，判发电机频率低于系统频率。

可见，在数字式自动准同期装置中，测量频差方向是十分便捷的。

三、关于调速脉冲

发电机在同期并列过程中，频差越限就应发出调速脉冲，使发电机频率跟踪系统频率，以最快的速度使频差进入设定范围。当频差越限并且发电机频率低于系统频率时，应发增速脉冲；当频差越限并且发电机频率高于系统频率时，应发减速脉冲。

调速脉冲宽度应与频差成正比，或根据发电机调速系统特性直接设置脉冲宽度。调速周期可设定在一定范围（如 2～5s），或者为一定值。

自动准同期装置在发电机同期并列过程中对发电机进行调频时，不断测量发电机的频率，并与系统频率比较，然后形成调速脉冲，通过调速器改变进汽量（水轮机组为进水量），实现对发电机频率的调整。实际上，整个调频系统是一个闭环负反馈自动调节系统，如图 3-12 所示，被调量是发电机频率 f_G，目标频率是系统频率 f_s。f_s 并不固定，随系统频率而发生变化。

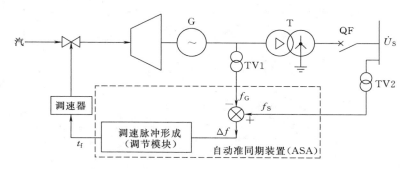

图 3-12　自动准同期装置构成的闭环自动调频系统

为提高调频系统品质，可采用 PID 调节规律。其中加入 Δf 的微分项可加快调节速度，加入积分项可提高调节精度。因此，按 PID 调节规律，形成的调速脉冲宽度 t_f 可表示为

$$t_f = K_P \Delta f + K_I \int_0^t \Delta f \mathrm{d}t + K_D \frac{\mathrm{d}\Delta f}{\mathrm{d}t} \tag{3-36}$$

式中　Δf——频差，$\Delta f = f_s - f_G$；

　　　K_P——比例项系数，s^2；

　　　K_I——积分项系数，s；

　　　K_D——微分项系数，s^3。

因 Δf 不是连续测量的，而是以一定的时间间隔测量的。在所取计算时间内，设测量到的频差值分别为 Δf_1、Δf_2、Δf_3、$\cdots$、Δf_M（共测量 M 次），采用差分方程表示时，则式（3-36）可近似地表示为

$$t_f = K_P \Delta f + K_I T \sum_{k=1}^{M} \Delta f_k + \frac{K_D}{T_M}(\Delta f_M - \Delta f_1) \tag{3-37}$$

式中　　T——测量 Δf 值的时间间隔；

Δf_{k}——在计算时间内，第 k 次的 Δf 值；

M——在计算时间内测量 Δf 的次数；

T_{M}——选取的计算时间；

Δf_1、Δf_{M}——在选取的计算时间内，首次与末次的 Δf 值；

t_{f}——该调频周期内形成的调速脉冲宽度。

选取适当的 K_{P}、K_{I}、K_{D} 与 T_{M}，使整个调节系统处匹配状态，不发生过调与欠调现象。

如设置 $K_{\mathrm{I}}=0$、$K_{\mathrm{D}}=0$，则式（3-37）变为

$$t_{\mathrm{f}} = K_{\mathrm{P}}\Delta f \tag{3-38}$$

同样 K_{P} 的选取应不发生过调与欠调现象。

图 3-13 示出了频率调节程序示意框图。由图可知，只有在频差不满足要求精况下才对发电机进行调频。当频差满足要求但频差甚小（图中示出的是 0.05Hz）时发出增速脉冲。

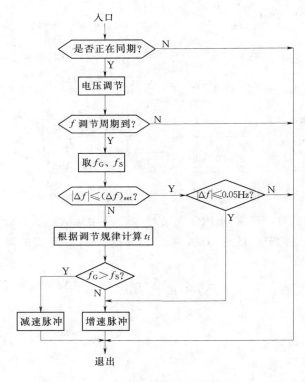

图 3-13 频率调节程序示意框图

调速脉冲经输出电路通过继电器触点作用于调速回路实现调速。

第四节 压差及压差方向测量

在发电机的同期并列过程中，如果压差不满足要求，则自动准同期装置应能自动检测压差方向，发电机电压与系统电压进行幅值比较。当发电机电压高时，应发出降压脉冲；

当系统电压高时，应发出升压脉冲。使发电机电压自动跟踪系统电压，尽快使压差进入设定范围，以缩短发电机同期并列的时间。

自动准同期装置发调压脉冲时，脉冲宽度应与压差成正比，比例系数可设定，或者直接设定脉冲宽度。调压脉冲周期也可以设定或者固定调压周期。

一、压差大小的测量

将同期电压转换为数字量直接相减就可得到压差 ΔU 的数字量 $(\Delta U)_D$，即

$$(\Delta U)_D = (U_G)_D - (U_S)_D \tag{3-39}$$

式中　$(U_G)_D$——同期电压 U_G 有效值的数字量；

　　　$(U_S)_D$——系统电压 U_S 有效值的数字量。

在自动准同期装置中经相位补偿、电压补偿后，进行比较的两路同期电压与并列点两侧电压相位上同相，大小成正比。式（3-39）中的 $(\Delta U)_D$ 并非是滑差电压 u_Δ 的幅量。

将式（3-1b）示出的正弦波形绝对值在半周期内积分，可以得到

$$S = \int_0^{\frac{T_S}{2}} | U_{mS} \sin\omega_S t | \, dt = \frac{\sqrt{2} T_S}{\pi} U_S$$

$$U_S = \frac{\pi}{\sqrt{2} T_S} S = \frac{\pi f_S}{\sqrt{2}} S \tag{3-40a}$$

用采样值求和代替积分值 S，于是有

$$S \approx T_y \sum_{k=1}^{\frac{N}{2}} | u_S(k) | \tag{3-40b}$$

式中　T_y——采样周期，$T_y = \dfrac{1}{f_y}$，f_y 为采样频率；

　　　N——一个 T_S 周期内的采样点数，如采样频率 $f_y = 1200\text{Hz}$、$T_S = 20\text{ms}$，则 $N = 24$；

　$u_S(k)$——u_S 的第 k 个采样值。

由于式（3-40b）表示的 S 为数字量，代入式（3-40a）得到 $(U_S)_D$ 为

$$(U_S)_D = \frac{\pi}{\sqrt{2}} \frac{f_S}{f_y} \sum_{k=1}^{\frac{N}{2}} | u_S(k) | \tag{3-41}$$

虽然该算法运算量很小，而且具有一定的滤去高频分量的作用，但得到的数字量 $(U_S)_D$ 具有一定的误差。引起误差的原因有：①频率变化带来的误差；②采样值求和代替积分带来的误差。为减小误差，可提高采样频率以及采用绝对值全周期的算法。这种算法的优点是可满足工程精度要求，缺点是计算量相对多了。

采用如下的三采样值算法，可消除上述因素带来的误差。令在 $t_n - T_y$、t_n 和 $t_n + T_y$ 三个时刻 u_S 的三个相邻采样值为

$$u_S(n-1) = U_{mS} \sin(\omega_S t_n - \alpha) \tag{3-42a}$$

$$u_S(n) = U_{mS} \sin\omega_S t_n \tag{3-42b}$$

$$u_S(n+1) = U_{mS} \sin(\omega_S t_n + \alpha) \tag{3-42c}$$

式中　α——采样间隔对应的工频电角度，$\alpha = \omega_{\mathrm{S}} T_{\mathrm{y}}$。

在三个方程中，有 $\omega_{\mathrm{S}} t_{\mathrm{n}}$、$\alpha$、$U_{\mathrm{mS}}$ 三个未知数，消去 $\omega_{\mathrm{S}} t_{\mathrm{n}}$、$\alpha$ 就可求得 U_{mS}。将式（3-42c）、式（3-42a）相加、相减可得到

$$u_{\mathrm{S}}(n+1) + u_{\mathrm{S}}(n-1) = 2U_{\mathrm{mS}} \sin\omega_{\mathrm{S}} t_{\mathrm{n}} \cos\alpha \tag{3-43a}$$

$$u_{\mathrm{S}}(n+1) - u_{\mathrm{S}}(n-1) = 2U_{\mathrm{mS}} \cos\omega_{\mathrm{S}} t_{\mathrm{n}} \sin\alpha \tag{3-43b}$$

于是有

$$\left[\frac{u_{\mathrm{S}}(n+1) + u_{\mathrm{S}}(n-1)}{\cos\alpha}\right]^2 + \left[\frac{u_{\mathrm{S}}(n+1) - u_{\mathrm{S}}(n-1)}{\sin\alpha}\right]^2 = 4U_{\mathrm{mS}}^2 \tag{3-44}$$

考虑到式（3-42b），由式（3-43a）可得

$$\cos\alpha = \frac{u_{\mathrm{S}}(n+1) + u_{\mathrm{S}}(n-1)}{2u_{\mathrm{S}}(n)}$$

于是

$$\sin\alpha = \frac{\sqrt{4u_{\mathrm{S}}^2(n) - [u_{\mathrm{S}}(n+1) + u_{\mathrm{S}}(n-1)]^2}}{2u_{\mathrm{S}}(n)}$$

将上两式代入式（3-44），化简得到

$$U_{\mathrm{mS}}^2 = \frac{4u_{\mathrm{S}}^2(n)\left[u_{\mathrm{S}}^2(n) - u_{\mathrm{S}}(n+1)u_{\mathrm{S}}(n-1)\right]}{4u_{\mathrm{S}}^2(n) - [u_{\mathrm{S}}(n+1) + u_{\mathrm{S}}(n-1)]^2} \tag{3-45a}$$

或

$$(U_{\mathrm{S}})_{\mathrm{D}}^2 = \frac{2u_{\mathrm{S}}^2(n)\left[u_{\mathrm{S}}^2(n) - u_{\mathrm{S}}(n+1)u_{\mathrm{S}}(n-1)\right]}{4u_{\mathrm{S}}^2(n) - [u_{\mathrm{S}}(n+1) + u_{\mathrm{S}}(n-1)]^2} \tag{3-45b}$$

式（3-45b）说明：在取得了 $u_{\mathrm{S}}(n-1)$、$u_{\mathrm{S}}(n)$、$u_{\mathrm{S}}(n+1)$ 三个相邻采样值后，可计算出 $(U_{\mathrm{S}})_{\mathrm{D}}$。但该值与被测电压的频率无关。此算法较为复杂，且无滤波能力。

事实上，采用专用芯片可直接将 u_{S} 转换成数字量 $(U_{\mathrm{S}})_{\mathrm{D}}$。

取得 $(U_{\mathrm{S}})_{\mathrm{D}}$、$(U_{\mathrm{G}})_{\mathrm{D}}$ 后，按式（3-39）可方便得到压差 $(\Delta U)_{\mathrm{D}}$。

二、压差方向的测量

根据 $(\Delta U)_{\mathrm{D}}$ 的正、负，可对发电机电压和系统电压进行幅值比较。

当 $(\Delta U)_{\mathrm{D}} > 0$ 时，判发电机电压高于系统电压；当 $(\Delta U)_{\mathrm{D}} = 0$ 时，判发电机电压与系统电压相等；当 $(\Delta U)_{\mathrm{D}} < 0$ 时，判发电机电压低于系统电压。

三、关于调压脉冲

发电机在同期并列过程中，压差越限时应即时发出调压脉冲，使发电机电压跟踪系统电压，以最快的速度调整压差进入设定范围。其中，当压差越限并且发电机电压高于系统电压时，应发降压脉冲；当压差越限并且发电机电压低于系统电压时，应发升压脉冲。

调压脉冲宽度应与压差成正比，或直接设置脉冲宽度。调压周期可设定在一定范围（如 3~8s），或者为一定值。

自动准同期装置输出的调压脉冲，作用于发电机的自动调节励磁装置（AER），改变励磁电压，达到调节发电机电压的目的。事实上，自动准同期装置输出的调压脉冲，改变的是自动调节励磁装置的目标电压。发电机同期并列过程中的调压系统同样是一个闭环负反馈自动调节系统，与图 3-12 类似，被调量是发电机电压，目标电压是系统电压。

当该自动调节系统按 PID 规律调节时，调压脉冲宽度 t_U 可表示为

$$t_U = K_P \Delta U + K_I \int_0^t \Delta U \mathrm{d}t + K_D \frac{\mathrm{d}\Delta U}{\mathrm{d}t} \qquad (3-46)$$

式中，K_P、K_I、K_D 含义见式（3-36）。当用差分方程表示时，可近似表示为

$$t_U = K_P \Delta U + K_I T \sum_{k=1}^{M} \Delta U_k + \frac{K_D}{T_M}(\Delta U_M - \Delta U_1)$$
$$(3-47)$$

式中，各量含义参见式（3-37）。

当设置 $K_I=0$、$K_D=0$，则上式变为

$$t_U = K_P \Delta U \qquad (3-48)$$

K_P 设置应合理，不发生调压过程中的过调和欠调现象。

图 3-14 示出了电压调节程序示意框图。调压脉冲经开出电路通过继电器触点输出，作用于发电机的自动调节励磁装置，改变自动调节励磁装置的目标电压，通过自动调节励磁装置的调节，使压差快速进入设定范围。

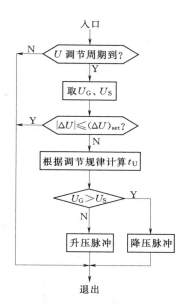

图 3-14　电压调节程序示意框图

第五节　导前时间脉冲

发电机在同期并列中，自动准同期装置应在导前同期点（即 $\dot{U}_G$ 与 $\dot{U}_S$ 的同相点）t_{lead} 发出导前时间脉冲，t_{lead} 等于并列断路器总合闸时间，这样才能保证同期电压同相时刻并列断路器主触头正好接通。当压差或频差或两者均不满足要求时，导前时间脉冲被闭锁；当压差、频差均满足要求时，导前时间脉冲输出，即自动准同期装置发出的合闸脉冲命令。

图 3-15 示出了导前时间脉冲 $U_{\text{lead},t}$ 波形，为使并列断路器可靠合闸，通常导前时间脉冲在同期点后 t_{lead} 结束。合闸脉冲命令经开关量输出电路，通过继电器触点输出。

一、同期电压间的相角差测量

导前时间脉冲是通过测量同期电压间相角差变化实现的，因而需测量同期电压间的相角差。在图 3-11 中，$\dot{U}_G$ 在 $\dot{U}_{G(x)}$ 位置时发出导前时间脉冲。当 $f_G > f_S$ 时，$\dot{U}_G$ 滞后 $\dot{U}_S$ 的相角 δ_t 时发导前时间脉冲；当 $f_G < f_S$ 时，$\dot{U}_G$ 超前 $\dot{U}_S$ 的相角 δ_t 时发导前时间脉冲。并且，在 $f_G > f_S$ 情况下，如图 3-11（a），发导前时间脉冲前 $\dot{U}_G$ 滞后 $\dot{U}_S$ 的相角是不断减小的；在 $f_G < f_S$ 情况下，如图 3-11（b），发导前时间脉冲前 $\dot{U}_G$ 超前 $\dot{U}_S$ 的相角是不断减小的。归纳上述两种情况，当 $\dot{U}_G$ 越过与 $\dot{U}_S$ 的反相点后，与 $\dot{U}_S$ 间的相角差不论频差

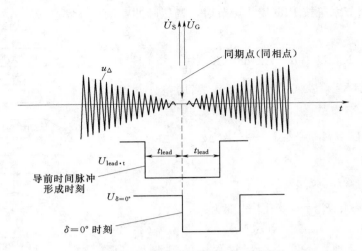

图 3-15　导前时间脉冲 $U_{\text{lead.t}}$ 波形

方向如何，均是不断减小的，从 180°一直减小到 0°（频差为零的情况除外）。

图 3-16 示出了同期电压 u_G、u_S 波形及相应的方波电压 $[u_G]$、$[u_S]$ 波形。由图 3-16 看出，u_G、u_S 从负到正相邻过零点间的时间对应的就是相角差 δ，即 $[u_G]$、$[u_S]$ 相邻上升沿间的时间对应的就是相角差 δ。

如果计数器在 $[u_S]$ 上升沿时刻对已知时钟频率 f_C 的脉冲开始计数，相邻下一个 $[u_G]$ 上升沿时刻停止计数，则在图 3-16 中 t_i、t_{i+1} 时间段内读得的计数值 N_i、N_{i+1} 对应的 $\dot{U}_G$ 滞后 $\dot{U}_S$ 的相角差 δ_i、δ_{i+1} 分别为

$$\delta_i = \frac{N_i}{N_S} \times 180° \qquad (3-49a)$$

$$\delta_{i+1} = \frac{N_{i+1}}{N_S} \times 180° \qquad (3-49b)$$

式中　　N_S——系统电压 u_S 半周期内对时钟脉冲 f_C 的计数值。

式（3-49）是以系统频率为基准的，即系统一个工频周期的电角度是 360°。

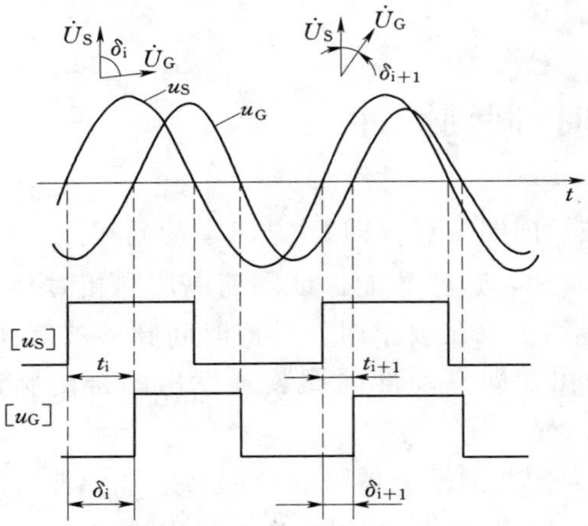

图 3-16　测量相角差方法之一

式（3-49）测得的 δ 角是 $\dot{U}_G$ 滞后 $\dot{U}_S$ 的相角，其变化范围为 0°~360°。

为方便实现导前时间脉冲，δ 角的测量应限制在 $\dot{U}_S$ 相量两侧的 180°区域内。图 3-10 中的 A 为

$$A = [u_G] \oplus [u_S] = \overline{[u_G]}[u_S] + [u_G]\overline{[u_S]} \qquad (3-50)$$

所以当 u_G 与 u_S 同相时，A 高电位的宽度最小；当 u_G 与 u_S 反相时，A 高电位宽度最大。作出 u_G 与 u_f 不同频率时的 A 波形如图 3-17 所示。由波形图可以看出，A 高电位宽度就是 u_G 与 u_S 间的相角差 δ。如果 A 高电位宽度 τ_i、τ_{i+1} 期间对已知时钟频率 f_C 的脉冲

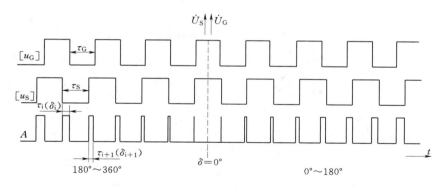

图 3-17　测量相角差方法之二

计数值为 N_i、N_{i+1}，当以系统频率为基准时，则相应的相角差 δ_i、δ_{i+1} 分别为

$$\delta_i = \frac{N_i}{N_S} \times 180° \tag{3-51a}$$

$$\delta_{i+1} = \frac{N_{i+1}}{N_S} \times 180° \tag{3-51b}$$

测量到的 δ 角在 0°～180°范围内变化。

观察图 3-17 中 A 波形，可得到如下特点：

（1）将图中 $[u_G]$、$[u_S]$ 互换，A 波形不变，所以 A 波形测得的 δ 角与频差方向无关。

（2）按式（3-51）测得的 δ 角，最小值为 0°（即 $\dot{U}_G$ 与 $\dot{U}_S$ 同相），最大值为 180°（即 $\dot{U}_G$ 与 $\dot{U}_S$ 反相）。

（3）δ 角从 180°向 0°的变化过程中，A 高电位宽度逐渐变窄；δ 角过了 0°后，从 0°向 180°的变化过程中，A 高电位宽度逐渐变宽。图 3-18 示出了不同频差方向时 A 高电位宽度的变化规律。可见，当 A 高电位宽度由宽变窄时，表明 δ 角逐渐减小，相量 $\dot{U}_G$ 正在向 $\dot{U}_S$ 靠近；当 A 高电位宽度由窄变宽时，表明 δ 角逐渐增大，相量 $\dot{U}_G$ 正在离开 $\dot{U}_S$ 相量。这一规律不随频差方向改变，只是 $\dot{U}_G$ 转动方向不同而已。

（4）测量 A 高电位宽度获取的 δ 角，每工频半周期测量一次。

通过上述分析，用式（3-51）可测量相角差 δ。只要计数脉冲频率 f_C 足够高，δ 角精度可得到保证。

二、滑差测量

不论是 $f_G > f_S$ 还是 $f_G < f_S$，发导前时间脉冲的区间总在 A 高电位由宽变窄的区间，即由式（3-51）计算的 δ 角逐渐变小，所以由式（3-33）的频差 Δf 可写为

$$(\Delta f)_i = \frac{1}{2} \frac{N_{i-1} - N_i}{N_G N_S} f_C \tag{3-52}$$

于是由式（3-2）可得到滑差 ω_Δ 为

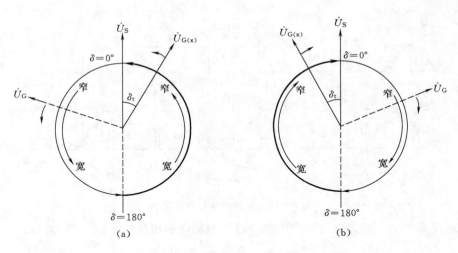

图 3-18 不同频差方向时 A 高电位宽度的变化规律

(a) $f_G > f_S$ 时；(b) $f_G < f_S$ 时

$$(\omega_\Delta)_i = 2\pi(\Delta f)_i = \frac{N_{i-1} - N_i}{N_G N_S}\pi f_C \qquad (3-53)$$

式（3-53）表示的 ω_Δ 值，当 $f_G > f_S$ 时处于 $\dot{U}_G$ 滞后 $\dot{U}_S$ 的相角 0°～180°区域内，见图 3-18（a）；当 $f_G < f_S$ 时处于 $\dot{U}_G$ 超前 $\dot{U}_S$ 的相角 0°～180°区域内，见图 3-18（b）。上述两种情况下式（3-53）计算得到的 ω_Δ 均为正值。

在上述 δ 角的区间内，当发电机出现反向加速度时，有可能式（3-53）计算得到的 ω_Δ 为负值。此种情况表示在图 3-18（a）中，是 $\dot{U}_G$ 由逆时针转动变为顺时针转动，δ 角增大；表示在图 3-18（b）中，是 $\dot{U}_G$ 由顺时针转动变为逆时针转动，同样 δ 角增大。

三、导前时间脉冲形成

由上分析可以得到，当 $\dot{U}_G$ 处在图 3-18 中粗线半圆区间内时，可形成导前时间脉冲，即 $\dot{U}_G$ 在图中 $\dot{U}_{G(x)}$ 位置时形成（参见图 3-11）。实际上，当 $\dot{U}_G$ 临近 $\dot{U}_{G(x)}$ 时，自动准同期装置应即时预报出 $\dot{U}_{G(x)}$ 的位置并提示它即将来临。$\dot{U}_{G(x)}$ 位置的 δ 角随频差大小变化。

不论频差方向如何，当 δ 过了 180°后，A 高电位宽度逐渐变窄过程中，由式（3-51a）、式（3-53）可计算出 δ_i、$(\omega_\Delta)_i$，从而可得到 $\{\delta\}$、$\{\omega_\Delta\}$ 序列，即

$$\{\delta\} = \cdots、\delta_i、\delta_{i+1}、\cdots、\delta_{x-2}、\delta_{x-1}、\delta_x、\cdots$$

$$\{\omega_\Delta\} = \cdots、(\omega_\Delta)_i、(\omega_\Delta)_{i+1}、\cdots、(\omega_\Delta)_{x-2}、(\omega_\Delta)_{x-1}、(\omega_\Delta)_x、\cdots$$

其中 δ_{x-2} 和 $(\omega_\Delta)_{x-2}$、δ_{x-1} 和 $(\omega_\Delta)_{x-1}$、δ_x 和 $(\omega)_x$ 为 $\dot{U}_G$ 相量分别在 $\dot{U}_{G(x-2)}$、$\dot{U}_{G(x-1)}$、$\dot{U}_{G(x)}$ 位置时的 δ 角和滑差，$\dot{U}_{G(x-2)}$、$\dot{U}_{G(x-1)}$、$\dot{U}_{G(x)}$ 相量如图 3-19 中所示。上述 $\{\delta\}$、$\{\omega_\Delta\}$ 序列中，数据间隔时间 ΔT 为半个工频周期；若间隔取数据，则 ΔT 等于一个

工频周期。

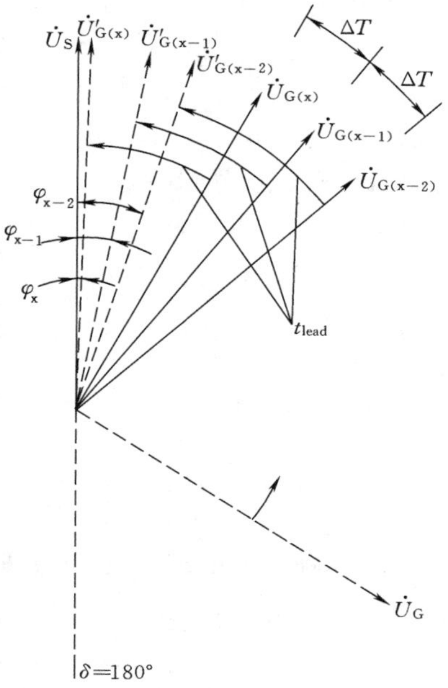

当 $\dot{U}_{G}$ 相量在图 3-19 中 $\dot{U}_{G(x-2)}$ 位置时，滞后 $\dot{U}_{S}$ 的相角为 δ_{x-2}，此时的滑差 $(\omega_{\Delta})_{x-2}$ 为

$$(\omega_{\Delta})_{x-2} = \frac{N_{x-3} - N_{x-2}}{N_{G} N_{S}} \pi f_{C}$$

角加速度 a_{x-2} 为

$$a_{x-2} = \frac{(\omega_{\Delta})_{x-3} - (\omega_{\Delta})_{x-2}}{\Delta T} = \frac{N_{x-4} - 2N_{x-3} + N_{x-2}}{N_{G} N_{S} \Delta T} \pi f_{C}$$

其中 N_{x-4}、N_{x-3}、N_{x-2} 为对应的 A 波形高电位宽度内的脉冲计数值。因 δ_{x-2}、$(\omega_{\Delta})_{x-2}$、a_{x-2} 均已计算得到，所以 $\dot{U}_{G}$ 在 $\dot{U}_{G(x-2)}$ 位置时，可预测 $\dot{U}_{G}$ 相量经导前时间 t_{lead} 后从 $\dot{U}_{G(x-2)}$ 位置转动到 $\dot{U}'_{G(x-2)}$ 时的 δ 角，见图 3-19（预测的 δ 角用 φ_{x-2} 表示）。预测到的 φ_{x-2} 可表示为

$$\varphi_{x-2} = \delta_{x-2} - \left[(\omega_{\Delta})_{x-2} t_{lead} + \frac{1}{2} a_{x-2} t_{lead}^{2} \right]$$

$$(3-54)$$

图 3-19　形成导前时间脉冲工作原理

可见，$\dot{U}_{G}$ 在 $\dot{U}_{G(x-2)}$ 位置可预测出经 t_{lead} 后的 δ 角。

经过 ΔT 时间后，$\dot{U}_{G}$ 从 $\dot{U}_{G(x-2)}$ 位置转动到 $\dot{U}_{G(x-1)}$ 位置，此时滞后 $\dot{U}_{S}$ 的相角为 δ_{x-1}，滑差 $(\omega_{\Delta})_{x-1}$ 为

$$(\omega_{\Delta})_{x-1} = \frac{N_{x-2} - N_{x-1}}{N_{G} N_{S}} \pi f_{C}$$

角加速度 a_{x-1} 为

$$a_{x-1} = \frac{N_{x-3} - 2N_{x-2} + N_{x-1}}{N_{G} N_{S} \Delta T} \pi f_{C}$$

$\dot{U}_{G}$ 在 $\dot{U}_{G(x-1)}$ 位置，预测 $\dot{U}_{G}$ 经 t_{lead} 后从 $\dot{U}_{G(x-1)}$ 位置转动到 $\dot{U}'_{G(x-1)}$ 位置，见图 3-19。预测到的 φ_{x-1} 可表示为

$$\varphi_{x-1} = \delta_{x-1} - \left[(\omega_{\Delta})_{x-1} t_{lead} + \frac{1}{2} a_{x-1} t_{lead}^{2} \right]$$

$$(3-55)$$

再经过 ΔT 后，$\dot{U}_{G}$ 从 $\dot{U}_{G(x-1)}$ 位置转动到 $\dot{U}_{G(x)}$ 位置，此时滞后 $\dot{U}_{S}$ 的相角为 δ_{x}，滑差 $(\omega_{\Delta})_{x}$ 为

$$(\omega_{\Delta})_{x} = \frac{N_{x-1} - N_{x}}{N_{G} N_{S}} \pi f_{C}$$

角加速度 a_{x} 为

$$a_{x} = \frac{N_{x-2} - 2N_{x-1} + N_{x}}{N_{G} N_{S} \Delta T} \pi f_{C}$$

$\dot{U}_{G}$ 在 $\dot{U}_{G(x)}$ 位置，预测 $\dot{U}_{G}$ 经 t_{lead} 后从 $\dot{U}_{G(x)}$ 位置转动到 $\dot{U}'_{G(x)}$ 位置，见图 3-19。预测到的

φ_x 可表示为

$$\varphi_x = \delta_x - \left[(\omega_\Delta)_x t_{lead} + \frac{1}{2} a_x t_{lead}^2 \right] \tag{3-56}$$

归纳式（3-53）、式（3-54）、式（3-55），在 δ 过了 $180°$ 后，$\dot{U}_G$ 相量在 $\dot{U}_{G(i)}$ 位置时，经 t_{lead} 后，预测到的 φ_i 为

$$\varphi_i = \delta_i - \left[(\omega_\Delta)_i t_{lead} + \frac{1}{2} a_i t_{lead}^2 \right] \tag{3-57}$$

而

$$(\omega_\Delta)_i = \frac{N_{i-1} - N_i}{N_G N_S} \pi f_C$$

$$a_i = \frac{(\omega_\Delta)_{i-1} - \omega_i}{\Delta T}$$

根据式（3-57），可得到预测相角差 $\{\varphi\}$ 序列，即

$$\{\varphi\} = \cdots, \varphi_{i+1}, \varphi_i, \varphi_{i-1}, \cdots, \varphi_{x-2}, \varphi_{x-1}, \varphi_x$$

而数据间隔时间为 ΔT。在相邻间隔时间内，可认为频差不发生变化〔即 $(\omega_\Delta)_{i-1} = (\omega_\Delta)_i$、$a_{i-1} = a_i$〕，于是 $\{\varphi\}$ 序列中相邻数据间预测值之差

$$\Delta\varphi_i = \varphi_{i-1} - \varphi_i = \delta_{i-1} - \delta_i = (\omega_\Delta)_i \Delta T \tag{3-58}$$

因为 $(\omega_\Delta)_i \leqslant (\omega_\Delta)_{set}$ 下才会发出导前时间脉冲，所以 $\Delta\varphi_i$ 的最大值为

$$\Delta\varphi_{i \cdot max} = (\omega_\Delta)_{set} \Delta T = 360° \mid \Delta f \mid_{set} \Delta T \tag{3-59}$$

令图 3-19 中 $\dot{U}_G$ 在 $\dot{U}_{G(x)}$ 发出导前时间脉冲，可设定

$$\varphi_{x \cdot set} = 0.8° \tag{3-60}$$

于是 φ_{x-1}、φ_{x-2} 分别为

$$\varphi_{(x-1) \cdot set} = 0.8° + 360° \mid \Delta f \mid_{set} \Delta T \tag{3-61}$$

$$\varphi_{(x-2) \cdot set} = 0.8° + 2 \times 360° \mid \Delta f \mid_{set} \Delta T \tag{3-62}$$

因 ΔT 装置内部固定，所以 $\mid \Delta f \mid_{set}$ 一经设定，$\varphi_{(x-1) \cdot set}$、$\varphi_{(x-2) \cdot set}$ 也相应确定。当 $\mid \Delta f \mid_{set} = 0.20\text{Hz}$、$\Delta T = 20\text{ms}$ 时，φ_{x-1}、φ_{x-2} 为

$$\varphi_{(x-1) \cdot set} = 0.8° + 360° \times \frac{20}{5000} = 2.3°$$

$$\varphi_{(x-2) \cdot set} = 0.8° + 2 \times 360° \times \frac{20}{5000} = 3.7°$$

图 3-19 中的 $\dot{U}_G$ 相量只有在临近 $\dot{U}_{G(x)}$ 位置时才有可能出现 $\varphi_{x-2} \leqslant \varphi_{(x-2) \cdot set}$、$\varphi_{x-1} \leqslant \varphi_{(x-1) \cdot set}$、$\varphi_x \leqslant \varphi_{x \cdot set}$ 的情况。于是，当 $\varphi_{x-2} \leqslant \varphi_{(x-2) \cdot set}$ 时计数器计 1；紧接着 $\varphi_{x-1} \leqslant \varphi_{(x-1) \cdot set}$ 时，计数器加 1；再当 $\varphi_x \leqslant \varphi_{x \cdot set}$ 时，计数器再加 1。当该计数器计数到 3 时发出导前时间脉冲，在计数时只要任一条件不满足就将计数器清零，重新开始计数，这样就可保证在设定的频差范围内，导前同期点 t_{lead} 时刻形成导前时间脉冲。

图 3-20 示出了导前时间脉冲形成程序框图。导前时间脉冲的形成必须同时满足以下条件：

（1）不论频差方向如何，导前时间脉冲应在 $180° < \delta < 360°$ 形成，即满足条件 $N_i < N_{i-1}$（A 波形高电位由宽变窄的区间）。

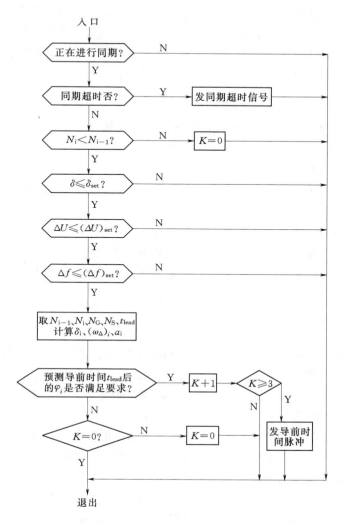

图 3-20　导前时间脉冲形成程序框图

（2）在 δ 角的限值区间内形成，即 $\delta \leqslant \delta_{\text{set}}$（$\delta_{\text{set}}$ 角限值装置内部固定，如取 $\delta_{\text{set}} = 50°$）。

（3）压差满足要求，即 $|\Delta U| \leqslant (\Delta U)_{\text{set}}$。

（4）频差满足要求，即 $|\Delta f| \leqslant (\Delta f)_{\text{set}}$。

形成的导前时间脉冲就是同期并列时的合闸脉冲命令。由图 3-20 可以看出，计数器 K 要连续计数到 3 才发出导前时间脉冲。

四、并列断路器合闸时间测量

并列断路器总的合闸时间是自动准同期装置设置的一个重要参数，因此必须正确测量并列断路器总的合闸时间。

并列断路器在停电检修状态下测量总的合闸时间比较容易。若要带电测量并列断路器总的合闸时间，则可采用如下的方法。观察图 3-17 中 $A = [u_G] \oplus [u_S]$ 波形，在 u_S

一个工频周期内，A 高电位的脉冲数是 2 个，所以 A 波形在发电机并入系统前是一串频率为 $2f_s$ 的矩形脉冲；当并列断路器主触头闭合时，A 波形消失。因此，自动准同期装置发合闸脉冲命令瞬间对 A 矩形脉冲计数（设计数值为 N），A 波形消失停止计数。于是并列断路器的合闸时间 t_{on} 为

$$t_{on} = N \frac{1}{2f_s} \tag{3-63}$$

测得的 t_{on} 值包括自动准同期装置内部输出电路中继电器的动作时间。由于计数误差为 A 波形的 ± 1 个脉冲，所以测量误差为 $\pm 0.01s$。

这种测量并列断路器合闸时间的方法，即使是发电机并列合闸，在做假同期试验时测量不到合闸时间，因为断路器的隔离开关处断开状态，断路器主触头闭合时 A 波形并未消失。

采用自动准同期装置发合闸脉冲时计时、并列断路器辅助触点闭合停止计时的方法，同样可测量到并列断路器总的合闸时间。这种测量方法可克服前述测量方法的不足，但要求断路器主触头与辅助触点之间要同步，时差不能太大；此外，辅助触点要通过电缆引入到自动准同期装置。

五、电气零点

并列断路器总的合闸时间 t_{on} 测得后，设置自动准同期装置的导前时间 $t_{lead} = t_{on}$。但在装置调试时往往通过观察图 3-15 波形关系读取 t_{lead} 值，判断是否与设置值一致。实际上，由于同期点附近滑差电压 u_Δ 很小，确定真正同期点位置有一定困难，从而导致读取 t_{lead} 值有误差。若在同期点即电气零点（$\delta = 0°$）形成一个脉冲，如图 3-15 中的 $U_{\delta=0°}$ 脉冲，则 $U_{lead.t}$ 形成时开始计时、$U_{\delta=0°}$ 出现时停止计时，就可正确测量（显示）实际的 t_{lead} 时间，给正确调试提供了方便。如结合滑差电压 u_Δ 波形，则更为清晰正确。可见，装置内形成 $U_{\delta=0°}$ 脉冲从调试角度也是需要的。

观察图 3-17 中 $[u_G]$、$[u_s]$ 波形关系，如 $f_G > f_s$，则有：在 $0° < \delta < 180°$ 区间，$[u_s]$ 上升沿与 $[u_G]$ 高电位对应；而在 $180° < \delta < 360°$ 区间，$[u_G]$ 的上升沿与 $[u_s]$ 高电位对应。如 $f_G < f_s$，则有：在 $0° < \delta < 180°$ 区间，$[u_G]$ 上升沿与 $[u_s]$ 高电位对应；而在 $180° < \delta < 360°$ 区间，$[u_s]$ 的上升沿与 $[u_G]$ 高电位对应。可以看出，不论频差方向如何，上述的对应关系每半个频差周期转换一次，转换时刻对应的 δ 角是 $0°$ 或 $180°$。

如果用微分电路 d 取出 $[u_G]$、$[u_s]$ 的上升沿，则在图 3-21 中，与门 Y1、Y2 输出的密集正脉冲每隔半个频差周期转换一次，转换对应的 δ 角是 $0°$ 或 $180°$。Y1、Y2 输出的密集正脉冲如图 3-21 中所示，密集正脉冲周期可认为是 0.02s。因此双稳电路 SW 的 Q、$\overline{Q}$ 电位必在 $\delta = 0°$ 或 $180°$ 转换，通过微分电路取出转换时刻对应的正脉冲；经或门 H 使单稳电路 DW 状态发生变化，从而在 $\delta = 0°$ 或 $180°$ 时刻形成 $U_{\delta=0°}$ 脉冲。

虽然在 $\delta = 180°$ 时刻也输出电气零点脉冲，但因无导前时间脉冲，所以测量 t_{lead} 的计时电路不进行计时，故此时输出的 $U_{\delta=0°}$ 脉冲不起任何作用。

观察图 3-22，Y1（或 Y2）输出的第一个正脉冲要滞后 $\delta = 0°$（或 $180°$）一个时间 Δt，Δt 数值与同相点（或反相点）发生的位置有关。误差最大的情况如图 3-22 中所示，

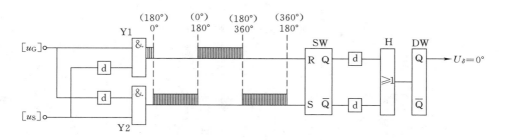

图 3-21 电气零点脉冲形成电路

同相点在 A 处，而第一个脉冲在 B 处形成，在这种情况下 Δt 有最大值，因 u_G 或 u_S 接近工频 50Hz，所以 $\Delta t_{max}=0.02s$；如将图 3-22 中的 $[u_G]$ 稍向前移或 $[u_S]$ 稍向后移，Δt 有最小值，即 $\Delta t_{min}=0s$。因此，从导前时间脉冲形成开始到电气零点脉冲形成为止所计时间，比真正导前 $\delta=0°$ 的时间多个 Δt，即测得的导前时间其误差为 Δt，$\Delta t=0\sim0.02s$。

如将测得的导前时间减去 0.01s，则测得的导前时间最大误差为 0.01s。当 $(\Delta f)_{set}=0.25Hz$ 时，电气零点脉冲形成时刻与 $\delta=0°$ 的最大误差角为

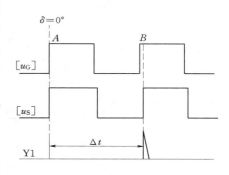

图 3-22 电气零点的误差

$$\Delta\delta_{max}=360°\times0.25\times0.01=0.9°$$

可见，$U_{\delta=0°}$ 脉冲完全可反映 $\delta=0°$ 时刻，从而测得了正确的电气零点（同期点）。

第六节 数字式自动准同期装置

一、功能性原理框图

数字式自动准同期装置功能性原理框图如图 3-23 所示。主要由同期电压输入回路、开关量输入回路、开关量输出回路、CPU 系统、定值输入及显示、调试模块、通信及 GPS 对时等组成。

1.同期电压输入回路

由电压形成、同期电压变换组成。同期电压经隔离、变换及有关抗干扰回路变换成较低的适合工作的电压；再经整形电路、A/D 变换电路，将同期电压的幅值、相位变换成数字量，供 CPU 系统识别，以便 CPU 系统判断同期条件。

2.CPU 系统

CPU 系统主要有定时器、MPU、EPROM、RAM、EEPROM 等。其中 RAM（随机存取存储器）存放采集数据、计算中间结果、标志字、事件信息等内容；EPROM（只读存储器）存放同期装置程序；EEPROM（只读存储器）存放同期装置同期对象的定值以

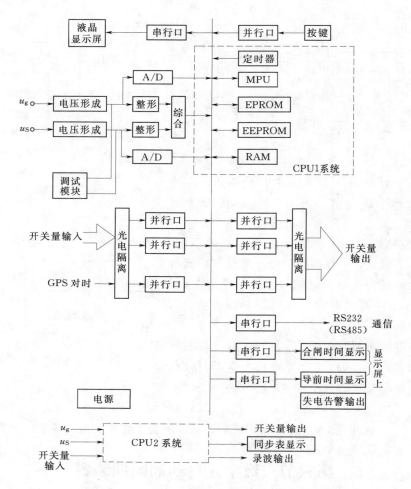

图 3-23　数字式自动准同期装置功能性原理框图

及一些重要参数等；MPU（微处理器）执行存放在 EPROM 中的程序，对存放在 RAM 中的数据进行分析处理，完成同期装置的功能。

3. 开关量输入回路

输入开关量有同期对象选择、起动及起动次数控制、合闸允许、同期复位、并列断路器辅助触点和无压同期。

一个自动准同期装置在通常情况下可以实现对不同并列点的断路器准同期并列，但在同一时间内只能对其中一个断路器进行准同期并列，同期对象的选择就由相应的开关量输入实现。当选定某一并列对象后，装置自动选取这一同期对象的设置参数，以设置的参数为依据完成准同期并列。

装置输入起动开入量后，装置就可进行工作。起动次数开入量可使装置实现单次起动和多次起动，单次起动就是装置发出合闸脉冲命令后（装置已完成同期并列工作）需再次起动装置才能重新工作；多次起动在装置发出合闸脉冲命令后可自行起动进入工作状态，不断重复。合闸允许开入量使装置发出合闸命令完成同期并列。但合闸允许开入量一经输入，装置多次起动自动解除，避免装置发出合闸命令后并列断路器因机械故障不能合闸而引发事故的扩大。一般情况下，装置投电起动后进入多次起动状态，以观察装置是否完好，工作是否正常；确认正常后，装置可在不断电的状态下通过合闸允许开入量，开放合闸出口，完成同期并列工作。

同期装置起动工作后，如因故需退出工作，则通过同期复位开入量实现。并列断路器辅助触点开入量可用来测量并列断路器的合闸时间，作为设定导前时间的依据。

当同期对象为线路型且需要并列点一侧无压或两侧无压时，同期装置也能工作，此时通过无压同期开入量即可实现；当同期对象为机组型时，通过无压同期开入量也能实现一侧无压的并列合闸。若无压同期开入量"没有"输入，则装置认为并列点两侧有压同期，当因故出现一侧或两侧失压时（如电压二次回路断线），装置立即停止工作，发出告警信号并显示失压侧电压过低的信息。

4. 开关量输出回路

输出开关量有调速脉冲、调压脉冲、合闸出口1、合闸出口2、装置告警、装置失电等。

当频差不满足要求时，通过开出量发出调速脉冲（有时要得到调速系统发出的允许信号后才能发出调速脉冲），发电机频率高时发减速脉冲，发电机频率低时发增速脉冲，直到频差满足要求为止（频差过小要发增速脉冲）。

当压差不满足要求时，通过开出量发出调压脉冲，发电机电压高发降压脉冲，发电机电压低发升压脉冲，直到压差满足要求为止。

合闸出口1（或称试验出口）、合闸出口2均可输出合闸脉冲命令，只是合闸出口2只有在合闸允许开入量作用下才能发出合闸脉冲命令。一般情况下，合闸出口1作装置试验出口用，合闸出口2作并列断路器合闸用。当然，如果合闸允许开入量一直接入，则两个合闸出口并无差别。

装置或同期系统异常时，装置有开出量输出，告知运行人员，此时装置自动闭锁，同时在显示屏上告知具体的告警信息。装置告警并非一定是装置发出了故障，很多情况下是同期系统有异常情况，如同期超时，同期电压过高或过低、装置发出调速脉冲后在一定时间内发电机频率没有变化、装置发出调压脉冲后在一定时间内发电机电压没有变化、对象选择开入量重选等。此时，若告警原因的异常情况消除后，则重新起动后装置仍照常工作。如果告警内容显示同期电压过低，当同期电压恢复正常值后，则可重新起动进入工作状态。如果重新起动后仍然告警，可以判断装置发生了故障，故障内容可从显示屏上查看。

装置工作电源消失，有失电告警输出，告知工作电源发生故障。

此外，装置检测到同期电压很低时，说明该侧无压，通过开出量指示该侧处失压状态，运行人员结合其他信息，决定是否进入无压同期状态；同期对象为线路型时，有时并列点两侧频率相同但相角差较大，造成无法同期的状况，此时有相角差大的开出量输出，运行人员可调整运行方式或调整功率分配，减小相角差，致使同期装置能自动完成并列工作。

5. 定值输入及显示

自动准同期装置每个同期对象的定值输入可通过面板上按键实现，或者通过面板上的专用串口由手提电脑输入实现。前者可通过按键修改定值，后者按键不能修改定值，只能查看定值，这可防止其他工作人员修改定值。定值一经输入不受装置掉电的影响。显示屏除可以显示每个同期对象的定值参数外，还可显示同期过程中的实时信息、装置告警时的具体内容、每次同期时的同期信息等。

每个同期对象的定值输入有以下内容：

（1）同期对象类型。确定是机组型还是线路型。

（2）导前时间。导前时间等于同期装置发合闸脉冲命令到并列断路器主触头闭合的时间。

（3）频差。如设定 $-0.2\text{Hz} \leqslant \Delta f \leqslant 0.2\text{Hz}$。

（4）系统侧电压。需设置的内容如下：

1）系统侧电压上限值，如 115V。

2）系统侧电压下限值，如 80V。

3）系统侧频率上限值，如 51Hz。

4）系统侧频率下限值，如 49Hz。

5）电压补偿系数或整定电压，如电压补偿系数取 1（取相电压时为 $\sqrt{3}$）；当采用整定电压（有时称额定电压）时，取系统侧电压变化的中间值，见式（3-9）和式（3-10）。

6）相位补偿的角度，如图 3-1 中 QF 断路器，当同期电压取 TV1、TV2 同名相电压时，系统侧电压应向超前方向移相 30°。如果同期对象为线路型，大多数情况下不需要移相，则相位补偿为 0°。

应当指出，由于系统侧电压设置了下限值，在同期过程中一旦出现电压互感器二次回路断线，则同期装置测到的系统侧电压必低于 80V，同期装置立即闭锁，发出告警信号并在显示屏上显示"系统侧电压过低"的信息。

（5）待并侧电压。需设置的内容如下：

1）待并侧电压上限值，如 110V。

2）待并侧电压下限值，如 80V。

3）待并侧频率上限值，如 50.5Hz。

4）待并侧频率下限值，如 49Hz。

5）电压补偿系数或整定电压，对图 3-1 中 QF 断路器，当采用电压补偿系数时，补偿系数值由式（3-13）确定；当采用整定电压时，整定电压值由式（3-11）确定。当同期对象为线路型时，如果采用电压补偿系数，则在大多数情况下取值为 1；如果采用整定电压时，则在大多数情况下等于系统侧的整定电压。

同样，在同期过程中发生待并侧电压互感器二次回路断线，装置动作行为与系统侧电压互感器二次回路断线时相同。

（6）压差。当同期对象为机组时，压差可设定 $-4\text{V} \leqslant \Delta U \leqslant 4\text{V}$ 或 $-5\text{V} \leqslant \Delta U \leqslant 5\text{V}$；当同期对象为线路型时，因电压不受同期装置控制，电压值变化可能较大，压差设定相对较大，如 $-7\text{V} \leqslant \Delta U \leqslant 7\text{V}$ 或 $\leqslant -9\text{V} \leqslant \Delta U \leqslant 9\text{V}$，在这种情况下压差设定过小，会闭锁同

期装置，使线路同期难于成功。

（7）调频参数。设置调频参数［设置式（3-37）中的 K_P 值，一般取 $K_I=0$、$K_D=0$］和调速周期。一般根据具体机组而定。或者调频参数直接设置中，或强，或弱，同样根据具体机组而定。

（8）调压参数。与调频参数类似。

（9）环并角。根据电网具体情况确定，如取 $20°$。

需要指出，当同期对象为机组时，环并角设置值无效；当同期对象为线路时，调频参数、调压参数无效。

在显示屏上可查看定值情况以及定值是否有变化；在同期过程中，显示屏上可显示同期实时信息，如同期电压值、频率值、相角差等实时信息；发出告警时，显示屏上显示告警的具体信息；同期成功或失败，均在显示屏上显示具体内容。此外，还显示同期成功时并列断路器的实际合闸时间以及导前时间脉冲到电气零点（同期点）的实际时间。

6. 通信及 GPS 对时

同期装置在工作过程中，通过装置上的通信口（RS485 或 RS232）将同期实时信息传送到监控计算机上（通过视频转换器，还可传送到 DCS 系统画面上）。显示的实时信息有实时同步表（反映实时 δ 角）、增速或减速、升压或降压、系统侧电压和频率、待并侧电压和频率、合闸脉冲发出情况等。如装置告警，则显示告警的具体信息。

GPS 对时，可使装置内部时钟与系统时钟同步，在装置显示屏上或传送的同期实时信息中显示具体的时间。

7. 调试模块

同期装置内设调试模块，提供两路变频、变幅的模拟量同期电压，可在任何时候对同期装置进行试验。当试验开关置"试验"位置时，可对装置进行升压、降压、增速、减速试验；当两路同期电压调节得频率相同时，可以进行移相，对装置环并角进行试验；两路同期电压满足同期条件时，装置会自动发出合闸脉冲。试验时同期过程中的实时信息，与真实同期完全相同，通过通信口可上传，在装置上也同时显示。

试验模块的设置可及时发现同期装置的问题，不影响下次同期并列工作。

处试验位置时，同期装置出口自动断开，以免发出不必要的调速、调压、合闸命令。至于试验时装置是否正常，在面板上根据发出的指示灯信息完全可判断出来。

试验完毕，应将试验开关置"运行"状态，实际上调试模块处不工作状态。

8. 关于双 CPU 工作问题

发电机的同期并列是一个重要操作，因此自动准同期装置在工作时要求有高度的安全性，通常采用双 CPU 联合工作。

当 $f_G > f_S$ 时，$\dot{U}_G$ 以逆时针方向趋近 $\dot{U}_{G(x)}$ 位置；当 $f_G < f_S$ 时，$\dot{U}_G$ 以顺时针方向趋近 $\dot{U}_{G(x)}$ 位置，如图 3-24 中所示。若 $\dot{U}_G$ 在 $\dot{U}_{G(x)}$ 位置时装置发出导前时间脉冲，则 δ_t 角的最大值为

$$\delta_{t\cdot max} = 2\pi(\Delta f)_{set} t_{lead} \qquad (3-64)$$

整定频差 $(\Delta f)_{set}$、导前时间 t_{lead} 一经设定，$\delta_{t\cdot amx}$ 也相应确定。由于发出导前时间脉冲时，

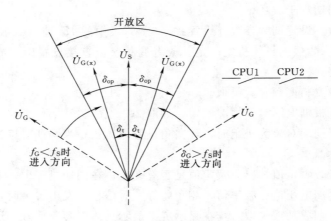

图 3-24　双 CPU 工作方式

$|\Delta f| \leqslant (\Delta f)_{\text{set}}$，所以导前时间脉冲总在 $\delta_{\text{t·max}}$ 范围内发出，在 $\delta_{\text{t·max}}$ 角度外装置不会发出导前时间脉冲。

为提高装置工作的安全性，$\delta_{\text{t·max}}$ 角度外不应开放导前时间脉冲的回路。一方面可设置 δ 角限值，使导前时间脉冲只可能在该角度范围内发出，如图 3-20 中的 δ_{set} 限值；另一方面设置另一完全独立的 CPU 系统，从同期电压的接入到开出量完全独立，如图 3-23 中的 CPU2 系统。该独立 CPU2 系统的频差定值比前一 CPU 系统（可称 CPU1 系统）设定值稍大（如可取 0.25Hz），开放导前时间脉冲出口的 δ 角也比 $\delta_{\text{t·max}}$ 稍大，即

$$\delta_{\text{op}} > \delta_{\text{t·max}} \tag{3-65}$$

其中 δ_{op} 为开放导前时间脉冲出口的动作角。如 $(\Delta f)_{\text{set}} = 0.2\text{Hz}$、$t_{\text{lead}} = 0.12\text{s}$，则由式（3-64）可得

$$\delta_{\text{t·max}} = 360° \times 0.2 \times 0.12 = 9°$$

则 δ_{op} 可取 15°（δ_{op} 可设定）。当然，自动准同期装置的合闸出口应是 CPU1、CPU2 两个独立系统出口回路串联组成，如图 3-24 中所示。这种双 CPU 工作方式可大幅度地提高装置工作的安全性。

CPU2 系统除输出独立的用于控制导前时间脉冲回路的触点外，还控制同步表的工作，直观显示频差方向、频差大小、δ 角大小的实时信息（可与显示屏上的显示值作比较、对照）；此外，还可输出滑差电压、导前时间脉冲、电气零点脉冲的波形图，便于分析比较；在多同期对象工作时，可能各同期对象的相位补偿角度不一致，通过输入 CPU2 系统开关量控制，使 CPU2 系统与 CPU1 系统同步工作。

二、基本工作原理

(一) 功能性主程序框图

图 3-25 示出了数字式自动准同期装置主程序框图。同期未起动时，装置工作于自检、数据采集的循环中，当某一元件发生故障或程序出现了问题，装置立即发出告警并闭锁同期装置工作。同期装置起动后，如果同期对象为机组，则对机组进行调压、调频，当压差、频差满足要求时，发出导前时间脉冲，命令并列断路器合闸，合闸后在显示屏上显

示同期成功时的同期信息；如果同期对象为线路，则不发出调压、调速脉冲，在压差、频差满足要求的情况下（如同频，则环并角应在设定的角度内），进行捕捉（等待）同期合闸，完成同期并列。

在同期过程中，如果出现同期电压参数越限、调压或调速脉冲发出后在一定时间内调压机构或调速机构不响应等情况，则闭锁同期装置并同时发生告警信号；同期装置起动后，若因故要退出同期装置工作，则只要输入复位信号即可。

（二）数据采集

数据采集有模拟量采集和开关量采集两种。

模拟量采集指的是同期电压 u_g、u_s 的大小、频率以及相角差 δ 的采集；开关量采集指的是同期起动、同期对象、无压同期等的采集。

1. 模拟量采集

模拟量的正确采集对同期装置工作十分重要。为提高同期装置的安全性和可靠性，同期电压均要经电压输入回路后才能进行采集（见图 3-23）。因两路同期电压输入回路不可能有完全相同的电压传输系数和相位移动，所以在采集前必须对同期电压的大小及其相角差进行调整。调整的根据是同期电压输入回路的传输误差是固定不变的。

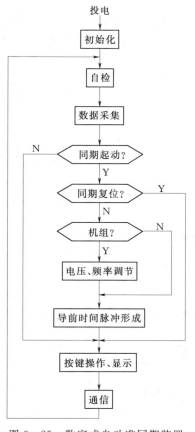

图 3-25　数字式自动准同期装置
主程序框图

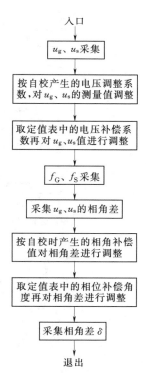

图 3-26　模拟量采集功能性
程序示意框图

　　调整前先测量同期电压输入回路的电压调整系数和相角补偿值，测量是自动的。测量方法是：将两同期电压并接，施加 100V、50Hz 标准正弦波形电压，在显示屏主菜单中选取"自校"，确认后装置自动将两路同期电压输入回路的电压调整系数、相角补偿值测量出，并将其存储起来，用作调整补偿。

　　图 3-26 示出了模拟量采集功能性程序示意框图。图中，对 u_g、u_s 大小进行了二次调整，第一次调整是同期电压输入回路引起的误差进行调整，第二次调整是由于主变压器变比、电压互感器变比引起的幅值调整。对相角差 δ 同样进行了二次调整，第一次调整是两个同期电压输入回路相位移不相同进行的调整，第二次调整是由于主变压器联接组引起的相位补偿的调整。经过上述的两次调整，使 CPU 系统采集到的同期电压大小、相角差可完全反映并列点两侧电压的大小及相角差，达到了模拟量正确采集的目的。

　　2. 开关量采集

　　图 3-27 示出了开关量采集功能性程序示意框图。装置在无告警且不在同期过程中才可采集开关量。装置一经起动，立即采集同期对象，并判断是否合理，当同期对象重选（选择两个及以上）或漏选（没有同期对象选择输入）时，报同期对象重选或漏选的错误信息，装置发出告警信号；当仅有一个同期对象选择信号时，对象选择合理，此时提取该对象号的整定参数，供同期时使用。

　　并列点两侧均无压或任一侧无压时，在有无压同期开入量的情况下，才能进入无压同期状态完成并列合闸；无压同期开入量信息不加入时，装置不会发出合闸命令。当并列点

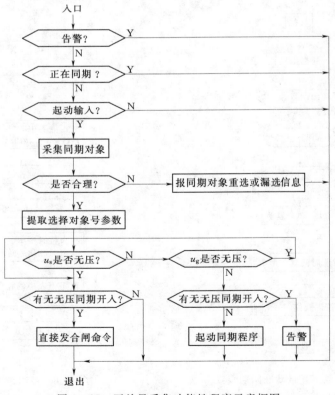

图 3-27　开关量采集功能性程序示意框图

两侧有电压时，只有在无无压同期开入量的情况下，才能进入准同期并列程序；如果错误的加入无压同期信息，装置立即发出告警退出工作。

由图 3-27 可知，无压同期只有在无压同期开入量信息存在的情况下才能实现，所以正常准同期过程中发生电压互感器二次回路断线失压时，准同期装置不可能发出合闸脉冲命令，此时装置自动闭锁发出告警信号，显示断线侧同期电压过低的信息。因此，不会出现装置具有无压同期功能后电压互感器二次回路断线失压带来的误合闸问题。

在图 3-27 中，无压同期是不经同期程序直接判别后发合闸脉冲命令的。

第七节 多对象同期接线

在发电厂或网控室、变电站中，一般情况下具有较多并列点，为简化同期接线，可用一个（或两个）自动准同期装置来实现并列操作。

数字式自动准同期装置一般可实现多对象同期，即可以实现多并列点的准同期并列，但在同一时间内只能对一个并列点进行准同期并列。在装置内部每个同期对象的整定参数是分别设置的，按同期对象的选择信号自动提取。因此，输入同期装置的同期对象选择信号与并列点数是相等的，两者一一对应。装置的同期对象数不应小于实际的并列点数。

如果并列点数为 N，则同期电压原则上有 $2N$ 个（如有 10 个并列点则同期电压有 20 个），而同期装置只有两路同期电压输入，因此输入同期装置的两路同期电压应根据对象选择信号自动切换；与此同时，同期装置发出的调速脉冲、调压脉冲、合闸脉冲命令也应根据对象选择信号自动切换。

要实现一个同期装置多并列点准同期并列，上述自动切换过程是必须的，并且一定要安全可靠。因各并列点的同期电压取自不同电压互感器的二次侧，决不允许不同电压互感器二次侧有短接现象发生。所以要求对象选择信号取消时，同期电压自动退出，不允许有两个及以上对象选择信号输入；即使输入了两个及以上信号，第二对象选择信号应无效，同时发出重选对象选择的信号。

多对象同期接线的自动切换可以手动切换，也可自动切换。

一、手动切换

手动切换是采用同期开关 SS（TK）对同期电压、调速和调压、合闸命令实现切换的，图 3-28 示出了多对象同期手动切换的接线图。同期开关手柄带锁，只配有一把钥匙，当操作某一同期开关时，可用这把钥匙操作；若要操作另一同期开关，则只有将这把钥匙取出（该同期开关断开）后才能操作。保证任何时候只能有一个同期开关可操作，满足了切换要求。

图 3-28（a）示出了同期电压切换电路。操作某一同期开关 SS（图中示出了十个并列点），将该并列点的同期电压接入自动准同期装置，与此同时也通过该同期开关接点选择该同期对象，装置中提取该同期对象的整定参数进行准同期并列（如果该同期对象为线路，则调速继电器 K1 和 K2、调压继电器 K3 和 K4 不动作）。图 3-28（b）示出了同期对象为机组时的调速（调压）出口电路，同样也是通过相应同期开关切换（调压出口电路

与此相同，只是继电器触点为图中括弧中所示）。

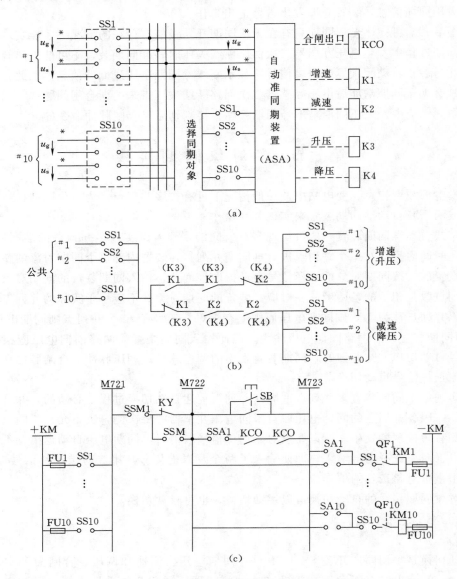

图 3 - 28　多对象同期接线的手动切换

（a）同期电压切换；（b）调速、调压切换；（c）合闸命令切换

图 3 - 28（c）示出了合闸命令切换回路。M721（1THM）、M722（2THM）、M723（3THM）为合闸小母线；＋KM 和－KM 为控制断路器合闸电源母线；SSM1（1STK）为手动准同期投、切开关；KY（TJJ）为同期检定继电器；SSM（STK）为解除手动准同期开关；SB 为手动准同期操作合闸按钮；SSA1（DTK）为自动准同期投、切开关；KCO（HJ）为自动准同期装置 ASA（ZTQ）输出的合闸继电器；SA（KK）为断路器控制开关；QF 为并列断路器常闭辅助触点；KM 为并列断路器的合闸接触器。当操作某同

期开关手动准同期并列时，通过操作 SSM1 开关（SSA1 开关处断开状态），投入同期表和同期检定继电器 KY，当同期检定继电器 KY 的常闭触点闭合、操作人员观察同期表判断同期条件已满足时，按下合闸按钮 SB，该并列断路器合闸接触器通电，令断路器合闸，此时相角差 δ 不会偏离 0°很多，断路器合闸后，断路器常闭辅助触点 QF 断开，切断合闸接触器线圈电流，回路中无电流。并列完成后，退出 SSMI 开关、退出同期开关。如果并列点一侧无电压，则 KY 常闭触点不可能闭合，为使并列工作（即无压同期）顺利进行，应将 SSM 投入（合闸后要及时退出）。

当自动准同期并列时，投入 SSA1 开关（自动准同期装置投入，SSA1 开关不在试验位置）、投入相应并列点同期开关、投入 SSM1 开关，同期装置起动，ASA 正常，当满足同期条件时，合闸出口继电器 KCO 动作，令断路器并列合闸，合闸过程与手动准同期相同，只是 KCO 触点取代了手动按钮 SB 的操作。

二、自动切换

由上述分析可见，多对象同期时手动切换接线复杂、操作麻烦，所以多对象同期大多采用智能控制操作箱来实现切换，不仅接线可简化，换作简单，且可实现自动化操作。

自动切换时，同期装置的工作完全受智能控制操作箱的控制，同期装置的输出接入智能控制操作箱。各并列点的同期电压接入智能控能控制操作箱，智能控制操作箱直接对各并列点输出合闸脉冲命令，以向各待并对象输出调速调压脉冲，对智能控制操作箱控制，就可完成有关的切换。

图 3-29 示出了多对象同期接线的自动切换回路，信号间联系如图中箭头所示，除工作电源、同期电压外，其余信号均以无源空接点进行联系。需要说明的是，同期对象只能

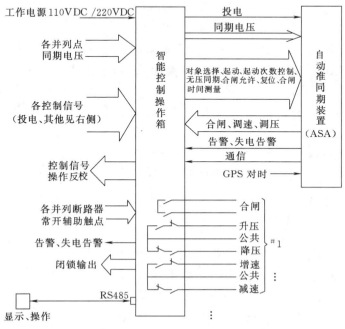

图 3-29 多对象同期接线的自动切换

输入一个，当同期对象重选时，除第二个对象选择信号无效外，智能控制操作箱将拒绝工作，发出告警信号；同期对象漏选不工作。同期对象选中后，立即给出反校信号告知选择对象是否正确。当有两个及以上智能控制操作箱同时应用时，其中一个对象选择信号选中处于工作状态，输出的闭锁信号禁止其他智能控制操作箱工作，保证一个并列点的同期并列工作。各并列断路器常开辅助接点的接入，用来测量并列断路器的合闸时间。

在某个并列点同期过程中，智能控制操作箱通过 RS485 通信口在计算机屏幕上可观察到同期实时信息并显示同步表。如发生告警，计算机屏幕可显示告警具体内容。

当智能控制操作箱采用软控方式时，输入的开关量控制信号无效，自动准同期装置的工作完全由鼠标操作控制，一方面可查看同期对象的设定参数，操作按步进行，绝不可能发生误操作情况；另一方面还可观察到同期过程的实时信息，同期装置所处的工作状态。同期并列工作完成后同样显示合闸时的实际情况。

由上分析可见，多对象同期采用智能控制操作箱不仅使接线大为简化，而且操作安全可靠、操作简单，容易与电厂自动化系统配合。

需要指出，在多对象同期接线中，同期对象选择、同期电压接入、合闸命令发出、调速和调压脉冲输出，也可组合在一个自动准同期装置中。

第八节　同期检定继电器

在图 3-28（c）的合闸回路中，不论是手动准同期工作方式还是自动准同期工作方式，均串入同期检定继电器 KY（TJJ）的常闭触点。在图 3-29 的自动准同期工作方式的合闸回路中，没有串入 KY 的常闭触点；如果要接入 KY 常闭触点，KY 继电器的两个工作电压可取自智能控制操作箱输出的两路同期电压，KY 的常闭触点串入自动准同期装置输出的合闸回路中。单对象自动准同期接线中，如要采用 KY 继电器，则 KY 的两路工作电压就是同期装置的工作电压，KY 的常闭触点串入该断路器的合闸回路中。

手动准同期工作方式时，合闸回路一定要串入 KY 常闭触点；自动准同期工作方式时，有些场合采用 KY 继电器，有些场合不采用 KY 继电器。不采用 KY 继电器主要是由于自动准同期装置中已有独立的具有 KY 继电器功能的模块，或者该模块功能被另一CPU 系统取代。

同期合闸回路串接 KY 继电器常闭触点主要是用来限制误发合闸脉冲命令时的 δ 角，提高安全性。

一、基本工作原理

图 3-30 示出了同期检定继电器 KY 的结构，有两组完全相同的电压线圈，分别施加同期电压 u_g、u_s（图中符号"＊"是按电工原理标出的两组电压线圈的同极性端），由于电流 i_1 从"＊"端流进、电流 i_2 从"＊"端流出，所以铁芯中的磁通 Φ 与 i_1-i_2 成正比。

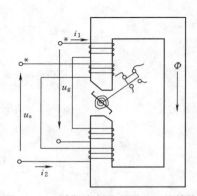

图 3-30　同期检定继电器 KY 的结构

设电压线圈的电阻为 r、漏电感为 L_σ、两电压线圈间的互感为 M，可用叠加原理求得两线圈中的电流。在稳定状态下可用电压、电流相量求解。令 $\dot{U}_s=0$、$\dot{U}_g$ 单独作用下两电压线圈的电流 $\dot{I}'_1$、$\dot{I}'_2$ 由图 3-31 示出的等值电路求得为

$$\dot{I}'_1 = \frac{\dot{U}_g}{(r+j\omega_G L_\sigma) + \dfrac{(r+j\omega_G L_\sigma)j\omega_G M}{r+j\omega_G L}} \tag{3-66a}$$

$$\dot{I}'_2 = \frac{\dot{U}_g}{(r+j\omega_G L_\sigma) + \dfrac{(r+j\omega_G L_\sigma)(r+j\omega_G L)}{j\omega_G M}} \tag{3-66b}$$

式中　ω_G——同期电压 $\dot{U}_g$ 的角频率，$\omega_G=2\pi f_G$；

　　　L——电压线圈自感，$L=L_\sigma+M$。

由上两式可以得到

$$\dot{I}'_1 - \dot{I}'_2 = \frac{\dot{U}_g}{r+j\omega_G L+j\omega_G M} \tag{3-67}$$

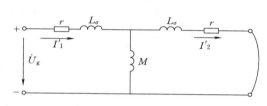

图 3-31　$\dot{U}_s=0$、$\dot{U}_g$ 作用时继电器等值电路

式中 $\dot{I}'_1$、$\dot{I}'_2$ 的方向与图 3-30 中的 i_1、i_2 一致。

令 $\dot{U}_g=0$、$\dot{U}_s$ 单独作用下两电压线圈的电流 $\dot{I}''_1$、$\dot{I}''_2$ 可类似求得，即

$$\dot{I}''_2 - \dot{I}''_1 = \frac{\dot{U}_s}{r+j\omega_S L+j\omega_S M}$$

或

$$\dot{I}''_1 - \dot{I}''_2 = \frac{-\dot{U}_s}{r+j\omega_S L+j\omega_S M} \tag{3-68}$$

式中　ω_S——同期电压 $\dot{U}_s$ 的角频率，$\omega_S=2\pi f_s$。

式（3-68）中的 $\dot{I}''_1$、$\dot{I}''_2$ 的方向与图 3-30 中的 i_1、i_2 一致。

继电器铁芯中的磁通 Φ 与作用的磁化力成正比，有

$$\Phi = \frac{i_1-i_2}{R_m}N \tag{3-69}$$

式中　R_m——磁通 Φ 经过磁路的磁阻；

　　　N——一组电压线圈的匝数。

i_1 中有角频率为 ω_G、ω_S 的两个分量 i'_1、i''_1，同样 i_2 中有角频率为 ω_S、ω_G 的两个分量 i''_2、i'_2，因此 i_1-i_2 实际上是一个幅值与 $\sin\dfrac{\delta}{2}$ 成正比、角频率为 $\dfrac{\omega_G+\omega_S}{2}$ 的交流电流，参见式（3-7）。注意到继电器的可动 Z 形衔铁来不及反应角频率为 $\dfrac{\omega_G+\omega_S}{2}$ 的磁通分量，但可反应磁通幅值的变化，于是在式（3-69）中磁通 Φ、电流 i_1 和 i_2 可用有效值表示，

得到

$$\Phi = \frac{N}{R_m}\,|\,\dot{I}_1 - \dot{I}_2\,| \tag{3-70}$$

因为 ω_G 与 ω_S 差别不大，取 $\omega_G \approx \omega_S = \omega$，则由式（3-67）、式（3-68）得到

$$\Phi = \frac{N}{R_m}\frac{|\,\dot{U}_g - \dot{U}_s\,|}{\sqrt{r^2 + [\omega(L+M)]^2}} \tag{3-71}$$

其中 L、M 可认为不变值，不随 Z 形衔铁位置而改变，这样铁芯中磁通有效值 Φ 与 $|\,\dot{U}_g - \dot{U}_s\,|$ 成正比。

令 $|\,\dot{U}_g - \dot{U}_s\,| = \Delta U$，式（3-71）可写为

$$\Phi = K\Delta U \tag{3-72}$$

式中　K——系数，$K = \dfrac{N}{R_m}\dfrac{1}{\sqrt{r^2 + [\omega(L+M)]^2}}$。

Φ 大小与所加电压相量差大小成正比，当 ΔU 小于一定数值时，Φ 较小，KY 的常闭触点闭合。

当 $U_g = U_s = U$ 时，由图 3-32 求得

$$\Delta U = 2U\sin\frac{\delta}{2} \tag{3-73}$$

代入式（3-72）得到

$$\Phi = K2U\sin\frac{\delta}{2} \tag{3-74}$$

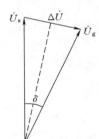

图 3-32　求 ΔU 的相量图

可以看出，铁芯中 Φ 与 δ 角大小有关，δ 变化 360° 时，Φ 完成一个周期变化。$\delta = 0°$（360°）时，有 $\Phi = 0$（$U_g = U_s$ 时）；$\delta = 180°$ 时，Φ 有最大值。图 3-33 示出了 Φ 随 δ 的变化曲线。当 Φ 达到继电器的动作磁通 Φ_{op} 时，继电器开始动作，常闭触点断开，此时的 δ 角为动作角 δ_{op}，如图 3-33 中的 1 点所示。

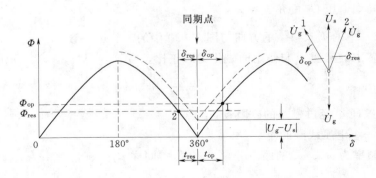

图 3-33　Φ 与 δ 的关系曲线

在 1 点，由式（3-74）可得

$$\Phi_{op} = K2U\sin\frac{\delta_{op}}{2} \tag{3-75}$$

由式（3-72）可以得到 $\Phi_{op}=K\,(\Delta U)_{op}$，$(\Delta U)_{op}$ 为铁芯磁通等于 Φ_{op} 时的电压相量差。当仅一个电压线圈加电压时，铁芯磁通为 Φ_{op} 时的电压值设为 U_{op}，显然有 $\Phi_{op}=KU_{op}$。于是由式（3-75）得到动作角为

$$\delta_{op} = 2\arcsin\left(\frac{U_{op}}{2U}\right) \tag{3-76}$$

过 1 点后，δ 角增大经 $180°$ 向 $360°$ 趋近时，相应的铁芯中磁通 Φ 也达最大值而趋减小，当减小到返回磁通 Φ_{res} 时，继电器开始返回，常闭触点闭合，此时的 δ 角为返回角 δ_{res}，如图 3-33 中的 2 点。在 2 点，由式（3-74）可得

$$\Phi_{res} = K2U\sin\frac{\delta_{res}}{2} \tag{3-77}$$

同样，$\Phi_{res}=K\,(\Delta U)_{res}$，$(\Delta U)_{res}$ 为铁芯磁通等于 Φ_{res} 时的电压相量差。当仅一个电压线圈加电压时，铁芯磁通为 Φ_{res} 时的电压值设为 U_{res}，显然有 $\Phi_{res}=KU_{res}$。于是由式（3-77）得到返回角为

$$\delta_{res} = 2\arcsin\left(\frac{U_{res}}{2U}\right) \tag{3-78}$$

在图 3-33 中，2 点到 1 点间，继电器的常闭触点闭合。注意到 $\delta=360°（0°）$ 是同期点，继电器返回角 δ_{res} 内常闭触点的闭合时间 t_{res} 为

$$t_{res} = \frac{\delta_{res}}{\omega_\Delta} = \frac{\delta_{res}}{2\pi\mid f_G-f_S\mid} \tag{3-79}$$

频差减小时 t_{res} 增大。考虑到并列合闸时要求 $\Delta f\leqslant(\Delta f)_{set}$、考虑到返回系数 $K_{res}=\dfrac{\delta_{res}}{\delta_{op}}$，则对应 $(\Delta f)_{set}$ 时的 t_{res} 值为

$$t_{res\cdot set} = \frac{K_{res}\delta_{op}}{360°\mid f_G-f_S\mid_{set}} \tag{3-80}$$

因 K_{res} 一般为 0.85，所以 δ_{op} 调定后，$t_{res\cdot set}$ 也相应确定。可以看出，如果在图 3-33 中的 2 点附近发出合闸脉冲，则并列合闸时的 δ 角不会太大，可达到限制 δ 角的目的。

当 $\dot U_g$ 与 $\dot U_s$ 存在电压差时，工作原理与无压差时基本相同，只是在 $\delta=0°$ 时 $\Delta U\neq0$，$\Delta U=\mid U_g-U_s\mid$，作出 Φ 与 δ 的关系曲线如图 3-33 中虚线所示。如果 $\Delta U=\mid U_g-U_s\mid>U_{res}$，则继电器动作后不返回，常闭触点一直不闭合。从这点看，继电器同时也有检定压差大小的功能。从图 3-33 可看出，压差 ΔU 的存在，使 δ_{res} 减小了，t_{res} 也相应减小。

图 3-33 中的 2 点到 1 点期间，继电器的常闭触点是闭合的。闭合时间 t_{KY} 可表示为（在整定频差下）

$$t_{KY} = t_{res} + t_{op} = \frac{(1+K_{res})\delta_{op}}{360°\mid f_G-f_S\mid_{set}} \tag{3-81}$$

二、关于动作角 δ_{op} 的整定

当同期检定继电器 KY 与自动准同期装置配合使用时，为保证在 $\delta=0°$ 并列合闸，δ_{op} 需要正确整定。

作为自动准同期装置，在正确设定导前时间后，导前同期点 t_{lead} 发出合闸脉冲。为保证

在同期点时刻并列断路器合闸，当 KY 常闭触点串接在合闸回路中时，要求 KY 常闭触点在导前时间脉冲发出前先闭合，否则不能保证在同期点时刻并列断路器合闸，如图 3-34 所示。

在图 3-34（a）中，发出导前时间脉冲时，KY 常闭触点已接通，所以可保证并列断路器在 $\delta = 0°$ 合闸。在图 3-34（b）中，发出导前时间脉冲时，KY 常闭触点尚未闭合，所以导前时间脉冲不能使合闸回路接通；而当 KY 常闭触点接通时，导前时间脉冲才起作用，等于导前时间脉冲延迟了 $t_{lead} - t_{res}$ 时间发出，所以并列断路器主触头闭合时，合闸角 $\delta = \omega_\Delta \Delta t = \omega_\Delta (t_{lead} - t_{res})$。差值 $\Delta t = t_{lead} - t_{res}$ 愈大，合闸角也愈大，使自动准同期装置失去了应有的在 $\delta = 0°$ 并列合闸的正确性。

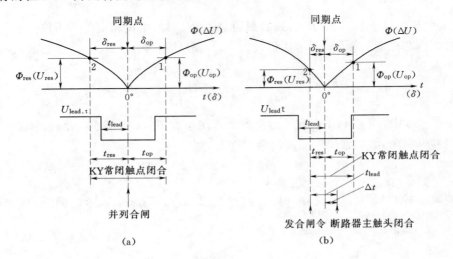

图 3-34　KY 与 ASA 工作的配合
（a）正确配合；（b）不正确配合

为保证自动准同期装置 ASA 工作的正确性，要求 $t_{res \cdot set} > t_{lead}$，考虑到式（3-80），得到

$$\delta_{op} > \frac{|f_G - f_S|_{set} t_{lead}}{K_{res}} \times 360° \qquad (3-82)$$

KY 继电器的动作角应按式（3-82）调定。由于压差的存在，t_{res} 要减小，所以 δ_{op} 应有一定的裕度；此外，若 ASA 有多个并列对象，则式（3-82）中的 t_{lead} 取这些断路器中的最长合闸时间。

当同期检定继电器为数字型式时，动作角同样要满足式（3-82），但返回系数 K_{res} 接近 1。

第九节　同期回路接线检查

要使同期装置正确工作，除同期装置的性能外，同期回路接线的正确性是重要保证。同期回路接线不正确，性能再好的同期装置也不能发挥作用。同期回路接线检查主要包括调速、调压、合闸回路以及同期电压回路的检查，其中同期电压回路的正确性尤为重要。同期电压相别以及电压极性的错误判断都会带来极其严重的后果。因此，同期装置正式投运前必须进行同期回路接线正确性检查。

一、利用工作电压检查同期回路

在图 3 - 35 中，通过倒闸操作将 220kV 一条母线空出，后合上 Ⅰ 母线的发电机 G、TV2 的隔离开关，后合上断路器 QF，再将发电机升压。这样 TV1、TV2 二次的两个同期电压实际上都是发电机电压，所以同期回路反映发电机和系统电压的两只电压表指示基本相同，组合式同步表的指针应指示在同期点上不转动。即输出设备显示两路同期电压基本相同，相角差 δ 为 0。

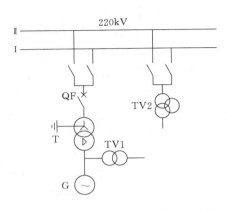

图 3 - 35　发电机升压检查同期回路

若输出设备显示两路同期电压不等或 δ 不为 0，则认为同期回路接线发生错误。

二、利用工作电压做假同期检查同期回路

假同期是手动准同期或自动准同期装置发出的合闸脉冲将并列断路器合闸，但待并发电机没有真正并入系统，而是一种假的并列操作。

做假同期试验，应将发电机母线隔离开关断开（保证断路器合闸时发电机不并入系统）；为了将系统侧同期电压引入到同期装置，应人为将隔离开关辅助触点置合闸后状态，即接通辅助触点，这样系统侧的同期电压通过辅助触点进入同期装置，同时待并发电机的同期电压也进入同期装置。

当采用手动准同期方式并列时，运行人员手动调整发电机电压和频率。当满足同期并列条件时，手动发出合闸脉冲命令，将待并发电机断路器合上，完成假同期并列操作。

当采用自动准同期方式并列时，由自动准同期装置自动发出调速、调压脉冲，使频差、压差快速进入设定的范围内。当同期条件满足时，自动发出合闸脉冲命令，将待并发电机断路器合上，完成假同期并列操作。

在图 3 - 35 同期回路接线检查的基础上，假同期试验可发现接线是否有错误。如果接线存在错误，则同期表指示异常，同时也难于捕捉同期点，不能完成断路器的并列合闸。需要注意，仅做假同期试验并不能完全确认同期回路不存在错误。

【复 习 思 考 题】

3 - 1　何谓滑差、滑差周期？

3 - 2　何谓滑差电压？频差、压差变化时滑差电压波形如何变化？滑差电压波形与相角差 δ 有何关系？

3 - 3　同步发电机准同期并列有何条件？与系统并列时若 δ 角过大或频差过大有何影响？

3－4　试说明发电机准同期并列时压差、相角差产生的冲击电流的不同之处。

3－5　试说明机组型、线路型并列过程的不同之处。

3－6　如图 3－1 中变压器 T 的接线为 YN，d1，当系统侧同期电压取 TV2 开口三角形侧 B 相电压时，发电机侧同期电压应取 TV1 二次哪个相别的同期电压？

3－7　试说明图 3－1 中发电机侧同期电压的电压补偿系数的求取方法。

3－8　发电机与系统并列时，当设定的导前时间比并列断路器总合闸时间长时，分析发电机频率高于或低于系统频率两种情况下在合闸瞬间有功功率的流向。

3－9　发电机与系统并列时，当设定的导前时间比并列断路器总合闸时间短时，分析发电机频率高于或低于系统频率两种情况下在合闸瞬间有功功率的流向。

3－10　导前时间脉冲发出瞬间的相角差大小与哪些因素有关？

3－11　试说明导前时间脉冲与导前相角脉冲的根本区别。

3－12　试说明测量频差大小的工作原理。

3－13　发电机在自动准同期并列过程中，当调频系数取得过大或过小时，对并列过程有何影响？

3－14　试述相角差 δ 的测量方法。

3－15　试述滑差 ω_Δ 的测量方法。

3－16　数字式自动准同期装置有哪些设定参数？限额参数如何取值？

3－17　数字式自动准同期装置的 u_g 换作 u_s，会有什么后果发生？

3－18　错误判断了接入数字式自动准同期装置 u_g 的极性，会有什么后果发生？

3－19　试述图 3－28 中解除手动准同期开关 SSM 的作用。

3－20　在多对象同期接线中，对同期电压切换回路有何要求？

3－21　同期合闸回路中的电流是怎样切断的？

3－22　如何保证并列断路器可靠合闸？

3－23　能否采用同期检定继电器的常开触点串接在同期合闸回路中？

3－24　同期电压的电压差值对同期检定继电器的工作有何影响？

3－25　同期检定继电器动作角整定太小，对自动准同期装置的正确工作有何影响？

3－26　怎样检查同期回路接线的正确性？

第四章 同步发电机自动励磁调节

第一节 概　　述

电力系统中运行的同步发电机，其运行特性与空载电动势 E_q 密切相关，而空载电动势 E_q 是发电机励磁电流 I_{fd} 的函数（发电机的空载特性），所以改变励磁电流就可改变同步发电机在系统中的运行特性。因此，对同步发电机励磁电流进行调节是同步发电机运行中的一个重要内容。实际上，同步发电机在正常运行、系统发生故障情况下，励磁电流都要进行调节。发电机正常运行进行励磁电流调节，可维持机端电压或系统中某点电压水平，并使机组间无功功率达到合理分配；系统发生故障情况下的励磁电流调节，可提高系统运行稳定性。因此，同步发电机励磁电流进行自动调节，不仅可提高电能质量，合理分配机组间无功功率，而且还可提高系统运行稳定性。励磁电流的自动调节是由同步发电机的自动励磁调节装置实现的，调节装置简称为 AER（AVR）。

一、AER 的作用

（一）维持机端或系统中某点电压水平

图 4-1（a）示出了同步发电机 G 经变压器 T 接入系统 S 的接线图，其中 U_{fd}、I_{fd} 为发电机的励磁电压、电流。图 4-1（b）为稳态运行情况下的等值电路（发电机为隐极式），其中 $\dot{E}_q$ 为发电机空载电动势（标幺值），X_d 为直轴同步电抗（标幺值），X_T 为变压器 T 的电抗（标幺值），$\dot{U}_S$、$\dot{U}_G$、$\dot{I}_G$ 也均为标幺值。由图 4-1（b）可得到

$$\dot{U}_G = \dot{U}_S + j\dot{I}_G X_T \tag{4-1a}$$

$$\dot{E}_q = \dot{U}_G + j\dot{I}_G X_d \tag{4-1b}$$

由式（4-1）作出发电机相量图如图 4-1（c）所示。其中 φ 为发电机的功率因数角，θ 为 $\dot{E}_q$ 与 $\dot{U}_G$ 间的相角差，α 为发电机经变压器后送入系统的功率因数角。由相量图可以得到

$$E_q = \sqrt{(U_G + I_G X_d \sin\varphi)^2 + (I_G X_d \cos\varphi)^2} \tag{4-2}$$

无功电流 $I_{GQ} = I_G \sin\varphi$、有功电流 $I_{GP} = I_G \cos\varphi$，式（4-2）写成

$$E_q = \sqrt{(U_G + I_{GQ} X_d)^2 + (I_{GP} X_d)^2} \tag{4-3a}$$

即

$$U_G = \sqrt{E_q^2 - (I_{GP} X_d)^2} - I_{GQ} X_d$$

$$= E_q \sqrt{1 - \left(\frac{I_{GP} X_d}{E_q}\right)^2} - I_{GQ} X_d \tag{4-3b}$$

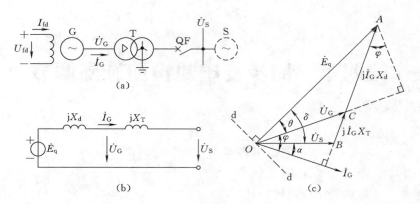

图 4-1　同步发电机的等值电路、相量图
(a) 主接线；(b) 等值电路；(c) 相量图

当以发电机容量为基准容量时，设发电机额定功率因数 $\cos\varphi=0.85$、$X_\mathrm{d}=180\%$，发电机额定运行时的空载电动势 $\dot{E}_\mathrm{q}$ 可求得为

$$\dot{E}_\mathrm{q} = \dot{U}_\mathrm{G} + \mathrm{j}\dot{I}_\mathrm{G}X_\mathrm{d}$$
$$= 1 + \mathrm{j}1\ \underline{/-\arccos 0.85} \times 180\% = 2.48\ \underline{/38.1°}$$

即 $E_\mathrm{q}=2.48$、$\theta=38.1°$，此时有

$$\left(\frac{I_\mathrm{GP}X_\mathrm{d}}{E_\mathrm{q}}\right)^2 = \left(\frac{1\times0.85\times180\%}{2.48}\right)^2 = 0.38 < 1$$

应用近似公式，将式（4-3b）改写为

$$U_\mathrm{G} \approx E_\mathrm{q} - \frac{1}{2E_\mathrm{q}}(I_\mathrm{GP}X_\mathrm{d})^2 - I_\mathrm{GQ}X_\mathrm{d} \tag{4-4}$$

其中 $\dfrac{1}{2E_\mathrm{q}}(I_\mathrm{GP}X_\mathrm{d})^2$ 为发电机有功电流引起的压降，$I_\mathrm{GQ}X_\mathrm{d}$ 为发电机无功电流引起的压降，当然无功电流引起的压降要比有功电流引起的压降大，所以当发电机励磁电流保持不变时引起机端电压降低的主要原因是发电机的感性无功电流。

由式（4-4）可知，发电机的外特性 $U_\mathrm{G}=f(I_\mathrm{GQ})$ 必然是下降的，如图 4-2 所示。当不计有功电流的压降且励磁电流不变时，外特性下降的斜率由式（4-4）可得

$$\frac{\Delta U_\mathrm{G}}{\Delta I_\mathrm{GQ}} \approx -X_\mathrm{d} \tag{4-5}$$

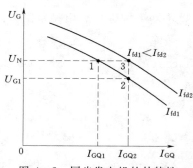

图 4-2　同步发电机的外特性

因 X_d 较大，故发电机的端电压随 I_GQ 的增大降低的幅度较大。设发电机的励磁电流为 I_fd1，此时发电机无功电流为 I_GQ1，机端电压为额定电压 U_N，如图 4-2 中的 1 点；当无功电流增大到 I_GQ2 时，若励磁电流仍为 I_fd1，则机端电压降到 U_G1，如图 4-2 中的 2 点；为要保持机端电压为额定值运行，应增大励磁电流到 I_fd2，如图 4-2 中的 3 点，即将外特性曲线上移。同样，无功电流减小时，为要保持机端额定电压运行，励磁电

流应减小，即外特性曲线下移。

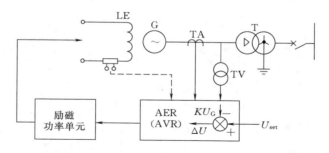

图 4-3 AER 调节控制系统方框图

这种机端电压维持额定电压的励磁电流调节，可以手动进行，也可以自动进行。自动进行励磁电流调节的装置是 AER(AVR)。图 4-3 示出了 AER 调节控制系统方框图。励磁功率单元提供同步发电机正常运行、系统故障情况下的励磁电流，AER 根据输入信号和给定的调节准则控制励磁功率单元的输出，使发电机正常运行时维持给定电压水平。实际上，整个励磁自动控制系统是由 AER、励磁功率单元、发电机构成的以机端电压为被调量的负反馈控制系统。如果 AER 足够灵敏，调节结束时总有 $\Delta U \to 0$，从而使 $U_{set} - KU_G \to 0$，即

$$U_G \to \frac{U_{set}}{K} \qquad (4-6)$$

式中 U_{set}——设定的电压值；

   K——系数。

不论何种原因使 U_G 偏离 $\dfrac{U_{set}}{K}$ 值，AER 都要调节，企图使 U_G 等于 $\dfrac{U_{set}}{K}$。正常运行时，总使 $\dfrac{U_{set}}{K}$ 在额定值附近。注意，具有 AER 发电机的外特性与图 4-2 中示出的特性不同。

由上分析可见，AER 可维持机端或系统中某点的电压水平。

（二）合理分配机组间的无功功率

发电机的输出功率由原动机输入功率决定，与励磁电流大小无关。当原动机输入功率不变时，发电机输出功率 P_G 为常数，即

$$P_G = U_G I_G \cos\varphi = 常数$$

另一方面，对隐极发电机，由功角特性得到

$$P_G = \frac{E_q U_G}{X_d} \sin\theta = 常数$$

当 U_G 保持不变时，由上两式得到

$$I_G \cos\varphi = 常数 \qquad (4-7a)$$

$$E_q \sin\theta = 常数 \qquad (4-7b)$$

励磁电流变化时，虽然 $\dot{I}_G$ 大小、相位要变化，但由式（4-7a）的约束条件，$\dot{I}_G$ 相量端点沿图 4-4 中直线 BB' 变化；同样，励磁电流变化时，$\dot{E}_q$ 大小、相位要变化，但由

式（4－7b）的约束条件，$\dot{E}_q$ 相量端点沿图 4－4 中直线 AA' 变化。AA' 平行于 $\dot{U}_G$、BB' 垂直于 $\dot{U}_G$。可以看出，励磁电流变化时，发电机定子电流、功率因数以及功率角 θ 都会发生变化。

由图 4－4 明显可见，调节励磁电流时，发电机的无功电流作灵敏变化。因此，通过励磁电流的调节，可控制发电机的无功功率，使机组间的无功功率合理分配。

（三）提高发电机的静态稳定性

在图 4－1（a）中，发电机的功角特性（隐极发电机）可表示为

$$P_G = \frac{E_q U_S}{X_d + X_T}\sin\delta \qquad (4-8)$$

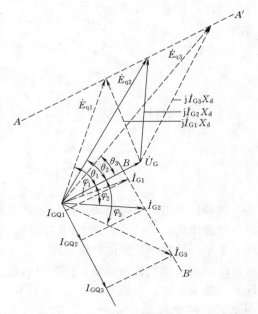

图 4－4　同步发电机励磁电流变化时的相量图

式中　U_S——高压母线电压（标么值）；

X_T——变压器阻抗（标么值）；

δ——$\dot{E}_q$ 与 $\dot{U}_S$ 间的相角差。

当在某一励磁电流下，发电机的功率 P_G 与 $\sin\delta$ 成正比，当励磁电流发生变化时，由于 E_q 发生变化，所以功角特性也发生变化，如图 4－5 所示（可认为系统电压 U_S 不变化）。图中示出的功角特性中，有 $E_{q1} < E_{q2} < E_{q3}$。

如发电机的空载电动势为 E_{q3}，当发电机输出功率为 P_{G3} 时，则运行在图 4－5 中的 a 点是静态稳定的；当 δ 角大于 90°，在 b 点发电机不能稳定运行。$\delta = 90°$ 为稳定的极限情况，所以此时发电机最大输出的功率极限为

$$P_m = \frac{E_{q3} U_S}{X_d + X_T} \qquad (4-9)$$

实际上，发电机的有功功率变化时，由式（4－2）、式（4－3b）可以看出，当发电机具有 AER 时，为维持 U_G 不变，必须调节 E_q 值。即具有 AER 的发电机的有功功率变化时，式（4－8）示出的功角特性中 E_q 与 δ 都是变化量。

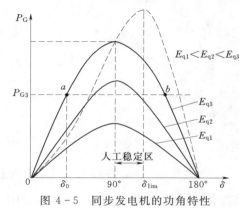

图 4－5　同步发电机的功角特性

分析表明，对具有 AER 的隐极式同步发电机，功角特性也可表示为

$$P_G = \frac{E'_q U_S}{X'_d + X_T}\sin\delta + \frac{U_S^2}{2}\left(\frac{1}{X_q} - \frac{1}{X'_d}\right)\sin 2\delta$$

$$(4-10)$$

式中　E'_q——发电机的直轴暂态电动势（标么值）；

X'_d——发电机直轴暂态电抗（标么值）；

X_q——发电机交轴同步电抗（标么值）。

虽然 E'_q 小于 E_g，但由于 X'_d 远比 X_d 小，

故功角特性要比式（4-8）的功角特性高，作出功角特性如图4-5中虚线所示，功率极限出现在$\delta > 90°$的区域。

当发电机不装设 AER 时，功角δ极限为90°；当发电机装设 AER 后，功角δ极限$\delta_{\lim} > 90°$，发电机可以稳定运行在$90° < \delta < \delta_{\lim}$的区域，该区域是人工稳定区。

由分析可知，发电机装设 AER 后，静稳定水平提高。

（四）提高发电机的暂态稳定性

发电机装设 AER 后，当系统发生短路故障机端电压降低时，AER 的调节作用使发电机的励磁电压快速升高到顶值，实现强行励磁。由于 AER 的强励作用，发电机的功角特性也快速提高。如在图2-11中 K 点发生短路故障时，M 侧发电机测量到机端电压大幅度降低，AER 对发电机实行强励，将功角特性快速升高到最大值，从而减小图2-12中的加速面积 A、增大了减速面积 B，提高了发电机与系统并列运行的暂态稳定性。

只有 AER 响应速度快、提供的强励倍数高（强励倍数等于强励时实际达到的最高励磁电压与额定励磁电压之比）时，提高发电机与系统并列运行的暂态稳定性才有效果。由于发电机励磁控制系统存在时滞，并且强励倍数一般也在 1.5～2，故 AER 提高发电机与系统并列运行的暂态稳定性受到影响。

（五）加快系统电压恢复

电力系统故障切除后，用户电动机自起动吸取较大的无功功率，影响电网电压的恢复；系统中大容量发电机失磁时，失磁发电机将向系统吸取大量无功功率，引起电网电压降低，严重时危及系统的安全运行；系统发生功率缺额时，有时水轮发电机以自同期方式快速接入电网，这虽然对电网的安全运行有积极意义，但水轮发电机组投入电网时因吸取较大无功功率有可能造成电网电压的降低。

当电网中运行的发电机装设 AER 后，电网电压降低时，在 AER 作用下使发电机增加励磁，向电网输送无功功率，可加快系统电压的恢复，改善系统工作条件。

（六）AER 的限制功能

大型同步发电机运行的安全性极为重要，继电保护装置是保证发电机安全的不可缺少的措施，AER 的限制功能与继电保护两者的配合保证了发电机运行的安全。大型同步发电机上 AER 的限制功能简单说明如下。

1. 强励反时限限制

发电机励磁绕组允许的励磁电流与持续时间呈反时限制性，即励磁电流愈大，允许作用的时间愈短；励磁电流减小时，允许作用的时间增加。为使 AER 起到强励反时限限制功能，应根据发电机励磁绕组特性，将允许强励倍数（如取 1.8）、允许强励时间（如取 10s）、稍低于强励允许的反时限特性曲线输入到 AER 中。允许强励倍数和允许强励时间的设置，实际上就限制了强励允许反时限特性的峰值（最大强励电压、最短的允许时间）不超过发电机的允许限值。

电力系统发生短路故障时，发电机机端电压可能大幅度降低，AER 将发电机处强励状态。此时 AER 根据测到的励磁电流，计算该励磁电流的持续时间，当持续时间达到设置强励反时限特性曲线相应允许时间时，AER 停止强励并将励磁电流限定在限额值。可见，AER 的强励反时限限制可使发电机励磁绕组过热不超过允许值，保证了发电机的安全。

发电机励磁绕组过负荷时，强励反时限限制同样可起到保护作用。

2. 过励延时限制

发电机在运行中，转子电流（励磁电流）和定子电流都不能长期超过规定值运行，图 4-6 示出了发电机转子电流、定子电流限制区域。因发电机的空载电动势 E_q 与转子电流成正比，所以以 O 点为圆心、允许值转子电流（如 $1.1I_{fdN}$，I_{fdN} 为额定励磁电流）相应的 E_q 值为半径作圆弧 $\overset{\frown}{mBn}$，则 E_q 落到该圆弧外时就说明了转子电流超过了允许值。在图 4-6 中，OA 等于发电机额定电压，当以 A 点为圆心、$I_N X_d$（I_N 为定子额定电流）为半径作圆弧 $\overset{\frown}{pBq}$，则 $I_G X_d$ 落到该圆弧外时就说明发电机定子电流超过了额定值。由图 4-6 可见，$\overset{\frown}{pB}$ 圆弧限制了定子电流，$\overset{\frown}{nB}$ 圆弧限制了转子电流。

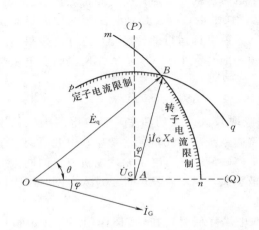

图 4-6 发电机定子电流、转子电流限制说明

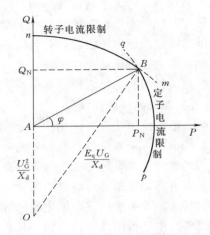

图 4-7 发电机过励允许的 P-Q 曲线

如果将图 4-6 相量各乘以 $\dfrac{U_G}{X_d}$，则 $AB = U_G I_G$ 表示发电机的视在功率，而 $OA = \dfrac{U_G^2}{X_d}$、$OB = \dfrac{U_G E_q}{X_d}$。当将 OA 延长线作 Q 轴、与 OA 垂直的线作 P 轴（过 A 点）时，则 AB 在 Q 轴上的投影为 $U_G I_G \sin\varphi$，即发电机的无功功率；AB 在 P 轴上的投影为 $U_G I_G \cos\varphi$，即发电机的有功功率。这样就可得到发电机允许的 P-Q 曲线，如图 4-7 所示。由图明显可见，$P < P_N$ 时，P-Q 曲线受转子电流限制；$P > P_N$ 时，P-Q 曲线受定子电流限制。

为实现 AER 的过励延时限制，应将过额定工作点（P_N、Q_N）稍低于允许的 P-Q 特性的曲线（也可用直线取代）输入到 AER 中。发电机在运行中，AER 不断实时测量发电机的 P、Q 值，当 Q 值大于在该 P 值下允许的 Q 值且持续时间达设定时间（如 2min）时，过励延时限制动作，减小发电机励磁，将无功功率限制在设定曲线的无功功率值。

可以看出，AER 的过励延时限制应与发电机的励磁绕组反时限过电流保护相配合。

3. 欠励瞬时限制

同步发电机在运行中，可能发生进相运行（即吸取感性无功功率），此时励磁电流相应减小。由图 4-5 的功角特性可见，在某一有功功率下，励磁电流的减小意味着功率角 δ

增大，当 δ 角大于 $90°$ 时发电机可能失去静态稳定。为此，AER 中设有欠励瞬时限制，当发电机进入设定的欠励限制线时，AER 瞬时欠励限制动作，增大发电机励磁，脱离可能发生失去静态稳定的区域，保证发电机的稳定运行。

4. $\dfrac{U}{f}$ 限制

$\dfrac{U}{f}$ 限制也称为 AER 的过励磁限制。

当不计定子绕组电阻、漏抗时，机端电压为

$$U = 4.44 f K_1 N \Phi \tag{4-11}$$

式中　K_1——同步发电机的绕组系数；

　　　N——同步发电机绕组每相匝数；

　　　Φ——每极磁通，$\Phi = BS$，S 为每极面积，B 为磁感应强度。

将式（4-11）改写为

$$B = K \dfrac{U}{f} \tag{4-12}$$

其中 $K = \dfrac{1}{4.44 K_1 N S}$。令额定运行时的磁感应强度为 B_N，则有

$$n = \dfrac{B}{B_N} = \dfrac{K \dfrac{U}{f}}{K \dfrac{U_N}{f_N}} = \dfrac{U_*}{f_*} \tag{4-13}$$

式中 U_*、f_* 为电压、频率的标幺值。测量 n 值大小就可判定发电机过励磁的程度。

发电机过励磁时，n 值增大，表现为铁芯饱和，谐波磁场增强，使附加损耗加大，引起局部发热；同时定子铁芯背部漏磁场增强，在定位筋附近引起局部过热，过热程度随 n 值增大急剧增加。

AER 中的过励磁限制可起到发电机过励磁保护作用，当然过励磁限制值应与发电机过励磁保护动作值相配合。

此外，AER 中还设有最大励磁电流瞬时限制、过电压限制等。应当指出，水轮发电机突然甩负荷时（如线路故障跳闸），因调速系统关闭导水叶有较大的惯性，所以转速急剧上升，导致机端电压升高，危及定子绝缘。在这种情况下过电压限制可抑制机端电压的迅速上升。

由分析可见，AER 功能不只限于自动调压，所以称自动励磁调节。由于 AER 的作用明显，所以同步发电机都装设 AER 装置。应当注意到，现代 AER 响应速度十分迅速，在大型发电机上应设法防止 AER 引起发电机的负阻尼作用而导致的低频振荡现象。

二、对 AER 的基本要求

为使 AER 能充分发挥上述作用，AER 应满足如下几点基本要求：

（1）AER 应能维持发电机在正常不同运行工况下机端电压在给定水平。

（2）能稳定合理分配机组间的无功功率。

（3）AER 无失灵区，可使发电机运行在人工稳定区。

（4）AER 能迅速反应系统故障时的电压降低，实现强行励磁，因此要求 AER 有高的响应速度，励磁系统能提供足够高的强励顶值电压。

（5）不引起发电机的低频振荡。

（6）具有适应大机组安全运行的有关限制功能。

（7）简单可靠，操作方便。

对于提供发电机励磁电流的功率设备，要求有足够的励磁调节容量，能提供强行励磁时的励磁容量。对于广泛使用的可控整流设备，即使在部分退出运行的情况下，应能保证发电机正常运行工况时的调节容量和强行励磁时的励磁容量。

第二节　AER 基本概念

一、人机关系

同步发电机在运行中，由于定子电流和功率因数的变化，机端电压要偏离额定值。在没有自动励磁调节装置（AER）情况下，为维持机端额定电压水平，需人工调节励磁电流。当运行人员观察到机端电压高于额定值时（测量到有偏差电压），应减小励磁电流（起到将偏差电压放大并执行的作用），使机端电压回到额定值水平；当运行人员观察到机端电压低于额定值时，应增大励磁电流，使机端电压回升到额定值水平。因此，人工调节励磁电流维持机端电压为给定值，励磁电流 I_{fd} 与机端电压 U_G 的关系曲线 $I_{fd} = f(U_G)$ 应是 U_G 降低时 I_{fd} 升高、U_G 升高时 I_{fd} 减小的关系，如图 4 - 8（a）所示的直线段 $\overline{ab}$。设在 $\overline{ab}$ 段 1 点上运行时，机端电压为额定值 U_N，励磁电流为额定励磁电流 I_{fdN}。显然，$U_G >$ U_N 时人工减小励磁电流；$U_G < U_N$ 时人工增大励磁电流。

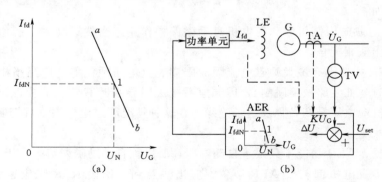

图 4 - 8　励磁调节工作原理
（a）工作特性；（b）AER 调节示意图

在人工调节励磁电流的过程中，操作员不仅起到测量比较的作用，而且起到放大和执行的作用。操作员在进行测量比较时，机端的基准电压（或整定电压、给定电压）为额定电压。

如果人工调节励磁电流时的测量比较、放大、执行功能利用自动装置来实现，则该自动装置的工作特性与图 4 - 8（a）所示特性相同，同样能维持机端电压在给定值水平。图

4-8（b）示出了具有 AER 工作特性的以机端电压为被调量的负反馈励磁控制系统示意图，只要 AER 足够灵敏，调节结束时会有 $\Delta U \to 0$，于是 $U_G \to \dfrac{U_{set}}{K}$，而 $\dfrac{U_{set}}{K}$ 即是机端电压给定值，一般是额定电压 U_N。可见，AER 调节时的负反馈工作情况与人工调节时的负反馈工作情况是相似的，但 AER 的调节质量比人工调节时要好，且 AER 还具有人工调节所不具备的功能。

在图 4-8（b）的励磁调节系统中，只要 U_G 偏离给定值 $\dfrac{U_{set}}{K}$，就有 ΔU 产生，AER 就进行调整，使 U_G 在给定电压值水平上。AER 在调整过程中是不管 ΔU 的形成原因，总力求 $U_G \to \dfrac{U_{set}}{K}$。此外，从维持 U_G 在给定值水平上出发，ΔU 小时发电机的励磁电流变化 ΔI_{fd} 也小；ΔU 大时发电机的励磁电流变化 ΔI_{fd} 也大。这种调节方式，励磁电流的变化 ΔI_{fd} 与机端偏离给定电压 ΔU 的大小成正比。

二、AER 的调节方式

按 AER 的调节原理，AER 的调节方式可分为按电压偏差的比例调节和补偿调节两种。

1. 按电压偏差的比例调节

按电压偏差的比例调节实际上就是以机端电压为被调量的负反馈控制系统，其原理框图如图 4-3、图 4-8（b）所示。被调量 U_G 与给定电压偏差愈大，调节作用愈强；偏差愈小，调节作用愈弱。这就是按电压偏差的比例调节。这种励磁调节方式，不管产生 U_G 变化的原因，一旦 U_G 发生变化，调节系统都能进行调整，最终使 U_G 在给定值水平上。

AER 按电压偏差的比例调节方式应用相当普遍。虽然实现的方式有多种，但基本原理是完全相同的。

2. 按定子电流、功率因数的补偿调节

在励磁电流保持不变的情况下，同步发电机的端电压受定子电流和功率因数变化的影响。在同样功率因数（滞后）下，定子电流增大时机端电压将降低；在同样定子电流下，功率因数（滞后）愈低，机端电压降得愈多。

如果提供发电机的励磁电流与定子电流、功率因数有关，则构成了定子电流、功率因数的补偿调节。因为当定子电流增大、功率因数降低（滞后）时，励磁电流相应增大，补偿了机端电压的降低。实际上，这种补偿调节提供的励磁电流与 $|\dot{U}_G + \text{j}\dot{I}_G X_d|$ 成正比，虽然在一定程度上补偿了定子电流、功率因数变化时对机端电压的影响，但对机端电压来说，这种补偿调节带有盲目性。因为补偿调节是不能保证调节后机端电压保持在给定值的基准上，所以为了使机端电压在给定值水平，还必须对机端电压进行校正，使机端电压在给定值水平上。当然，由于采用了补偿调节，校正电压的装置与没有补偿调节相比，调节容量要小得多。

目前，按定子电流、功率因数的补偿调节方式几乎不采用了，本书不作阐述。

第三节 具有 AER 发电机的外特性

同步发电机的外特性指的是在某一励磁电流下 $U_G=f(I_{GQ})$ 的关系曲线，因无功电流与无功功率 Q 成正比（发电机总处在额定电压附近运行），所以同步发电机的外特性也可用 $U_G=f(Q)$ 关系曲线来表示。在模拟式 AER 中，因测量 I_{GQ} 比测量 Q 容易，故外特性采用 $U_G=f(I_{GQ})$，方便分析讨论。但在数字式 AER 中，测量 Q 比测量 I_{GQ} 容易，同时在励磁限制等环节中同样要应用 Q，所以外特性用 $U_G=f(Q)$ 表示。

图 4-2 示出的是励磁电流保持某一不变值时的发电机外特性。当发电机具有 AER 时，励磁电流随机端电压而发生变化，外特性也要发生变化。

一、AER 无调差环节时的情况

无调差环节就是输入到测量比较的被调量电压与机端电压成正比，与发电机的无功功率（或无功电流）无关。如在图 4-8（b）中，输入到测量比较的被调量是 KU_G。

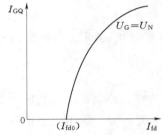

图 4-9 同步发电机的调整特性

具有 AER 发电机的外特性不仅与 AER 工作特性有关，而且还与同步发电机特性有关。发电机的外特性可通过 AER 工作特性和发电机的调整特性求取。

同步发电机的调整特性就是 I_{fd} 与 I_{GQ} 间的关系曲线。图 4-9 示出了机端电压为额定值时的 $I_{GQ}=f(I_{fd})$ 调整特性，如果不计有功电流在发电机内部引起的压降，则由式（4-4）可见，图中 $I_{GQ}=0$ 时的 I_{fd} 值就是发电机的空载励磁电流 I_{fd0}。

AER 的工作特性如图 4-8（a）所示，$\overline{ab}$ 线段愈陡表示 AER 调节愈灵敏。

由图 4-8（a）、图 4-9 示出的特性，可求得发电机的外特性，如图 4-10 所示。可以看出，具有 AER（无调差环节时）发电机的外特性 $U_G=f(I_{GQ})$ 可近似地用一条下倾的直线来描述。AER 愈灵敏，该直线下倾程度愈小。

因无功电流与无功功率成正比，所以发电机的外特性也可用 $U_G=f(Q)$ 描述，与 $U_G=f(I_{GQ})$ 描述完全相同。

当 AER 控制励磁机的励磁电流来实现 I_{fd} 的调节时，因励磁机的工作特性一般有线性关系，所以不影响发电机的外特性。

为了描述发电机外特性的下倾程度，通常用调差系数 K_{add} 来表示。K_{add} 是具有

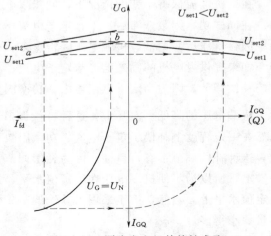

图 4-10 同步发电机外特性求取

AER 发电机外特性的一个重要参数。由图 4-11 可得到调差系数 K_{add} 的定义为

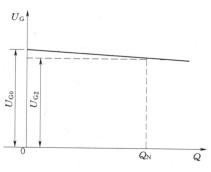

$$K_{add} = \frac{U_{G0} - U_{G2}}{U_N} = U_{G0*} - U_{G2*} \quad (4-14)$$

式中　U_{G0}——发电机的空载电压；

　　　U_{G2}——发电机带额定无功功率 Q_N 时的机端电压，一般为额定电压；

　　　U_N——发电机额定电压。

图 4-11　调差系数定义

调差系数可理解为发电机无功功率从零增加到额定值时机端电压的相对下降值。

无调差环节时的调差系数，称为自然调差系数，用 K_{add0} 表示。以下讨论励磁控制系统静态状况下的 K_{add0} 值。

对图 4-8（b）中的发电机，注意到空载电动势 E_q 与励磁电流 I_{fd} 成正比，有关系式

$$\Delta E_q = k_G \Delta I_{fd} \quad (4-15)$$

其中 k_G 为空载特性上对应额定励磁电流时变化率的比例系数，k_G 的单位是 V/A；当不计有功电流引起的压降时，由式（4-4）可得到

$$\Delta E_q = \Delta U_G + \Delta I_{GQ} X_d \quad (4-16)$$

由式（4-15）和式（4-16）消去 ΔE_q 得到

$$k_G \Delta I_{fd} = \Delta U_G + \Delta I_{GQ} X_d \quad (4-17)$$

对图 4-8（b）的自动励磁调节装置（包括功率单元），测量比较的输出电压 $\Delta U = U_{set} - K U_G$，所以当给定电压 U_{set} 不变时输出电压变化率为

$$\Delta(\Delta U) = -K \Delta U_G \quad (4-18)$$

此时自动励磁调节装置输出电流的变化量为

$$\Delta I_{fd} = k_{AER} \Delta(\Delta U) \quad (4-19)$$

其中 k_{AER} 为自动励磁调节装置（包括功率单元）的放大系数，k_{AER} 的单位是 A/V。如果功率单元控制输出的是电压量，则因励磁电流变化量与该电压变化量成正比，故式（4-19）保持不变。显而易见，k_{AER} 愈大，自动励磁调节装置愈灵敏。由式（4-18）、式（4-19）消去 $\Delta(\Delta U)$，得到

$$\Delta I_{fd} = -K k_{AER} \Delta U_G \quad (4-20)$$

在图 4-8（b）自动励磁调节系统闭环后，由式（4-17）、式（4-20）可得到

$$\frac{\Delta U_G}{\Delta I_{GQ}} = -\frac{X_d}{1 + K k_G k_{AER}} \quad (4-21)$$

可以看出，发电机装设 AER 后，端电压随 I_{GQ} 的增大而降低；若发电机没有装设 AER，则 $k_{AER} = 0$，此时式（4-21）与式（4-5）完全相同。具有 AER 发电机外特性的自然调差系数由式（4-14）、式（4-21）得到为

$$K_{add0} = \frac{U_{G0} - U_{G2}}{U_N} = \frac{-(U_{G2} - U_{G0})}{(I_{QN} - 0)} \frac{I_{QN}}{U_N}$$

$$= -\frac{\Delta U_G}{\Delta I_{GQ}} \frac{I_{QN}}{U_N} = \frac{X_d}{1 + K k_G k_{AER}} \frac{I_N}{U_N} \sin\varphi_N$$

$$= \frac{X_{d*}}{1 + Kk_G k_{AER}} \sin\varphi_N \tag{4-22}$$

式中　X_{d*}——同步发电机直轴同步电抗标么值；

　　　φ_N——同步发电机额定功率因数角。

由于 AER 十分灵敏，所以 k_{AER} 较大，故 K_{add0} 很小，即图 4-11 的外特性曲线几乎与 Q 轴平行。

二、AER 有调差环节时的情况

由于发电机运行需要，调差系数需要调整，调整的内容是要求 $K_{add} > 0$ 或 $K_{add} < 0$，同时 K_{add} 数值必需调整。不同调差系数的发电机外特性如图 4-12 所示。$K_{add} > 0$ 为正调差系数，特性曲线下倾；$K_{add} = 0$ 为无差特性，特性曲线呈水平；$K_{add} < 0$ 为负调差系数，特性曲线上翘。如要获得如图 4-12 所示的调差特性，在 AER 中需要设置调差环节。所以调差环节是用来获得所需的调差系数。

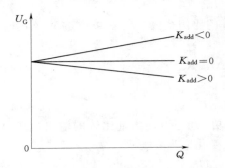

图 4-12　不同调差系数的发电机外特性

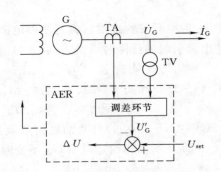

图 4-13　调差环节接入 AER

图 4-13 的 AER 接入了调差环节，其他与图 4-8（b）完全相同。为获取所需调差系数，令调差环节的输出电压 U_G' 为

$$U_G' = K(U_G + mI_{GQ}) \tag{4-23a}$$

或

$$U_G' = K(U_G + mQ) \tag{4-23b}$$

式中　m——决定调差系数大小和正负的一个系数，式（4-23a）中的单位是 Ω，式（4-23b）中的单位是 1/A；

　　　Q——发电机的无功功率。

接入调差环节后，仅影响了自动励磁调节系统的反馈通道。考虑到式（4-23a），在给定电压不变情况下，由图 4-13 可以得到

$$\Delta(\Delta U) = \Delta(U_{set} - U_G') = -K\Delta U_G - mK\Delta I_{GQ} \tag{4-24}$$

代入式（4-19）得到

$$\Delta I_{fd} = -Kk_{AER}\Delta U_G - mKk_{AER}\Delta I_{GQ} \tag{4-25}$$

由式（4-25）、式（4-17）消去 ΔI_{fd} 得到

$$\frac{\Delta U_G}{\Delta I_{GQ}} = -\frac{X_d + mKk_G k_{AER}}{1 + Kk_G k_{AER}} \tag{4-26}$$

所以调差系数 K_{add} 为

$$K_{\mathrm{add}} = -\frac{\Delta U_{\mathrm{G}}}{\Delta I_{\mathrm{GQ}}}\frac{I_{\mathrm{QN}}}{U_{\mathrm{N}}}$$

$$= \frac{X_{\mathrm{d}*}}{1 + K k_{\mathrm{G}} k_{\mathrm{AER}}}\sin\varphi_{\mathrm{N}} + \frac{m K k_{\mathrm{G}} k_{\mathrm{AER}}}{1 + K k_{\mathrm{G}} k_{\mathrm{AER}}}\frac{I_{\mathrm{N}}\sin\varphi_{\mathrm{N}}}{U_{\mathrm{N}}}$$

因为 $K k_{\mathrm{G}} k_{\mathrm{AER}}$ 为自动励磁调节系统开环放大系数，总有 $K k_{\mathrm{G}} k_{\mathrm{AER}} \gg 1$，所以上式可改写为

$$K_{\mathrm{add}} = \frac{X_{\mathrm{d}*}}{1 + K k_{\mathrm{G}} k_{\mathrm{AER}}}\sin\varphi_{\mathrm{N}} + m_{*}\sin\varphi_{\mathrm{N}}$$

$$= K_{\mathrm{add0}} + m_{*}\sin\varphi_{\mathrm{N}} \tag{4-27}$$

可见，U'_{G} 满足式（4-23）时，可得到正的调差系数，改变 m 值可调整正调差系数值。当 $m = 0$ 时，调差系数就是自然调差系数。

正调差系数的物理概念可理解为：无功电流 I_{GQ}（或 Q）增大时，AER 感受到的电压 U'_{G} 在上升（相当于发电机电压虚假升高），于是 AER 降低发电机的励磁电流，驱使发电机电压降低，所以得到下倾的外特性曲线。

正调差特性主要用来稳定并联运行机组间无功电流的分配，所以正调差环节也可称电流稳定环节。

当调差环节的输出电压 U_{G}' 为

$$U'_{\mathrm{G}} = K(U_{\mathrm{G}} - m I_{\mathrm{GQ}}) \tag{4-28a}$$

或

$$U'_{\mathrm{G}} = K(U_{\mathrm{G}} - m Q) \tag{4-28b}$$

时，就可得到负调差系数。调差系数可表示为

$$K_{\mathrm{add}} = \frac{X_{\mathrm{d}*}}{1 + K k_{\mathrm{G}} k_{\mathrm{AER}}}\sin\varphi_{\mathrm{N}} - m_{*}\sin\varphi_{\mathrm{N}}$$

$$= K_{\mathrm{add0}} - m_{*}\sin\varphi_{\mathrm{N}} \tag{4-29}$$

改变 m 可调整负调差系数值。当 $m_{*} = \dfrac{X_{\mathrm{d}*}}{1 + K k_{\mathrm{G}} k_{\mathrm{AER}}}$ 时，$K_{\mathrm{add}} = 0$，得到无差特性，外特性曲线呈水平线，端电压不随 I_{GQ}（或 Q）变化。

负调差系数的物理概念可理解为：无功电流 I_{GQ}（或 Q）增大时，AER 感受到的电压 U'_{G} 在下降（相当于发电机电压虚假降低），于是 AER 增大发电机的励磁电流，驱使发电机电压升高，所以得到上翘的外特性曲线。

负调差特性主要用来补偿变压器或线路压降，维持高压侧并列点的电压水平，所以负调差环节也可称电流补偿环节。

三、具有 AER 发电机外特性的移动

通过改变式（4-23）、式（4-28）中的 m 值，可得到需要的正调差系数或负调差系数，实现了调差系数的调整，从而可获得需要的发电机外特性（包括无差特性）。

发电机外特性曲线的上、下平移可通过改变给定电压 U_{set} 实现。

发电机装设 AER 后，AER 调节结束时，由式（4-6）可见，发电机电压维持在 $\dfrac{U_{\mathrm{set}}}{K}$ 水平。U_{set} 增大时，机端运行电压升高；U_{set} 减小时，机端运行电压降低。这种情况反映

在 AER 的工作特性 $I_{fd}=f(U_G)$ 上，就是 U_{set} 增大时，$I_{fd}=f(U_G)$ 特性在图 4-8（a）中向右移动；U_{set} 减小时，$I_{fd}=f(U_G)$ 特性在图 4-8（a）中向左移动。反映在图 4-10 中示出的 AER 工作特性 $I_{fd}=f(U_G)$ 上，表示为 $U_{set1}<U_{set2}$。因此，给定电压 U_{set} 增大，发电机外特性向上移动；给定电压 U_{set} 减小，发电机外特性向下移动。这种外特性曲线的移动，不会对调差系数产生影响。

四、AER 的调压过程

1. AER 可维持机端电压为给定值水平

发电机装设 AER 后，只要给定电压不变，AER 调节结束后，总可使机端电压维持在给定值水平上运行。当无功电流或无功功率发生变化时，机端电压变化很小。

设发电机的 AER 具有正调差环节，外特性曲线如图 4-14 中直线 2。当发电机的无功功率为 Q_1 时，机端电压为 U_N；如果无功功率增大到 Q_2，则机端电压下降到 U_{G2}。由图 4-14 可得到如下关系：

$$\frac{Q_1}{Q_2}=\frac{U_{G0}-U_N}{U_{G0}-U_{G2}}$$

令 $Q_1=Q_N$，$K_{add}=\dfrac{U_{G0}-U_N}{U_N}$，上式可变化为

$$\frac{Q_2-Q_N}{Q_N}=\frac{U_N-U_{G2}}{U_{G0}-U_N}=\frac{1}{K_{add}}\frac{U_N-U_{G2}}{U_N}$$

因为机端电压变化 $\Delta U_G=U_{G2}-U_N$、无功功率变化 $\Delta Q=Q_2-Q_N$，所以上式改写为

$$\Delta U_{G*}=-K_{add}\Delta Q_* \tag{4-30}$$

式中的 "$-$" 号表示无功功率增加时机端电压降低、无功功率减少时机端电压升高（对正调差情况而言）。如 $K_{add}=5\%$，当 ΔQ_* 变化 20% 时，则 ΔU_{G*} 降低 1%。这充分说明 AER 可维持机端电压为给定值水平，但 K_{add} 不能取得过大。

事实上，AER 作用的结果总是使图 4-13 中的 $\Delta U\rightarrow 0$。当无功功率为 Q_1、机端电压为 U_N 时，有 $\Delta U=U_{set}-(KU_N+mKQ_1)\rightarrow 0$，即

$$U_{set}=KU_N+mKQ_1$$

当无功功率增加到 Q_2 时，如仍要保持额定电压，则给定电压 U'_{set} 为

$$U'_{set}=KU_N+mKQ_2$$

因 $Q_2>Q_1$，所以 $U'_{set}>U_{set}$。通过手控调整使 U_{set} 增大到 U'_{set}，即将图 4-14 中特性曲线 2 平移到 3 位置。

当发电机具有负调差特性时，也有类似情况。

2. AER 调压的稳态误差

由上分析可见，只要 AER 的给定电压不变，不论发电机的外特性是正调差系数还是负调差系数，AER 调节结束后，机端电压总可维持在给定值水平。

AER 调压结束后，要求使 $U_G\rightarrow\dfrac{U_{set}}{K}$；但实际

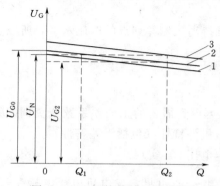

图 4-14　AER 维持机端电压
给定值水平的说明

AER 调压结束后，机端电压并非等于 $\dfrac{U_{set}}{K}$，从而产生了偏差。

在图 4 - 8（b）自动励磁调节的负反馈控制系统中，包括带负载的发电机和包含功率单元在内的 AER 两大部分。为简单起见，带负载运行的发电机，静特性可表示为

$$U_G = K_G I_{fd} \tag{4-31}$$

式中　K_G——发电机带负载运行时的静态放大系数，V/A。

对 AER，考虑到式（4 - 30），静特性可描述为

$$I_{fd} = K_{AER} \Delta U = K_{AER}(U_{set} - KU_G) \tag{4-32}$$

式中　K_{AER}——包括功率单元在内的 AER 静态放大系数，A/V。

当自动励磁调节系统闭环后，由式（4 - 31）、式（4 - 32）得到发电机的实际电压为

$$U_G = \frac{KK_G K_{AER}}{1 + KK_G K_{AER}} \frac{U_{set}}{K} \tag{4-33}$$

与机端电压期望值的偏差为

$$\Delta U_G = \frac{U_{set}}{K} - U_G = \frac{U_{set}}{K} \frac{1}{1 + KK_G K_{AER}} \tag{4-34}$$

AER 调节终了的稳态误差 $\varepsilon(\infty)$

$$\varepsilon(\infty) = \frac{\Delta U_G}{\dfrac{U_{set}}{K}} = \frac{1}{1 + K_G K_{AER}} \tag{4-35}$$

可以看出，AER 愈灵敏，稳态误差 $\varepsilon(\infty)$ 愈小。当自动励磁调节系统的开环静态放大系数 $KK_G K_{AER} > 200$ 时，则稳态误差 $\varepsilon(\infty)$ 为

$$\varepsilon(\infty) < \frac{1}{1 + 200} = 0.5\%$$

完全满足工程上的调节要求。

注意，过大的 K_{AER} 不利于 AER 稳定运行，容易引发同步发电机的低频振荡。

五、发电机无功功率转移

平移发电机外特性曲线可以改变发电机所承担的无功功率。设发电机并入系统时机端电压为额定电压 U_N，外特性曲线如图 4 - 14 中特性曲线 1，此时发电机不承担无功功率；当 AER 的给定电压逐渐增大时，发电机外特性曲线由特性曲线 1 上移到特性曲线 2、特性曲线 3，相应的发电机的无功功率上升到 Q_1、Q_2。可见，增大 AER 的给定电压，并接在系统上的发电机所承担的无功功率逐渐增大，此时的机端电压由系统电压确定，一般在额定值附近。

当发电机停机时，可先减小 AER 的给定电压，将外特性曲线向下移动，无功功率逐渐减小。当外特性曲线为图 4 - 14 中特性曲线 1 时，无功功率已减至零，此时断开发电机不会造成对系统无功功率的冲击。可以看出，减小 AER 的给定电压，并接在系统上的发电机所承担的无功功率会逐渐减小。

由上分析可见，增大或减小 AER 的给定电压，可平稳增大或减小发电机的无功功率，实现发电机无功功率的转移。

第四节　并列运行机组间无功功率分配

并列运行机组指的是在同一母线上并列运行的发电机，或在同一高压母线上并列运行的发电机变压器组。当改变并列运行中一台发电机的励磁电流时，该机的无功功率就会变化，同时还会影响并列运行机组间无功功率的分配，甚至还会引起并列运行的母线电压改变。这些变化与同步发电机的外特性密切相关，对外特性有一定要求。

一、无差特性的发电机与有差特性的发电机并列运行

如图 4-15 所示，$^\#1$ 机为无差调压特性，如图中特性曲线 1；$^\#2$ 机为有差调压特性（$K_{add} > 0$），如图中特性曲线 2。当两机在同一母线上并列运行时，母线电压等于 $^\#1$ 机端电压 U_{G1} 并保持不变。$^\#2$ 机无功功率为 Q_2。$^\#1$ 机的无功功率取决于用户所需的无功功率。当无功负荷变动时，$^\#2$ 机的无功功率保持不变仍为 Q_2，$^\#1$ 机承担全部无功负荷的变动。

移动 $^\#2$ 机特性曲线 2，可改变两机间无功功率的分配。移动 $^\#1$ 机特性曲线 1，不仅母线电压要发生变化，而且 $^\#2$ 机的无功功率也要发生变化。

由上分析可见，一台无差特性发电机可以与一台或多台正调差特性发电机在同一母线上并列运行，但机组间的无功功率分配是不合理的，所以实际上很少采用。

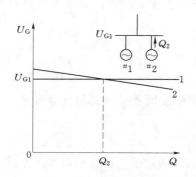

图 4-15　一台无差特性和一台有差
特性发电机并列运行

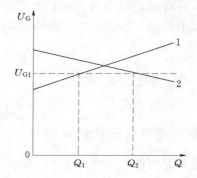

图 4-16　负调差特性发电机参与并列运行

两台无差特性的发电机，即使端电压调得完全相同，也不能在同一母线上并列运行，因为两机间无功功率分配是任意的，所以两机间会发生无功功率的摆动，不能稳定运行。

二、负调差特性发电机与正调差特性发电机并列运行

如图 4-16 所示，$^\#1$ 机为负调差特性，如图中特性曲线 1；$^\#2$ 机为正调差特性，如图中特性曲线 2。当两机在同一母线上并列运行时，若并列点母线电压为 U_{G1}，则 $^\#1$ 机无功功率为 Q_1，$^\#2$ 机无功功率为 Q_2，但这是不能稳定运行的。因为当 Q_1 由于某种原因发生变化时，如 Q_1 增加，则有如下的正反馈过程：

$$Q_1 \uparrow \longrightarrow \begin{array}{c} U'_G = K(U_G - mQ)\downarrow \\ (\text{负调差}) \end{array} \longrightarrow \text{AER 输出} \uparrow$$

$$Q_1 \uparrow \longleftarrow \text{发电机励磁} \uparrow$$

导致 AER 处上限工作；同样，当 Q_1 减小时，导致 AER 处下限工作。或者在两机组间无功功率发生摆动，机组无法稳定运行。因此，不允许负调差特性发电机参与直接并列运行。

三、两台正调差特性发电机并列运行

如图 4 - 17 所示，两台发电机均具有正调差系数。若并列点母线电压为 U_{G1}，则两机无功功率分别为 Q_1、Q_2，Q_1 与 Q_2 具有确定的关系。如果由于某种原因无功功率发生了变化，如无功功率增加，则有如下的负反馈过程：

$$Q_1、Q_2 \uparrow \longrightarrow \begin{array}{c} U'_G = K(U_G + mQ)\uparrow \\ (\text{正调差}) \end{array} \longrightarrow \text{AER 输出} \downarrow$$

$$Q_1、Q_2 \downarrow \longleftarrow \text{发电机励磁} \downarrow$$

无功功率减小时，也有类似过程。这说明，两台或两台以上均具有正调差特性发电机并列运行可维持无功功率的稳定分配，能稳定运行，保持并列点母线电压在给定值水平。

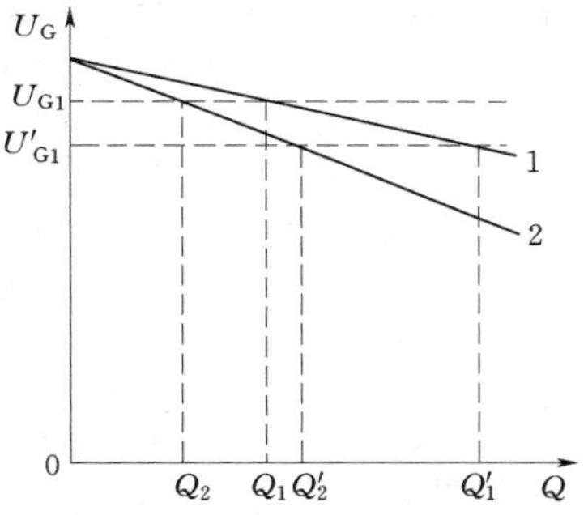

理想的情况是，机组间无功功率的分配与机组容量成正比，无功功率增量也应与机组容量成正比。对其中的任一机，当机端电压为 U_G、无功功率为 Q 时，在图 4-11 中根据相似三角形原理可写出关系式

$$\frac{Q}{Q_N} = \frac{U_{G0} - U_G}{U_{G0} - U_{G2}} \qquad (4-36a)$$

当机端电压为 U'_G、无功功率为 Q' 时，同样可得

图 4 - 17　两台正调差
特性发电机并列运行

$$\frac{Q'}{Q_N} = \frac{U_{G0} - U'_G}{U_{G0} - U_{G2}} \qquad (4-36b)$$

上两式相减，可得

$$\frac{Q - Q'}{Q_N} = \frac{U'_G - U_G}{U_{G0} - U_{G2}}$$

即

$$\Delta Q_* = -\frac{\Delta U_{G*}}{K_{add}} \qquad (4-37)$$

式中　ΔQ_*——以额定无功功率为基准的无功功率变化量标幺值，$\Delta Q_* = \dfrac{\Delta Q}{Q_N}$，而 $\Delta Q = Q' - Q$；

ΔU_{G*}——机端电压变化量标幺值，$\Delta U_{G*} = \dfrac{\Delta U_G}{U_N}$，而 $\Delta U_G = U'_G - U_G$。

与式（4-30）一致。另外，改写式（4-36a）可得

$$Q_* = \frac{\dfrac{U_{G0} - U_G}{U_N}}{K_{add}} \tag{4-38}$$

由式（4-38）可以看出，要使机组间无功功率按机组容量分配（即两机的 Q_* 相等），其条件是：①两机（或多机）的调差系数 K_{add} 相等；②两机（或多机）的 U_{G0} 相等（因机组并联，U_G 一定相等）。

两个条件合并，即两机（或多机）的外特性曲线重合，这在 AER 上是容易实现的。当 K_{add} 不等时，调差系数愈小，发电机承担的无功功率比例（对额定无功功率而言）愈大。由式（4-37）可以看出，电压降低时，并列各机的无功功率要增加；当各机的调差系数相等时，增加的无功功率按各机容量分配。如果调差系数不等，则调差系数愈小的发电机 ΔQ_* 增量愈大。

强调指出，并列机组的外特性曲线重合（横坐标以 Q_* 表示）时，各机的无功功率按机组容量分配。当机端电压变化时，只要调差系数相等，并列各机的无功功率变化就按机组容量分配。

设 n 台发电机在同一母线上并列运行，正调差系数分别为 K_{add1}、K_{add2}、K_{add3}、$\cdots$、K_{addn}，当总无功功率增量为 ΔQ_Σ 时，若将 n 台发电机看成一台等效发电机，则该机的额定无功功率 $Q_{\Sigma N} = Q_{N1} + Q_{N2} + \cdots + Q_{Nn}$，所以有

$$\Delta Q_{\Sigma*} = \frac{\Delta Q_\Sigma}{Q_{\Sigma N}} = \frac{\Delta Q_\Sigma}{Q_{N1} + Q_{N2} + \cdots + Q_{Nn}} \tag{4-39}$$

由式（4-37）得到

$$\Delta Q_{\Sigma*} = -\frac{\Delta U_{G*}}{K_{add\Sigma}} \tag{4-40}$$

式中　$K_{add\Sigma}$——公共母线上等值发电机的调差系数。

如果 n 台发电机各机的无功功率增量分别为 ΔQ_{1*}、ΔQ_{2*}、ΔQ_{3*}、$\cdots$、ΔQ_{n*}，计及式（4-37），有

$$\Delta Q_\Sigma = \Delta Q_{1*} Q_{N1} + \Delta Q_{2*} Q_{N2} + \cdots + \Delta Q_n Q_{Nn}$$

$$= -\frac{\Delta U_{G*}}{K_{add1}} Q_{N1} - \frac{\Delta U_{G*}}{K_{add2}} Q_{N2} - \cdots - \frac{\Delta U_{G*}}{K_{addn}} Q_{Nn}$$

$$= -\Delta U_{G*} \sum_{j=1}^{n} \frac{Q_{Nj}}{K_{addj}} \tag{4-41}$$

代入式（4-39）得到

$$\Delta Q_{\Sigma*} = -\Delta U_{G*} \frac{\displaystyle\sum_{j=1}^{n} \frac{Q_{Nj}}{K_{addj}}}{\displaystyle\sum_{j=1}^{n} Q_{Nj}} \tag{4-42}$$

与式（4-40）比较，得到等值发电机的调差系数为

$$K_{add\Sigma} = \frac{\displaystyle\sum_{j=1}^{n} Q_{Nj}}{\displaystyle\sum_{j=1}^{n} \frac{Q_{Nj}}{K_{addj}}} \tag{4-43}$$

由式（4-40）、式（4-43）得到母线电压的变化为

$$\Delta U_{G*} = -K_{add\Sigma}\Delta Q_{\Sigma*} = -\frac{\sum\limits_{j=1}^{n}Q_{Nj}}{\sum\limits_{j=1}^{n}\dfrac{Q_{Nj}}{K_{addj}}}\Delta Q_{\Sigma*} \tag{4-44}$$

于是并列运行各机组的无功功率增量为

$$\Delta Q_j = \Delta Q_{j*}Q_{Nj}$$

$$= -\frac{\Delta U_{G*}}{K_{addj}}Q_{Nj}$$

$$= \frac{K_{add\Sigma}}{K_{addj}}\Delta Q_{\Sigma*}Q_{Nj} \tag{4-45}$$

式（4-43）表示了等值发电机的调差系数；式（4-44）表示了总无功负荷变化时引起的并列机组母线电压的变化量；式（4-45）表示了各机无功功率的变化量，可以看出调差系数较小的发电机承担无功功率变化量比例$\left(\dfrac{\Delta Q_j}{Q_{Nj}}\right)$增大了。

四、发电机变压器组并列运行

如图4-18（a）所示，若将变压器T1、T2的阻抗合并到发电机G1、G2的阻抗中，则对并列点高压母线来说，仍可看作两发电机并列运行，故发电机的外特性曲线必须是下倾的，如图4-18（b）中实线1和实线2，这样才能稳定两机无功功率的分配。

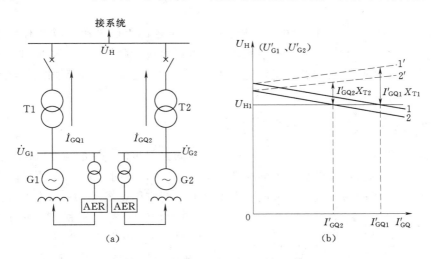

图4-18　两台发电机变压器组并列运行
(a) 接线图；(b) 外特性曲线

注意到AER的输入电压为机端电压$\dot{U}_{G1}$、$\dot{U}_{G2}$，考虑到变压器压降$j\dot{I}_{GQ1}X_{T1}$、$j\dot{I}_{GQ2}X_{T2}$与$\dot{U}_H$同相位，故折算到高压侧的机端电压为

$$U'_{G1} = U_H + I'_{GQ1}X_{T1} \tag{4-46a}$$

$$U'_{G2} = U_H + I'_{GQ2}X_{T2} \tag{4-46b}$$

式中　　　U_H——并列点高压母线电压值；

I'_{GQ1}、I'_{GQ2}——高压侧电压为 U_{H1} 时折算到高压侧的发电机 G1、G2 的无功电流；

X_{T1}、X_{T2}——折算到高压侧的变压器 T1、T2 的电抗值。

根据式（4－46）可作出分别以 U'_{G1}、U'_{G2} 为纵坐标的发电机外特性曲线，如图 4－18（b）中虚线 1′、2′所示，具有负调差系数（U'_{G1}、U'_{G2} 不是并列点电压）。容易看出，如果外特性 1′、2′具有正调差特性，相对并列点电压的发电机外特性曲线，倾斜角更大，于是无功功率的变化引起高压母线有较大的波动。一般情况，并列点电压外特性的调差系数在 5% 左右，所以图 4－18（b）中特性曲线 1′、2′为负调差系数，这样可维持并列点高压母线的电压水平，对提高电力系统的稳定性是很有益的。

五、总结

对于机端直接并列运行的发电机，无差特性的发电机不得多于一台，负调差特性的发电机不允许参与并列运行。

为使无功功率按机组容量分配，并列运行发电机的外特性曲线 $U_G = f(Q_*)$ 应重合，并具有正调差系数。

发电机变压器组在高压母线上并列运行，对并列点电压来说仍应有正调差系数；为维持高压母线的电压水平，对机端电压来说可以是负调差特性，仍能稳定无功功率的分配。

第五节　同步发电机励磁方式

同步发电机的励磁功率单元作为发电机的专用可控的直流电源，应具有高度的可靠性、足够的调节容量以及一定的强励倍数和励磁电压响应速度等特点。根据对励磁功率单元的要求，同步发电机的励磁有直流发电机供电、自励整流供电、交流励磁机经整流供电三种方式。

一、直流发电机供电的励磁方式

直流发电机供电的励磁方式，在过去的几十年间是同步发电机的主要励磁方式。由于转速为 3000r/min 的直流发电机最大容量不超过 600kW，同时机械整流子在换流方面存在的问题，因此这种励磁方式在大型同步发电机上不能应用。图 4－19 示出了直流发电机供电的励磁方式，图中 GD 为与同步发电机同轴的直流发电机（励磁机），直流发电机为自励方式。手动运行时，通过调整串接在直流发电机励磁回路中的电阻 R_x 进行调压；自动运行时，AER 输出控制 IGBT 管导通、截止时间长短进行调压（导通、截止时间之和固定）。图中的 R_g 用来确定强励时（IGBT 全导通）的顶值励磁电压大小以及防止直流发电机的过

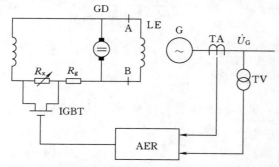

图 4－19　直流发电机供电的励磁方式（A、B 为滑环）

电压。

在图 4-19 中，如 AER 输出附加励磁电流，则可作为 GD 励磁电流的一部分进行调压。

当 GD 的励磁电流由另一同轴直流发电机供电时，则构成了直流发电机他励的励磁方式，但需增加另一直流发电机（副励磁机），通过控制励磁机的励磁电流进行调压。直流发电机他励的励磁方式可获得较高的励磁响应速度。

励磁机、副励磁机起到了图 4-3、图 4-8（b）中功率单元的作用。直流发电机靠剩磁起励，不需任何起励设备。

二、自励整流供电的励磁方式

自励指的是同步发电机的励磁电源取自发电机本身，图 4-20 示出了一种自励整流供电的励磁方式。发电机的励磁电源由接在机端的励磁变压器 T、可控整流装置 U 供给；AER 控制可控整流装置 U 的触发脉冲，实现发电机的励磁调节。整个励磁装置没有转动部分，接线特别简单。由于励磁变压器 T 与发电机并列，故图 4-20 为发电机自并励励磁方式。

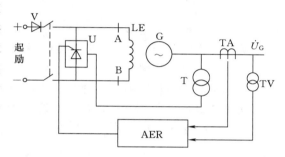

图 4-20　发电机自并励接线（A、B 为滑环）

自并励励磁方式的优点是：

（1）励磁系统设备少、接线简单且没有转动部分，故运行可靠性高。

（2）励磁响应速度快，可充分发挥 AER 的作用。

（3）取消了励磁机，缩短了机组长度，降低了投资成本。由于机组长度缩短，所以运行安全性也可相应提高。

（4）维护工作量小。

自并励励磁方式由于其自身的特性，还具有以下问题：

（1）发电机近端附近发生短路故障时能否强励。容量稍大的机组一般采用发电机变压器组接线，当发电机端或变压器发生短路故障时，发电机并不要求有强励作用，实际上由于发电机励磁回路有较长的时间常数，在强励作用前继电保护已动作跳闸；高压配出线路上出口附近发生短路故障时，因超高压线路上保护采用双重化配置，切除故障不仅可靠而且快速，特别在保护装置中设有快速距离 I 段保护，发电机在强励作用前继电保护已动作切除故障；如果出口短路故障不是三相短路故障，发电机也未必不能强励；对高压配出线电厂侧的重合闸，为保证发电机的安全，三相重合闸采用检同期方式，不可能出现三相重合于永久性故障的情况。实际上，励磁回路存在的时滞使发电机的强励对提高系统暂态稳定的作用没有快速切除故障来得有效。

由上分析可见，自并励发电机近端附近发生短路故障，不必担心发电机能否强励的问题，更不必担心发电机会失去励磁。

（2）发电机继电保护能否可靠动作。根据对自并励发电机三相短路电流的分析得到，在短路故障的 0.5s 内，即使故障在近端附近，发电机仍可提供较大的短路电流，因此对快速动作的保护不会产生影响。近端附近三相短路故障时，发电机提供的短路电流中可能没有稳态分量，因此对带时限的后备保护带来影响。然而，现代继电保护技术已能很完善地解决这一问题。

　　随着系统容量的扩大，自并励励磁方式的优点更加明显。因此，发电机的自并励励磁方式，在中、大型同步发电机上得到了广泛应用。

三、交流励磁机经整流供电的励磁方式

　　整流器可以是二极管或是晶闸管，所用整流设备可以是静止或是旋转的，因此这种励磁方式有交流励磁机—静止二极管、交流励磁机—静止晶闸管、交流励磁机—旋转二极管、交流励磁机—旋转晶闸管等。

1. 交流励磁机—静止二极管励磁方式

　　图 4-21 示出了交流励磁机—静止二极管三种励磁方式，其中 GE1 为励磁机，GE2 为副励磁机，发电机的励磁经二极管整流桥 U1、滑环 A 和 B 取得。图 4-21 (a) 中的副励磁机为永磁发电机，图 4-21 (b) 中为副励磁机采用自励恒压方式保持 GE2 的端电压，图 4-21 (c) 取消副励磁机，励磁机的励磁电源采用自励方式。同步发电机的励磁调节是通过可控整流桥 U2 (由 AER 控制) 调节励磁机的励磁电流来实现的。由于调节作用必须通过交流励磁机，而交流励磁机有较大的时滞作用，故这种励磁方式的励磁响应速度

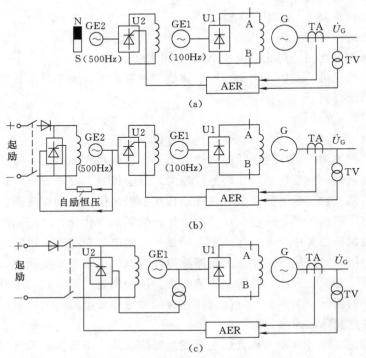

图 4-21　交流励磁机—静止二极管励磁方式
(a) GE2 为永磁发电机；(b) GE2 采用自励方式；(c) GE1 采用自励方式

较慢。尽管如此，这种励磁方式仍然有较多的应用。应当指出，图 4-21（c）的调节通道中接入了自励正反馈方式工作的交流励磁机 GE1，所以励磁响应速度慢于图 4-21（a）和图 4-21（b）的励磁方式。

为提高励磁响应速度，提高励磁系统运行的可靠性，一般主励磁机采用 100Hz、副励磁机采用 500Hz 的感应子交流发电机。感应子交流发电机的交流绕组、励磁绕组均置于定子侧，转子上无任何绕组，只有齿和槽，无电刷和滑环。转子转动时，借助磁阻变化使交流绕组内的磁通发生变化，从而感应出交变电动势。

2. 交流励磁机—静止晶闸管励磁方式

图 4-22 示出了交流励磁机—静止晶闸管励磁方式。励磁机 GE1 的励磁电源可采用图 4-21（a）、（b）方式供电，即在图 4-21（a）和图 4-21（b）中 U2 为二极管整流桥，U1 为可控整流桥。此外，GE1 也可采用自励恒压的方式来保持 GE1 的端电压，如图 4-21（b）中的 GE2 自励恒压方式。

由于这种励磁方式中 AER 直接控制同步发电机的励磁电压，所以可得到较高的励磁响应速度，当然晶闸管元件的容量要比图 4-21 中的大得多，同时励磁机容量也要求大一些。

因可控整流桥 U1 直接控制励磁电压，需要时可实现对同步发电机的逆变灭磁。

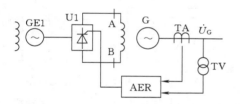

图 4-22　交流励磁机—静止晶闸管励磁方式

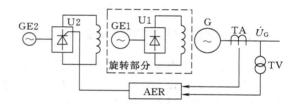

图 4-23　交流励磁机—旋转二极管励磁方式

3. 交流励磁机—旋转二极管励磁方式

在图 4-20、图 4-21、图 4-22 示出的励磁方式中，供电给同步发电机励磁的整流设备是静止的，必须通过转子滑环（A 和 B）才能引入转子绕组。而转子滑环通过的极限电流约为 8000~10000A，因此当励磁电流超过这一数值时，可采取的措施是：①增加转子滑环接触面积；②采用无刷励磁方式，即交流励磁机采用旋转电枢式结构，直流励磁绕组在定子侧，整流二极管安装在转子轴上，构成交流励磁机—旋转二极管励磁方式。

图 4-23 示出了交流励磁机—旋转二极管励磁方式。图中副励磁机 GE2 可采用图 4-21（a）和图 4-21（b）的励磁方式。虽然这种励磁方式取消了转子滑环，但同步发电机的励磁调节还是通过励磁机 GE1 来实现，因此这种励磁方式的励磁响应速度与图 4-21 相当。此外，此种励磁方式还存在着转子电压和电流的监测、转子绕组绝缘监视、旋转整流设备保护等问题。所以这种励磁方式应用较少。

4. 交流励磁机—旋转晶闸管励磁方式

图 4-21、图 4-23 的励磁方式，除同步发电机励磁响应速度较慢外，还存在着不能对发电机实行逆变灭磁的缺陷。为此在图 4-23 励磁方式的基础上，将旋转二极管改为旋转晶闸管，构成交流励磁机—旋转晶闸管励磁方式，如图 4-24 所示。

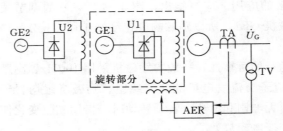

图 4-24 交流励磁机—旋转晶闸管励磁方式

这种励磁方式在大型发电机上尚未获得应用。

这种励磁方式具有励磁响应速度快、无刷的特点，还可对发电机实现逆变灭磁。但这种励磁方式要将静止的 AER 的控制触发脉冲可靠正确的传送到旋转晶闸管上，一般可通过旋转变压器或控制励磁机来实现，技术要求相比传送到静止晶闸管上要高。此外，此种励磁方式还存在着与旋转二极管整流励磁同样的问题。所以

第六节 励磁系统中的可控整流电路

在前述的励磁方式中，发电机励磁的调节都是通过可控整流电路实现的。可控整流电路可将交流电压变换为可变直流电压，供给发电机励磁绕组（如图 4-20、图 4-22 和图 4-24 所示）或励磁机励磁绕组（如图 4-21 和图 4-23 所示）。所采用的可控整流电路通常是三相半控桥式或三相全控桥式整流电路。

一、三相半控桥式整流电路

图 4-25 为三相半控桥式整流电路，VSO1、VSO3、VSO5 为晶闸管，V2、V4、V6、V7 为二极管，R、L 为励磁绕组的电阻、电感，u_a、u_b、u_c 为三相对称电源电压，取自发电机端或励磁机（副励磁机）端，供电可靠。

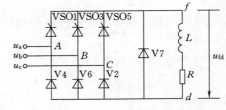

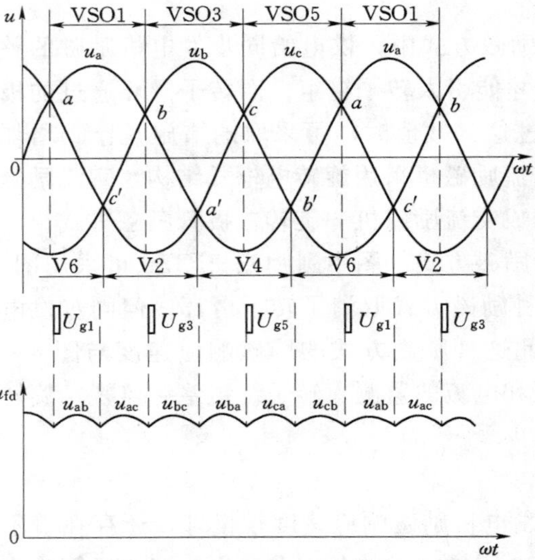

图 4-25 三相半控桥式整流电路

1. 控制触发脉冲要求

如果晶闸管具有最大的导通角，则晶闸管元件以二极管的方式工作，三相半控桥式整流电路变为三相全波整流电路。此时图 4-25 中 A、B、C 三点电位最高的一相晶闸管导通，电位最低的一相二极管导通。在任一时刻均有一个晶闸管和一个二极管导通，输出电压 u_{fd} 为相应线电压，波形如图 4-26 所示。

由图 4-26 可见，晶闸管 VSO1、VSO3、VSO5 分别在 a 点、b 点、c 点开始导通，晶闸管的导通相别开始转换，故称 a 点、b 点、c 点为晶闸管的自然换相点。在自然换相点上，晶闸管有最小的控制角，即控制角的起始点 $\alpha = 0°$。显而易见，晶闸

图 4-26 控制角 $\alpha = 0°$ 时三相半控桥输出电压波形

管 VSO1、VSO3、VSO5 的触发脉冲 U_{g1}、U_{g3}、U_{g5} 依次滞后 120°（电角度）。图 4-26 中的二极管 V4、V6、V2 分别在 a' 点、b' 点、c' 点开始导通，二极管的导通相别开始转换，故称 a' 点、b' 点、c' 点为二极管换相点。

对 VSO1 来说，自 a 点导通后，若 VSO3 不加触发脉冲，则 VSO3 一直处截止状态，这样 VSO1 导通的时间可到 a' 点。因为在这段区间内，VSO1 处在正向电压下，过了 a' 点，VSO1 承受反向电压（$u_{ca} > 0$）而关断，因此 VSO1 的导通区间为 aa'。同理，VSO3 的导通区间为 bb'，VSO5 的导通区间为 cc'。

因此，在三相半控桥式整流电路中，晶闸管的触发脉冲除幅度、前沿、功率满足要求外，还应满足如下两点：

（1）任一相晶闸管的触发脉冲应在滞后本相相电压 30°相角的 180°区间内发出，即 VSO1 的触发脉冲应在 aa' 区间内发出，VSO3 的触发脉冲应在 bb' 区间内发出，VSO5 的触发脉冲应在 cc' 区间内发出，即触发脉冲与晶闸管的交流电压必须保持同步。

（2）晶闸管的触发脉冲，按电源电压相序（如图中为 $u_a \to u_b \to u_c$）依次应有 120°的电角度之差。

2. 输出电压波形

在符合上述要求的触发脉冲作用下，输出电压波形分析如下。

当控制角 $\alpha = 30°$（触发脉冲至自然换相点间的电角度）时，VSO1 在 U_{g1} 作用下导通，输出电流经二极管 V6（V2）构成回路，负载上电压 $u_{fd} = u_{ab}(u_{ac})$；当 VSO3 的触发脉冲 U_{g3} 出现时，VSO3 在正向电压 $u_{bc}(u_{bc} > 0)$ 作用下导通，VSO1 受到反向电压 $u_{ba}(u_{ba} > 0)$ 的作用而关断，输出电流经二极管 V2（V4）构成回路，负载上电压 $u_{fd} = u_{bc}(u_{ba})$。同理，当 VSO5 的触发脉冲 U_{g5} 出现时，VSO5 在正向电压 $u_{ca}(u_{ca} > 0)$ 作用下导通，VSO3 受到反向电压 $u_{cb}(u_{cb} > 0)$ 的作用而关断，输出电流经二极管 V4（V6）构成回路，负载上电压 $u_{fd} = u_{ca}(u_{cb})$。当 VSO1 的触发脉冲 U_{g1} 作用时，VSO1 导通，VSO5 受到反向电压 $u_{ac}(u_{ac} > 0)$ 的作用而关断。此后重复上述过程。作出控制角 $\alpha = 30°$ 时的输出电压波形 u_{fd} 如图 4-27（b）所示。

图 4-27（c）示出了控制角 $\alpha = 60°$ 时三相

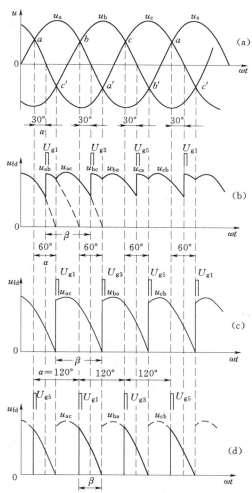

图 4-27 控制角 $\alpha = 30°$、60°、120°时三相半控桥输出电压 u_{fd} 波形

（a）电源电压波形；（b）$\alpha = 30°$时 u_{fd} 波形；

（c）$\alpha = 60°$时 u_{fd} 波形；（d）$\alpha = 120°$时 u_{fd} 波形

半控桥输出电压波形，图 4 - 27 （d） 示出了控制角 $\alpha = 120°$ 时三相半控桥输出电压波形。

通过上述分析，三相半控桥式整流电路的输出电压波形有如下特点：

（1） 当控制角 $\alpha \leqslant 30°$ 时，输出电压波形每工频周期有六个波头，其中三个波头带有缺口，缺口大小与 α 角有关，α 角愈大，缺口愈大，α 角为 0° 时没有缺口。

（2） 当控制角 $30° < \alpha < 60°$ 时，导通的晶闸管在关断之前本相电压已为负值，但仍比另一相高。如图 4 - 27 （c） 中，U_{g3} 作用时 （U_{g3} 稍向前移），VSO1 的阳极电压 u_a 已为负值，但 u_{ac} 仍大于 0。故晶闸管仍处正向电压，在下一个晶闸管导通前仍可继续导通，这种情况在工频一周期内已有三个波头达不到最大值。

（3） 当控制角 $\alpha = 60°$ 时，导通的晶闸管在本相相电压降到与另一相最低的相电压相等时自行关断，此时输出电压波形在工频一周期内只有三个波头，输出电压波形最低值已达到零值了。

（4） 当控制角 $\alpha > 60°$ 时，输出电压波形不再连续，每个晶闸管自行关断后到另一相晶闸管触发导通的区间出现间断，α 角愈大，波形的间断区间也愈大。

（5） 当控制角 $\alpha \leqslant 60°$ 时，每个晶闸管的导通角 $\beta = 120°$，当 $\alpha > 60°$ 时导通角减小为 $\beta = 180° - \alpha$。

需要指出，当 $\alpha > 60°$ 时，整流桥输出电压波形不连续，而整流桥的负载为电感性（转子绕组），在波形间断区间负载电流通过续流二极管 （图 4 - 25 中的 V7） 构成回路，保证了原导通晶闸管的可靠关断（负载电流不会通过二极管与原导通晶闸管续流，所以波形间断期间晶闸管截止），导通角为 $\beta = 180° - \alpha$。当然，$\alpha < 60°$ 时，续流二极管中不会有电流通过。

3. 输出电压与控制角 α 间的关系

控制角 α 变化时，u_{fd} 波形发生变化，考虑到转子绕组的电感量较大，对 u_{fd} 中的交变分量有较强的滤波作用，所以负载电流实际上与 u_{fd} 的平均值 $U_{fd \cdot av}$ 成正比。当不计电源内阻中电抗的影响以及晶闸管、二极管的管压降时，$U_{fd \cdot av}$ 与 α 角间的关系式可表示为

$$U_{fd \cdot av} = 1.35 U_{\varphi\varphi} \frac{1 + \cos\alpha}{2} = 1.35 U_{\varphi\varphi} \cos^2 \frac{\alpha}{2}$$

（4 - 47）

式中　α ——控制角，$\alpha = 0° \sim 180°$；

$U_{\varphi\varphi}$ ——三相半控桥电源线电压有效值。

作出 $U_{fd \cdot av}$ 与控制角 α 的关系曲线如图 4 - 28 所示，当 α 在 0° ～ 180° 间变化时，$U_{fd \cdot av}$ 在 $1.35 U_{\varphi\varphi}$ ～0 变化。可见，只要改变控制角 α 的大小，就可改变 $U_{fd \cdot av}$ 大小，实现 AER 功率单元的控制要求。当然，AER 的输出应是控制角 α，即触发脉冲的前后移动。

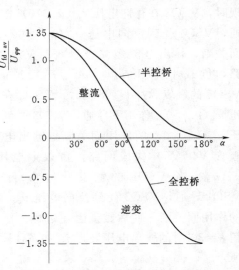

图 4 - 28　$U_{fd \cdot av}$ 与控制角 α 的关系

二、三相全控桥式整流电路

将图 4 - 25 中二极管 V2、V4、V6 换成晶

闸管 VSO2、VSO4、VSO6 就变为三相全控桥式整流电路,如图 4-29 (a) 所示。三相全控桥式整流电路不仅可工作在整流状态,而且可工作在逆变状态,后者是三相半控桥所不具备的。

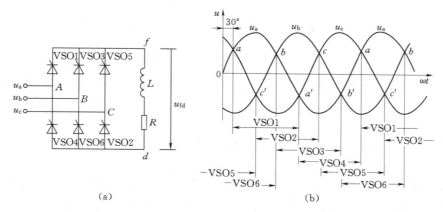

图 4-29　三相全控桥式整流电路及其触发脉冲
(a) 电路;(b) 控制触发脉冲

(一) 控制触发脉冲要求

当晶闸管元件具有最大的导通角或具有最小的控制角时,三相全控桥式整流电路就成为三相全波整流电路。所以图 4-29 (b) 中的 a 点、b 点、c 点分别是 VSO1、VSO3、VSO5 最小控制角 α 的起始点,在这些点上相应晶闸管的控制角 $\alpha=0°$;a' 点、b' 点、c' 点分别是 VSO4、VSO6、VSO2 最小控制角 α 的起始点,在这些点上相应晶闸管的控制角 $\alpha=0°$。因此,在图 4-29 (b) 中的 a、c'、b、a'、c、b' 点上,VSO1~VSO6 的控制角 $\alpha=0°$。可见,VSO1~VSO6 触发脉冲依次间隔 60° 电角度。

三相全控桥式整流电路工作时,应有两个晶闸管导通,所以电路工作时应触发两个晶闸管。如 VSO1、VSO2 触发导通后,则 $u_a \rightarrow$ VSO1 $\rightarrow L$、$R \rightarrow$ VSO2 $\rightarrow u_c$ 构成通路,在其他晶闸管不触发情况下,上述通路到 $u_a = u_c$ 时关断,即上述通路可以导通到图 4-29 (b) 中的 a' 点。于是对 VSO1 来说,导通区间为 aa'。又如,当 VSO2、VSO3 触发导通后,则 $u_b \rightarrow$ VSO3 $\rightarrow L$、$R \rightarrow$ VSO2 $\rightarrow u_c$ 构成通路,同样在其他晶闸管不触发情况下,该通路到 $u_b = u_c$ 时关断,即图 4-29 (b) 中的 c 点关断。对 VSO2 来说,导通区间为 $c'c$。同理,VSO3 的导通区间为 bb',VSO4 的导通区间为 $a'a$,VSO5 的导通区间为 cc',VSO6 的导通区间为 $b'b$。如图 4-29 (b) 所示。

三相全控桥式整流电路的触发脉冲应满足如下两点要求:

(1) 晶闸管 VSO1~VSO6 触发脉冲的次序应为 VSO1、VSO2、…、VSO6 (即 U_{g1}、U_{g2}、…、U_{g6}),且触发脉冲的间隔依次相差 60° 电角度。为保证后一晶闸管触发导通时前一晶闸管处导通状态,在触发脉冲宽度小于 60° 电角度时,在给后一晶闸管触发脉冲的同时,也给前一晶闸管以触发脉冲,形成双脉冲触发。触发脉冲的次序如图 4-30 所示。

(2) VSO1~VSO6 的触发脉冲应在图 4-29 (b) 中的 a、c'、b、a'、c、b' 点为起点的 180° 区间内发出,即触发脉冲应与晶闸管的交流电压保持同步。即 VSO1 的触发脉冲应在 u_{ac} 正半周内发出,VSO2 的触发脉冲应在 u_{bc} 正半周内发出,VSO3 的触发脉冲应在

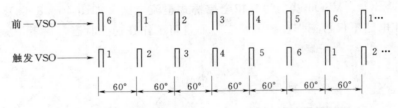

图 4-30 三相全控桥触发脉冲次序

u_{ba} 正半周内发出，VSO4 的触发脉冲应在 u_{ca} 正半周内发出，VSO5 的触发脉冲应在 u_{cb} 正半周内发出，VSO6 的触发脉冲应在 u_{ab} 正半周内发出。

（二）整流工作状态

整流工作状态就是将输入的交流电压转换为可变直流电压。

1. 输出电压波形

当控制角 $\alpha=30°$ 时，在触发脉冲 U_{g1}、U_{g6} 作用下，VSO1、VSO6 导通，输出电压 u_{fd} $=u_{ab}$；经 $60°$ 电角度后，在触发脉冲 U_{g2}、U_{g1} 作用下，VSO1 保持导通，VSO2 也导通，因此时 $u_{bc}>0$，所以 VSO6 在此反向电压作用下关断，VSO6 中的电流转换到 VSO2 中，输出电压 $u_{fd}=u_{ac}$；再经 $60°$ 电角度后，在触发脉冲 U_{g3}、U_{g2} 作用下，VSO3、VSO2 导通，因此时 $u_{ba}>0$，所以 VSO1 在此反向电作用下关断，VSO1 中电流转换到 VSO3 中，输出电压 $u_{fd}=u_{bc}$。以后的工作状况相类似。作出 u_{fd} 波形如图 4-31（b）所示。与图 4-27（b）波形相比，全控桥输出电压波形比半控桥输出电压波形缺了一块。

类似地，作出 $\alpha=60°$ 时三相全控桥输出电压波形如图 4-31（c）所示。u_{fd} 的最小值已到零值，与图 4-27（c）波形相比，三相全控桥输出电压比三相半控桥输出电压小。

当 $60°<\alpha\leqslant90°$ 时，设在图 4-32（b）中 ωt_1 时刻，在触发脉冲 U_{g1}、U_{g6} 作用下，VSO1、VSO6 导通，输出电压 $u_{fd}=u_{ab}$，因 $u_{ab}>0$，故在负载 R、L 中有电流 i_{fd}；到 ωt_2 时刻 $u_{ab}=0$，负载电流 i_{fd} 有减小趋势，在负载电感 L 中产生感应电动势来阻止 i_{fd} 的减小，其极性如图 4-32（a）中所示（d 端为正、f 端为负），这一电动势对 VSO1、VSO6 来说是正向电压，因而 i_{fd} 通过 VSO6、B 相和 A 相供电回路、VSO1 继续流通，如图 4-32（a）中虚线箭头所示；ωt_2 后，虽然 $u_{ab}<0$，但因电感 L 的感应电动势数值比 u_{ab} 大，故 VSO1、VSO6 仍处在正向电压下，保持导通状态，因此在 $\omega t_2\sim$

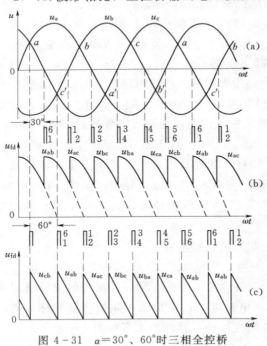

图 4-31 $\alpha=30°$、$60°$ 时三相全控桥
输出电压 u_{fd} 波形

（a）电源电压波形；（b）$\alpha=30°$ 时 u_{fd} 波形；
（c）$\alpha=60°$ 时 u_{fd} 波形

ωt_3，$u_{fd}=u_{ab}<0$，呈负值状态；到 ωt_3 时刻，在触发脉冲 U_{g2}、U_{g1} 作用下，VSO1 仍处导通状态，VSO2 导通时，有 $u_{bc}>0$，VSO6 在此反向电压下关断，VSO6 中电流转换到 VSO2 中，输出电压 $u_{fd}=u_{ac}$。以后的工作状况与上述类似，作出 u_{fd} 波形如图 4-32（b）所示。

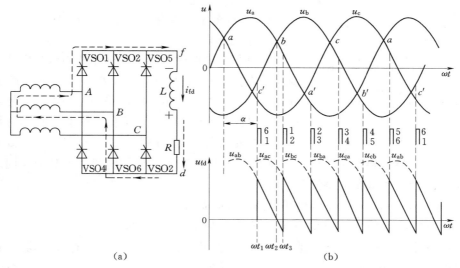

图 4-32　60°＜α≤90°时三相全控桥输出电压波形

(a) 电路；(b) 输出电压波形

由图 4-32（b）可见，当 60°＜α＜90°时，输出电压 u_{fd} 有正值部分和负值部分。u_{fd} 为正时，表示电源交流电压向负载输送功率；u_{fd} 为负时，表示负载发出功率，L 中的能量反馈回供电电源。由于正值部分面积大于负值部分面积，因而总的平均值 $U_{fd \cdot av}$ 仍是正值。当然，控制角 α 逐渐趋近 90°时，u_{fd} 的正值部分面积逐渐减小，u_{fd} 的负值部分面积逐渐增大，于是 $U_{fd \cdot av}$ 也逐渐减小。当 α＝90°时，u_{fd} 的正值部分面积与负值部分面积相等，此时 $U_{fd \cdot av}=0$。

观察图 4-31、图 4-32 中的 u_{fd} 波形明显可见，当 0°＜α＜60°时，u_{fd} 波形只有正值部分；α＝60°时，u_{fd} 最低值降到零值；当 60°＜α＜90°时，u_{fd} 波形有正值部分和负值部分，并且正值部分面积大于负值部分面积；α＝90°时，正值、负值部分面积相等。

2. 输出电压与控制角 α 间的关系

由图 4-31、图 4-32 中的 u_{fd} 波形可见，在一个工频周期内 u_{fd} 分成均匀的六段，每段内的平均值就是输出电压的平均值 $U_{fd \cdot av}$。因此，适当选择坐标，将交流线电压写成 $\sqrt{2}U_{\varphi\varphi}\cos\omega t$，在 $-30°+\alpha$ 到 $30°+\alpha$ 对 $\sqrt{2}U_{\varphi\varphi}\cos\omega t$ 求平均值，就可得 $U_{fd \cdot av}$。由图 4-33 可得到

$$U_{fd \cdot av} = \frac{1}{\dfrac{2\pi}{6}} \int_{-30°+\alpha}^{30°+\alpha} \sqrt{2}U_{\varphi\varphi}\cos\omega t \, \mathrm{d}(\omega t)$$

$$= 1.35 U_{\varphi\varphi}\cos\alpha \qquad\qquad (4-48)$$

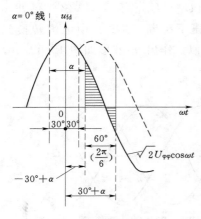

图 4-33 求 u_{fd} 的平均值 $U_{fd \cdot av}$

作出 $U_{fd \cdot av}$ 与控制角 α 的关系曲线如图 4-28 所示。当 α < 90° 时，$U_{fd \cdot av}$ > 0 时，改变控制角 α 就可改变 $U_{fd \cdot av}$ 大小，实现 AER 功率单元的控制要求。

虽然不同 α 角时 u_{fd} 中有明显交流分量，但因 L 较大，所以负载电流实际上与 $U_{fd \cdot av}$ 成正比。注意，式 (4-48)没有考虑电源内阻中电抗的影响以及管压降。

3. 换流压降

不论是在半控桥中还是在全控桥中，晶闸管与二极管间（半控桥）、晶闸管间（全控桥）换流是瞬间完成的。实际上，由于各相电源回路中存在电感，导通转为截止的晶闸管元件，电流由负载电流平均值 I_{fd} 逐渐降为零；而截止转为导通的晶闸管元件，电流由零逐渐升到 I_{fd}。这样，晶闸管的换流不是瞬间完成的，于是在换流过程中出现两个晶闸管同时导通的角度，该角度称重叠角或换流角，用 γ 表示。

分析图 4-34（a）中 ωt_1 时刻开始换流时形成的换流压降。

ωt_1 时刻前，VSO1、VSO6 导通，输出电压 $u_{fd} = u_{ab}$。ωt_1 时刻，U_{g2}、U_{g1} 作用下，VSO1 保持导通，VSO2 开始导通，而 VSO6 开始关断；VSO6 中电流 i_6 逐渐由 I_{fd} 降到零，VSO2 中电流逐渐由零升到 I_{fd}，出现换流角 γ。到 ωt_2 时刻换流结束，VSO6 关断、VSO2 导通。在换流角 γ 内，VSO6、VSO2 同时导通。

如果电源回路没有电感，即换流理想，则在 ωt_1 时刻，VSO2 立即导通、VSO6 瞬时关断，此时图 4-34（b）中 d 点电位（共阳极组阳极电位）立即下降到 u_c；考虑到电源回路电感后，在 $\omega t_1 \sim \omega t_2$ 的换流角 γ 期间，VSO6、VSO2 同时导通，d 点电位为 B 相和

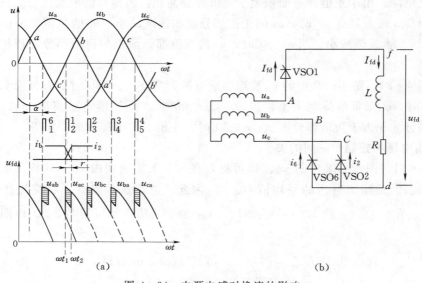

图 4-34 电源电感对换流的影响
（a）输出电压波形；（b）换流时的电路

C 相电位之和平均值。于是，考虑电源电感影响后，输出电压平均值要下降，在换流期间的下降值 u_γ 为

$$u_\gamma = \frac{u_b + u_c}{2} - u_c = \frac{u_b - u_c}{2} \tag{4-49}$$

由于在换流角 γ 区间存在 u_γ，所以输出电压 u_{fd} 形成缺口，如图 4 - 34（a）带阴影线的部分。

令一个缺口的面积为 ΔA，则 ΔA 就是 u_γ 在换流角 γ 区间的积分值，写成表示式为

$$\Delta A = \int_{\gamma 区间} u_\gamma \mathrm{d}(\omega t) = \int_{\gamma 区间} \frac{u_b - u_c}{2} \mathrm{d}(\omega t) \tag{4-50}$$

考虑到一个工频周期内换流 6 次，即有 6 个 ΔA，故一个工频周期内因电源电感影响引起的电压降落平均值 $U_{\gamma\cdot av}$ 为

$$U_{\gamma\cdot av} = \frac{6}{2\pi} \Delta A = \frac{3}{\pi} \int_{\gamma 区间} \frac{u_b - u_c}{2} \mathrm{d}(\omega t) \tag{4-51}$$

另一方面，因分析的是 VSO6 向 VSO1 换流，即 B 相向 C 相换流，故作出换流期间的等值电路如图 4 - 35。由于 VSO6、VSO2 在换流期间均导通，有关系式（不计晶闸管压降及电源电阻压降）

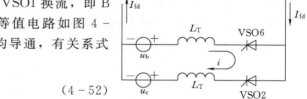

$$2L_T \frac{\mathrm{d}i}{\mathrm{d}t} = u_b - u_c \tag{4-52}$$

图 4 - 35 换流期间的等值电路

式中 L_T——电源每相回路电感值。

注意到换流期间负载电流 I_{fd} 不变化，考虑到式（4 - 52），可以得到

$$I_{fd} = \int_{\gamma 区间} \frac{\mathrm{d}i}{\mathrm{d}t} \mathrm{d}t = \int_{\gamma 区间} \frac{1}{\omega L_T} \frac{u_b - u_c}{2} \mathrm{d}(\omega t)$$

代入式（4 - 51），得到换流压降

$$U_{\gamma\cdot av} = I_{fd} \left(\frac{3}{\pi} X_T \right) \tag{4-53}$$

式中 X_T——电源每相回路的电抗值，$X_T = \omega L_T$。

在式（4 - 53）中，$U_{\gamma\cdot av}$、I_{fd} 为直流侧量，X_T 为交流侧量，而 $\frac{3}{\pi} X_T$ 为直流侧电阻量，所以 $\frac{3}{\pi}$ 为转换系数。

当考虑到电源电阻 r 时，则式（4 - 53）可写成

$$U_{\gamma\cdot av} = I_{fd} \left[\frac{3}{\pi} (X_T + r) \right] \tag{4-54}$$

式中 $U_{\gamma\cdot av}$——晶闸管换流在直流侧引起的压降即换流压降。

4. 外特性

当不计电源电阻 r 时，考虑到换流压降以及晶闸管压降 $\sum \Delta U$ 后，三相全控桥在整流工作状下的输出电压可表示为

$$U_{fd\cdot av} = 1.35 U_{\varphi\varphi} \cos\alpha - \frac{3}{\pi} I_{fd} X_T - \sum \Delta U \tag{4-55}$$

其中 $\sum \Delta U$ 为不变量。可以看出，$U_{fd \cdot av}$ 随 I_{fd} 的增大而有所降低。将式（4-55）改写为

$$U_{fd \cdot av} = E_0 - \frac{3}{\pi} I_{fd} X_T \tag{4-56}$$

式中　E_0——三相全控桥的电动势，$E_0 = 1.35 U_{\varphi\varphi} \cos\alpha - \sum \Delta U$。

　　由式（4-56）作出三相全控桥外特性如图 4-36（a）中下倾线 1、2 所示，其中 $\alpha_1 > \alpha_2$。显然，改变控制角 α，可实现外特性的上、下移动。α 减小时，外特性曲线上移；α 增大时，外特性曲线下移。外特性斜率由式（4-55）得到为

$$\frac{\Delta U_{fd \cdot av}}{\Delta I_{fd}} = -\frac{3}{\pi} X_T \tag{4-57}$$

即外特性曲线下倾的斜率是固定的，不随控制角 α 而发生变化。

　　根据式（4-56）可作出全控桥的等值电路如图 4-36（b）所示，其中 E_0 可理解为直流可变电动势，$\frac{3}{\pi} X_T$ 为交流电源每相回路电抗转换到直流侧的电阻。R、L 为励磁绕组的电阻、电感。作出励磁绕组的伏安特性如图 4-36（a）中曲线 3（带有一定非线性），与全控桥外特性的交点即为运行点。由图 4-36（a）明显可见，改变控制角 α，励磁绕组的电压、电流发生相应改变，与发电机的运行要求相应。

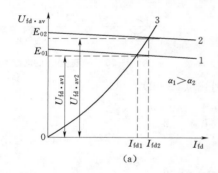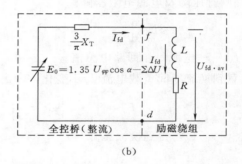

图 4-36　三相全控桥外特性及其等值电路
(a) 外特性；(b) 等值电路

（三）逆变工作状态

　　逆变工作状态就是将输出的直流电压转换为交流电压，此时直流侧的能量反馈给交流侧。

1. 逆变工作原理

　　设在图 4-36（b）中，三相全控桥工作在整流状态，在励磁绕组中建立电流 I_{fd}，I_{fd} 方向如图中所示；当图中 E_0 变为负值时，电感 L 中的 I_{fd} 方向不变，于是电感 L 中的储能反馈到 E_0 中，即交流电源吸取直流侧 L 反馈的能量，实现了逆变。

　　图 4-37 示出了控制角 $\alpha = 120°$、150° 时三相全控桥输出电压波形。由图（b）、（c）可见，$u_{fd} < 0$，故全控桥工作在逆变状态。

　　为进一步说明逆变工作原理，设在图 4-37（b）中 U_{g1}、U_{g6} 作用下，VSO1、VSO6 导通，作出等值电路如图 4-38（a）所示。由图 4-38（b）、图 4-37（b）可见，此时 $u_{ab} < 0$；但负载电感 L 中原有电流 I_{fd} 在逆变过程中在 L 两端产生的感应电动势〔极性见

图 4-38（a）]较大，抵消 u_{ab} 后仍然可使 VSO6、VSO1 处正向电压，保持导通状态。于是输出电压 u_{fd} 等于 u_{ab}（负值）。当 L 中储能不能维持逆变时，晶闸管中电流中断，逆变结束。显然，$U_{fd \cdot av}$ 负值愈大，逆变过程愈短。

2. 实现逆变的条件

根据上述分析，三相全控桥实现逆变工作的条件如下：

（1）$U_{fd \cdot av}$ 应为负值，所以控制角 $\alpha = 90° \sim 180°$，此时 $U_{fd \cdot av}$ 表示式见式（4-55）。虽然当控制角 $90° < \alpha < 120°$ 时，u_{fd} 有正值部分和负值部分，但负值部分面积大于正值部分面积，综合后 $U_{fd \cdot av}$ 为负，所以仍是逆变工作状态。

（2）负载必须为电感性（如发电机的励磁绕组），且原先三相全控桥处整流状态下工作，即负载电感原先储有能量。当然，纯电阻负载时三相全控桥不能实现逆变。

（3）交流电源电压不能消失。因逆变时负载两端电压被限制在电源电压水平，所以电源电压愈高或控制角 α 愈大时，在同样条件下逆变过程愈短。

3. 逆变角 β

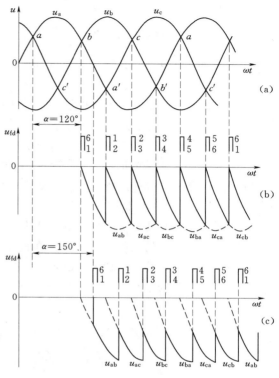

图 4-37 控制角 $\alpha = 120°$、$150°$ 时三相全控桥输出电压 u_{fd} 波形
（a）电源电压波形；（b）$\alpha = 120°$ 时 u_{fd} 波形；
（c）$\alpha = 150°$ 时 u_{fd} 波形

观察图 4-37（b）和图 4-37（c）可以看出，三相全控桥工作在逆变状态时，每个晶闸管元件连续导通 120° 电角度，每隔 60° 有一个晶闸管换流，在输入电压一个周期内，每个晶闸管的导通角是固定的，与控制角 α 大小没有关系。

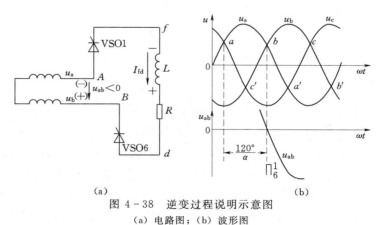

图 4-38 逆变过程说明示意图
（a）电路图；（b）波形图

在三相全控桥中，逆变角 β 定义为

$$\beta = 180° - \alpha \qquad\qquad (4-58)$$

因逆变时 $\alpha > 90°$，故 $\beta < 90°$。注意，β 并不是晶闸管的导通角。当不计晶闸管压降、换流压降时，式（4-58）代入式（4-55），得到

$$U_{\text{fd·av}} = -1.35 U_{\varphi\varphi}\cos\beta \qquad\qquad (4-59)$$

从加快逆变过程角度出发，β 角须小一些。但考虑到晶闸管换流角 γ 的存在、晶闸管关断时间 t_{off} 的存在，β 角不能过小。最小 β 角应满足

$$\beta_{\min} > \gamma + \delta_{\text{off}} \qquad\qquad (4-60)$$

式中　δ_{off}——晶闸管关断时间 t_{off} 对应的电角度 $\delta_{\text{off}} = \omega t_{\text{off}}$。

通常情况下，取 $\beta_{\min} = 30°$，所以 $\alpha_{\max} = 180° - 30° = 150°$。因此逆变时控制角 $90° < \alpha < 150°$，如取 $\alpha = 140°$，则逆变可靠。

若控制角 α 取得过大，则会造成逆变失败，或称为逆变颠覆，说明如下。

设图 4-29（a）的三相全控桥工作在整流状态，当控制角 α 突然增大到 $180°$（逆变角 $\beta = 0°$）时，图 4-39 中 ωt_1 瞬间 VSO6、VSO1 获得触发脉冲（ωt_1 可以在图 4-39 中的 c 点、b' 点、a 点、c' 点、b 点位置，其结果是相同的），VSO6、VSO1 导通构成逆变通路。

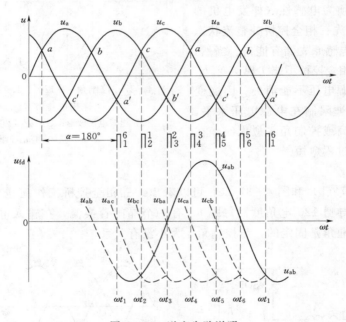

图 4-39　逆变失败说明

到 ωt_2 时刻 VSO1、VSO2 获得触发脉冲，应该 VSO6 关断、VSO2 导通，VSO6 中的电流转换到 VSO2 中。但 VSO6 需要换流时间和关断时间，所以 VSO6 不能在 ωt_2 时刻关断。然而 ωt_2 时刻后，$u_{\text{bc}} < 0$，因此 VSO2 受反向电压而不能导通、VSO6 受正向电压作用继续导通。造成 VSO6 应关断而关不断、VSO2 应导通而不能导通的现象。ωt_3、ωt_4、ωt_5、ωt_6 相应触发脉冲作用时，也是同样情况。于是一直由 VSO6、VSO1 构成逆通路。这种现象称为逆变失败，或逆变颠覆。在逆变失败时（图 4-39 中示出的是 VSO6、VSO1 导

通），$u_{fd}>0$ 期间，交流电源向电感负载 L 充电；$u_{fd}<0$ 期间，电感负载 L 向电源侧放电。这种一充一放的过程就是逆变颠覆。

为防止逆变失败，图 4-39 中的 ωt_1、ωt_2、ωt_3、ωt_4、ωt_5、ωt_6 均要提前，即控制角 α 减小。即图 4-39 中 c 点位置时刻 VSO6 可靠关断、VSO2 可靠导通，即最小逆变角应满足式（4-60）要求。

4. 逆变灭磁

在近代发电机的自动励磁调节系统中，几乎都采用了三相全控桥对 AER 的输出信号进行功率放大，实现对发电机励磁的自动调节。图 4-20～图 4-24 中三相全控桥的负载是发电机励磁绕组或励磁机的励磁绕组，符合逆变条件。当发电机故障或停机需要灭磁时，只要将控制角 α 增大到某一合适的角度（如 140°）就可进行逆变灭磁。当励磁机或发电机有他励电源时〔如图 4-21（a）和图 4-21（b），图 4-22～图 4-24〕，由于逆变灭磁过程中交流电压不变，励磁电流等速减小，灭磁过程相当迅速。当励磁机或发电机采用自励方式时〔如图 4-20 和图 4-21（c）〕，随着灭磁过程的进行，交流电压随之降低，灭磁速度也就减慢。

事实上，逆变灭磁到一定程度时，负载电感 L 中的能量不能维持逆变，此时借助灭磁电阻（与励磁绕组并接）使 L 中的储能释放进行灭磁。

需要指出，在近代大型发电机自并励方式中，逆变灭磁只是在发电机正常停机时使用，发电机故障进行灭磁是采用灭磁装置或非线性电阻进行灭磁的。

第七节 数字式 AER 工作原理

一、数字式 AER 的组成

不论是模拟式 AER 还是数字式 AER，基本功能是相同的，只是数字式 AER 有很大的灵活性，可实现和扩充模拟式 AER 难以实现的功能，充分发挥了数字式 AER 的优越性。

图 4-40 示出了数字式 AER 基本功能性框图，由调差环节、测量比较、PID 调节、移相、脉冲放大、可控整流等基本部分组成，构成以机端电压为被调量的自动励磁调节的主通道系统。此外，为保证发电机运行的安全，还设有各种励磁限制；为便于发电机运行，装置设有电压给定值系统。除上述主通道调节外，还可切换为以励磁电流（由图 4-40 中 TA2 测量）为被调量的闭环控制运行。由于采用自动跟踪系统，切换不会引起发电机无功功率的摆动。以励磁电流为被调量的闭环控制运行，也称手动运行，通常应用于发电机零起升压以及自动控制通道故障时。

在图 4-40 的主通道自动励磁调节中，若由于某种原因使发电机电压升高时，偏差电压 ΔU 经 PID 调节后得到控制量 y，使移相触发脉冲后移，控制角 α 增大，可控整流输出电压减小，减小发电机的励磁，机端电压随之下降。反之，发电机电压下降时，控制量 y 使移相触发脉冲前移，控制角 α 减小，可控整流输出电压增大，增大发电机的励磁，机端电压随之升高。因此，调节结果可使机端电压在给定值水平。

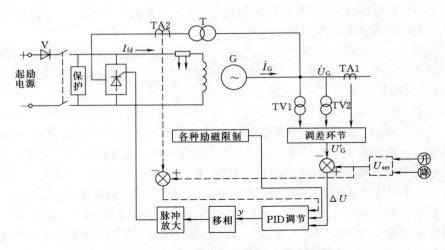

图 4-40 数字式 AER 基本功能性框图

在模拟式 AER 中，是用模拟电路、电子电路来实现图 4-40 所示功能的。在数字式 AER 中，由硬件和软件来实现图 4-40 所示功能。

（一）硬件

由于计算机技术的发展，工业用计算机性能的完善、强大，数字式 AER 的硬件具体结构型式较多，但典型结构基本相同，如图 4-41 所示。

（1）模拟量输入。机端电压 u_A、u_B、u_C，发电机电流 i_A、i_B、i_C，发电机励磁电流 I_{fd}，发电机励磁电压 U_{fd}，励磁变低压侧电流。经输入变换（有隔离、屏蔽作用）后，变

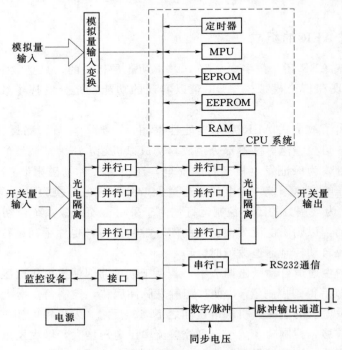

图 4-41 数字式 AER 典型结构框图

换成适合于计算机工作的电压量。

通过这些模拟量的输入，计算可测量到实时的发电机机端电压 U_G、发电机有功功率 P、发电机无功功率 Q、发电机励磁电流 I_{fd}、发电机转速（即发电机频率）。

（2）CPU 系统（见图 3-23）。它是 AER 的核心部件，是工业用单板计算机，具有模拟量和开关量的采集、计算、控制、显示和通信等功能。当工业用单板计算机具有多总线时，可提供扩展功能。

（3）触发脉冲的形成与输出。将偏差电压经 PID 运算、数字移相后，再经脉冲放大，形成晶闸管的触发信号。根据可控整流电路对触发脉冲的要求，某一臂晶闸管的触发信号应在规定区间内形成，因此应由同步电压控制。

（4）开关量输入/输出。AER 在工作过程中，需要断路器、灭磁开关、继电保护、可控整流柜、风机是否停运等状态信息，AER 可通过开关量输入电路获取这些状态信息。

同样，AER 在工作过程中，AER 的异常情况告警、各种励磁限制的动作情况等信息，可通过开关量输出电路驱动有关灯光、音响，告知运行人员。

（5）监视控制设备。通过监视、控制设备，可实时显示发电机电气量（如 U_G、I_G、P、Q、频率 f 以及电压给定值等）、PID 调节参数、可控整流桥的控制角 α、调差压降、同步信号、输入/输出开关量状态、AER 自检和自诊断等信息；在运行中可以增加或减少励磁，调节无功功率或机端电压；发电机空载运行时可根据显示的 AER 调节参数，进行修改和设定。

AER 具有串行通信口，通过 RS232 与电厂 DCS 系统（分散控制系统）等上级计算机通信，满足全厂自动化要求。也可以采用网络通信方式。

此外，AER 还具有交流、直流同时供电的 AER 工作电源和用于触发脉冲放大的稳压电源；专门的硬件监视器（Watchdog）用来监视 AER 的运行，防止 AER 受电气干扰而死锁或停运，必要时 AER 可自动无缝隙由工作通道切换到备用通道，不会引起发电机无功功率或机端电压的波动。

数字式 AER 一般具有完全独立的两套，一套工作时另一套处备用状态，两套间可实现无缝隙自动切换。一般两套 AER 不同时投入运行。

（二）软件

数字式 AER 的软件实现励磁调节、励磁限制、晶闸管移相触发等全部功能。由于采用软件实现，所以具有模拟式 AER 难以实现的功能，显示出数字式 AER 的优越性。

AER 的软件分监控程序和应用程序。监控程序是与计算机系统有关的程序，与 AER 并没有直接关系，主要用来对程序的编辑调试和修改，但仍作为 AER 软件的组成部分。应用程序分为主程序和控制调节程序（中断服务程序），直接反映 AER 的性能和功能。

1. 主程序

主程序流程如图 4-42 所示。

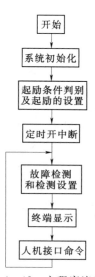

图 4-42 主程序流程

AER 通电开始运行时，主程序对系统初始化（如计算机主板及相应接口），初始化结束表示 AER 已准备好。接着程序进入起励条件判别和起励前的设置，发电机开机转速未达到 95％额定转速（频率未达 47.5Hz）时，将电压给定值设置在空载额定电压值上；当转速达到 95％额定转速（频率达到 47.5Hz），则主程序立即中断，使控制调节程序运行，使发电机起励升压。在控制调节程序运行的同时，主程序对调节器的各种状况进行检测和监视，动态地将发电机和调节器的一些变量和状态量显示在液晶屏上，以便进行监视。此外，主程序通过一系列人机接口命令，对 PID 的各种调节参数进行在线修改，使调节器处最佳匹配状态，提高 AER 性能。

2. 控制调节程序

控制调节程序流程如图 4-43 所示。

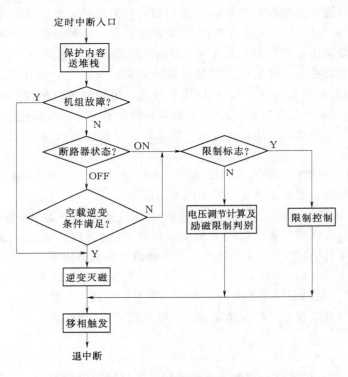

图 4-43 控制调节程序流程

控制调节程序由电压调节计算程序、限制控制程序组成，实现发电机励磁的闭环调节，满足励磁要求的调节控制、限制和保护被控对象，保证发电机运行安全。程序运行后，首先判断发电机是否有故障信号，如有故障信号，则立即进行逆变灭磁，退出中断；而后进行断路器状态判别（没有故障信号时），如处断开状态，则进行空载逆变条件判别，如判别 $\frac{U}{f}$ 值、是否停机逆变灭磁等。应当指出，当晶闸管移相触发回路（包括同步信号在内）有异常时，工作通道自动转入备用通道工作。

当各种状态判别后均正常，则进入调节计算程序，可得到晶闸管的触发角（即控制角 α）和触发臂号，形成触发脉冲，控制发电机励磁。与此同时，对发电机有关电气量进行判别，一旦越限，就进入限制程序，同样控制晶闸管的触发角，控制可控整流桥输出，保护发电机的安全。

可以看出，AER 没有引入惯性环节，同时可控整流桥的触发脉冲达 300 次/s（每工频周期有 6 次），所以 AER 具有很高的响应速度，同时保证了 AER 调节实时性要求。

二、工作通道各环节工作原理

结合图 4-40 功能与图 4-43 控制调节程序阐明工作通道主要环节工作原理。

（一）电气量测量

AER 工作过程中，需将发电机的各种电气量转换成微机能识别的数字量，不仅调节控制计算时要采用，限制程序中同样要采用。因此，电压调节计算程序、限制控制程序中均有采样程序，获取各种电气量的数字量。被采集的电气量有机端电压 U_G、有功功率 P、无功功率 Q、定子电流 I_G、励磁电压 U_{fd}、励磁电流 I_{fd}、发电机频率 f（空载时反映发电机转速）、励磁变低压侧电流。

1. 机端电压测量

通过图 4-40 中电压互感器 TV1（专用电压互感器）、TV2（仪用电压互感器）可测量机端电压。采用两只电压互感器的目的是防止专用电压互感器高压侧熔丝熔断引起 AER 误强励。

机端电压测量有两种方式。①将经输入电路隔离变换后的三相电压进行整流、滤波变成直流电压，再经 A/D 变换，变成微机可识别的数字量；②将隔离变换后的三相电压先进行 A/D 变换，变换成数字量后，取出正序电压，再进行数字滤波获得微机能识别的数字量。采用发电机的正序电压反映机端电压可提高系统发生不对称短路故障时 AER 的检测灵敏度。

机端正序电压 $\dot{U}_{A1}$ 可表示为

$$\dot{U}_{A1} = \frac{1}{3}(\dot{U}_A + \dot{U}_B e^{j120°} + \dot{U}_C e^{-j120°})$$

$$= \frac{1}{3}(\dot{U}_A + \dot{U}_B e^{-j\frac{2\omega_1 T}{3}} + \dot{U}_C e^{-j\frac{\omega_1 T}{3}}) \tag{4-61a}$$

或

$$\dot{U}_{A1} = \frac{1}{3}[\dot{U}_A + \dot{U}_B e^{j120°} + (-1 - e^{j120°})\dot{U}_C]$$

$$= \frac{1}{3}(\dot{U}_{AC} + \dot{U}_{CB} e^{-j\frac{\omega_1 T}{6}}) \tag{4-61b}$$

上两式中　$\dot{U}_A$、$\dot{U}_B$、$\dot{U}_C$——机端三相电压；

ω_1——工频角频率；

T——工频周期，有 $\omega_1 T = 360°$。

将式（4-61a）、式（4-61b）写成瞬时值表达式，有

$$u_{A1}(t) = \frac{1}{3}\left[u_A(t) + u_B\left(t - \frac{2T}{3}\right) + u_C\left(t - \frac{T}{3}\right)\right] \tag{4-62a}$$

$$u_{A1}(t) = \frac{1}{3}\left[u_{AC}(t) + u_{CB}\left(t - \frac{T}{6}\right)\right] \tag{4-62b}$$

如果一个工频周期内采样 N 次，则由上两式得到机端正序电压采样值算式为

$$u_{A1}(n) = \frac{1}{3}\left[u_A(n) + u_B\left(n - \frac{2N}{3}\right) + u_C\left(n - \frac{N}{3}\right)\right] \qquad (4-63a)$$

$$u_{A1}(n) = \frac{1}{3}\left[u_{AC}(n) + u_{CB}\left(n - \frac{N}{6}\right)\right] \qquad (4-63b)$$

可以看出，式（4-63b）具有较短的计算时间。注意，式（4-63a）、式（4-63b）中各量均为数字量。

数字滤波实际上是一种算法，通常采用全周富氏算法，可取出基波分量，滤去整数次谐波，并能较好地抑制非整数次谐波。注意到 $u_{A1}(n)$ 是周期函数，所以经富氏算法可得到 $u_{A1}(n)$ 的实部 $\text{Re}(U_{A1})$、虚部 $\text{lm}(U_{A1})$ 的幅值分别为

$$\text{Re}(U_{A1}) = \frac{2}{N}\sum_{k=1}^{N} u_{A1}(k)\sin\left(k\frac{2\pi}{N}\right) \qquad (4-64a)$$

$$\text{lm}(U_{A1}) = \frac{2}{N}\sum_{k=1}^{N} u_{A1}(k)\cos\left(k\frac{2\pi}{N}\right) \qquad (4-64b)$$

其中 $u_{A1}(k)$ 是 $t_n = t_k$ 时 $u_{A1}(n)$ 之值。于是 U_{A1} 值可表示为

$$U_{A1} = \sqrt{\frac{1}{2}\{[\text{Re}(U_{A1})]^2 + [\text{lm}(U_{A1})]^2\}} \qquad (4-65)$$

U_{A1} 即是机端电压 U_G，是数字量。

2. 定子电流测量

定子电流数字量可采用富氏算法直接求得。由式（4-64）可得到定子电流实部 $\text{Re}(I_\varphi)$、虚部 $\text{lm}(I_\varphi)$ 的幅值分别为

$$\text{Re}(I_\varphi) = \frac{2}{N}\sum_{k=1}^{N} i_\varphi(k)\sin\left(k\frac{2\pi}{N}\right) \qquad (4-66a)$$

$$\text{lm}(I_\varphi) = \frac{2}{N}\sum_{k=1}^{N} i_\varphi(k)\cos\left(k\frac{2\pi}{N}\right) \qquad (4-66b)$$

定子电流 I_φ 为

$$I_\varphi = \sqrt{\frac{1}{2}\{[\text{Re}(I_\varphi)]^2 + [\text{lm}(I_\varphi)]^2\}} \qquad (4-67)$$

其中 $\varphi = A$、B、C，从而测得了定子三相电流。

也可通过整流、滤波变换成直流量，再经 A/D 变换测量三相电流。

3. 有功功率和无功功率的测量

在 AER 中，有功功率和无功功率测量有两种方式。①直接采用功率变送器，直接获得三相有功功率和三相无功功率的数字量；②应用定子电压、定子电流的采样值直接计算出发电机三相有功功率和三相无功功率。前者要增加硬件设备，后者不增加硬件设备，完全由软件实现。

（1）两表法测量。两表法测量三相有功功率 P 和三相无功功率 Q，通常取用 A 相电流和 C 相电流，相应取用的电压是 AB 相电压和 CB 相电压。

图 4-44 示出了两表法测 P、Q 的相量关系，其中 φ 为发电机功率因数角。由图 4-44 相量关系可得到三相有功功率 P 的表示式为

$$P = I_A U_{AB} \cos(30° + \varphi) + I_C U_{CB} \cos(30° - \varphi)$$
$$= \sqrt{3} U_{\varphi\varphi} I_\varphi \cos\varphi \qquad\qquad (4-68)$$

式中　$U_{\varphi\varphi}$——发电机机端三相对称线电压；

　　　I_φ——发电机三相对称电流。

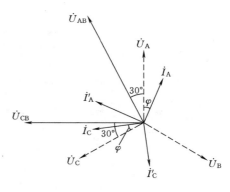

图 4-44　两表法测 P、Q 的相量关系

另一方面，当电压、电流均为正弦波形时，在三相对称状态下有关系式

$$\frac{1}{T}\int_0^T (i_A u_{AB} + i_C u_{CB})\mathrm{d}t = \sqrt{3} U_{\varphi\varphi} I_\varphi \cos\varphi$$
$$(4-69)$$

式中　T——工频周期。

由式（4-68）、式（4-69）得到

$$P = \frac{1}{T}\int_0^T (i_A u_{AB} + i_C u_{CB})\mathrm{d}t \qquad\qquad (4-70)$$

于是 P 的数字量表示式为

$$P = \frac{1}{N}\sum_{k=1}^N \left[i_A(k) u_{AB}(k) + i_C(k) u_{CB}(k) \right] \qquad\qquad (4-71)$$

式（4-71）计算得到的三相有功功率，除基波有功功率外，还包含电压、电流中同次谐波的各谐波功率。对大型发电机来说，电压、电流中谐波分量很少，故式（4-71）计算得到的 P 值完全可满足 AER 工作要求。

若将图 4-44 中的 $\dot{I}_A$、$\dot{I}_C$ 分别向滞后方向移 270°，就得到 $\dot{I}'_A$、$\dot{I}'_C$ 相量，有关系式

$$P = I'_A U_{AB} \cos(90° - \varphi - 30°) + I'_C U_{CB} \cos(90° + 30° - \varphi)$$
$$= \sqrt{3} U_{\varphi\varphi} I_\varphi \sin\varphi = Q$$

所以三相无功功率 Q 的数字量表示式由式（4-71）得到为

$$Q = \frac{1}{N}\sum_{k=1}^N \left[i_A\left(k - \frac{3N}{4}\right) u_{AB}(k) + i_C\left(k - \frac{3N}{4}\right) u_{CB}(k) \right] \qquad (4-72)$$

（2）三表法测量。三表法测量三相有功功率 P 和三相无功功率 Q，取用的是三相电流和三相相电压。P、Q 的数字量表示式为

$$P = \frac{1}{N}\sum_{k=1}^N \left[i_A(k) u_A(k) + i_B(k) u_B(k) + i_C(k) u_C(k) \right] \qquad\qquad (4-73)$$

$$Q = \frac{1}{N}\sum_{k=1}^N \left[i_A\left(k - \frac{3N}{4}\right) u_A(k) + i_B\left(k - \frac{3N}{4}\right) u_B(k) + i_C\left(k - \frac{3N}{4}\right) u_C(k) \right] \quad (4-74)$$

在大型发电机的 AER 中，因采用了运算速度很高的 DSP 系统，所以采样频率较高（如 1800Hz），A/D 位数也较高（如 14 位），因此具有很高的测量精度。

（3）电压、电流经富氏算法后测量。电压、电流经富氏算法后，可以认为电压、电流是正弦波形。定子电流的表示式为

$$\dot{I}_\varphi = \mathrm{Re}(I_\varphi) + \mathrm{jIm}(I_\varphi) \qquad\qquad (4-75)$$

其中 $\mathrm{Re}(I_\varphi)$、$\mathrm{Im}(I_\varphi)$ 见式（4-66a）、式（4-66b）。同样，机端相电压的表示式为（此处不用 $\dot{U}_G$ 表示）

$$\dot{U}_\varphi = \text{Re}(U_\varphi) + \text{jlm}(U_\varphi) \qquad (4-76)$$

其中

$$\text{Re}(U_\varphi) = \frac{2}{N} \sum_{k=1}^{N} u_\varphi(k) \sin\left(k\frac{2\pi}{N}\right)$$

$$\text{lm}(U_\varphi) = \frac{2}{N} \sum_{k=1}^{N} u_\varphi(k) \cos\left(k\frac{2\pi}{N}\right)$$

发电机发出感性无功功率以 jQ 表示时，则发电机一相的视在功率 S_φ 表示为

$$S_\varphi = \dot{U}_\varphi \hat{I}_\varphi = P_\varphi + jQ_\varphi \qquad (4-77)$$

将 $\dot{U}_\varphi$、$\dot{I}_\varphi$ 代入，就可测得发电机的 P、Q 值，表示式为

$$P = \sum^3 P_\varphi = \sum^3 \left[\text{Re}(U_\varphi)\text{Re}(I_\varphi) + \text{lm}(U_\varphi)\text{lm}(I_\varphi)\right] \qquad (4-78\text{a})$$

$$Q = \sum^3 Q_\varphi = \sum^3 \left[\text{lm}(U_\varphi)\text{Re}(I_\varphi) - \text{Re}(U_\varphi)\text{lm}(I_\varphi)\right] \qquad (4-78\text{b})$$

4. 励磁电流测量

励磁电流可通过接在励磁回路中的分流器、直流/直流变换器、滤波后，经 A/D 变换就可测得励磁电流。

在自并励励磁系统中，也可测量励磁变低压侧电流（图 4-40 中 TA2 的二次电流）来反应励磁电流。励磁变低压侧电流的数字量表示式见式（4-67），取三相电流的平均值就可得到励磁变低压侧一相交流电流值 $I_{\varphi \cdot \text{av}}$。励磁电流 I_{fd} 的数字量可表示为

$$I_{\text{fd}} = \frac{1}{\beta} I_{\varphi \cdot \text{av}} \qquad (4-79)$$

式中　β——变换系数，与控制角 α 有关，其中 α 为三相全控桥的控制角（$\alpha < 90°$）。

（二）电压调节计算

电压调节计算主要由采样、调差计算、测量比较、PID 计算等组成。其中采样计算就可获得有关发电机的各种电气量，供电压调节计算时使用。

1. 调差计算（调差环节）

将式（4-27）、式（4-29）中的 $\sin\varphi_N$ 写成

$$\sin\varphi_N = \frac{S_N \sin\varphi_N}{S_N} = \frac{Q_N}{S_N} = Q_{N*}$$

于是式（4-27）、式（4-29）可表示为

$$K_{\text{add}} = \begin{cases} K_{\text{add}0} + m_* Q_{N*} & \text{（正调差）} \qquad (4-80\text{a}) \\ K_{\text{add}0} - m_* Q_{N*} & \text{（负调差）} \qquad (4-80\text{b}) \end{cases}$$

改变 m_* 值就可改变调差系数。

因为自然调差系数 $K_{\text{add}0}$ 很小，所以可不计，于是调差系数可近似表示为

$$K_{\text{add}} \approx \begin{cases} m_* Q_{N*} & \text{（正调差）} \\ -m_* Q_{N*} & \text{（负调差）} \end{cases}$$

将式（4-23b）、式（4-28b）以标幺值表示（式中的 K 应取 1），则可得到

$$U'_{G*} = U_{G*} \pm \frac{mQ}{U_N} = U_{G*} \pm m_* Q_* \qquad (4-81)$$

由式（4-81）可得到调差计算的流程如图4-45。当然，图中各量均为标么值，m_* 取负就可得到负调差系数。

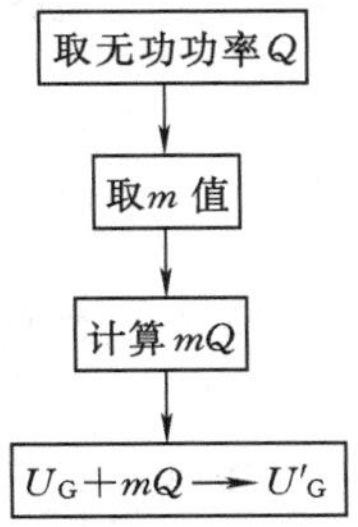

2. 测量比较

由于调差计算输出电压已求得，输出电压与给定电压之差就可得到测量比较输出的偏差电压。偏差电压 ΔU 表示为

$$\Delta U = U_{\text{set}} - U'_{\text{G}} \tag{4-82}$$

写成采样值形式时，有

$$\Delta u(n) = U_{\text{set}}(n) - u'_{\text{G}}(n) \tag{4-83}$$

图 4-45　调差计算流程（正调差）

3. PID 计算

PID 计算环节输入的是偏差信号电压 $\Delta u(n)$，输出的是信号电压 $y(n)$。

PID 计算就是比例、积分、微分运算，在模拟式控制装置中，PID 的调节规律为

$$y(t) = K_{\text{P}}\Delta u(t) + K_{\text{I}}\int_0^t \Delta u(t)\mathrm{d}t + K_{\text{D}}\frac{\mathrm{d}\Delta u(t)}{\mathrm{d}t} \tag{4-84}$$

式中　K_{P}——比例放大系数；

K_{I}——积分系数，$\dfrac{1}{\text{s}}$；

K_{D}——微分系数，s。

比例调节用以提高 AER 调节灵敏度，K_{P} 愈大，AER 灵敏度愈高；积分调节用以提高调节精度，即使 $\Delta u(t)$ 很小，但经一段时间积分后，就有一定量的 $y(t)$，AER 调节结果使 $\Delta u(t)$ 更小，即机端电压更趋近给定电压，当然增大 K_{I} 可进一步提高调节精度；微分调节可提高调节速度，特别在机端电压发生突变时，可使 AER 快速作出反应。K_{P}、K_{I}、K_{D} 系数的选择，应保证 AER 稳定运行，并处最佳匹配状态。在数字式 AER 中，可在线（发电机空载时）修改参数。

用离散计算描述式（4-84），得到差分方程为

$$y(n) = K_{\text{P}}\Delta u(n) + K_{\text{I}}T_y\sum_{k=1}^{n}\Delta u(k) + \frac{K_{\text{D}}}{T_y}[\Delta u(n) - \Delta u(n-1)] + y(0) \tag{4-85}$$

式中　T_y——采样计算周期；

$\Delta u(n)$——$t = nT_y$ 时刻偏差电压 $\Delta u\ (t)$ 采样值；

$\Delta u(k)$——$t = kT_y$ 时刻偏差电压 $\Delta u\ (t)$ 采样值；

$y(n)$——$t = nT_y$ 时刻 PID 计算输出值；

$y(0)$——初始输出值。

可以看出，$y(n)$ 与过去的状态有关，$\sum\limits_{k=1}^{n}\Delta u(k)$ 容易产生偏差信号积累误差。为使 AER 调节平稳、无冲击，过程控制中广泛采用增量计算法。对 $t = (n-1)T_y$ 采样周期，由式（4-85）可以得到

$$y(n-1) = K_{\text{P}}\Delta u(n-1) + K_{\text{I}}T_y\sum_{k=1}^{n-1}\Delta u(k) + \frac{K_{\text{D}}}{T_y}[\Delta u(n-1) - \Delta u(n-2)] + y(0)$$

$$\tag{4-86}$$

式（4-85）、式（4-86）相减，可得

$$\Delta y(n) = y(n) - y(n-1)$$

$$= K_P[\Delta u(n) - \Delta u(n-1)] + K_I T_y \Delta u(n) + \frac{K_D}{T_y}\Delta^2 u(n) \qquad (4-87)$$

式中 $\Delta^2 u(n) = \Delta u(n) - 2\Delta u(n-1) + \Delta u(n-2)$

其中 $\Delta y(n)$ 为 $t = nT_y$ 采样计算周期输出信号电压增量。于是，PID 计算输出 $y(n)$ 为

$$y(n) = y(n-1) + \Delta y(n) \qquad (4-88)$$

$y(n)$ 就是数字移相的输入信号。

4. 电压调节计算的静特性

电压调节计算的静特性指的是 PID 计算的输出 y 与机端电压 U_G 的关系式。

因为讨论的是静特性，所以 PID 计算输出为

$$y = K_P \Delta U$$

由 $\Delta U = U_{set} - KU_G$，上式变为

$$y = K_P U_{set} - K_P K U_G \qquad (4-89)$$

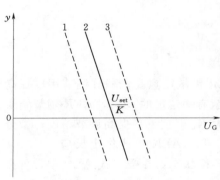

图 4-46 电压调节计算静特性

注意，式中各量均为数字量。由式（4-89）作出电压调节计算的静特性曲线如图 4-46 所示。

特性曲线与 U_G 的交点是 $\dfrac{U_{set}}{K}$，特性曲线与 y 轴交点是 $K_P U_{set}$，如图中直线 2。特性曲线的斜率由式（4-89）求得为

$$\frac{\Delta y}{\Delta U_G} = -K_P K \qquad (4-90)$$

改变 K_P 可调整特性曲线的斜率，即调整 AER 灵敏度。改变 U_{set}，可左、右移动特性曲线，U_{set} 增加特性曲线右移，如图中直线 3；U_{set} 减小特性曲线左移，如图中直线 1。改变 U_{set} 时不改变特性曲线的斜率。

（三）数字移相及触发脉冲形成

数字移相就是将 PID 计算输出的数字量 y 转换为控制角 α，并在规定的角度区间内形成脉冲，经功率放大后形成触发脉冲，给相应晶闸管触发。对三相全控桥触发脉冲，控制角 α 有上、下限，即 $\alpha_{min} \leqslant \alpha \leqslant \alpha_{max}$，如取 $\alpha_{min} = 5°$、$\alpha_{max} = 150°$；此外，须采用双脉冲触发。

1. 数字移相工作特性

数字移相工作特性就是输出的控制角 α 与输入量 y 间的关系曲线。

根据 AER 调节规律，发电机机端电压在给定值 $\dfrac{U_{set}}{K}$ 水平上运行。当机端电压 U_G 降低时，由图 4-46 可见，y 正值即 $y(+)$ 增大，此时控制角 α 应减小，使励磁电压 U_{fd} 升高，驱使机端电压 U_G 升高，从而使机端维持在 $\dfrac{U_{set}}{K}$ 水平上运行。可知，$y(+)$ 增大时 α 角应减小。

当机端电压 U_G 升高时，由图 4-46 可见，y 负值即 $y(-)$ 增大（指数值），此时控制角 α 应增大，使励磁电压 U_{fd} 降低，驱使机端电压降低，从而使机端电压维持在 $\dfrac{U_{set}}{K}$ 水平

上运行。可知，$y(-)$ 增大时 α 角增大。

根据 $y(+)$ 增大→α 减小、$y(-)$ 增大→α 增大的规律，注意到有线性关系，作出数字移相工作特性如图 4-47 所示。

图中粗线段表示发电机正常运行时的工作范围。$\alpha=f(y)$ 工作特性曲线不随 U_{set} 而改变，但 y 为不同初始值时可左、右移动该特性曲线，从而使 $y=0$ 时的 α_0 角发生变化。

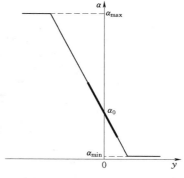

图 4-47　数字移相工作特性

2. 数字移相工作原理

数字移相就是将数字量 $[Y]$ 在规定的角度区间内转换成时间 t_α，再由 t_α 转换为工频电角度 α，从而实现数字移相。利用减法计数器在一定计数脉冲 f_c 下对 $[Y]$ 作减法运算，从计数开始到减法计数器出现 0 为止的时间就是 t_α。显然，t_α 等于 $[Y]$ 个计数脉冲周期，即

$$t_\alpha = [Y]\frac{1}{f_c} \tag{4-91}$$

图 4-47 中 $y=0$ 时 $\alpha=\alpha_0$，所以计数时应先置入相应于 α_0 角的 $[y_0]$ 数字量；根据 PID 计算输出的 y 数字量的正、负，式（4-91）中的 $[Y]$ 可表示为

$$[Y] = [y_0] - [y] \tag{4-92}$$

其中 $[y]$ 就是数字量 y，有正也有负。于是式（4-91）中的 t_α 转换成的工频电角度即控制角 α 为

$$\alpha = \omega_1 t_\alpha = 360°\frac{f_1}{f_c}\{[y_0] - [y]\} \tag{4-93}$$

式（4-93）已实现了将 y 数字量转换成控制角 α。由式（4-93）可以得到

$$\frac{\Delta\alpha}{\Delta y} = -360°\frac{f_1}{f_c} \tag{4-94}$$

其中 f_1 为工频频率，一般为 50Hz。式（4-94）说明，图 4-47 中的 $\alpha=f(y)$ 特性曲线为一直线段，直线段斜率仅与 f_c 有关。增大 f_c 可降低斜率；减小 f_c 可增大斜率。但装置中的 f_c 是固定的。

除上述数字移相方法外，还有其他移相方法。

3. 数字移相实现

应当看到，三相全控桥中不同晶闸管的控制角有着不同的起始点，即不同的 $\alpha=0°$ 起点。为使不同晶闸管的触发脉冲在规定的角度区间内发出，需有同步电压控制。

图 4-29（b）示出了三相全控桥触发脉冲形成的角度区间，图 4-30 示出了双触发脉冲时序关系。图 4-48 示出了同步电压形成的区间，图中方框表示 VSO1～VSO6（图中用 #1～#6 表示）触发脉冲形成的区间，分别是 u_{ac} 正半周（u_{ac}^+）、u_{bc} 正半周（u_{bc}^+）、u_{ba} 正半周（u_{ba}^+）、u_{ca} 正半周（u_{ca}^+ 即 $-u_{\text{ac}}^+$）、u_{cb} 正半周（u_{cb}^+ 即 $-u_{\text{bc}}^+$）、u_{ab} 正半周（u_{ab}^+ 即 $-u_{\text{ba}}^+$），正半周的起点即是 $\alpha=0°$ 起始点。方框中的 #1～#6 表示晶闸管编号，带括弧的编号表示双脉冲触发时另一晶闸管的编号。可以看出，当图 4-48 中的方框开始出现时（即同步电压正半周开始时），减法计数器就对置入的 $[Y]$ 数字量开始进行减法计数。

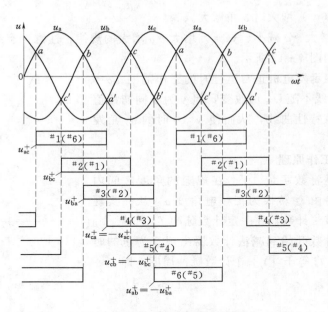

图 4-48　同步电压形成的区间

　　根据数字移相工作原理与图 4-48，画出数字移相电路如图 4-49 所示。u_{ac}、u_{bc}、u_{ba} 经方波形成电路后，得到正半周高电位的方波电压 $[u_{ac}^{+}]$、$[u_{bc}^{+}]$、$[u_{ba}^{+}]$，经反相器后分别得到 u_{ca}、u_{cb}、u_{ab} 正半周高电位的方波电压 $[u_{ca}^{+}]$、$[u_{cb}^{+}]$、$[u_{ab}^{+}]$，这些高电位方波电压就是晶闸管 VSO1～VSO6 的同步电压。同步电压作用于减法计数器的"Gate"端，在时

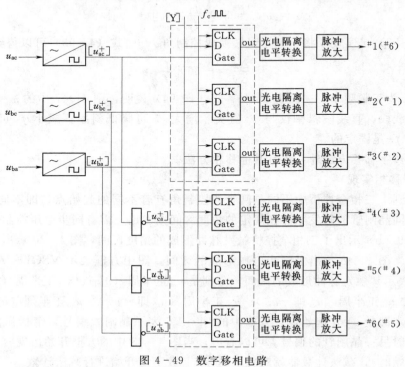

图 4-49　数字移相电路

钟脉冲 f_c 作用下，减法计数器就对"D"端置入到寄存器的 [Y] 数字量作减法运算，当寄存器为 0 时，输出端"out"由高电位突变为低电位 0V。显然，"out"突变低电位时刻与控制角 α 对应，从而获得了与控制角 α 相对应的低电位脉冲。

"out"的低电位脉冲经光电隔离、电平转换，再经放大就可得到晶闸管的触发脉冲。

在自并励励磁系统中，触发脉冲属于弱电，励磁电压属强电，所以脉冲放大输出的脉冲变压器原、副绕组间应有足够高的隔离耐压水平；又因励磁电流大，可控整流柜不只一面，故触发脉冲输出数量要满足要求，输出功率要足够大以保证晶闸管触发导通。

三、AER 静特性

AER 静特性指的是全控桥输出电流 I_{fd}（励磁电流）与机端电压 U_G 间的关系曲线，即 $I_{fd} = f(U_G)$ 关系曲线。可通过电压调节计算静特性 $y = f(U_G)$（见图 4-46）、数字移相工作特性 $\alpha = f(y)$（见图 4-47）、可控整流特性 $U_{fd.av} = f(\alpha)$ 求得。因讨论的是静特性，$U_{fd.av}$ 与 I_{fd} 成正比，所以可控整流特性可用 $I_{fd} = f(\alpha)$ 表示。图 4-50 示出了获取 $I_{fd} = f(U_G)$ 的作图过程。可以看出，$I_{fd} = f(U_G)$ 特性曲线完全与图 4-8 示出的特性曲线相同，说明 AER 可起到预期作用。

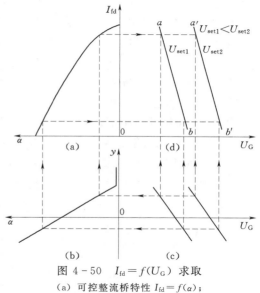

图 4-50　$I_{fd} = f(U_G)$ 求取
(a) 可控整流桥特性 $I_{fd} = f(\alpha)$；
(b) 数字移相工作特性 $\alpha = f(y)$；
(c) 电压调节计算静特性 $y = f(U_G)$；
(d) AER 静特性 $I_{fd} = f(U_G)$

由图 4-50 可见，增大给定电压 U_{set}，可使 AER 静特性曲线右移；减小给定电压 U_{set}，可使 AER 静特性曲线左移。即改变给定电压可左、右移动 AER 静特性曲线，但不改变 AER 静特性的灵敏度（特性斜率）。

当不计三相全控桥的换流压降时，由式（4-55）可得到 $I_{fd} = f(\alpha)$ 特性的斜率为

$$\frac{\Delta I_{fd}}{\Delta \alpha} = -1.35 U_{\varphi\varphi} \sin\alpha \qquad (4-95)$$

考虑到式（4-90）和式（4-94），得到 AER 装置（包括可控整流在内）的放大系数即 $I_{fd} = f(U_G)$ 静特性曲线的斜率 k_{AER} 为

$$k_{AER} = \frac{\Delta I_{fd}}{\Delta U_G} = \frac{\Delta I_{fd}}{\Delta \alpha} \frac{\Delta \alpha}{\Delta y} \frac{\Delta y}{\Delta U_G}$$

$$= (-1.35 U_{\varphi\varphi} \sin\alpha)\left(-2\pi \frac{f_1}{f_c}\right)(-K_P K)$$

$$= -2.7\pi K K_P U_{\varphi\varphi} \frac{f_1}{f_c} \sin\alpha \qquad (4-96)$$

考虑到发电机额定运行时 α 角在 60°左右、$U_{\varphi\varphi}$ 基本无变化、f_c 为常数，所以 k_{AER} 主要由 PID 计算程序中的比例系数 K_P 确定。

四、电力系统稳定器（PSS）

1. 正阻尼力矩与负阻尼力矩

发电机正常运行时，输入功率等于输出功率，发电机为额定转速，δ 角不发生变化。如在图 4-5 中，发电机稳定运行在 a 点，$\delta=\delta_0$ 不变化。

当发电机受扰动时，如系统电压降低或升高，则功角特性相应降低或升高，在输入功率不变情况下，发电机要加速或减速，δ 角增大或减小。

发电机转速变化过程中，发电机系统对这种转速变化而产生的力矩即阻尼力矩的性质有着重要作用。阻尼力矩有正阻尼力矩和负阻尼力矩。正阻尼力矩作用的方向与转速变化的方向相反，起阻止（阻尼）转速变化的作用，即发电机转速升高超过额定转速时，正阻尼力矩起制动作用；发电机转速低于额定转速时，正阻尼力矩起加速作用。所以正阻尼力矩可使发电机稳定运行，就发电机本身结构，水轮发电机转子上的阻尼绕组、汽轮发电机转子本身在转速变化时产生正的阻尼力矩。当然，转速不发生变化时，不产生阻尼力矩。

负阻尼力矩与正阻尼力矩完全不同，负阻尼力矩作用的方向与转速变化的方向相同，起推动转速变化的作用，使之转速不断增大，造成发电机失去动态稳定，或引起发电机低频振荡，影响系统稳定运行。

2. AER 的负阻尼作用

在讨论 AER 的负阻尼作用前，先明确两点：

（1）发电机励磁回路是一个大电感回路，励磁电压中存在某一交变分量时，相应于这一交变分量的励磁电流，其相位滞后交变分量励磁电压 90°。

（2）机端电压 U_G 与功率角 δ 间的关系。在图 4-1（c）的 ΔOAB 中，有

$$\overline{AB} = \sqrt{E_q^2 + U_S^2 - 2E_qU_S\cos\delta}$$

$$\cos(\angle OAB) = \frac{E_q^2 + \overline{AB}^2 - U_S^2}{2E_q\,\overline{AB}}$$

又　　　$$\overline{AC} = \frac{X_d}{X_d + X_T}\,\overline{AB} = \frac{X_d}{X_d + X_T}\sqrt{E_q^2 + U_S^2 - 2E_qU_s\cos\delta}$$

考虑到以上几式，在 ΔOAC 中，有关系式

$$U_G^2 = E_q^2 + \overline{AC}^2 - 2E_q\,\overline{AC}\cos(\angle OAB)$$

$$= \frac{E_q^2 X_T^2 + U_S^2 X_d^2}{(X_d + X_T)^2} + \frac{2X_d X_T}{(X_d + X_T)^2}E_qU_S\cos\delta \tag{4-97}$$

明显看出，δ 角增大时，机端电压 U_G 降低；δ 角减小时，机端电压 U_G 升高。

当发电机受到某种干扰，使转速增加（减小），即 $\Delta\omega>0$（$\Delta\omega<0$），于是 δ 增加（减小）；由式（4-97）得到机端电压 U_G 降低（升高）；AER 感知这一机端电压变化，基本无延时放大若干倍以增加（减小）励磁电压 U_{fd}；相应的励磁电流 I_{fd} 缓慢增加（减小），发电机空气隙中的磁束相应缓慢增加（减小），以升高（降低）机端电压，实现机端电压的调节。

要使发电机处动态稳定，必须要有正的阻尼力矩，即必须有与 $\Delta\omega$ 同相位的阻尼力矩。当发电机装设近代快速 AER 时，由于干扰使 $\Delta\omega>0$（$\Delta\omega<0$），上述调节过程驱使

U_G 升高（降低），U_G 升高（降低）引起发电机输出功率增大（减小），对发电机起制动（增速）作用。以下讨论 $\Delta\omega$ 与 ΔU_G 变化间的相位关系。

由于 $\Delta\omega$ 变化，必然引起 δ 角的变化。设 δ 角的变化 $\Delta\delta = \varepsilon_\delta \sin\Omega t$，则 $\Delta\omega$ 的变化表示为

$$\Delta\omega = \frac{\mathrm{d}\Delta\delta}{\mathrm{d}t} = \varepsilon_\delta\Omega\cos\Omega t = \varepsilon_\delta\Omega\sin(\Omega t + 90°) \tag{4-98}$$

式（4-98）说明，$\Delta\dot\omega$ 的相位总是超前 $\Delta\dot\delta$ 相角 90°。由式（4-97）可以得到

$$\frac{\Delta U_G}{\Delta\delta} = -k_\delta \tag{4-99}$$

而

$$k_\delta = \frac{X_d X_T}{X_d + X_T}\frac{E_q U_S \sin\delta_0}{\sqrt{E_q^2 X_T^2 + U_S^2 X_d^2 + 2X_d X_T E_q U_S \cos\delta_0}}$$

对近代快速 AER，机端电压变化时励磁电压瞬时响应，于是有关系式

$$\frac{\Delta U_{fd}}{\Delta U_G} = -k_{AER} \tag{4-100}$$

由式（4-99）、式（4-100）可得

$$\frac{\Delta U_{fd}}{\Delta\delta} = k_\delta k_{AER} \tag{4-101}$$

此式说明 $\Delta\dot U_{fd}$ 与 $\Delta\dot\delta$ 同相位。考虑到励磁回路是一个大电感回路，ΔI_{fd} 变化滞后 ΔU_{fd} 变化 90°，即 ΔU_G 的变化滞后 ΔU_{fd} 变化 90°。根据式（4-98）、式（4-101），作出 $\Delta\omega$ 与 ΔU_G 变化的相位关系如图 4-51 所示。明显可见，$\Delta\dot\omega$ 与 $\Delta\dot U_G$ 有反相关系。

ΔU_G 变化与 $\Delta\omega$ 变化具有反相关系，即 ΔU_G 引起的功率变化具有负阻尼力矩性质。也就是说，$\Delta\omega > 0$ 时，AER 调节结果使 ΔU_G 升高产生的制动力矩为负，使发电机进一步增速；当 $\Delta\omega < 0$ 时，AER 调节结果使 ΔU_G 降低产生的增速力矩为负，使发电机进一步减速。

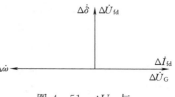

图 4-51　ΔU_G 与
$\Delta\omega$ 变化间的相位关系

因此，当 AER 放大倍数过大，产生的负阻尼作用超过发电机转子本身的正阻尼作用时，发电机容易失去动态稳定，或引起系统低到 $0.3\mathrm{Hz}$ 的低频振荡。

3. 动态失稳的抑制（PSS）

抑制发电机动态失稳最有效的方法是：在 AER 的输入回路中引入能反应发电机转速变化的附加环节，并使机端电压变化能够与转速变化同相位，以达到由 AER 提供正阻尼力矩的目的。引入 AER 的这个附加量，可直接取自发电机的转速，也可取自发电机输出有功功率变化量 ΔP，或者取自机端电压的频率。当然，引入 AER 的这一附加调节量必须经过一定的相位领前回路，使在该系统低频振荡频率下达到机端电压变化与转速变化同相位。这措施称电力系统稳定器（PSS），也可称附加反馈。

减小 AER 的放大系数，也可在一定程度上抑制发电机的失稳。

在 AER 中，为提高 AER 的调节品质，使在外部干扰情况下迫使在平衡点的动态误差为零，可采用零动态的最优励磁控制和非线性最优励磁控制，同时也提高了 AER 系统

的动态阻尼。

五、AER 专用功能

1. AER 监视器

为监视 CPU 运行，防止受电气干扰而死锁或停运，AER 设有专门的硬件监视器（Watchdog）。

图 4-43 示出了中断服务程序，即控制调节程序，在控制调节程序退出中断前，将一个自检信号送到监视器，以确认 CPU 工作正常，从而可继续下一循环工作。

若因电气干扰程序走错路径或停止执行，则监视器接收不到自检信号，系统给出故障信号，AER 自动切换到备用通道。在 CPU 死锁或停运时，触发脉冲数据不会被更新，因而 CPU 死锁或停运不会导致发电机失磁。

2. 数字式电压给定系统

数字式电压给定系统，采用软件给出机端电压给定值。当以励磁电流为被调量时给出励磁电流值，可就地或远方（主控室）给出给定值，实现升高或降低机端电压；升、降电压速度可选择，以实现电压平稳调节，不发生跳变。此外，给定电压值具有上、下限限制，每次停机时给定值自动置零电压，为下次开机作准备。

数字式电压给定系统具有很强的抗干扰能力，避免受干扰而导致发电机失磁或发生误强励。

3. 两个自动控制通道间的切换

大型发电机的 AER，通常采用双自动控制通道以提高运行可靠性。一个自动控制通道工作时，另一个自动控制通道处备用方式。每个自动控制通道有两种工作方式：①以机端电压为被调量的自动控制通道；②以励磁电流为被调量的手动控制通道。

于是，AER 两个控制通道间的切换可以是自动切换到自动、或自动切换到手动、或手动切换到自动、或手动切换到手动四种。

AER 中的备用工作通道不断跟踪工作通道，当工作通道发生故障时自动切换到备用通道工作。

4. 备用通道对工作通道的自动跟踪

所谓备用通道对工作通道的自动跟踪，就是采用高速同步串行通信实现两个通道的计算机间交换信息，使上述切换不发生电压波动或无功功率的摆动。

考虑到工作通道发生故障时计算的可控整流桥的控制角有问题，所以备用通道跟踪工作通道 3s 前的工作状态。

除上述专用功能外，AER 还具有与上位计算机通信、在线显示和修改参数、自检和自诊断、事件和故障记录等功能。

六、可控整流桥保护与发电机灭磁

1. 过流保护与均流措施

可控整流桥的过流保护是每个晶闸管串联快速熔断器，当发生过电流时快速熔断器熔断，起到保护作用。每个快速熔断器两端跨接一个熔断指示器，正常时熔断指示器上无电压，熔断器熔断后，熔断指示器上显示电压，动作发出信号，指示出具体熔断器的位置。

当励磁电流较大时，需几个整流桥并联运行，由于元件参数差异、主回路接触电阻的不同，造成并联整流桥电流分配不均匀，容易引起整流桥过载，因此需采取均流措施。

（1）晶闸管元件严格选配，使并联整流桥晶闸管的动态平均压降、斜率电阻、门极触发电流等一致。

（2）交流侧电缆等长配置，每个整流桥通过各自电缆与励磁变压器的端子板相连，消除进线阻抗的不一致，并有电抗作用。

（3）在整流桥直流侧主回路串接均流电抗器，这不仅起到均流作用，而且还限制了晶闸管元件的电流上升率，起保护作用。

（4）采用强触发方式，脉冲前沿不大于 $1\sim2\mu s$，充分保证晶闸管元件的开通速度，也减小了开通时间的离散性。

要求均流系数不低于 0.85。

2. 交流侧过电压保护

励磁变一次系统的操作，会在励磁变二次侧产生过电压；励磁变高压侧拉闸也会在二次侧产生过电压。为避免整流桥不受过电压损坏，在整流桥交流侧需设置过电压保护。

图 4 - 52 示出了整流桥交流侧过电压保护，其中三角形连接的有足够能容的由氧化锌阀片组成的非线性电阻 NR，用以抑制过电压幅值；三角形连接的阻容吸收网络电路用以吸收过电压产生的能量。

交流侧过电压保护通常分装在各整流柜中。

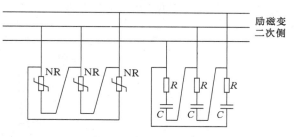

图 4 - 52　交流侧过电压保护

3. 直流侧过电压保护与发电机灭磁

当发电机或发电机变压器组发生故障时，继电保护动作在跳开发电机的同时，还应迅速将发电机灭磁。所谓灭磁就是将发电机励磁绕组的磁场尽快地减弱到最小程度，最快的方法是将励磁绕组断开，但因励磁绕组是一个大的电感，突然断开必将在直流侧产生很高的电压，危及转子绕组绝缘、整流桥的安全。

对发电机的灭磁要求，首先灭磁时间要短；其次直流侧的过电压不应超过额定励磁电压的 $4\sim5$ 倍。

应用最广泛的灭磁方法是利用 DM—2 型灭磁开关，如图 4 - 53 所示。灭磁时，利用灭磁开关中分割在灭弧栅中的电弧来消耗磁场能量，因灭弧栅两端电压（图 4 - 53 中 DM 间电压）基本不变，所以灭磁时励磁绕组两端电压也基本不变，从而灭磁速度较快，几乎接近理想灭磁。但是，这种灭磁方法存在以下缺陷：

（1）小励磁电流灭磁时，常因磁吹力不足，造成拉弧失败而烧坏灭磁开关触头。

（2）灭磁开关与可控整流桥串联，电源电压中的交流分量也可使灭磁开关拉弧失败。

（3）灭磁开关能容是一定的，当机组容量增大，灭磁开关能容小于吸收的能量时，势必会烧坏灭磁开关。

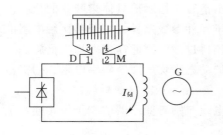

图 4-53 应用 DM—2
灭磁开关进行灭磁

（4）灭磁开关结构较复杂，容易发生电磁操作机构动作失灵、辅助触点接触不良和调整不当等，影响灭磁。

近年来，国内外已普遍采用双断口直流开关（双断口磁场断路器），配以非线性电阻的方法来灭磁。非线性电阻采用氧化锌元件，有良好的压敏特性，灭磁过程中两端电压始终维持在灭磁电压控制值上，因此非常接近理想灭磁，灭磁速度快；氧化锌元件作为过电压保护元件，过电压动作值可灵活整定；氧化锌元件非线性电阻系数很小，正常电压下漏电流很小，可直接跨接在励磁绕组两端，灭磁可靠；采用双断口直流开关，灭磁过程中励磁电源与励磁绕组完全断开，有利于加快灭磁过程；为能可靠灭磁，非线性电阻的总能容应大于励磁绕组的最大储能。因此，这种灭磁方法具有灭磁速度快、灭磁可靠、结构简单、运行维护方便、灭磁过电压动作值可灵活整定等特点。

图 4-54 示出了双断口直流开关、非线性电阻灭磁的原理图。图中 DM 为双断口直流开关，NR_1、NR_2、NR_3 为氧化锌非线性电阻，NR_1 的动作电压低于 NR_2、NR_3 的动作电压。

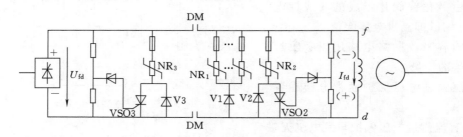

图 4-54 双断口直流开关、非线性电阻元件灭磁

正常运行时，发电机的励磁电压为 U_{fd}，晶闸管 VSO2、VSO3 不导通，二极管 V1、V2、V3 不导通，所以 NR_1、NR_2、NR_3 中无电流。励磁绕组发生正向过电压，当达到触发晶闸管的动作整定值时，VSO2、VSO3 导通，能量迅速消耗在非线性电阻 NR_2、NR_3 中，过电压值限制由正向过电压保护整定值确定，能量被吸收后，过电压消失；励磁绕组发生反向过电压，V1 迅速导通，能量迅速消耗在非线性电阻 NR_1 中，反向过电压值限制由 NR_1 动作值确定，过电压能量被吸收后，反向过电压即消失，在此过程中，因 NR_1 的动作值低，所以 NR_2、NR_3 不承担反向过电压保护任务。

发电机正常停机时，通过可控整流桥逆变灭磁，并不需要断开灭磁开关 DM。发电机事故紧急停机时，跳灭磁开关 DM，DM 断开后，励磁电流 I_{fd} 强迫分断，励磁绕组发生反向过电压，极性是 d 端为正、f 端为负，此时磁场能量通过二极管 V1 消耗在 NR_1 中，完成灭磁过程。需要指出，灭磁过程中 NR_1 上电压基本不变，所以很接近理想灭磁，灭磁速度快。DM 断开后，整流桥侧的正向过电压或反向过电压，均由非线性电阻 NR_3 吸取过电压能量，直到过电压消失，过电压值受 NR_3 动作值的限制。

第八节　AER　励　磁　限　制

在 AER 限制功能中，AER 的励磁限制功能有强励反时限限制、过励延时限制、欠励瞬时限制、$\dfrac{U}{f}$ 限制、最大励磁电流瞬时限制、可控整流桥部分故障时负荷自动限制等。

一、强励反时限限制

根据发电机制造厂提供的励磁电流允许的反时限曲线，可取得整定用励磁电流反时限曲线，如图 4-55（a）所示。整定用反时限曲线稍低于允许反时限曲线，在励磁电流较大时，整定用数值可取 90% 的允许值，随着励磁电流的减小，差值应愈来愈小。

取得整定用反时限特性曲线后，应将反时限特性输入 AER 装置。一种方法是以表格

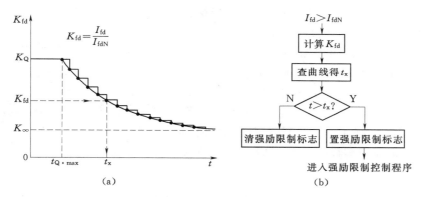

图 4-55　强励反时限限制
（a）整定用反时限特性；（b）流程

的形式逐点输入，如第 n 点输入值为 (K_n, t_n)，其中 $K_n = \dfrac{I_{fd}}{I_{fdN}}$，$I_{fdN}$ 为额定励磁电流；第 $n+1$ 点输入值为 (K_{n+1}, t_{n+1})，…，应满足 $K_n > K_{n+1}$、$t_n < t_{n+1}$。第二种方法是输入强励允许倍数 K_Q、强励最大允许时间 $t_{Q.max}$、长期允许励磁电流倍数 K_∞。对大型发电机来说，一般情况下取 $K_Q = 1.8 \sim 2$，$t_{Q.max} = 10s$，$K_\infty = 1.1$。

AER 在执行电压调节计算程序时，不断进行励磁限制判别（见图 4-43），当检测到 $I_{fd} > I_{fdN}$ 时，就进入强励反时限程序，流程如图 4-55（b）。取 I_{fd} 值并计算 K_{fd}，在设定的反时限特性曲线上查得对应的强励允许时间 t_x；若 $I_{fd} > I_{fdN}$ 的强励持续时间 $t > t_x$，则设置强励限制标志，进入强励限制控制程序（见图 4-43），通过晶闸管触发角的控制，将励磁电流 I_{fd} 限制在 I_{fdN} 水平；当 $t < t_x$ 时，清强励限制标志。

应当指出，当发电机过负荷时，强励反时限限制可能起作用。

二、过励延时限制

图 4-56 示出了过励延时限制 P-Q 曲线，其中 mNn 为发电机制造厂提供的允许 P-Q 曲线，N 为额定工作点，P_N 为发电机额定有功功率，Q_N 为发出的额定感性无功功

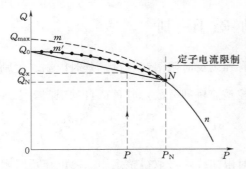

图 4-56 过励延时限制 $P-Q$ 曲线

率，Q_{max} 为 $P=0$ 时发电机发出的最大感性无功功率。$m'Nn$ 为 AER 中设定的发电机 $P-Q$ 限制曲线，其中 Q_0 可取 $90\%Q_{max}$。以表格的形式可将 $m'Nn$ 曲线输入到 AER 中（与强励反时限曲线输入相似）；在有些 AER 中，以线段 $\overline{Q_0N}$ 替代 $P-Q$ 曲线进行简化，这样输入的两点坐标参数是 $(0，Q_0)$ 和 $(P_N，Q_N)$。实际上，N 点右侧曲线部分受透平机功率的限制而不起作用。

AER 在执行电压调节计算程序时，对发电机发出 P、Q 进行判别，是否越出设定的 $P-Q$ 范围，从而确定是否置过励延时限制标志，流程如图 4-57 所示。先读取发电机的 P、Q 值，根据 P 值在设定的 $P-Q$ 限制曲线上查得相应 Q_x；当 $Q<Q_x$ 时，置计数器 count$=2$，并清过励限制标志；当 $Q>Q_x$ 并持续一段时间，则计数器每隔一定时间（如 1min，可设定）减 1，这样 $Q>Q_x$ 持续时间达 2min 时，就置过励限制标志，进入过励限制控制程序，通过晶闸管触发角的控制，使 Q 限制在 Q_x 水平值上，保证了发电机的安全。上述的设定值应与励磁绕组反时限过电流保护配合。

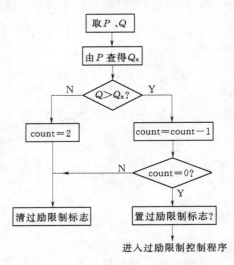

图 4-57 过励延时限制流程

三、欠励瞬时限制

同步发电机的欠励限制也称最小励磁限制，可提高同步发电机的静态运行稳定性，同时也起到发电机进相运行时限制定子电流的作用。

1. 欠励限制特性分析

在图 4-1（c）中，将 $\triangle OBC$ 各边向 OA 上投影，得

$$\frac{U_G\cos\theta - U_S\cos\delta}{X_T} = I_G\sin(\varphi+\theta) \tag{4-102}$$

将 $\triangle OAC$ 各边向 dd（dd 与 OA 垂直）上投影，得

$$\frac{U_G\sin\theta}{X_d} = I_G\cos(\varphi+\theta) \tag{4-103}$$

在图 4-1 所示系统中，发电机发出的有功功率、无功功率分别为

$$P = U_G I_G\cos(\varphi+\theta-\theta)$$
$$= U_G I_G[\cos(\varphi+\theta)\cos\theta + \sin(\varphi+\theta)\sin\theta] \tag{4-104}$$
$$Q = U_G I_G\sin(\varphi+\theta-\theta)$$
$$= U_G I_G[\sin(\varphi+\theta)\cos\theta - \cos(\varphi+\theta)\sin\theta] \tag{4-105}$$

将式 (4 - 102)、式 (4 - 103) 代入上两式, 化简整理可得

$$P = \frac{U_G^2}{2}\left(\frac{1}{X_d} + \frac{1}{X_T}\right)\sin2\theta - \frac{U_G U_s}{X_T}\sin\theta\cos\delta \qquad (4-106)$$

$$Q - \frac{U_G^2}{2}\left(\frac{1}{X_T} - \frac{1}{X_d}\right) = \frac{U_G^2}{2}\left(\frac{1}{X_d} + \frac{1}{X_T}\right)\cos2\theta - \frac{U_G U_s}{X_T}\cos\theta\cos\delta \qquad (4-107)$$

当发电机处静稳定极限时, $\delta = 90°$, 由式 (4 - 106)、式 (4 - 107) 可得到

$$P^2 + \left[Q - \frac{U_G^2}{2}\left(\frac{1}{X_T} - \frac{1}{X_d}\right)\right]^2 = \left[\frac{U_G^2}{2}\left(\frac{1}{X_d} + \frac{1}{X_T}\right)\right]^2 \qquad (4-108)$$

在 P-Q 平面上, 式(4 - 108)的轨迹是一个圆, 圆心在 jQ 轴上, 距原点为 $\frac{U_G^2}{2}\left(\frac{1}{X_T} - \frac{1}{X_d}\right)$,

半径为 $\frac{U_G^2}{2}\left(\frac{1}{X_d} + \frac{1}{X_T}\right)$, 如图 4 - 58 所示。发电机运行时, 只要 P、Q 确定的运行点在该圆内, 说明 $\delta < 90°$, 发电机可稳定运行; 运行点在圆外, 表示 $\delta > 90°$, 发电机不能稳定运行 (假设发电机未装设 AER)。设发电机在图中 1 点稳定运行, 当无功功率不变、有功功率增加时, 运行点沿 1→2 线移动, 到达 2 点就达到静稳极限点; 如有功功率不变、降低发电机励磁, 即发电机吸取无功功率, 则运行点沿 1→3 线移动, 到达 3 点时 $\delta = 90°$, 再减小励磁电流, 发电机就失步运行。可见, 发电机励磁电流受到静稳定条件约束, 运行中无功功率进相受到限制, 限制值与发电机的有功功率大小有关。

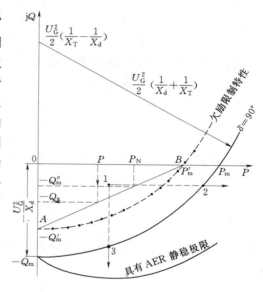

图 4 - 58 功率极限圆图

当发电机装设 AER 时, 可根据发电机 P、Q 信息设置欠励限制特性, 如图 4 - 58 中虚线圆所示。这样, 当发电机 P、Q 确定的运行点达到欠励限制特性时, AER 即判别出发电机欠励, 瞬时增大励磁电流, 使发电机迅速离开可能失去静稳定的区域, 保证了发电机的静态稳定。

应当指出, 发电机装设 AER 后, 可在人工稳定区内运行 (见图 4 - 5), 静稳极限角 $\delta_{lim} > 90°$, 所以功率极限轨迹扩大, 如图 4 - 58 中所示。

2. 欠励限制特性设定

由式 (4 - 108) 可求得 $\delta = 90°$ 时的功率极限圆与 $-jQ$ 轴、P 轴的交点分别为

$$Q_m = \frac{U_G^2}{X_d} \qquad (4-109a)$$

$$P_m = \frac{U_G^2}{\sqrt{X_d X_T}} \qquad (4-109b)$$

当以发电机额定容量为基准时, 可取 $U_G = 1$、$X_d = 200\%$、$X_T = 14\%$, 则 $Q_m = 0.500$、$P_m = 1.89$。可知 P_m 要比额定功率大得多。通常情况下, 欠励限制特性的 Q'_m 为

$$Q'_m = \eta Q_m \tag{4-110}$$

式中　η——系数，取 $0.6\sim0.7$；

　　　Q_m——$P_G = 0$ 时发电机最大进相无功功率，由制造厂给出的允许 $P\text{-}Q$ 曲线查得；

　　　　　当没有允许的 $P\text{-}Q$ 曲线时可由式（4-109a）计算得到。

于是欠励限制特性的圆方程可表示为

$$P^2 + \left[Q - \frac{U_G^2}{2}\left(\frac{1}{X_T} - \frac{1}{X_d} \right) \right]^2 = \left[\frac{U_G^2}{2}\left(\frac{2\eta-1}{X_d} + \frac{1}{X_T} \right) \right]^2 \tag{4-111a}$$

或

$$Q = \frac{U_G^2}{2}\left(\frac{1}{X_T} - \frac{1}{X_d} \right) - \sqrt{ \left[\frac{U_G^2}{2}\left(\frac{2\eta-1}{X_d} + \frac{1}{X_T} \right) \right]^2 - P^2 } \tag{4-111b}$$

　　根据式（4-111），可确定不同 P 值时的 Q 值（Q 为负值，在第Ⅳ象限），即获得了欠励限制特性在第Ⅳ象限内的各点，以表格的形式输入到 AER 中（与强励反时限曲线输入相似），这样就设定了 AER 的欠励限制特性。

　　为简化整定，可用线段 AB 取代上述的欠励限制特性。此时图 4-58 中 B 点的 P'_m 值由式（4-111a）求得为

$$P'_m = U_G^2 \sqrt{ \frac{\eta}{X_d}\left(\frac{1}{X_T} - \frac{1-\eta}{X_d} \right) } \tag{4-112}$$

　　如取 $U_G = 1$、$\eta = 0.6$、$X_d = 200\%$、$X_T = 14\%$，则 $P'_m = 1.44$，说明 P'_m 仍然比额定功率大得多。于是，AB 线段的两点坐标为 $(0, -Q'_m)$ 和 $(P'_m, 0)$。

　　在 AB 线段上，对应发电机额定有功功率 P_N 的进相无功功率 Q''_m 由图 4-58 求得为

$$Q''_m = \left(1 - \frac{P_N}{P'_m} \right) Q'_m \tag{4-113}$$

其中 P_N 为以发电机额定容量为基准的标么值，考虑到 $\dfrac{P_N}{S_N} = \cos\varphi_N$，则式（4-113）可改写为

$$Q''_m = \left(1 - \frac{\cos\varphi_N}{P'_m} \right) Q'_m \tag{4-114}$$

于是，AB 线段的两点坐标也可表示为 $(0, -Q'_m)$ 和 $(P_N, -Q''_m)$。

　　注意，欠励限制特性要以有名值输入。

3. 欠励瞬时限制实现

　　图 4-59 示出了欠励瞬时限制的流程，动作原理与图 4-57 相同。不同的是当 $Q > Q_x$ 时，计数器 count 在极短的时间内减 1，实现欠励瞬时限制；此外，进入欠励限制控制程序后，通过晶闸管触发角的控制，限制 Q 在相应的 Q_x 内。

四、$\dfrac{U}{f}$ 限制

　　发电机的 $\dfrac{U}{f}$ 限制，一般有两种方式。

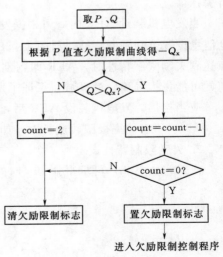

图 4-59　欠励瞬时限制流程
（Q 为进相无功功率）

（1）直接限制 n 值，n 值见式（4-13）。为与发电机过励磁保护配合，可取设定值 $n_{set}=1.06$。发电机在运行中，AER 不断测量 n 值，当 $n>n_{set}$ 时，就进入 $\dfrac{U}{f}$ 限制控制程序，减小励磁，使 n 值限制在 n_{set} 内。

（2）当频率 f 下降时，电压给定值按频率降低程度进行修改，使发电机的 n 值不超过规定值，与发电机过励磁保护进行配合，这在数字式 AER 中通过软件是容易实现的。图 4-60 示出了电压给定值按频率修改的曲线。当频率 $f\geqslant47.5\,\mathrm{Hz}$ 时，电压给定值不变，保持 U_{set1} 值，此时发电机机端电压为额定值，相当于设定的 $n_{set}=\dfrac{50}{47.5}=1.053$（当频率为 $50.5\,\mathrm{Hz}$ 时，$n_{set}=\dfrac{50.5}{47.5}=1.06$）；当频率 $45\,\mathrm{Hz}\leqslant f<47.5\,\mathrm{Hz}$ 时，电压给定值随频率下降而自动减小，如 n_{set} 保持不变，则 $U_{set2}=\dfrac{45}{47.5}U_{set1}$，即 $U_{set2}=94.7\%\,U_{set1}$；当频率 $f<45\,\mathrm{Hz}$ 时，进行逆变灭磁。

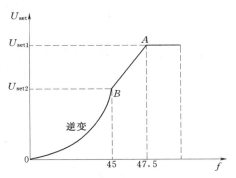

图 4-60　按频率修改电压给定值

由上分析可见，当 AER 测量到 $n>n_{set}$ 时（n_{set} 为 1.06），就进入 $\dfrac{U}{f}$ 限制控制程序，进行减励磁，使 n 值不超过 n_{set}。发电机空载运行时，同样可起到 $\dfrac{U}{f}$ 限制作用。

五、最大励磁电流瞬时限制

在自并励励磁系统中，当晶闸管整流桥直流侧发生短路故障时，如发电机转子滑环短路等，则励磁变压器二次电流剧增，超过发电机强励电流。虽然励磁变压器有过电流保护，但动作时限较长，为保护晶闸管元件、快速熔断器等，采用最大励磁电流瞬时限制。最大励磁电流瞬时限制一经动作，瞬时限制晶闸管控制角在预先规定的范围内，故障电流得到了限制。

最大励磁电流瞬时限制值应高于强励时的励磁电流，一般可取 2.5～2.8 倍额定励磁电流。

六、整流柜部分故障自动限制发电机负荷

在自并励励磁系统中，若晶闸管元件故障、快速熔断器熔断、或冷却风机停运等，则应根据具体情况是否限制发电机负荷。如多台整流桥并列运行，则当一台整流柜故障时，可不限负荷、不限强励；如接着另一台再发生故障时，则需限制发电机励磁电流，不致引起整流柜故障扩大，同时解除强励。

此外，AER 上还有过电压限制功能，在水轮发电机上可抑制发电机甩负荷引起的机端电压的升高。

第九节 同步发电机自并励磁

同步发电机自并励磁接线方式如图 4-20 所示，这种励磁方式应用相当广泛，大型发电机励磁几乎均采用这种励磁方式。

一、起励

起励有两种方式：残压起励和他励起励。

1. 残压起励

起励时发电机的端电压在发电机的空载特性曲线上。图 4-61 中的 de 曲线表示发电机的空载特性，其中 od 表示剩磁感应电压即残压，用 U_{cy} 表示。因现代大型发电机定子

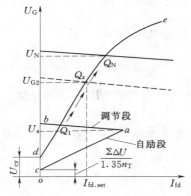

图 4-61 发电机自并励磁的残压起励

电压较高，所以残压相对也较高。如定子额定电压为 20kV，残压为 2.5％ 时，则 $U_{cy} = 2.5\% \times 20 = 0.5kV$；当励磁变压器变比 $n_T = 0.88/20kV$ 时，残压在励磁变压器二次形成的电压为 $0.5 \times \frac{0.88}{20} = 22V$。显然，残压足可使晶闸管的触发脉冲电路正确工作，整流桥中的晶闸管也可正确工作，无需采取措施。

考虑到励磁变压器变比 n_T、$U_{\varphi\varphi} = n_T U_G$，三相全控桥外特性由式（4-55）得到为

$$U_{fd} = 1.35 n_T U_G \cos\alpha - \frac{3}{\pi} I_{fd} X_T - \sum \Delta U$$

(4-115)

在残压起励过程中，晶闸管处全开放状态，即 $\cos\alpha \approx 1$；又 $U_{fd} = I_{fd} R_{fd}$（R_{fd} 为励磁绕组电阻），代入式（4-115）整理得到

$$U_G = \frac{1}{1.35 n_T}\left(R_{fd} + \frac{3}{\pi} X_T\right) I_{fd} + \frac{\sum \Delta U}{1.35 n_T}$$

(4-116)

在图 4-61 的坐标中，式（4-116）表示的是一条直线方程，该直线截距为 $\frac{\sum \Delta U}{1.35 n_T}$、斜率为 $\frac{1}{1.35 n_T}\left(R_{fd} + \frac{3}{\pi} X_T\right)$，该直线 ca 段称自励段。注意，在自励段时 AER 不工作。

发电机在起励过程中，转速达到 95％ 额定值时，AER 将自动投入工作。如 AER 处自动运行，即 AER 处在以机端电压为被调量的负反馈工作状态，则在自励过程中，机端电压 U_G 沿 ca 线段逐渐上升，到达 a 点（此时机端电压为 U_a）时 AER 自动投入工作，AER 进入调节段特性，如图 4-61 中的 ab 段（见图 4-50 中 AER 特性），与发电机空载特性交于 Q_1 点（对应有一定的机端电压）。但 AER 在转速未达 95％ 额定值前，已将电压给定值 U_{set} 置额定值，于是 AER 的调节段特性迅速向上平移，Q_1 点沿 de 曲线同时迅速向上移动，机端电压迅速上升，直到稳定在 Q_N 点运行，此时的机端电压为额定值 U_N。

需要指出，大型发电机上的 AER，机端电压为 5％额定值就可工作，所以图 4-61 中的 a 点电压 U_a 约为 5％额定电压。

当 AER 处手动运行时，即 AER 处在以励磁电流为被调量的负反馈工作状态。因为励磁电流给定值可以调整，所以机端电压随励磁电流给定值而发生变化，因此晶闸管并不处在全开放状态，故三相全控桥的外特性如式（4-115）所示，考虑到 $U_{fd}=R_{fd}I_{fd}$ 整理得到

$$U_G = \frac{1}{1.35n_T\cos\alpha}\left(R_{fd}+\frac{3}{\pi}X_T\right)I_{fd} + \frac{\sum\Delta U}{1.35n_T\cos\alpha} \tag{4-117}$$

式（4-117）同样是一条直线方程，该直线截距为 $\dfrac{\sum\Delta U}{1.35n_T\cos\alpha}$、斜率为 $\dfrac{1}{1.35n_T\cos\alpha}$ $\times\left(R_{fd}+\dfrac{3}{\pi}X_T\right)$。与式（4-116）表示的直线特性相比，不同的是截距与斜率随 α 角发生变化，直线特性与图 4-61 中的 ca 段相似。在 AER 自励过程中，机端电压同样达到 U_a 时 AER 自动投入工作，形成与图 4-61 相同的调节段特性。与空载特性曲线的交点 Q_1 不会迅速上升到 Q_N 点，而是稳定在与给定励磁电流相应的机端电压上。如果给定励磁电流为 $I_{fd.set}$，则 Q_1 点上升到 Q_2 点并在 Q_2 点稳定运行，相应的机端电压为 U_{G2}。显而易见，给定励磁电流发生变化时，Q_2 点相应变动，机端电压也相应变动。因此，AER 处手动运行时，机端电压可方便调整，适宜发电机作空载试验运行。机端电压的调整范围在（5％～130％）U_N。

由上分析可见，AER 不论处自动还是手动位置，自励建电压的条件是：图 4-61 中 $\overline{od}\geqslant\overline{oc}$，即

$$U_{cy} \geqslant \begin{cases} \dfrac{\sum\Delta U}{1.35n_T} & \text{（自动）} \tag{4-118a} \\[3mm] \dfrac{\sum\Delta U}{1.35n_T\cos\alpha} & \text{（手动）} \tag{4-118b} \end{cases}$$

取 $\sum\Delta U=3\text{V}$、$n_T=0.88/20\text{kV}$，则 $\dfrac{\sum\Delta U}{1.35n_T}=\dfrac{3}{1.35\times0.88/20}=50.5\text{V}$；如取 $\alpha=80°$，则 $\dfrac{\sum\Delta U}{1.35n_T\cos\alpha}=\dfrac{3}{1.35\times0.88/20\times\cos80°}=291\text{V}$，是额定电压的 1.5％。因此，发电机只要有剩磁，一般情况下均能自励建压。

2. 他励起励

当发电机剩磁不足或没有剩磁时，就需要他励起励来建起发电机电压。起励电源来自厂用蓄电池直流 220V 电源，也可由厂用交流降压整流提供。

他励起励容量只要能建立使可控整流桥的晶闸管可靠导通所需阳极电压对应的机端电压即可，一般不大于空载励磁电流的 10％，他励容量很小。在起励过程中，会出现起励电路与 AER 同时工作的状态，由于起励电路中有反向阻塞二极管（图 4-40、图 4-20 中的二极管 V），整流桥不会发生向蓄电池倒充电的情况。当发电机起励过程中图 4-61 中的 Q_1 点上升到约 20％U_N 机端电压时，起励电路自动断开。

上述残压起励或他励起励，AER 在自动或手动方式时，均是工作在闭环负反馈的形式，因此 AER 的调节段与发电机空载特性有明确的交点，如图 4-61 中的 Q 点，有稳定

的机端电压。在有些模拟式 AER 中，手动有两种方式：①闭环工作，即以励磁电流为被调量的负反馈工作状态，起励过程如前述；②开环工作。开环工作时三相全控桥的外特性如式（4－115）所示，此时的 α 角手动调整，与机端电压或励磁电流无直接关系，故 U_G 与 I_{fd} 的关系如式（4－117）；由于 AER 开环工作，不形成图 4－61 中的 ab 段调节特性。正因为如此，发电机机端电压稳定在式（4－117）示出的 $U_G = f(I_{fd})$ 特性与空载特性的交点上。

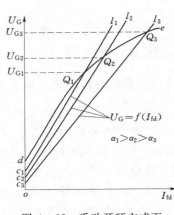

图 4－62　手动开环方式下
调整发电机空载电压

分析式（4－117）容易看出，控制角 α 增大时，$U_G = f(I_{fd})$ 直线截距和斜率都增大，相应的与空载特性的交点下移，机端电压降低，如图 4－62 所示。图中直线 l_1、l_2、l_3 的控制角分别为 α_1、α_2、α_3，并且 $\alpha_1 > \alpha_2 > \alpha_3$；$l_1$、$l_2$、$l_3$ 与空载特性分别交于 Q_1、Q_2、Q_3 点，机端电压分别为 U_{G1}、U_{G2}、U_{G3}。可见，手动开环调整 α 角，可改变机端电压。但是，应当看到增大 α 角降低机端电压时，c 点逐渐上移，$U_G = f(I_{fd})$ 斜率相应增大，出现 $U_G = f(I_{fd})$ 特性交于空载特性的线性段，交点不明显，机端电压不稳；当进一步降低电压时，可能出现 $U_G = f(I_{fd})$ 特性与空载特性线性段重合的现象，无明确交点，机端电压不稳定。

因此，发电机空载试验时，AER 应处闭环手动方式。

二、对继电保护的影响

为分析自并励发电机对继电保护的影响，就要分析外部短路故障时发电机供给的短路电流，在此基础上再讨论对继电保护的影响。

（一）外部短路故障时发电机供给的短路电流

为便于得到实用的短路电流表示式，简化条件如下：

（1）短路过程中发电机转速不变化，因此同步发电机基本方程中没有发电机电动势。

（2）因为计算的是发电机供给的周期分量电流，不计非周期分量电流，所以同步发电机基本方程中非周期分量的变压器电动势为零。

（3）AER 的响应速度很快，AER 的时滞远小于励磁绕组的时间常数，所以可不计 AER 的时滞。这样，强励时控制角 α 瞬时减小到 α_K，实现发电机的强励。

（4）不计定子回路电阻的影响。

（5）短路电流中的超瞬变分量与励磁方式无关，完全取决于阻尼绕组的作用，故短路电流中的超瞬变分量可用通常的实用计算法求得。

当发电机经外电抗 X_s 发生三相短路时，在上述简化条件下，发电机供给的短路电流中只有 d 轴分量，没有 q 轴分量，根据附录一的分析，发电机供给的 d 轴短路电流分量为

$$I_{d*}^{(3)} = \left(I'_{d0*} + \frac{\sum \Delta U_*}{bR_{\sum K*}} \right) e^{-\frac{t}{T'_{dK}}} - \frac{\sum \Delta U_*}{bR_{\sum K*}} \qquad (4-119)$$

式中 $I_{d*}^{(3)}$——以发电机额定电流为基准的发电机 d 轴三相短路电流（周期分量）标么值；

$\quad I'_{d0*}$——以发电机额定电流为基准的短路初瞬定子电流标么值；

$\quad \sum \Delta U_*$——以转子侧基准电压为基准的晶闸管压降的标么值；

$\quad b$——系数，$b=\dfrac{X_{d\Sigma*}}{X_{ad*}}$，其中 $X_{d\Sigma*}=X_{d*}+X_{s*}$，而 X_{ad*}、X_{d*}、X_{s*} 分别为发电机 d 轴定转子间互感抗、同步电抗、外接电抗标么值（以定子侧基准阻抗为基准）；

$\quad R_{\Sigma K*}$——自并励系统励磁回路等效电阻标么值（以转子侧基准阻抗为基准），表示式为 $R_{\Sigma K*}=R_{fd*}+R_{d*}-\dfrac{m}{b}X_{s*}\cos\alpha_K$，其中 R_{fd*} 为励磁绕组电阻标么值（以转子侧基准阻抗为基准）；$R_{d*}=\dfrac{3}{\pi}X_{T*}$（$X_{T*}$ 为励磁变压器电抗标么值，以转子侧基准阻抗为基准）；m 为系数，$m=1.35n_T\cdot\dfrac{U_N}{U_{fdB}}$，而 n_T 为励磁变压器变比，U_N、U_{fdB} 分别是定子侧、转子侧基准电压；α_K 为强励时整流桥的控制角；

$\quad T_{dK}$——自并励发电机励磁回路等效时间常数，$T_{dK}=T'_d\dfrac{R_{fd*}}{R_{\Sigma K*}}$，而 T'_d 为计及外电抗 X_s 后的励磁绕组时间常数。

短路初瞬的定子电流 I'_{d0*} 由故障前的负荷电流和故障分量电流组成。当短路前发电机处空载状态、故障前故障点电压为额定值（标么值为 1）时，故障初瞬定子电流 I'_{d0*} 可表示为

$$I'_{d0*}=\frac{1}{X'_{d*}+X_{s*}} \qquad (4-120)$$

式中 X'_{d*}——发电机瞬变电抗标么值（以定子基准阻抗为基准）。

如不计晶闸管压降，则发电机供给的 d 轴短路电流周期分量由式（4-119）得到为

$$I_{d*}^{(3)}=\frac{1}{X'_{d*}+X_{s*}}e^{-\frac{t}{T_{dK}}} \qquad (4-121)$$

考虑到阻尼绕组引起的超瞬变分量后，式（4-121）可表示为

$$I_{d*}^{(3)}=\left(\frac{1}{X''_{d*}+X_{s*}}-\frac{1}{X'_{d*}+X_{s*}}\right)e^{-\frac{t}{T''_d}}+\frac{1}{X'_{d*}+X_{s*}}e^{-\frac{t}{T_{dK}}} \qquad (4-122)$$

式中 X''_{d*}——发电机超瞬变电抗标么值（以定子基准阻抗为基准）；

$\quad T''_d$——考虑到外电抗 X_s 后的转子阻尼回路时间常数。

为便于比较，他励发电机在同样情况下（发电机励磁电流不调节）发生三相短路，发电机供给的 d 轴短路电流可表示为

$$I_{d*}^{(3)}=\left(\frac{1}{X''_{d*}+X_{s*}}-\frac{1}{X'_{d*}+X_{s*}}\right)e^{-\frac{t}{T''_d}}+\left(\frac{1}{X'_{d*}+X_{s*}}-\frac{1}{X_{d*}+X_{s*}}\right)e^{-\frac{t}{T'_d}}+\frac{1}{X_{d*}+X_{s*}} \qquad (4-123)$$

式（4-123）中第一项为短路电流的超瞬变分量，第二项为短路电流的瞬变分量，第三项为短路电流的稳态分量。

比较式（4-122）、式（4-123），自并励发电机的短路电流有如下特点：

（1）短路电流中没有稳态分量。

（2）短路电流中的瞬变分量不是按 T'_d 衰减而是按 T_{dK} 时间常数变化。当 $T_{dK} > 0$ 时，短路电流随时间不断衰减到零；当 $T_{dK} \to \infty$ 时，短路电流不衰减，保持初始值；当 $T_{dK} < 0$ 时，短路电流不衰减反而增大，直到 AER 限定值为止，或继电保护动作故障切除为止。可见，自并励发电机短路电流的变化主要受 T_{dK} 影响。

（二）T_{dK} 分析

因自并励发电机短路电流的性质受 T_{dK} 影响，所以有必要对 T_{dK} 进行分析。

令

$$R_{K*} = \frac{m}{b} X_{s*} \cos\alpha_K$$

则 T_{dK} 可作如下变换

$$
\begin{aligned}
T_{dK} &= T'_d \frac{R_{fd*}}{R_{\Sigma K*}} = T'_d \frac{R_{fd*}}{R_{fd*} + R_{d*} - R_{K*}} \\
&= T'_d \frac{R_{fd}}{R_{fd} + R_d - R_K} \\
&= T'_d \frac{R_{fd}}{R_{fd} + R_d} \frac{1}{1 - \dfrac{R_K}{R_{fd} + R_d}}
\end{aligned}
\tag{4-124}
$$

根据附录二分析，得到

$$\frac{R_K}{R_{fd} + R_d} = \frac{X_s}{X_d + X_s} \frac{\cos\alpha_K}{\cos\alpha_0} \tag{4-125}$$

式中　　α_0——短路故障发生前三相全控桥控制角。

在一般情况下，$\dfrac{R_{fd}}{R_{fd} + R_d} = 0.9 \sim 0.96$，于是式（4-124）可改写为

$$T_{dK} = (0.9 \sim 0.96) T'_d \frac{1}{1 - \dfrac{X_s}{X_d + X_s} \dfrac{\cos\alpha_K}{\cos\alpha_0}} \tag{4-126}$$

令 $T_{dK} \to \infty$ 时，短路电流不衰减，此时 X_s 为临界电抗 X_{cri}，于是有

$$1 - \frac{X_{cri}}{X_d + X_{cri}} \frac{\cos\alpha_K}{\cos\alpha} = 0$$

得到

$$X_{cri} = \frac{X_d}{\dfrac{\cos\alpha_K}{\cos\alpha_0} - 1} \tag{4-127}$$

其中 X_d 为不饱和值。当 X_d 以标么值表示时，则 X_{cri} 也是标么值。显然，当 $X_{s*} > X_{cri*}$ 时，自并励发电机的三相短路电流增大；当 $X_{s*} = X_{cri*}$ 时，自并励发电机的三相短路电流不衰减，保持初始值；当 $X_{s*} < X_{cri*}$ 时，自并励发电机的三相短路电流逐渐衰减到零。

对于自并励发电机经外接电抗 X_s 发生两相短路的情况，按正序等效原则，可以看成发电机经 $X_s + X_{\Sigma 2}$ 发生三相短路，其中 $X_{\Sigma 2}$ 为故障点系统的综合负序电抗。于是两相短路时的临界电抗 $X_{cri}^{(2)}$ 可表示为

$$X_{\mathrm{cri}}^{(2)} = \frac{X_{\mathrm{d}}}{\dfrac{\cos\alpha_{\mathrm{K}}}{\cos\alpha_0} - 1} - X_{\Sigma 2} \tag{4-128}$$

$X_{\mathrm{cri}}^{(2)}$、X_{d}、$X_{\Sigma 2}$ 可以为标么值。比较式（4-128）、式（4-127），有 $X_{\mathrm{cri}}^{(2)} < X_{\mathrm{cri}}$。

（三）影响及对策

1. 对速动保护的影响

讨论自并励发电机三相短路电流衰减的情况，即 $T_{\mathrm{dK}} > 0$ 的情况。

比较式（4-122）、式（4-123）可见，自并励发电机三相短路电流（用符号 $I_{\mathrm{d.\,I}}^{(3)}$ 表示）与他励发电机三相短路电流（用符号 $I_{\mathrm{d}}^{(3)}$ 表示）在同样情况下有相同的起始短路电流，即（省去标么值 $*$ 符号）

$$I_{\mathrm{d.\,I}}^{(3)}\big|_{t=0} = I_{\mathrm{d}}^{(3)}\big|_{t=0} = \frac{1}{X''_{\mathrm{d}} + X_{\mathrm{s}}} \tag{4-129}$$

对短路电流的瞬变分量衰减时间常数，前者为 T_{dK}，后者为 T'_{d}，由式（4-126）得到两者之比为

$$\frac{T_{\mathrm{dK}}}{T'_{\mathrm{d}}} = \frac{0.9 \sim 0.96}{1 - \dfrac{X_{\mathrm{s}}}{X_{\mathrm{d}} + X_{\mathrm{s}}}\dfrac{\cos\alpha_{\mathrm{K}}}{\cos\alpha_0}} \tag{4-130}$$

令 $X_{\mathrm{s}} = \rho X_{\mathrm{cri}}$，考虑到式（4-127）

$$\frac{T_{\mathrm{dK}}}{T'_{\mathrm{d}}} = (0.9 \sim 0.96)\frac{\dfrac{1}{1-\rho}\dfrac{\cos\alpha_{\mathrm{K}}}{\cos\alpha_0} - 1}{\dfrac{\cos\alpha_{\mathrm{K}}}{\cos\alpha_0} - 1} \tag{4-131}$$

式中 ρ——系数，$\rho < 1$。

表 4-1　不同 ρ 值时的 $\dfrac{T_{\mathrm{dK}}}{T'_{\mathrm{d}}}$（$\alpha_{\mathrm{K}} = 25°$、$\alpha_0 = 80°$）

ρ	0.1	0.2	0.3	0.4	0.5	0.6	0.7	0.8	0.9
$\dfrac{T_{\mathrm{dK}}}{T'_{\mathrm{d}}}$	1.06	1.22	1.42	1.70	2.08	2.66	3.61	5.53	11.28

当 $\alpha_0 = 80°$、$\alpha_{\mathrm{K}} = 25°$时，不同 ρ 值时的 $\dfrac{T_{\mathrm{dK}}}{T'_{\mathrm{d}}}$ 比值如表 4-1 所示（系数取中间值 0.93）。

明显可见，有 $T_{\mathrm{dK}} > T'_{\mathrm{d}}$，这说明自并励发电机三相短路电流衰减速度（$T_{\mathrm{dK}} > 0$ 时）比他励发电机三相短路电流衰减速度慢；并且当 ρ 值增大即外接电抗 X_{s} 增大时这种差别也随着相应增大。图 4-63 示出了自并励发电机和他励发电机经外电抗 X_{s}（$X_{\mathrm{s}} < X_{\mathrm{cri}}$）三相短路时发电机短路电流变化曲线，在短路故障发生的初始一段时间内，自并励发电机的短路电流比他励发电机的短路电流要大。

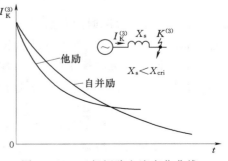

图 4-63　三相短路电流变化曲线

当 $\alpha_0 = 80°$、$\alpha_K = 25°$ 时，由式（4-127）得

$$X_{\text{cri}} = \frac{X_d}{\dfrac{\cos 25°}{\cos 80°} - 1} = 0.237 X_d \qquad (4-132)$$

发电机经外电抗 X_s 三相短路时，T'_d 可表示为

$$T'_d = \frac{X'_d + X_s}{X_d + X_s} T_{d0}$$

将 $X_s = \rho X_{\text{cri}}$ 代入，考虑到式（4-132），可得到

$$T'_d = \frac{X'_d + 0.237 \rho X_d}{(1 + 0.237 \rho) X_d} T_{d0} \qquad (4-133)$$

式中　T_{d0}——发电机定子回路开路时励磁绕组时间常数。

取大型发电机的 $X'_d = 0.26$、$X_d = 200\%$、$T_{d0} = 10\text{s}$，不同 ρ 值时的 T'_d 如表 4-2 所示。可见，T'_d 随着 ρ 值增大逐渐增大。实际上当 $\rho = 0 \sim \infty$ 变化时，T'_d 由最小值（机端三相短路）变化到 T_{d0}（定子开路）。

表 4-2　　　　　　　　不同 ρ 值时的 T'_d（$X'_d = 0.26$、$X_d = 200\%$、$T_{d0} = 10\text{s}$）

ρ	0	0.1	0.2	0.3	0.4	0.5	0.6	0.7	0.8	0.9	1.0
T'_d（s）	1.3	1.50	1.69	1.88	2.05	2.22	2.38	2.54	2.69	2.83	2.97

根据以上分析，自并励发电机在短路故障发生的初始一段时间内有较大的短路电流（见图 4-63）；有较长的衰减时间常数（见表 4-1）；衰减时间常数也在 1s 以上，由表 4-1、表 4-2 得到 $\rho = 0.1$ 时的衰减时间常数为

$$T_{\text{dK·min}} = 1.06 \times 1.5 = 1.59\text{s}$$

因此，自并励发电机对发电机的速动保护不会带来任何不利影响。

2. 对后备保护的影响

自并励发电机经 X_s 发生短路故障，当 $X_s < X_{\text{cri}}$ 时，自并励发电机的短路电流中没有稳态分量，因而对发电机的后备保护带来影响。但由表 4-1、表 4-2 可见，发电机的短路电流有较长的衰减时间常数，如当 $X_s = 0.3 X_{\text{cri}}$ 时，则 T_{dK} 为

$$T_{\text{dK}} = 1.42 \times 1.88 = 2.67\text{s}$$

而此时的短路电流并未衰减到零值，仍然有较大的短路电流，约衰减到初始值的 $\dfrac{1}{3}$ 左右。

而当 X_s 较小时，衰减时间常数减小，当达到后备保护动作时间时，发电机的短路电流可能已经很小了，注意 X_s 较小时机端电压必然相应降低。

在自并励发电机后备保护中，大量采用的是低电压起动的过电流保护、复合电压起动的过电流保护、电压制动式过电流保护，说明如下。

（1）低电压起动的过电流保护。图 4-64 示出了这一保护方式逻辑原理图，其中 U_{ab}、U_{bc}、U_{ca} 为反应机端相间低电压的元件，I_a、I_b、I_c 为反应发电机中性点侧的过电流元件。为防止近处发生短路故障时电流元件返回，设置了记忆时间元件 t_0，t_0 时限比第一时限 t_1、第二时限 t_2 大一个时间级差，即记忆时间 t_0 为

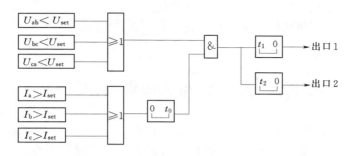

图 4-64 自并励发电机低压起动的过电流保护原理图

$$t_0 = \max\{t_1, t_2\} + \Delta t \qquad (4-134)$$

（2）复合电压起动的过电流保护。图 4-65 示出了这一保护方式逻辑原理图，I_a、I_b、I_c 为反应发电机中性点侧的过电流元件，$U_{\varphi\varphi}$ 为反应机端的相间低电压元件，U_2 为反应机端的负序电压元件，$U_{\varphi\varphi}$、U_2、H2 组成了复合电压元件。为防止近处短路故障时电流元件返回，动作信号通过或门 H3 自保持，实现电流"记忆"。这种"记忆"方式与图 4-64 中的电流"记忆"方式有所不同，图 4-65 中复合电压一消失，"记忆"立即解除。

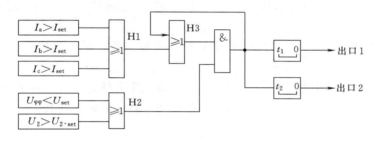

图 4-65 自并励发电机复合电压起动的过电流保护原理图

（3）电压制动式过电流保护。电压制动式过电流保护就是电流元件的动作电流随机端电压大小变化，机端电压降低时动作电流自动降低，机端电压愈低动作电流也降得愈低，防止了近处短路故障时电流元件的返回。图 4-66（a）示出了电压制动式过电流保护原理图，其中电流元件的动作电流为 kI_{set}（I_{set} 按躲过最大负荷电流条件整定），k 随机端相间电压 $U_{\varphi\varphi}$ 变化，特性如图 4-66（b）所示。

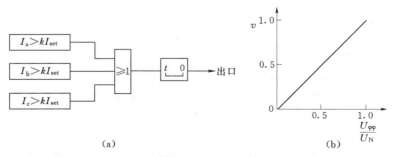

图 4-66 自并励发电机电压制动式过电流保护
（a）原理图；（b）电压制动特性

短路故障离发电机愈近，机端电压必然降低愈多，动作电流同样下降得愈快。应当指出，发电机变压器组高压母线发生三相短路故障，在整定的延时时间内，电流元件应满足灵敏度的要求。

第十节　同步发电机的继电强行励磁

AER 应有强励作用，即机端电压降低到一定程度，以最快的速度将发电机的励磁电压升高到顶值。近代大型发电机上的 AER 均有强励作用，但对某些中小机组上的 AER，可能存在某些短路故障没有强励效果或励磁顶值不高、励磁响应速度不够快等缺陷。在这种情况下，可设置由继电器组成的继电强行励磁装置（简称继电强励），起 AER 强励的后备作用。

一、接线原则

继电强励由低电压元件起动，而低电压元件的接线方式应遵循如下原则。

（1）当 AER 在某种短路故障下没有强励能力或无法强励时，继电强励应优先反应这些失灵故障的形式，即继电强励在这种情况下应优先起动，满足与 AER 相别配合的要求。

（2）为避免继电强励与 AER 电压相别配合的复杂性，继电强励可采用正序电压起动。这样继电强励可反应各种形式的短路故障。

（3）继电强励不具备正序电压起动条件时，低电压元件应按机组容量分别接于不同名的相间电压上，这样电力系统发生不同相别的相间短路故障时，均有一定数量发电机实现继电强励。

（4）当 AER 对各种短路故障均能进行强励时，但强励能力不够还需装设继电强励时，则应使继电强励有尽可能多的机会动作。

二、强励指标

强励倍数与励磁电压响应比是衡量强励能力（包括继电强励）的两个指标。

1. 强励倍数

强励倍数 K_Q 表示为

$$K_Q = \frac{U_{fd \cdot max}}{U_{fdN}} \qquad (4-135)$$

式中　　$U_{fd \cdot max}$——强励时实际能达到的最高励磁电压；

　　　　U_{fdN}——额定励磁电压。

当然，K_Q 愈大，强励效果愈好。但提高 K_Q 值受到励磁系统结构和设备费用的限制，一般 $K_Q \leqslant 2$。

2. 励磁电压响应比

励磁电压响应比又称励磁电压响应倍率，能反映出励磁响应速度的大小。注意到强励时励磁电压必须要通过转子磁场才能起作用，而转子回路具有较大的时间常数，所以转子磁场的增加滞后励磁电压的增加。实际上，采用强励开始的一小段时间内（用 Δt 表示）转子磁通（磁链）的增加量（用 $\Delta\Phi$ 表示）描述励磁响应速度。

设强励时励磁绕组上电压为 $u_{fd}(t)$，励磁绕组的磁通量为 Φ，注意到励磁绕组是一个大的电感回路（可不计电阻影响），则有

$$u_{fd}(t) \approx K \frac{\mathrm{d}\Phi}{\mathrm{d}t}$$

即
$$\Delta\Phi = \Phi_t - \Phi_0 = \frac{1}{K}\int_0^t u_{fd}(t)\,\mathrm{d}t \qquad (4-136)$$

式中　K——与励磁绕组匝数、结构有关的常数；

　　　　Φ_0——强励开始时励磁绕组磁通量；

　　　　Φ_t——强励 t 秒时励磁绕组磁通量。

如取 $t=\Delta t$，则式（4-136）表示的 $\Delta\Phi$ 就反映了强励时的励磁响应速度。

对于图 4-19 直流励磁机的励磁系统来说，强励时由于励磁机存在时滞作用，发电机的励磁电压起始上升较慢、然后较快上升、最后又缓慢上升到顶值，励磁电压 u_{fd} 变化曲线如图 4-67（a）所示。对于图 4-22、图 4-20 快速励磁系统来说，强励时发电机励磁电压几乎是瞬间上升的，励磁电压 u_{fd} 变化曲线如图 4-67（b）所示。对于图 4-21 励磁系统来说，因励磁机的时滞作用（时滞较小），强励时励磁电压 u_{fd} 上升速度比图 4-67（b）示出的曲线要慢。

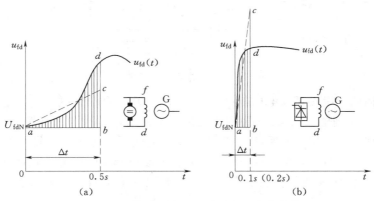

图 4-67　强励时发电机励磁电压变化曲线
（a）直流励磁机励磁系统；（b）快速励磁系统

根据定积分定义，式（4-136）表示的 $\Delta\Phi$ 与图 4-67 中的阴影线部分面积成正比。显而易见，在同样 Δt 条件下，阴影线部分面积愈大，表示强励作用愈显著。

为描述励磁上升速度，并对不同励磁系统进行比较，通常将图 4-67 中 abd 阴影处面积等面积变换成 Δabc。这样，励磁电压的上升速率等效变换成常数。定义 Δt 内励磁电压等速上升的数值与额定励磁电压之比称励磁电压响应比，即

$$励磁电压响应比 = \frac{\overline{bc}/U_{fdN}}{\Delta t}（电压标么值/s） \qquad (4-137)$$

对直流励磁机系统，取 $\Delta t=0.5s$；对快速励磁系统，图 4-20、图 4-22 励磁系统，取 $\Delta t=0.1s$，图 4-21 励磁系统，取 $\Delta t=0.2s$。

不同的励磁系统,励磁电压响应比不同。对直流励磁机励磁系统,该值一般为 (0.8～1.2) U_{fdN}/s;对快速励磁系统,该值在 $3U_{fdN}/s$ 以上。

三、继电强励接线

图 4-68 示出了继电强励原理接线,其中的元件有两个低电压继电器 KV1 与 KV2、两个中间继电器 K1 与 K2、一个信号继电器 KS、一个接触器 KM。当机端电压降低到低电压继电器的动作值时,强励接触器 KM 的触头将励磁机磁场电阻 R_C、固定电阻 R_1 (为防止正常运行时 R_C 调到零值使发电机电压过高而设置) 短接,实现强励。励磁机励磁回路余下的电阻 R_g 和励磁机磁路的饱和程度决定了励磁顶值电压的大小。R_g 可防止励磁机的过电压,其阻值由制造厂规定。

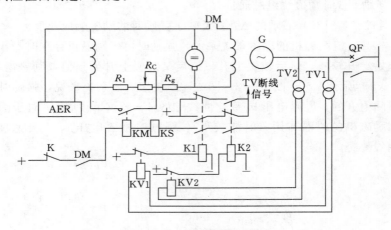

图 4-68 继电强励原理接线

强励动作回路中串接了发电机断路器辅助触点 QF、自动灭磁开关辅助触点 DM、逆变灭磁继电器 K 常闭触点 (当 AER 中不能逆变灭磁时,K 触点可不接入),用以保证发电机在起动过程中 (尚未接入系统)、事故跳闸、逆变灭磁过程中不发生误强励。采用接入不同 TV 二次同名相上的两个低电压继电器同时动作起动强励的方式,可有效防止任一TV 二次失压造成的误强励。当然,低电压继电器接入电压的相别应符合低电压元件的接线原则。

四、低电压继电器动作电压

低电压继电器动作电压应考虑到当发电机电压恢复到正常值时继电器能可靠返回,所以返回电压 U_{res} 为

$$U_{res} = \frac{U_N}{K_{rel}} \tag{4-138}$$

式中 U_N——电压互感器二次侧的发电机额定电压;

K_{rel}——可靠系数,取 $1.05～1.1$。

因此低电压继电器的动作电压 U_{op} 为

$$U_{op} = \frac{U_{res}}{K_{res}} \tag{4-139}$$

式中　K_{res}——低电压继电器返回系数，取 1.06。

将式（4-138）代入，得

$$U_{op} = \frac{U_N}{K_{rel} K_{res}} \qquad (4-140)$$

考虑到 $K_{rel} = 1.05 \sim 1.1$、$K_{res} = 1.06$，动作电压为

$$U_{op} \approx (89\% \sim 86\%)U_N \qquad (4-141)$$

一般取 $U_{op} = 85\% U_N$。

低电压继电器的返回系数在检验规程中要求不大于 1.06。这是因为系统电压降低到强行励磁装置动作需要一定的时间，且该时间愈短愈好。为保证整个装置灵敏性和快速性，要求强行励磁低电压继电器的返回系数比一般低电压继电器的要低。

当水轮发电机突然甩去大量负荷时，因调速装置尚来不及关闭导水翼，致使机组转速迅速升高，造成发电机过电压。在这种情况下，快速 AER 可进行逆变灭磁，限制发电机电压的升高。当不具备快速 AER 条件时，可设置继电强行减磁装置。

继电强行减磁装置接线与继电强行励磁装置接线相似。不同的是采用过电压继电器作强行减磁的起动元件（一般动作电压取 1.3 倍额定电压）；强行减磁动作后，在励磁机励磁回路中串接一个阻值为励磁机励磁绕组阻值几倍的电阻，进行强行减磁。

【复习思考题】

4-1　发电机经变压器与系统并列运行，机端电压受哪些因素的影响？

4-2　发电机经变压器与系统并列运行，改变发电机励磁电流，发电机有功功率、无功功率、功率角 δ、功率因数、机端电压变化吗？为什么？

4-3　发电机经变压器与系统并列运行，增加发电机的有功功率，发电机的无功功率、功率因数、功率角 δ、机端电压变化吗？为什么？

4-4　与系统并列运行中的发电机，降低励磁电流有何影响？为什么？

4-5　试说明 AER 中强励的作用。

4-6　大型发电机上的 AER，有哪些励磁限制功能？各限制起何作用？

4-7　发电机装设 AER 后，励磁电流与机端电压应有怎样的关系曲线？

4-8　发电机的 AER 退出运行时，发电机的外特性有何特点？为什么？

4-9　如何获得正、负调差系数？负调差特性在何种情况下使用？为什么？

4-10　说明并列运行发电机间怎样实现无功负荷的转移？

4-11　发电机经变压器与系统并列运行，当发电机的 AER 为无差特性时，发电机的无功负荷变动时机端电压可维持给定值不变；当 AER 为负调差特性时，机端电压不能维持给定值不变，而是随无功负荷的增大略有升高，这样的理解是否正确？为什么？

4-12　两台发电机机端直接并列运行，均装设 AER 装置，一台发电机的调差系数为 K_{add1}、另一台发电机的调差系数为 K_{add2}，若将两台发电机看作一台等值发电机，则该等值发电机的调差系数为多少？

4-13　试对发电机采用自并励励磁方式作评价。

4-14　运行中的同步发电机，调差系数为何不能过大或过小？

4-15 三相全控桥触发脉冲形成电路中，为何要采用同步电压？

4-16 三相全控桥电路工作中，当控制角 $\alpha=60°$时，若 A 相晶闸管 VSO1 的快速熔断器熔断，试画出输出电压 u_{fd}波形（不计换流压降）。

4-17 说明三相全控桥实现逆变的条件。

4-18 何谓三相全控桥的逆变角？为何逆变角不能过小？

4-19 三相全控桥在整流状态下工作，电源侧电抗上的电压降，怎样折算到直流侧？试说明。

4-20 数字式 AER 有哪些主要组成部分？各部分有何作用？

4-21 试说明数字式 AER 中移相触发脉冲移相的基本工作原理。

4-22 数字式 AER 有怎样的静态工作特性？试说明形成的工作原理。

4-23 说明数字式 AER 静态工作特性斜率与哪些因素有关。

4-24 试说明快速 AER 可能对发电机起负阻尼作用的原理。

4-25 何谓发电机的过励延时限制、欠励瞬时限制？如何实现？

4-26 何谓发电机的$\dfrac{U}{f}$限制？在 AER 中如何实现？与发电机的过励磁保护如何配合？

4-27 试说明具有 AER 的自并励发电机剩磁起励的过程。

4-28 为何具有 AER 的自并励发电机空载手动运行时也要闭环控制？

4-29 具有 AER 的自并励发电机，外部经电抗三相短路时，发电机的短路电流有何特点？

4-30 自并励发电机近处发生短路故障时，发电机的短路电流要衰减，衰减有何特点？

4-31 何谓电压制动式过电流保护？为何可作自并励发电机的后备保护？

4-32 继电强励中低电压继电器接线应注意什么？

4-33 继电强励中，为何低电压继电器要求有较低的返回系数？

4-34 何谓强励时的励磁电压响应比？

4-35 试分析讨论自并励发电机的强励能力。

第五章 按频率降低自动减负荷

第一节 概　　述

运行中的电力系统，安全和稳定是不可缺少的最基本条件。所谓安全，是指运行中的所有电气设备在不超过它们允许的电流、电压和频率的幅值、时间限额内运行，不安全的后果是引起电力设备的损坏；所谓稳定，是指电力系统可连续向负荷正常供电的状态。

电力系统在运行中，三种稳定性必须同时满足，即同步运行稳定性（静态稳定、暂态稳定、动态稳定）、频率稳定性和电压稳定性。

失去同步运行稳定性的后果，是系统发生振荡，引起系统中枢点电压大幅度周期摆动，输电设备电流大幅度周期摆动，负荷正常供电受到严重影响，如果处理不好，会导致电力系统长时间大面积的停电；失去频率稳定性的后果是系统发生频率崩溃，引起系统全停电；失去电压稳定性的后果是系统的电压崩溃，使受影响的地区停电。

电力系统中有各种措施来保证系统的稳定运行，按频率降低自动减负荷是保证电力系统频率稳定性的重要措施之一，简称 AFL。

一、电力系统非额定频率运行的影响

频率是电力系统运行的一个重要质量指标，反应了电力系统有功功率供需平衡的状态。在系统正常运行情况下，系统各点基本上是同一频率。当全系统的发电总有功出力满足了全系统负荷总需求、并能随负荷的变化而及时调整时，系统频率将保持额定值。如果电力系统有功功率供大于求，则系统的运行频率高于额定值；反之则低于额定值。

电力系统运行频率偏离额定值过多，对用户、汽轮发电机组、发电厂都会带来影响。受到普遍关注的是低频率运行问题，为预防频率崩溃造成电力系统全停，电力系统中配置 AFL 是十分必要的。

（一）对用户的影响

电力系统中大量负荷对频率偏离额定值无显著影响；对电子数据处理机、计算机，要求频率偏差在 $\pm(0.5\sim3)$ Hz；对造纸工业、纺织厂等负荷，要求频率偏差在 ±0.5Hz 以内。

可见，电力系统大量用户对频率并无十分严格的要求。

（二）对汽轮发电机组的影响

1. 对汽轮机的影响

汽轮机的设计，要求自然频率充分躲开额定转速及其倍频值，以免在运行中因机械共振造成过大的振动应力而使叶片损伤。当转速偏离额定值时，振动应力随频率偏离额定值

的增大而显著增大；叶片安全持续运行的时间随振动应力幅值的增大而显著缩短。

可见，为保证汽轮机的安全性，应设置异常频率保护，允许时间与累加允许时间随频率偏离额定值的增大而缩短。表 5-1 给出了大机组频率异常运行允许时间。

表 5-1　　大机组频率异常运行允许时间

频率（Hz）	允许运行时间	
	累计（min）	每次（s）
51.5	30	30
51.0	180	180
48.5~50.5	连续运行	
48.0	300	300
47.5	60	60
47.0	10	10

2. 对发电机的影响

我国 GB—7064—86《汽轮发电机通用技术条件》规定："发电机在额定功率因数、电压变动范围±5％和频率变动范围±2％时，应能连续输出额定功率"。

当运行频率降低时，通风量减小，因而功率随之降低。一般制造厂给出了频率与最大视在功率的关系曲线。

汽轮机对频率的限制要求比对发电机的限制要求要高。

3. 对火电厂辅机的影响

低频运行对火电厂辅机的影响与辅机所带机械负荷有关。频率降低时，对锅炉给水泵、循环水泵、凝给水泵等，出力降低较为明显，其他负荷影响相对小些。

4. 对压水堆核电厂的影响

低频运行对压水堆核电厂的主要影响是反应堆冷却水的流速。反应堆冷却水的流速与反应堆冷却介质泵的转速成比例，因而随供电频率改变而改变。频率降低时，冷却水流速降低，反应堆中的热量可能达到临界值而造成损伤。因此，驱动冷却介质泵的电动机带有大型飞轮，电动机跳闸断电的滑行过程中，仍然能满足堆芯冷却的要求。

（三）对火电厂的影响

频率降低除对汽轮机影响外；还使厂用电动机驱动功率降低，减少发电机组的机械输入功率，从而使发电机输出电功率降低，加剧了供需间的不平衡，进一步使系统频率降低，严重时将引起系统频率崩溃，发电厂全停。对于核能电厂，频率降低到反应堆冷却介质驱动电动机的滑行速度时，电动机自动断开，反应堆停止运行。

运行实践表明，电力系统频率不能长期维持在 49.5~49Hz 以下，事故情况下不能较长时间停留在 47Hz 以下，绝对不允许系统频率低于 45Hz。因此，当电力系统因故出现较大的功率缺额时，按频率下降的程度切除相应负荷，改善供需间平衡，阻止频率下降，以保证频率的稳定性，这就是 AFL 起的作用。

二、负荷的频率调节效应

电力系统的负荷电功率，与供电母线电压有关，也与系统频率有关。考虑到各供电母线电压有高、有低，同时在系统频率下降过程中同样可能出现供电母线电压升高、或降低、或不变，但各供电母线电压不会偏离正常值很多。因而，在简化分析计算中，负荷电功率仅与系统频率有关，可组成系统频率的函数。

系统负荷的电功率，有的与频率无关，如白炽灯、电热设备、电解槽等；有的与频率一次方成正比，如碎煤机、卷扬机、金属切削机床等；有的与频率的二次方或二次以上次方成正比，如通风机、水泵等。注意到不同电力系统中上述各类负荷有不同的比例，即使在同一电力系统中各类负荷的比例也随季节发生变化。因此，要确定系统负荷总功率与频率的确切关系是困难的。在通常情况下，负荷总功率 $P_{\Sigma L}$ 与系统频率 f 的关系式可描述为

$$P_{\Sigma L} = P_{\Sigma N} f_*^{K_L} \tag{5-1a}$$

或

$$P_{\Sigma L*} = f_*^{K_L} \tag{5-1b}$$

式中　　$P_{\Sigma N}$——额定频率 f_N 时系统总负荷功率；

$P_{\Sigma L}$——频率为 f 时系统总负荷功率；

f_*——频率标么值，$f_* = \dfrac{f}{f_0}$，f_0 为初始频率，一般 $f_0 = f_N$；

$P_{\Sigma L*}$——频率为 f 时系统总负荷功率标么值，$P_{\Sigma L*} = \dfrac{P_{\Sigma L}}{P_{\Sigma N}}$；

K_L——系统总负荷的频率调节效应系数。

由式（5-1b）作出 $P_{\Sigma L*}$ 与 f_* 的关系曲线如图 5-1 所示，即是负荷的静态频率特性曲线。在系统频率变化范围内，负荷的静态频率特性与直线十分接近。可明显看出，频率升高时，系统总负荷功率增加；频率降低时，系统总负荷功率减少。这就是负荷的频率调节效应。当系统有功功率不足引起系统频率下降时，负荷的频率调节效应可补偿一些有功功率的不足，可减缓和减轻系统频率下降的程度。负荷的这种调节效应愈显著，对减缓和减轻频率下降愈有利。

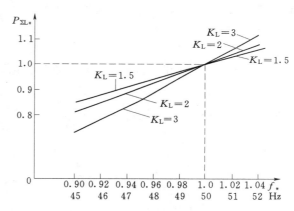

图 5-1　负荷的静态频率特性

负荷静态频率特性的斜率就是负荷的频率调节效应系数。由式（5-1b）可得

$$\left.\frac{\Delta P_{\Sigma L*}}{\Delta f_*}\right|_{f=f_N} = K_L f_*^{K_L-1}\Big|_{f=f_N} = K_L \tag{5-2}$$

求取电力系统的 K_L 值是困难的，一般采用估计值，通常可取 $K_L = 1\sim3$（也有的认为在 $1\sim2$）。K_L 愈大时频率调节效应愈显著，但作系统频率下降的最坏估计时，宜取实际可能的较小 K_L 值，如取 $K_L = 1.5$ 或 2。

第二节　电力系统功率缺额时频率的变化过程

为理解 AFL 的工作原理和整定 AFL，就应分析电力系统突然发生有功功率缺额后系统频率的变化过程。

分析时认为运行中的发电机组没有备用容量（旋转备用容量），即系统频率下降过程中发电机组的有功功率保持不变。当将电力系统简化为单机供电系统时，则系统的运行方

程为

$$J \frac{d\omega}{dt} = T_T - T \tag{5-3a}$$

$$T_T = \frac{P_{\Sigma G0}}{\omega} \tag{5-3b}$$

$$T = \frac{P_{\Sigma L}}{\omega} \tag{5-3c}$$

式中　　T_T、$P_{\Sigma G0}$——原动机施加于转子的机械转矩、相应于此机械转矩的电功率（运行
　　　　　　发电机输入功率之和）；

　　　T、$P_{\Sigma L}$——发电机的电磁转矩（输出转矩）、相应于此转矩的电功率（系统总负
　　　　　　荷功率）；

　　　J——发电机组的转动惯量。

设功率缺额 $P_{\Sigma L0} - P_{\Sigma G0}$ 发生瞬间，发电机转速为 ω_0（一般 ω_0 与额定值 ω_N 十分接
近），其中 $P_{\Sigma L0}$ 为功率，缺额发生瞬间负荷功率初始值，当然 $P_{\Sigma L} = P_{\Sigma L0} f_*^{K_L}$。功率缺额
发生后，发电机组转速要发生变化，即

$$\omega = \omega_0 + \Delta\omega \tag{5-4}$$

由于转速发生变化，机械输入转矩发生变化，即

$$T_T = T_{T0} + \Delta T_T \tag{5-5}$$

而 T_{T0} 为功率缺额发生瞬间转矩初始值，$T_{T0} = \dfrac{P_{\Sigma G0}}{\omega_0}$，机械转矩变化 ΔT_T 由式（5-
3b）得到为

$$\Delta T_T = \frac{dT_T}{d\omega}\bigg|_{\omega=\omega_0} \Delta\omega = -\frac{P_{\Sigma G0}}{\omega_0} \frac{\Delta\omega}{\omega_0} \tag{5-6}$$

于是式（5-5）可表示为

$$T_T = \frac{P_{\Sigma G0}}{\omega_0} - \frac{P_{\Sigma G0}}{\omega_0} \frac{\Delta\omega}{\omega_0} \tag{5-7}$$

同样，由于转速发生变化，负荷频率调节效应引起电磁转矩变化，即

$$T = T_0 + \Delta T \tag{5-8}$$

而 T_0 为功率缺额发生瞬间电磁转矩初始值，$T_0 = \dfrac{P_{\Sigma L0}}{\omega_0}$；功率缺额发生后，考虑到
$P_{\Sigma L} = P_{\Sigma L0} f_*^{K_L}$，由式（5-3c）得到电磁转矩的变化为

$$\Delta T = \frac{dT}{d\omega}\bigg|_{\omega=\omega_0} \Delta\omega = \frac{d}{d\omega}\left[\frac{P_{\Sigma L0}\left(\frac{\omega}{\omega_0}\right)^{K_L}}{\omega}\right]\bigg|_{\omega=\omega_0} \Delta\omega$$

$$= (K_L - 1)\frac{P_{\Sigma L0}}{\omega_0}\frac{\Delta\omega}{\omega_0} \tag{5-9}$$

于是式（5-8）可表示为

$$T = \frac{P_{\Sigma L0}}{\omega_0} + (K_L - 1)\frac{P_{\Sigma L0}}{\omega_0}\frac{\Delta\omega}{\omega_0} \tag{5-10}$$

将式（5-4）、式（5-7）、式（5-10）代入式（5-3a），就可得到功率缺额发生后考虑

到等值发电机转速变化的运行方程为

$$J \frac{\mathrm{d}\Delta\omega}{\mathrm{d}t} + \left[\frac{P_{\Sigma G0}}{\omega_0} + (K_L - 1) \frac{P_{\Sigma L0}}{\omega_0} \right] \frac{\Delta\omega}{\omega_0} = \frac{P_{\Sigma G0}}{\omega_0} - \frac{P_{\Sigma L0}}{\omega_0} \qquad (5-11)$$

如以 $M = \dfrac{J\omega_0{}^2}{S_N}$ 代入（M 为机组惯性常数，单位为 s），式（5-11）写成

$$M \frac{S_N}{\omega_0} \frac{\mathrm{d}}{\mathrm{d}t}\left(\frac{\Delta\omega}{\omega_0} \right) + \left[\frac{P_{\Sigma G0}}{\omega_0} + (K_L - 1) \frac{P_{\Sigma L0}}{\omega_0} \right] \frac{\Delta\omega}{\omega_0} = \frac{P_{\Sigma G0}}{\omega_0} - \frac{P_{\Sigma L0}}{\omega_0}$$

其中 S_N 为等值发电机容量。以 $P_{\Sigma G0*} = \dfrac{P_{\Sigma G0}}{S_N}$、$P_{\Sigma L0*} = \dfrac{P_{\Sigma L0}}{S_N}$ 代入，则上式化简为

$$M \frac{\mathrm{d}}{\mathrm{d}t}\left(\frac{\Delta f}{f_0} \right) + \left[P_{\Sigma G0*} + (K_L - 1)P_{\Sigma L0*} \right] \frac{\Delta f}{f_0} = P_{\Sigma G0*} - P_{\Sigma L0*} \qquad (5-12)$$

式（5-12）是系统突然发生功率缺额没有旋转备用容量情况下系统频率的变化方程，其中 f_0 为功率缺额发生时系统的初始频率，与额定频率 f_N 十分接近，或者等于额定频率。式（5-12）的解为

$$\frac{\Delta f}{f_0} = \frac{P_{\Sigma G0*} - P_{\Sigma L0*}}{P_{\Sigma G0*} + (K_L - 1)P_{\Sigma L0*}} \left\{ 1 - e^{-\frac{P_{\Sigma G0*} + (K_L-1)P_{\Sigma L0*}}{M}t} \right\} \qquad (5-13)$$

或

$$f = f_0 + \Delta f$$

$$= \left\{ 1 - \frac{P_{\Sigma L0*} - P_{\Sigma G0*}}{P_{\Sigma G0*} + (K_L - 1)P_{\Sigma L0*}} + \frac{P_{\Sigma L0*} - P_{\Sigma G0*}}{P_{\Sigma G0*} + (K_L - 1)P_{\Sigma L0*}} e^{-\frac{t}{T_f}} \right\} f_0 \qquad (5-14)$$

式中　T_f——系统频率变化时间常数，$T_f = \dfrac{M}{P_{\Sigma G0*} + (K_L - 1)P_{\Sigma L0*}}$。

由式（5-14）可见，当突然发生功率缺额时，系统频率由初始值 f_0 以时间常数 T_f 逐渐变化到稳态频率 f_∞，而 f_∞ 由式（5-14）得到为

$$f_\infty = \left\{ 1 - \frac{P_{\Sigma L0*} - P_{\Sigma G0*}}{P_{\Sigma G0*} + (K_L - 1)P_{\Sigma L0*}} \right\} f_0 \qquad (5-15)$$

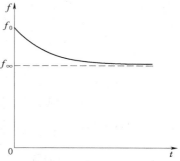

图 5-2　突然发生功率缺额后系统频率的变化曲线

图 5-2 示出了 f 的变化曲线。在复杂系统中，式（5-14）描述的 f 变化指的是平均频率的变化。

若系统具有旋转备用，则当系统突然发生功率缺额时，与无旋转备用相比，系统频率将降低得少。实际上，电力系统突然发生功率缺额时，不同地点的频率变化有不同的动态过程并具有振荡性质。系统平均频率的变化如式（5-14）描述。

第三节　AFL 工 作 原 理

AFL 应考虑当系统突然发生功率缺额而无旋转备用时频率降低的问题。

系统无旋转备用而突然发生功率缺额，系统频率变化如式（5-14）所示。若定义过负荷系数（功率缺额系数）K 为

$$K = \frac{功率缺额发生时的负荷容量 - 留下的发电容量}{留下的发电容量}$$

即

$$K = \frac{P_{\Sigma L0*} - P_{\Sigma G0*}}{P_{\Sigma G0*}} = \frac{P_{\Sigma L0} - P_{\Sigma G0}}{P_{\Sigma G0}} \tag{5-16}$$

或

$$P_{\Sigma L0*} = (1+K)P_{\Sigma G0*} \tag{5-17}$$

代入式（5-15）则可得到发生功率缺额后系统的最终频率（稳态频率）为

$$f_\infty = \left\{ 1 - \frac{K}{1 + (K_L - 1)(1+K)} \right\} f_0 \tag{5-18}$$

可以看出，功率缺额愈多，即 K 值愈大时，系统的最终频率 f_∞ 愈低。为突然发生功率缺额后能迅速使系统频率恢复到接近额定值，应按频率降低自动减负荷，以保证系统的频率稳定性。另外，由式（5-18）可见，在同样功率缺额下，K_L 愈大即负荷的频率调节效应愈大时，系统的最终频率 f_∞ 相对高些。当求取 f_∞ 值时，宜取实际可能的较小 K_L 值。

系统突然发生功率缺额时，系统频率下降，由式（5-14）可求得频率变化率为

$$\frac{\mathrm{d}f}{\mathrm{d}t} = - \frac{P_{\Sigma L0*} - P_{\Sigma G0*}}{M} f_0 \mathrm{e}^{-\frac{t}{T_f}}$$

当以 $P_{\Sigma G0}$ 为基准功率时，考虑到式（5-17），上式改写为

$$\frac{\mathrm{d}f}{\mathrm{d}t} = - \frac{K}{M} f_0 \mathrm{e}^{-\frac{t}{T_f}} \tag{5-19}$$

可以看出，频率变化率愈来愈慢。在功率缺额起始时刻，频率变化率有最大数值，即

$$\left. \frac{\mathrm{d}f}{\mathrm{d}t} \right|_{max} = \left. \frac{\mathrm{d}f}{\mathrm{d}t} \right|_{t=0} = - \frac{K}{M} f_0 \tag{5-20}$$

频率变化最大值与过负荷系数 K 成正比，与等值机组惯性常数 M 成反比。

对于频率以指数曲线规律变化的时间常数，同样以 $P_{\Sigma G0}$ 为基准功率，由式（5-14）得到为

$$T_f = \frac{M}{1 + (K_L - 1)(1+K)} \tag{5-21}$$

当过负荷系数 K 愈大、负荷频率调节系数愈大时，系统频率变化时间常数愈短。

取 $M=10\mathrm{s}$、$K_L=1.5$，由式（5-18）、式（5-20）、式（5-21）可得到不同功率缺额（不同过负荷系数）时的系统最终频率 f_∞、最大频率变化率 $\left. \frac{\mathrm{d}f}{\mathrm{d}t} \right|_{max}$、频率变化时间常数 T_f，计算结果如表 5-2 所示，括号内数值为 $K_L=2$ 的情况。

表 5-2　　　　　不同功率缺额时的 f_∞、$\left. \frac{\mathrm{d}f}{\mathrm{d}t} \right|_{max}$、$T_f$ 值

K	0	5%	10%	15%	20%	30%	40%	50%	100%
f_∞ (Hz)	50	48.4 (48.8)	46.8 (47.6)	45.2 (46.5)	43.8 (45.5)	40.9 (43.5)	38.2 (41.7)	35.7 (40)	25 (33.3)
$\left. \frac{\mathrm{d}f}{\mathrm{d}t} \right|_{max}$ (Hz/s)	0	-0.25	-0.5	-0.75	-1	-1.5	-2	-2.5	-5
T_f (s)	—	6.56 (4.9)	6.45 (4.76)	6.35 (4.65)	6.25 (4.55)	6.06 (4.35)	5.88 (4.17)	5.71 (4)	5 (3.33)

由表 5-2 可见，系统突然发生功能缺额频率下降过程中，虽然发电机组的机械力矩力图增大 ［见式(5-6)，$\Delta T_{\mathrm{T}} > 0$］，负荷的制动力矩又力图减小 ［见式(5-9)，$\Delta T < 0$］，以缓解频率的下降速率和最终的下降频率，但即使有不大的过负荷（即不大的功率缺额），系统的最终频率也将下降到不被允许的数值，因此必须切除相应数量的负荷，才能使系统频率恢复到接近正常水平，避免发生频率崩溃的严重后果。

设切除相应负荷后系统的恢复频率为 f_{res}，令式(5-18)中的 $f_{\infty} = f_{\mathrm{res}}$，则可求得相应的过负荷系数为

$$K = \frac{K_{\mathrm{L}}}{1 - K_{\mathrm{L}} + \dfrac{f_0}{f_0 - f_{\mathrm{res}}}} \qquad (5-22)$$

注意到式(5-16)中的 $P_{\Sigma \mathrm{L}0} - P_{\Sigma \mathrm{G}0}$ 即为功率缺额 P_{V}，若切除的负荷功率为 P_{off}，则此时的过负荷系数为

$$K = \frac{(P_{\Sigma \mathrm{L}0} - P_{\mathrm{off}}) - P_{\Sigma \mathrm{G}0}}{P_{\Sigma \mathrm{G}0}} = \frac{P_{\mathrm{V}} - P_{\mathrm{off}}}{P_{\Sigma \mathrm{G}0}} \qquad (5-23)$$

将式(5-22)代入就可得到最终频率为 f_{res} 时应切去的负荷为

$$P_{\mathrm{off}} = P_{\mathrm{V}} - \frac{K_{\mathrm{L}}}{1 - K_{\mathrm{L}} + \dfrac{f_0}{f_0 - f_{\mathrm{res}}}} P_{\Sigma \mathrm{G}0} \qquad (5-24)$$

为保证系统的频率稳定性，应根据系统容量配置以及接线的方式，分析出可能发生的系统最严重的有功功率缺额 $P_{\mathrm{V \cdot max}}$，而实际 AFL 控制的减负荷量不应小于 $P_{\mathrm{V \cdot max}}$ 所对应的 $P_{\mathrm{off \cdot max}}$。

虽然已求出了 AFL 断开负荷的最大值 $P_{\mathrm{off \cdot max}}$，但是在系统发生有功功率缺额的事故时不允许 AFL 机械地按照最严重的故障来判断并断开全部允许断开的负荷，而是应该按照事故时有功功率缺额的大小来控制切除一定数量的负荷，使每次动作后系统频率能尽快恢复在预期的数值附近。实际运行上，系统事故时有功功率缺额值较难求取，所以将AFL 的动作分成若干轮（或称若干级，下同），每轮动作频率不同，切除的负荷一般也不完全相同（可以相同），如图 5-3 所示，其中 f_{n-1}、f_n、f_{n+1} 为 $n-1$ 轮、n 轮、$n+1$ 轮的动作频率，当然 $f_{n-1} > f_n > f_{n+1}$。当系统发生某个数值的有功功率缺额的故障时，系统频率下降到 f_{n-1}，AFL 的第 $n-1$ 轮动作，断开相应负荷。如果第 $n-1$ 轮动作后系统频率继续下降，则说明第 $n-1$ 轮动作后（前面的第 1 轮、第 2 轮、…、第 $n-2$ 轮均动作）所断开的负荷功率仍然不足以抵偿系统的有功功率缺额，系统频率继续下降。当系统频率

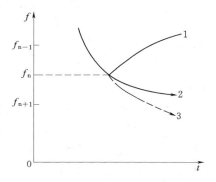

图 5-3 AFL 动作后频率变化

降低到 f_n 时，AFL 的第 n 轮动作，再断开相应的负荷。此时，根据系统有功功率缺额的大小，可能出现如下情况：

（1）系统频率开始回升，如图 5-3 中曲线 1。

（2）系统频率停止下降，开始稳定，如图 5-3 中曲线 2。

这两种情况说明直到 AFL 的第 n 轮动作后系统有功功率才重新获得平衡，断开的总负荷补偿了功率缺额，故 AFL 的第 $n+1$ 轮就不再动作。实际的动作过程是：发生功率缺额的事故后，系统频率下降，达到第 1 轮动作频率 f_1 时，切除一部分负荷；频率继续下降到第 2 轮动作频率 f_2 时，再切除一部分负荷；……频率下降到第 n 轮动作频率 f_n 时，再切除一部分负荷，直到此时系统频率不再下降了。

（3）第 n 轮动作后仍然存在有功功率缺额，频率继续下降，如图 5-3 中曲线 3，当频率降低到 f_{n+1} 时，第 $n+1$ 轮动作，再切除一部分负荷。

可见，AFL 是根据频率下降情况逐轮动作的，实质上是采取逐轮试探（就是逐次逼近）方法，求到系统每次有功功率缺额事故所应切除的负荷数值。即使是最严重的有功功率缺额事故，在 AFL 最末一轮动作后切除了 $P_{off \cdot max}$ 负荷，系统频率一般也会回升到希望的数值。

系统的每次有功功率缺额事故的程度难于预料，有时有功功率缺额少，有时有功功率缺额多，所以每次 AFL 动作的轮数也不完全相同。但完全可能出现图 5-3 中曲线 2 的情况，即第 n 轮动作切除负荷后，系统频率不回升也不继续往下降，而悬浮在下一轮动作频率之上，此时系统频率可能处于较低水平上。正常运行时，系统不允许长期在此频率水平上运行。这时，AFL 应采取特殊措施，再切去一部分负荷，使频率回升到希望值。

第四节 AFL 准则及有关问题

一、AFL 准则

为保证系统频率稳定性，电力系统中必须配置按频率降低自动减负荷装置（AFL），使系统负荷与运行发电机容量相适应，保证系统突然出现有功功率缺额后，使系统频率迅速恢复到接近额定值水平。AFL 的准则如下：

（1）当系统发生有功功率缺额频率下降时，必须及时切除相应容量负荷，使频率迅速恢复到接近额定频率运行，不引起频率崩溃，也不使系统频率长期悬浮在某一低值水平。

（2）AFL 动作频率应与大机组低频率保护相配合。在系统频率下降过程中的一段时间内，应保证大机组的低频率保护不动作，而 AFL 必须动作切除相应负荷使频率回升。否则，不能保证在这种情况下大机组的联网运行，造成事故进一步的恶化。

（3）当 AFL 过多切去负荷时，系统频率将过调，当最高频率超过某一定值时，可能引起系统中大机组的高频率保护动作跳闸以及其他机组因突然频率过高而引发的误跳闸。一般最高频率定值可取 51Hz。

（4）当系统中有核能电厂时，应保证系统频率下降达到的最低值必须大于核能电厂冷却介质泵低频率保护的整定值，以保证系统频率下降过程中核能电厂的联网运行。

二、实现 AFL 的有关问题

为使 AFL 充分发挥作用，必须注意以下六个有关问题。

（一）最高一轮与最末一轮的动作频率

从 AFL 动作的效果出发，为使系统严重有功功率缺额时频率不致降低到过低值，所以 AFL 第 1 轮动作频率不宜过低；大机组可以长期运行于 49.5Hz 以上，所以 AFL 第 1 轮动作频率应低于 49.5Hz。因此，第 1 轮动作频率不宜超过 49.1～49.2Hz，如取 48.5～49Hz。这样，当系统发生一定有功功率缺额时，借助旋转备用容量也可将系统频率恢复到 49.5Hz 以上，在频率下降的过程中，AFL 不会动作。

AFL 最末一轮的动作频率由系统所允许的最低频率下限确定，一般不低于 46.5Hz。

（二）各轮间的频率差和轮数

1. 关于各轮间的频率差

由式（5-21）可见，系统频率下降变化过程中的时间常数与功率缺额大小有关。当有功功率缺额较小即 K 值较小时，时间常数 T_f 较大，频率下降速度较慢，如图 5-4 中曲线 1→2→3；当有功功率缺额较大即 K 值较大时，时间常数 T_f 较小，频率下降速度较快，如图 5-4 中曲线 1→5→6。在有功功率缺额较小情况下，考虑到第 n 级低频率继电器负误差 f_Δ 后，低频率继电器在 2 点动作；再计及断路器跳闸时间 t_{off}，实际上第 n 级的负荷在 3 点被切除，频率开始回升，沿 3→4 曲线上升。在断路器跳闸时间内，频率下降了 Δf_1。当有功功率缺额较大时，考虑到第 n 级低频率继电器负误差、断路器跳闸时间后，第 n 级负荷在 6 点被切

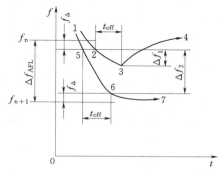

图 5-4　AFL 选择性动作说明示意图

除，设系统频率沿 6→7 变化，稳定在 f_{n+1} 附近。在断路器跳闸时间内，频率下降了 Δf_2。当有功功率缺额更大时，系统频率下降速度比曲线 1→5→6 更快，第 n 级负荷切除时，在断路器跳闸时间内频率下降了 Δf_3（图中未画）。显然，$\Delta f_3 > \Delta f_2 > \Delta f_1$。

设 AFL 第 $n+1$ 轮与第 n 轮的频率差为 Δf_{AFL}，考虑到第 n 轮低频率继电器负误差、第 $n+1$ 轮低频率继电器正误差后，当频率差取

$$\Delta f_{AFL} = 2f_\Delta + \Delta f_2 \tag{5-25}$$

时，则当有功功率缺额较小，且 AFL 的第 n 轮负荷切除时，第 $n+1$ 轮不会动作，保证了 AFL 轮间的选择性；当有功功率缺额更大时，可能出现第 n 轮负荷尚未断开时第 $n+1$ 轮就起动，但这种情况是被允许的。因此，可认为式（5-25）确定的轮间频率差是合理的，即第 n 轮动作切除负荷后，系统频率恰好稳定在第 $n+1$ 轮动作频率附近。一般情况下，Δf_2 约为 0.1～0.15Hz，当断路器跳闸很快时，Δf_2 就更小了。

因数字式低频率继电器误差很小，所以 AFL 轮间频率差可取 0.2～0.3Hz。考虑到系统频率下降时，不同地点的频率变化有不同的动态过程，并具有振荡性质，因此 Δf_{AFL} 不宜取得过小。

2. 轮数

由于最高一轮与最末一轮的动作频率已确定，当 Δf_{AFL} 确定后，轮数也就相应确定了。一般情况下取 3～7 轮。

为抑制频率下降，可考虑高频率轮间频率差取 0.2Hz，同时应采用动作值稳定、动作速度快、返回值高、返回快的数字式低频率继电器；低频率轮间频率差取 0.3Hz，以减少过切。

（三）最大有功功率缺额与每轮减负荷量

系统的最大有功功率缺额 $P_{V.max}$ 与系统具体情况有关，也与继电保护、自动装置配置有关。如果占系统总容量比重很大的发电厂或输电通道的输电线全部断开，这是引起系统频率严重下降的必须考虑的情况。在某些地区系统中，当主系统与地区系统因故解列时，地区系统可能会引起更严重的频率下降。

根据具体系统可分析出最大功率缺额，按式（5-24）可计算出相应的最大切负荷 $P_{off.max}$。一般电力系统中，$P_{off.max}$ 取系统最大负荷量的 $30\%\sim50\%$。

每轮减负荷量按轮数可均匀分配；也可适当增大最高一轮或高二轮切负荷的比例，以抑制严重有功功率缺额时的频率下降速度。实际 AFL 控制的减负荷量应不小于 $P_{off.max}$。

（四）AFL 动作时限

为了使 AFL 的动作情况反映系统的平均频率，而并非是 AFL 所接母线的频率瞬时值，因此 AFL 需带一定的时限。同时，在短路故障和切除的暂态过程中，该时限可防止因谐波分量引起频率测量误差或短时频率波动造成的 AFL 第 1 轮的误动作。

当时限设置过长时，不利于 AFL 轮间的选择性，也不利于抑制系统频率的下降。一般可以取 $0.15\sim0.3\text{s}$。

当 AFL 动作时限、轮间频率差取得较小时（如取 0.1Hz），AFL 的轮数增多，每轮的减负荷量会相应减少。在系统频率下降过程中，可减少减负荷量，所减负荷与最佳减负荷量也十分接近。但是，容易出现如下问题：

（1）在突然发生功率缺额频率下降的动态过程中，有些母线的频率变化呈振荡性质，容易造成 AFL 误切负荷。

（2）在水电比重较大的系统中，因水轮机组调速系统反应慢，所以在频率下降过程中容易过多地切去负荷而造成频率过调的问题。

因此，不能认为 AFL 的动作时限与每轮间的频率差愈小愈好。

（五）特殊轮（附加轮）

系统的每次有功功率缺额事故，有功功率缺额值难于预料，并且实际情况与预想情况有时有较大的差异。因此，当发生有功功率缺额频率下降时，有可能出现 AFL 的第 n 轮动作切除负荷后，频率悬浮在 f_{n+1} 附近，系统频率处于较低的数值。

为改变这种局面，AFL 中设置了动作频率较高、动作时限很长的特殊减负荷轮。当上述情况出现时，再切去一部分负荷，使系统频率恢复到接近额定值。

特殊轮的动作时限约为系统频率变化时间常数的 $2\sim3$ 倍，取 $15\sim25\text{s}$（如取 20s）。一方面可保证系统旋转备用已发挥作用但还不能恢复系统频率时才发挥作用；另一方面可保证 AFL 正常动作过程中特殊轮不发生误动作。

特殊轮的减负荷 $P_{off.spe}$ 由式（5-24）求得为

$$P_{off.spe} = \left(P_{V.max} - \sum_{k=1}^{n} P_{off.k}\right) - \frac{K_L}{1 - K_L + \dfrac{f_0}{f_0 - f_{res}}} P_{\Sigma G0} \qquad (5-26)$$

式中 $\sum\limits_{k=1}^{n} P_{\mathrm{off \cdot k}}$ —— 前 n 轮切去的总负荷量；

$\qquad f_{\mathrm{res}}$ —— 恢复频率，可取 $48.5 \sim 49\mathrm{Hz}$。第 n 轮具有较低的动作频率。

（六）小系统失去大电源

小容量电力系统中装有大容量机组，当大容量机组因故跳闸时，小系统就失去了大电源。另一种情况是终端地区电力系统由主系统供应相当比重的电力，当主系统失去供电时，终端地区系统失去了大电源。上述情况出现时，对小系统来说，有功功率缺额十分严重，可达到 50% 以上，甚至达到 100%。在频率崩溃发生的同时，还可能发生电压崩溃，甚至电压崩溃快于频率崩溃，出现系统电压全面降低，运行机组全面过电流而系统频率下降并不十分严重的特殊现象。

在这种情况下，AFL 并不能保证系统的安全运行，应在失去主电源的同时，自动或联锁切除相应的集中负荷，保证地区重要负荷的连续供电和地区电力系统的安全运行。

此外，AFL 应避免切除热电负荷。在频率下降过程中虽然从电气上切除了热电负荷，当然在同一时间也就在热力上停止了对这些负荷的供应。应当看到，发电厂热功率输出降低，也就降低了发电厂输出的电功率，使系统有功功率缺额反而增大。系统中热电厂具有一定比例时，尤其要注意避免 AFL 切除热电负荷。

第五节　按频率降低自动减负荷装置

电力系统中 AFL 的动作分为若干轮和特殊轮，每轮均有相应的切除负荷值。根据系统的具体接线和负荷的重要程度，将各轮（包括特殊轮）减负荷值配置在系统不同变电所中，即使是同一轮切除的负荷同样配置在不同变电所中。每个减负荷单元由低频率继电器、时间继电器、出口继电器组成。低频率继电器是主要元件，可测量变电所母线电压频率值。当频率下降到设定值时，低频率继电器动作，经设定时间，起动出口继电器。出口继电器动作后，就断开相应负荷。

一、由低频率继电器实现

1. 工作原理

图 5-5 示出了数字式频率继电器的原理框图。

自母线电压互感器的相间电压 $u_{\varphi\varphi}$ 经中间变压器 TV 降压后，一路供测量回路，另一路向稳压电源供电，作装置工作电源用。

输入电压信号经带通滤波器 LB 滤波后，获得平滑的正弦波电压信号，经过方波形成器 FB，整形为上升沿陡峭的方波电压，方波电压周期与输入电压周期相同。单稳态触发器 DW 将方波电压的上升沿展成一个 $4\sim5\mu\mathrm{s}$ 的脉冲，该脉冲周期与输入电压周期相同。在输入信号的每一周期开始时，计数器 JS 被清零，这样 JS 的计数值 N 即为被测信号一周期内 $200\mathrm{kHz}$ 石英振荡器的时钟脉冲数，于是输入电压的频率为

$$f = \frac{1}{N} \times 2 \times 10^5 (\mathrm{Hz}) \qquad\qquad (5-27)$$

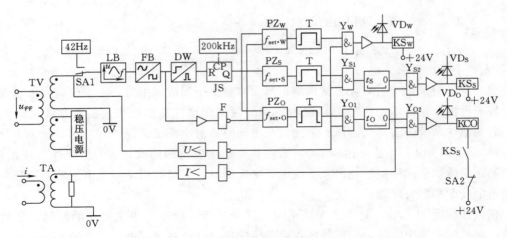

图 5-5 数字式频率继电器原理框图

当 $f=50\text{Hz}$ 时，$N=4000$，计数器有一个脉冲的计数误差，其误差为 $\dfrac{1}{4000}=$ 0.025%，即 50Hz 测到的频率值为 49.99Hz，完全可满足 AFL 对频率测量的要求。当然，提高计数脉冲频率，可提高测量精度。

继电器内设有三个频率动作回路。一级为正常监视回路（用下角符号 W 表示），整定频率 $f_{\text{set}\cdot\text{w}}=51\text{Hz}$，即整定计数脉冲 $N_\text{w}=4000\times\dfrac{50}{51}=3922$；二级为起动回路（用下角符号 S 表示），整定频率 $f_{\text{set}\cdot\text{s}}=49.5\text{Hz}$（稍高于 AFL 第一轮动作频率），即整定计数脉冲 $N_\text{s}=4000\times\dfrac{50}{49.5}=4040$；三级为输出回路（用下角符号 O 表示），整定频率按各轮设定频率整定，即整定 $f_{\text{set}\cdot\text{o}}$ 的计数脉冲。当频率整定电路 PZ$_\text{O}$ 测到的计数脉冲大于整定值即频率低于整定频率时，就有脉冲输出；因脉冲周期与工频电压周期相同，所以经 60～70ms 的脉冲展宽电路 T 后，就得到连续的输出信号。当频率升高时，由于脉冲展宽电路的作用，继电器带 60～70ms 延时返回。为防止输入信号为零（TV 断线）时频率整定电路误输出，通过反相器 F 实现闭锁，即只有 FB 有输出方波电压时，频率整定电路才开放。

三路输出均受低电压闭锁控制。低电压一般整定 60～70V，只有测量到的电压超过 60～70V，与门 Y_w、Y_{S1}、Y_{O1} 才可能开放。正常运行时，与门 Y_w 动作，VD$_\text{w}$ 指示灯亮、信号继电器 KS$_\text{w}$ 动作，发出本地、远方信号，表示装置工作正常；一旦信号消失，表示装置内部发生了故障，如工作电源故障消失、振荡器停振、计数器停止计数、TV 断线等，所以 VD$_\text{w}$ 指示灯亮、KS$_\text{w}$ 动作起到了监视作用。低电压闭锁控制与门 Y_{S1}、Y_{O1}，可防止母线附近发生短路故障或输入信号为零（TV 断线）时出现的误动作。当系统发生振荡时，母线电压以振荡周期出现摆动，借助 t_s 延时可防止振荡过程中可能发生的误动作。此外，当出现负荷反馈现象时，低电压闭锁也有一定的防止误动作作用。

在系统发生有功功率缺额频率下降过程中，若线路负荷电流大于 10%～25% 的正常负荷电流，则 Y_{S2} 动作，指示灯 VD$_\text{s}$ 亮发出信号，同时起动继电器 KSS 动作，给出口继电器 KCO 直流电源，为低频率继电器动作做好准备。当频率降低到 PZ_0 设定频率时，与门 Y_{O1} 动作，经 t_O 延时后，与门 Y_{O2} 动作，VD_O 指示灯亮，同时出口继电器 KCO 动作，继开相应负荷。可以看出，低频率继电器受负荷电流大小控制，负荷电流过小时（小于 10%～25% 的正常负荷电流）低频率继电器不可能动作，因为此时切去负荷对系统频率的恢复没有作用；同时，可防止负荷反馈引起的误动作。

采用起动级动作开放出口继电器的措施，可提高继电器工作可靠性和安全性。

当选择开关 SA 置试验位置时，SA2 断开了出口回路，同时 SA1 将 42Hz 信号引入继电器测量回路，于是监视级、起动级、输出级同时动作，同时发出光电信号。

2. 参数设定

参数设定的内容包括低频率继电器动作频率（AFL 各轮动作频率）、动作时限、监视频率、起动频率、低电流闭锁值、低电压闭锁值。

低电压闭锁值可取 60～70V（相间）；低电流闭锁值可取 10%～25% 的正常负荷电流。

AFL 各轮的动作时限是图 5-5 中的 t_O 值，如果是非特殊轮，则 t_O 可取 0.15～0.3s；如果是特殊轮，则 t_O 可取 20s。

设定动作频率时，应转换成相应的计数脉冲数，因采用的计数时钟脉冲频率为 200kHz，所以当整定频率为 f_{set} 时相应的计数脉冲数 N_{set} 为

$$N_{set} = \frac{2 \times 10^5}{f_{set}} \tag{5-28}$$

当输入电压一周期内实际计数值 $N > N_{set}$ 时，说明输入电压频率 $f < f_{set}$；反之，$f > f_{set}$。表 5-3 示出了不同 f_{set} 时相应的 N_{set} 值。

表 5-3 不同整定频率时的计数脉冲数

f_{set}（Hz）	51	50	49.5	49	48.5	48	47.5	47	46.5
N_{set}	3922	4000	4040	4082	4124	4167	4211	4255	4301

按式（5-28）可对各轮动作频率、起动频率、监视频率进行设定。

二、在线路保护中实现

由于数字线路保护的大量应用，并且数字测频也并不困难，在数字式线路保护中实现 AFL 功能不增加硬件，所以在 110kV 以下的数字线路保护中包含 AFL 功能。

图 5-6 示出了 AFL 功能逻辑框图，图由闭锁回路和动作回路两部分组成。

1. 闭锁回路

满足下列任一条件，AFL 即闭锁。

(1) 电压互感器二次回路断线，因为在这种情况下测不到真实系统的频率。

(2) 安装处母线正序电压低于闭锁值，闭锁正序电压可取 60～70V（相间）。这可防止线路三相短路故障、近处不对称短路故障、电压互感器二次回路断线时的误动作；借助 t_{op} 延时，对防止系统振荡、负荷反馈引起的误动作也有一定的作用。

(3) 保护安装处的负序电压大于 5V，可防止电压互感器二次回路断线、线路发生不

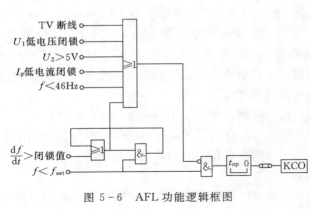

TV 断线
U_1 低电压闭锁
$U_2 > 5V$
I_φ 低电流闭锁
$f < 46Hz$

$\dfrac{\mathrm{d}f}{\mathrm{d}t} >$ 闭锁值
$f < f_{\mathrm{set}}$

t_{op} 0

KCO

图 5-6　AFL 功能逻辑框图

对称短路故障时的误动作。

（4）线路三相电流均小于闭锁值，闭锁电流可取 $10\% \sim 25\%$ 的正常负荷电流。其作用与图 5-5 中的低电流闭锁相同。

（5）系统频率低于 46Hz。实际上，当系统频率低于 46Hz 时，系统不能正常运行，当然应闭锁 AFL；即使不闭锁 AFL，在这种情况下再切去负荷也不能恢复系统的正常运行。

（6）频率滑差 $\left|\dfrac{\mathrm{d}f}{\mathrm{d}t}\right|$ 应大于闭锁值，可防止负荷反馈引起的误动作。注意到电源中断后，负荷反馈时的频率以指数曲线变化衰减，起始时的 $\left|\dfrac{\mathrm{d}f}{\mathrm{d}t}\right|$ 值最大，而后随着 f 的逐渐下降，$\left|\dfrac{\mathrm{d}f}{\mathrm{d}t}\right|$ 值也随着减小。为防止 f 逐渐降低过程中 $\left|\dfrac{\mathrm{d}f}{\mathrm{d}t}\right|$ 减小导致装置误开放，采用了 $f < f_{\mathrm{set}}$ 时的动作自保持措施，直到频率恢复到整定频率以上（$f > f_{\mathrm{set}}$）才复归。

可以看出，异常情况下按频率降低自动减负荷装置是一直处于闭锁不开放的状态。

2. 动作回路

系统发生有功功率缺额频率下降过程中，无上述闭锁信号，动作回路处开放状态。当系统频率下降到整定频率 f_{set} 时，t_{op} 延时起动，若 $f < f_{\mathrm{set}}$ 持续时间达到 t_{op} 值，则出口继电器 KCO 动作，断开该轮应切去的负荷。如果是非特殊轮，则 $t_{op} = 0.15 \sim 0.3s$；如果是特殊轮，则 $t_{op} = 20s$。

第六节　防止 AFL 误动作措施

导致 AFL 误动作一般有四种情况。

一、系统中旋转备用起作用前 AFL 可能误动作

旋转备用从投入到发挥作用需要一定的时间，特别是在水轮发电机的调速过程中表现得相当明显，其调速机构动作相对较慢，旋转备用发挥作用需较长的时间。因此，当系统发生有功功率缺额频率下降时，有可能出现旋转备用起作用前 AFL 发生动作的现象，容易发生在旋转备用大部分装设于水轮发电机的电力系统中。

为防止在旋转备用起作用前 AFL 装置误动作的措施有：①在旋转备用大部分在水轮发电机上的电力系统中，AFL 每轮间的频率差不能过小，每轮动作时限不能过短，否则当系统发生有功功率缺额频率下降时，AFL 误动作将过多切去负荷引起频率过调；②可增长第 1 轮和第 2 轮的动作时限，但会减弱严重有功功率缺额情况下抑制频率下降的速率；③可在频率恢复到额定值时进行自动重合闸，恢复供电。

二、供电电源中断负荷反馈引起 AFL 误动作

在地区负荷供电中断期间，地区负荷中的调相机、同步电动机、异步电动机相当于失去原动力的发电机。转速由起始值逐渐降低，最终停转；而异步电动机转子电流要衰减，最终衰减到零值。因此，供电电源中断后，母线综合电压逐渐衰减，母线电压的频率随转速降低而下降。减负荷装置主要测量的是频率，电压降很低时也能测量。于是，地区负荷供电中断期间，AFL 会动作，切去负荷。等到自动重合闸装置或备用电源自动投入装置动作恢复供电时，这部分负荷已被切去。为防止这种误动作，可采用以下措施：

（1）采用低电流闭锁。闭锁用电流取自线路电流或变压器电流，如图 5−7 所示。当电源中断时，TA 中无电流，将 AFL 闭锁，防止了误动作。为防止正常运行时误将 AFL 闭锁，闭锁动作电流 I_{op} 应小于 AFL 投入时的最小负荷电流，即

$$I_{op} = \frac{I_{loa \cdot min}}{K_{rel}} \tag{5-29}$$

式中　$I_{loa \cdot min}$ —— AFL 投入时的最小负荷电流，应考虑到同一变电所高一轮 AFL 动作后负荷电流有所减小的影响；

　　　K_{rel} —— 可靠系数，$K_{rel} = 1.2 \sim 1.3$。

一般情况下，取 10%~25% 的正常负荷电流就可满足要求。

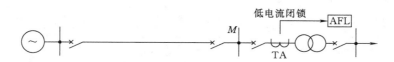

图 5−7　低电流闭锁取用的电流

图 5−5、图 5−6 中的低电流闭锁就起上述作用。

（2）采用低电压闭锁。当图 5−7 中 M 母线上具有转送线路时，若供电电源中断，则负荷反馈电流可能使低电流闭锁失效，当然适当提高低电流闭锁动作值并不一定失效。采用低电压闭锁可防止这种情况下的误动作。

供电电源中断时，低频率元件、低电压元件均要动作。若低电压元件先于低频率元件动作，则 AFL 被低电压元件闭锁，不会发生误动作；若低电压元件晚于低频率元件动作，则动作时间差小于 AFL 的动作时限时，同样不会发生误动作。

一般情况下，供电电源中断后，电压衰减要稍快于频率的衰减。为使闭锁可靠，AFL 较高轮的低电压闭锁值宜取高值，如 70V。为防止正常运行时误将 AFL 闭锁，低电压闭锁值应小于 AFL 投入时的最低工作电压，即

$$U_{op} = \frac{U_{w \cdot min}}{K_{rel}} \tag{5-30}$$

式中　$U_{w \cdot min}$ —— AFL 所在母线最低工作电压；

　　　K_{rel} —— 可靠系数，$K_{rel} = 1.2 \sim 1.3$。

一般情况下，U_{op} 可取 60~70V（相间）。

低电压闭锁还兼有 TV 二次回路断线闭锁 AFL 的功能、短路故障时防误动功能等。图 5-5、图 5-6 中的低电压闭锁就起上述作用。

（3）采用 $\left|\dfrac{\mathrm{d}f}{\mathrm{d}t}\right|$ 闭锁。系统发生有功功率缺额时，$\left|\dfrac{\mathrm{d}f}{\mathrm{d}t}\right|$ 最大值由式（5-20）得到为

$$\left|\frac{\mathrm{d}f}{\mathrm{d}t}\right|_{\max} = \frac{K}{M}f_0 \tag{5-31}$$

在同样功率缺额条件下，$\left|\dfrac{\mathrm{d}f}{\mathrm{d}t}\right|$ 与系统等值机组的惯性常数 M 成反比，注意到大系统的 M 值较大、小系统的 M 值较小，所以 $\left|\dfrac{\mathrm{d}f}{\mathrm{d}t}\right|_{\max}$ 在大系统较小、在小系统较大。由表 5-2 可见，在有功功率缺额系数 $K \leqslant 50\%$ 的条件下，大系统的 $\left|\dfrac{\mathrm{d}f}{\mathrm{d}t}\right|_{\max} \leqslant 2.5\mathrm{Hz/s}$；相应于中小系统，$\left|\dfrac{\mathrm{d}f}{\mathrm{d}t}\right|_{\max}$ 可取 $4 \sim 5\mathrm{Hz/s}$（对于容量特别小的系统，$\left|\dfrac{\mathrm{d}f}{\mathrm{d}t}\right|_{\max}$ 要增大）。

地区负荷供电中断后，$\left|\dfrac{\mathrm{d}f}{\mathrm{d}t}\right|$ 值与负荷性质、不同性质负荷组成的比例有关，具有较大的数值。一般可认为 $\left|\dfrac{\mathrm{d}f}{\mathrm{d}t}\right| \geqslant 5\mathrm{Hz/s}$。

因此，在大电力系统中，当 $\left|\dfrac{\mathrm{d}f}{\mathrm{d}t}\right| \leqslant 3\mathrm{Hz/s}$（中小电力系统中可取 $5\mathrm{Hz/s}$）时，频率下降由有功功率缺额所造成；当 $\left|\dfrac{\mathrm{d}f}{\mathrm{d}t}\right| > 3\mathrm{Hz/s}$（中小电力系统可取 $5\mathrm{Hz/s}$）时，频率下降是负荷反馈所致。前者应开放 AFL，后者应闭锁 AFL。

在图 5-6 中，可直接设定 $\left|\dfrac{\mathrm{d}f}{\mathrm{d}t}\right|$ 的闭锁值，如取 $3\mathrm{Hz/s}$（中小电力系统取 $5\mathrm{Hz/s}$）；在图 5-5 中，要实现 $\left|\dfrac{\mathrm{d}f}{\mathrm{d}t}\right|$ 闭锁，需增加闭锁级。闭锁级的动作频率 f_{op} 可表示为

$$f_{\mathrm{op}} = f_{\mathrm{set}} + 0.166\left|\frac{\mathrm{d}f}{\mathrm{d}t}\right|_{\max} \tag{5-32}$$

式中　f_{set}——AFL 第 n 轮动作频率。

对大电力系统，可取 $\left|\dfrac{\mathrm{d}f}{\mathrm{d}t}\right|_{\max} = 3\mathrm{Hz/s}$。如第一轮动作频率 $f_{\mathrm{set}} = 48.7\mathrm{Hz}$，则该轮闭锁级的动作频率为

$$f_{\mathrm{op}} = 48.7 + 0.166 \times 3 = 49.2\mathrm{Hz}$$

因为闭锁级动作后经 $0.166\mathrm{s}$ 开放该轮 AFL，所以当 $\left|\dfrac{\mathrm{d}f}{\mathrm{d}t}\right| < 3\mathrm{Hz/s}$ 时，闭锁级动作后频率下降到 $48.7\mathrm{Hz}$ 所需时间大于 $0.166\mathrm{s}$，该轮 AFL 可开放，允许动作；若 $\left|\dfrac{\mathrm{d}f}{\mathrm{d}t}\right| > 3\mathrm{Hz/s}$，则闭锁级动作后还未到 $0.166\mathrm{s}$ 频率已下降到 $48.7\mathrm{Hz}$，此时该轮 AFL 被闭锁，不允许动作。

（4）采用按频率自动重合闸纠正。除上述三种措施外，缩短供电中断时间，对防止误动作也是有利的。

三、系统振荡 AFL 可能误动作

电力系统正常运行时，频率为 50Hz。如有 0.2% 波动范围，则 f 在 49.9～50.1Hz 变化。当振荡周期为 1s 时，则频差为 1Hz，所以振荡过程中 AFL 不会发生误动作。

如果电力系统处低频运行，则振荡过程中 AFL 有可能发生误动作。此时，若图 5-5 中的 t_s 设定值大于 1s，则因躲过振荡周期起动回路不开放，可避免发生误动作。

在图 5-6 中，因系统振荡时正序电压随振荡周期摆动，所以正序低电压闭锁与动作延时也能起到一定的防止误动作作用。

应当指出，$\left|\dfrac{\mathrm{d}f}{\mathrm{d}t}\right|$ 闭锁不能用于振荡过程中防止 AFL 误动作。

四、AFL 其他误动作

电压互感器二次回路断线，使按频率降低自动减负荷装置无电压，从而测不到系统频率。为防止这种情况下 AFL 误动作，采用了 TV 断线闭锁、低电压闭锁。

电力系统短路故障时，谐波电压、非周期分量等可能使频率测量不正确，造成 AFL 误动；在小系统中，故障线路上的有功功率损失可能造成较大的功率缺额（由于电抗器作用，其他用户负荷基本不受影响），导致频率降低，造成 AFL 误动。为防止这种情况下 AFL 误动，应加快故障切除时间、采用负序电压闭锁等措施。

在较小容量的系统中，冲击负荷也可短时引起频率的波动，AFL 动作带少量延时就可避免发生误动作。

【复习思考题】

5-1　试说明电力系统低频运行的危害性。

5-2　何谓负荷的频率调节效应？频率调节效应系数与哪些因素有关？

5-3　系统发生有功功率缺额时，负荷的频率调节效应起何作用？

5-4　系统发生有功功率缺额时，如果将系统中的发电机看作一个等值机，该等值机的原动力矩（机械力矩）在频率下降过程中变化吗？

5-5　系统突然发生有功功率缺额，试说明系统的平均频率、各母线频率瞬时值的变化特点。

5-6　系统发生有功功率缺额时，$\left|\dfrac{\mathrm{d}f}{\mathrm{d}t}\right|$ 如何变化？$\left|\dfrac{\mathrm{d}f}{\mathrm{d}t}\right|$ 与哪些因素有关？

5-7　系统发生有功功率缺额时，平均频率变化时间常数与哪些因素有关？

5-8　AFL 为何要分轮动作？

5-9　每轮 AFL 为何要带少量时限？

5-10　AFL 的轮间频率差过小、每轮动作时限过小会带来什么问题？

5-11　AFL 中为何要设置特殊轮？特殊轮为何要带长时限？

5-12　AFL 前几轮，为何要采用动作频率稳定、返回系数高、动作与返回快速的低频率继电器？

5-13 试说明 AFL 中低电流闭锁、低电压闭锁的作用原理。

5-14 何谓 AFL 中的滑差闭锁？试说明作用原理。

5-15 某系统 AFL 的轮数、动作频率、断开功率、时限如表 5-4 所示，在发电功率保持不变的前提下，发生了 $22\%P_{\Sigma G0}$ 的功率缺额，若 AFL 正确动作，求系统的稳定频率是多少？计算时取负荷的频率调节效应系数 $K_L=2$。

表 5-4   题 5-16 中 AFL 数据

轮的序号	动作频率（Hz）	断开功率	动作时限（s）
1	48.5	$10\%P_{\Sigma G0}$	0.2
2	48.3	$9\%P_{\Sigma G0}$	0.2
3	48.0	$8\%P_{\Sigma G0}$	0.2
4	47.7	$8\%P_{\Sigma G0}$	0.2
5	47.4	$8\%P_{\Sigma G0}$	0.2
特殊轮	47.7	$8\%P_{\Sigma G0}$	20

第六章　电压稳定和电压控制

第一节　概　　述

随着电力工业的不断发展，大容量电厂通过超高压电网将电能输送给用户。在大电力系统中，必须控制电压水平，一方面是为了系统的安全运行，保证在各种运行状态下系统运行电压不低于某一规定最低值，防止出现电压崩溃事故和同步稳定的破坏；另一方面要保证供电质量，满足用户对电压水平的要求，当然运行电压不能高于规定的最高值；此外，在满足上述两个要求的条件下，应使电网的有功损耗尽可能小，以取得输电的经济性。

电压水平与无功功率以及无功补偿紧密相关。

一、功率的传输

有功功率的传输总是从发电机发出，经输电设备输送到用户，用户接受有功功率，如异步电动机将有功功率转变为机械功率。无功功率并不一定是发电机发出，补偿设备同样可发出无功功率。系统中吸收无功功率的元件较多，凡是电感性元件（异步电动机、变压器、输电线等）均要消耗无功功率。

无功功率规定正、负号。设系统中某点，传输方向上电流滞后电压，滞后的相角 $\varphi < 90°$，相量关系如图 6-1 所示。传输的视在功率有两种表示方法，即

$$S = \dot{U}\,\hat{I} = P + jQ \qquad (6-1a)$$

$$S = \dot{I}\,\hat{U} = P - jQ \qquad (6-1b)$$

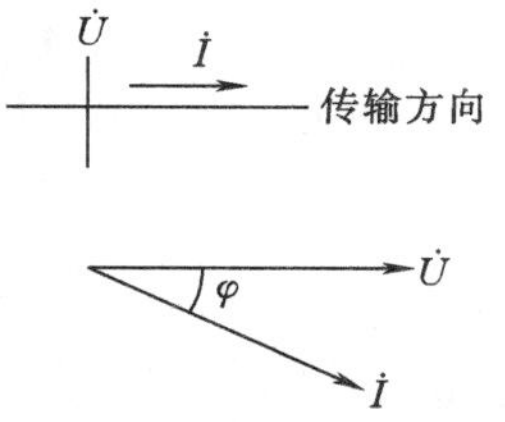

图 6-1　传输方向上电流滞后电压的相量关系

式中　$\hat{I}$、$\hat{U}$——电流 $\dot{I}$、$\dot{U}$ 的共轭相量。

式（6-1a）中以电压为基准与电流的共轭相乘，$+jQ$ 表示送出感性无功功率（当电流正方向相反时，$+jQ$ 表示吸收感性无功功率）；式（6-1b）以电流为基准与电压的共轭相乘，$-jQ$ 表示送出感性无功功率（当电流正方向相反时，$-jQ$ 表示吸收感性无功功率）。上述两种表示方法不影响有功功率的符号。以下用式（6-1a）表示的方法讨论功率传输。

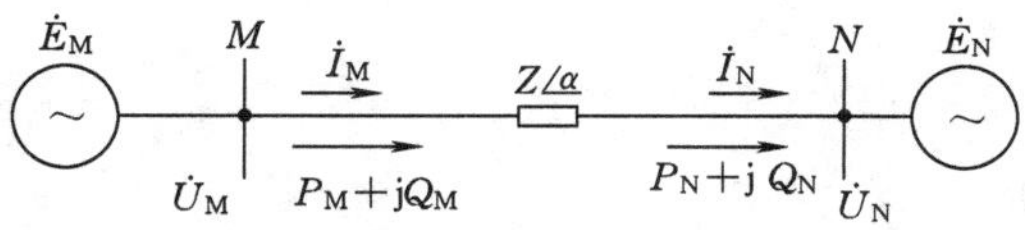

图 6-2 示出了最简单电力系统，图中 $Z\angle\alpha$ 可理解为变压器阻抗，也可理解为线路阻抗（此时线路分布电容以集中电容的形式置于两侧母线）。当以 $\dot{U}_N$ 为参考相量即 $\dot{U}_N =$

图 6-2　简单电力系统

$U_N \underline{/0°}$时，若 M 母线电压 $\dot{U}_M$ 超前 $\dot{U}_N$ 的相角为 δ，即 $\dot{U}_M = U_M \underline{/\delta}$，则图 6-2 中的电流为

$$\dot{I}_M = \dot{I}_N = \frac{U_M \underline{/\delta} - U_N}{Z \underline{/\alpha}} = \frac{1}{Z}(U_M \underline{/\delta - \alpha} - U_N \underline{/-\alpha})$$

于是 M 侧、N 侧的视在功率按式(6-1a) 的表示方法得到为

$$P_M + jQ_M = U_M \hat{I}_M = \frac{U_M}{Z}(U_M \underline{/\alpha} - U_N \underline{/\delta + \alpha})$$

$$= \frac{U_M}{Z}[U_M\cos\alpha - U_N\cos(\delta + \alpha)]$$

$$+ j\frac{U_M}{Z}[U_M\sin\alpha - U_N\sin(\delta + \alpha)]$$

$$(6-2)$$

$$P_N + jQ_N = \dot{U}_N \hat{I}_N = \frac{U_N}{Z}(U_M \underline{/\alpha - \delta} - U_N \underline{/\alpha})$$

$$= \frac{U_N}{Z}[U_M\cos(\alpha - \delta) - U_N\cos\alpha]$$

$$+ j\frac{U_N}{Z}[U_M\sin(\alpha - \delta) - U_N\sin\alpha]$$

$$(6-3)$$

1. 不计 Z 中的电阻分量

不计 Z 中的电阻分量时，即 $\alpha = 90°$，式(6-2)、式(6-3) 改写为

$$P_M + jQ_M = \frac{U_M U_N}{Z}\sin\delta + j\frac{U_M}{Z}(U_M - U_N\cos\delta) \qquad (6-4)$$

$$P_N + jQ_N = \frac{U_M U_N}{Z}\sin\delta + j\frac{U_N}{Z}(U_M\cos\delta - U_N) \qquad (6-5)$$

对于有功功率，$P_N = P_M = \dfrac{U_M U_N}{Z}\sin\delta$，这说明阻抗 Z（此时为电抗）中不产生有功功率损耗，即 $\Delta P = P_M - P_N = 0$。有功功率传输时，与电压高低无关系，取决于电压（电动势）相位关系，当 $\dot{U}_M$ 超前 $\dot{U}_N$ 时，有功功率从 M 侧输向 N 侧；当 $\dot{U}_M$ 滞后 $\dot{U}_N$ 时，有功功率从 N 侧输向 M 侧。

对无功功率来说，Q_M、Q_N 分别为

$$Q_M = \frac{U_M}{Z}(U_M - U_N\cos\delta) = \frac{U_M}{Z}\left(U_M - U_N + 2U_N\sin^2\frac{\delta}{2}\right) \qquad (6-6)$$

$$Q_N = \frac{U_N}{Z}\left(U_M - U_N - 2U_M\sin^2\frac{\delta}{2}\right) \qquad (6-7)$$

若 $\delta = 0°$，则有

$$Q_M = \frac{U_M}{Z}(U_M - U_N) \qquad (6-8)$$

$$Q_N = \frac{U_N}{Z}(U_M - U_N) \qquad (6-9)$$

当 $U_M > U_N$ 时，说明无功功率（感性）从 M 侧输向 N 侧；当 $U_M < U_N$ 时，说明无功功率（感性）从 N 侧输向 M 侧。即无功功率（感性）从电压高的一侧输到电压低的一侧，与有功功率的输送是完全不同的。

无功功率（感性）从 M 侧输送到 N 侧，产生的无功功率损耗 ΔQ_0 由式（6-6）和式（6-7）得到为

$$\Delta Q_0 = Q_M - Q_N = \frac{1}{Z}\Big[(U_M - U_N)^2 + 4U_MU_N\sin^2\frac{\delta}{2}\Big] \tag{6-10}$$

无功功率损耗有两部分：其中 $\dfrac{(U_M - U_N)^2}{Z}$ 为传输无功功率（即 $U_M \neq U_N$）引起的损耗；另一部分 $\dfrac{4U_MU_N}{Z}\sin^2\dfrac{\delta}{2}$ 为传输有功功率（即 $\delta \neq 0°$）引起的损耗。如果以送出无功功率（$\delta = 0°$ 时）为基准，则由式（6-10）、式（6-8）得到 $\delta = 0°$ 时无功功率损耗占送出无功功率的比率为

$$\frac{\Delta Q_0}{Q_M}\Big|_{\delta = 0°} = \frac{\dfrac{1}{Z}(U_M - U_N)^2}{\dfrac{1}{Z}U_M(U_M - U_N)} = Z\frac{Q_{M(\delta=0°)}}{U_M^2} \tag{6-11}$$

可见，Z 愈大，传输无功功率愈大，无功功率损失比率愈大。因此，长距离输送无功功率是不合理的。

由式（6-6）可见，当 Z 较大时，要送出较大的无功功率，必须加大 U_M、U_N 间的电压差，但 U_M 过高、U_N 过低会受系统运行条件限制，故长距离输送无功功率是受限制的。

2. 考虑到 Z 中的电阻分量

考虑到 Z 中的电阻分量时，即 $\alpha < 90°$。由式（6-2）、式（6-3）得到有功功率损耗为

$$\Delta P = P_M - P_N$$
$$= \frac{1}{Z}[U_M^2\cos\alpha - U_MU_N\cos(\delta + \alpha) - U_{MN}\cos(\alpha - \delta) + U_N^2\cos\alpha]$$
$$= \frac{1}{Z}\Big[(U_M - U_N)^2 + 4U_MU_N\sin^2\frac{\delta}{2}\Big]\cos\alpha$$
$$= \Delta Q_0\cos\alpha \tag{6-12}$$

式（6-12）说明，线路中产生的有功功率损耗与无功功率损耗成正比。这意味着长距离输送无功功率，不仅有很大的无功功率损耗，而且同时也增大了有功功率损耗，再次说明了长距离输送无功功率的不合理性。

考虑到 Z 中的电阻分量后，由式（6-2）和式（6-3）得到无功功率损耗为

$$\Delta Q = Q_M - Q_N$$
$$= \frac{1}{Z}[U_M^2\sin\alpha - U_MU_N\sin(\delta + \alpha) - U_MU_N\sin(\alpha - \delta) + U_N^2\sin\alpha]$$
$$= \frac{1}{Z}\Big[(U_M - U_N)^2 + 4U_MU_N\sin^2\frac{\delta}{2}\Big]\sin\alpha$$
$$= \Delta Q_0\sin\alpha \tag{6-13}$$

可知，考虑到 Z 的电阻分量后，相比不计 Z 电阻分量的情况，无功功率损耗稍有变化。

二、无功功率补偿和电压的关系

1. 超高压电网中的无功功率补偿

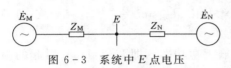

图 6-3 系统中 E 点电压

设图 6-3 中 E 为系统中的某节点，右侧等值电动势为 $\dot{E}_N$、等值阻抗为 Z_N，左侧等值电动势为 $\dot{E}_M$、等值阻抗为 Z_M。设 $\dot{E}_N = E_N \angle 0°$、$\dot{E}_M = E_M \angle \delta$，则 E 点未接无功补偿设备时的电压 $\dot{U}_{E0}$ 为

$$\dot{U}_{E0} = \frac{\dfrac{E_M \angle \delta}{Z_M} + \dfrac{E_N}{Z_N}}{\dfrac{1}{Z_M} + \dfrac{1}{Z_N}} = \frac{Z_N E_M \angle \delta + Z_M E_N}{Z_M + Z_N} \tag{6-14}$$

当 Z_M 与 Z_N 具有相同阻抗角时，由上式可得

$$|\dot{U}_{E0}| = \frac{1}{Z_M + Z_N} \sqrt{(Z_N E_M + Z_M E_N)^2 - 4Z_M Z_N E_M E_N \sin^2 \frac{\delta}{2}}$$

$$= \frac{Z_M}{Z_M + Z_N} \sqrt{\left(E_N + \frac{Z_N}{Z_M} E_M\right)^2 - 4E_M E_N \frac{Z_N}{Z_M} \sin^2 \frac{\delta}{2}} \tag{6-15}$$

可以看出，在一定送电功率即 δ 一定的情况下，Z_N 愈小 E 点电压愈高，而 Z_N 愈小表示 E 点短路故障时 N 侧系统（受端系统）供给的短路电流愈大，所以受端系统的短路电流水平提高，可使系统枢纽点电压水平提高，减小负荷变化时的电压波动；在一定 Z_N 条件下，送电功率增大即 δ 角增大时，E 点电压将降低。

当 E 点接入无功补偿设备时，设补偿设备的阻抗为 Z，则根据等效发电机定理，求得 E 点电压 $\dot{U}_E$ 为

$$|\dot{U}_E| = |\dot{U}_{E0}| \cdot \left| \frac{Z}{\dfrac{Z_M Z_N}{Z_M + Z_N} + Z} \right| \tag{6-16}$$

当 Z 为负值即接入并联电容器时，有 $|\dot{U}_E| > |\dot{U}_{E0}|$，起到提高电压的作用；当 Z 为正值即接入并联电抗器时，有 $|\dot{U}_E| < |\dot{U}_{E0}|$，起到降低电压的作用。$E$ 点短路故障时，短路电流可表示为 $\dfrac{U_{E0}}{Z_M /\!/ Z_N}$，当短路电流水平较大时（说明 $Z_M /\!/ Z_N$ 较小），在 E 点接入负荷时电压波动较小；当短路电流水平较小时，接入同容量补偿设备的效果显著。

在较大电力系统中，要使各点电压符合要求，仅在一个点接入无功补偿设备是满足不了要求的。

2. 供电网络中的无功功率补偿

由于无功功率不能远距离输送，在受端供电网络中往往采用无功功率补偿来提高电压水平。

图 6-4 示出了供电网络中无功功率补偿示意图，电源等值阻抗为 Z_{eq}、等值电动势为 $\dot{E}_{eq}$，当 M 变电所的等值负荷阻抗为 Z_{loa} 时，则 M 母线上的电压 $\dot{U}_{M0}$（未接无功功率补偿时）为

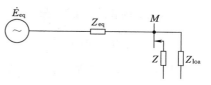

图 6-4　供电网络中的无功功率补偿

$$\dot{U}_{M0} = \dot{E}_{eq} \frac{Z_{loa}}{Z_{eq} + Z_{loa}} \tag{6-17}$$

当 M 母线接入无功补偿设备时，若无功补偿设备的阻抗为 Z，则 M 母线电压为

$$\dot{U}_{M} = \dot{E}_{eq} \frac{Z_{loa} \mathbin{/\!/} Z}{Z_{eq} + \dfrac{Z_{loa} Z}{Z_{loa} + Z}} \tag{6-18}$$

由式（6-17）、式（6-18）得到

$$\frac{\dot{U}_{M}}{\dot{U}_{M0}} = \frac{Z}{\dfrac{Z_{eq} Z_{loa}}{Z_{eq} + Z_{loa}} + Z}$$

即

$$\left| \dot{U}_{M} \right| = \left| \dot{U}_{M0} \right| \cdot \left| \frac{Z}{\dfrac{Z_{eq} Z_{loa}}{Z_{eq} + Z_{loa}} + Z} \right| \tag{6-19}$$

　　式（6-19）与式（6-16）有相同的形式，考虑到 Z_{loa} 为阻感性，所以接入并联电容器时（Z 为负值），有 $\left| \dot{U}_{M} \right| > \left| \dot{U}_{M0} \right|$，起到提高 M 母线电压的作用；接入并联电抗器时（Z 为正值），有 $\left| \dot{U}_{M} \right| < \left| \dot{U}_{M0} \right|$，起到降低电压的作用。当 Z_{eq} 较大时，补偿效果很明显。

第二节　电　压　稳　定　性

　　电力系统中的有功功率可以长距离输送，在超高压电网中不会产生大的有功功率损耗和大的电压损失，因此电力系统中有功功率的供需平衡原则上不受地区限制，故电力系统具有统一的稳定频率。然而，无功功率供需平衡与有功功率供需平衡具有很大的不同。无功功率的传输不仅产生很大的损耗，而且在传输路径上产生很大的电压损失，因而系统中各枢纽点的电压特性具有地区性质。正因为无功功率传输具有上述特点，所以电力系统中无功功率供需关系各地区差异很大，同一时刻不同地点的电压也各不相同。因此，系统中各点电压的控制，主要依靠就地无功功率的供需调节实现；不同地点间无功功率的相互支援、调节受到诸多条件限制，特别是电气距离相距较远的各点间尤其困难。

　　由于无功功率供需平衡具有区域性，所以电压稳定性一般也是区域性的。但是，当区域性的电压稳定性发生问题时，在一定条件下会诱发其他关联性事件，造成全网性的系统大停电事故。

　　随着电力系统的不断扩大，电压稳定性愈来愈被重视。

一、负荷的电压特性

图 6-5 示出了电力系统向某一地区性负荷供电的接线图，其中虚线方框内为等效的电力系统，等效电动势为 $\dot{E}_{eq}$（超前负荷点电压的相角为 δ），等效阻抗为 jX_{eq}；地区负荷功率为 $P+jQ$，母线电压为 $\dot{U}$（相角设为 $0°$）。

由图 6-5 可见，就负荷本身而言，有功功率和无功功率与供电电压间的关系，称负荷的电压特性。从受端系统方面看，电动势 $\dot{E}_{eq}$ 经 jX_{eq} 向负荷供电，负荷的有功功率、无功功率与受端电压、E_{eq}、X_{eq} 间的关系，称系统受端电压的功率特性。

对于负荷的电压特性，有功功率对电压的变化并不敏感，无功功率可认为与电压有平方关系，作出负荷电压特性 $P=f(U)$、$Q=f(U)$ 如图 6-6 所示。由图 6-6 明显可知，P 对 U 的变化不太敏感，而 Q 对 U 的变化十分敏感。

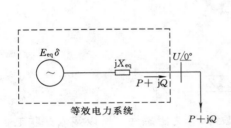

图 6-5　电力系统向某一地区性负荷供电

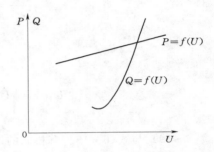

图 6-6　负荷电压特性

二、系统受端电压——无功功率特性

在式（6-5）中，令 $U_M=E_{eq}$、$U_N=U$、$Z=X_{eq}$，可得到图 6-5 中的 P、Q 表达式，即

$$P = \frac{E_{eq}U}{X_{eq}}\sin\delta \tag{6-20}$$

$$Q = \frac{U}{X_{eq}}(E_{eq}\cos\delta - U) \tag{6-21}$$

将上两式改写如下

$$\frac{PX_{eq}}{E_{eq}^2} = \frac{U}{E_{eq}}\sin\delta \tag{6-22}$$

$$\frac{QX_{eq}}{E_{eq}^2} + \left(\frac{U}{E_{eq}}\right)^2 = \frac{U}{E_{eq}}\cos\delta \tag{6-23}$$

于是得到方程

$$\left(\frac{PX_{eq}}{E_{eq}^2}\right)^2 + \left[\frac{QX_{eq}}{E_{eq}^2} + \left(\frac{U}{E_{eq}}\right)^2\right]^2 = \left(\frac{U}{E_{eq}}\right)^2 \tag{6-24}$$

由此式可解得电压 U 与受端负荷功率间的关系为

$$\left(\frac{U}{E_{\text{eq}}}\right)^2 = \frac{1}{2}\left\{1 - 2\frac{QX_{\text{eq}}}{E_{\text{eq}}^2} \pm \sqrt{1 - 4\frac{QX_{\text{eq}}}{E_{\text{eq}}^2} - 4\left(\frac{PX_{\text{eq}}}{E_{\text{eq}}^2}\right)^2}\right\} \qquad (6-25)$$

负荷吸取感性无功功率时，Q 为正值；负荷向系统送出感性无功功率时，Q 为负值。此外，式中各量均为标幺值。

在一定的 $\frac{PX_{\text{eq}}}{E_{\text{eq}}^2}$ 下，可得到 $\frac{U}{E_{\text{eq}}} = f\left(\frac{QX_{\text{eq}}}{E_{\text{eq}}^2}\right)$ 曲线，此曲线就是系统受端电压——无功功率特性曲线。实际上，取不同 $\frac{PX_{\text{eq}}}{E_{\text{eq}}^2}$ 时，得到的是 $\frac{U}{E_{\text{eq}}} = f\left(\frac{QX_{\text{eq}}}{E_{\text{eq}}^2}\right)$ 曲线，如图 6-7 所示。$\frac{U}{E_{\text{eq}}}$ 轴上方，Q 为负值，表示受端向系统送出感性无功功率；$\frac{U}{E_{\text{eq}}}$ 轴下方，Q 为正值，表示受端从系统吸取感性无功功率。系统受端电压——无功功率特性曲线有如下特点：

（1）当 $\frac{PX_{\text{eq}}}{E_{\text{eq}}^2}$ 为某一定值时，从式（6-25）可以看出，在某一 $\frac{QX_{\text{eq}}}{E_{\text{eq}}^2}$ 值下有两个 $\frac{U}{E_{\text{eq}}}$ 值，如图 6-7 中的 a 点、b 点。在 a 点上运行，有负反馈过程如下：

Q↑——U↓　　　　　　Q↓——U↑
Q↓　负荷吸取　　　　Q↑　负荷吸取

所以可在 a 点稳定运行，在 b 点上不能稳定运行。

因此，在图 6-7 的曲线簇中，每一曲线最低点右侧（实线表示）可稳定运行，最低点左侧（虚线表示）是不能稳定运行的。

（2）曲线簇中的每一条曲线都有一个最低点，当式（6-25）中的

$$\sqrt{1 - 4\frac{QX_{\text{eq}}}{E_{\text{eq}}^2} - 4\left(\frac{PX_{\text{eq}}}{E_{\text{eq}}^2}\right)^2} = 0$$

即

$$\frac{QX_{\text{eq}}}{E_{\text{eq}}^2} = \frac{1}{4} - \left(\frac{PX_{\text{eq}}}{E_{\text{eq}}^2}\right)^2 \qquad (6-26)$$

时，相应的电压就是稳定运行的最低电压，可称临界电压，考虑到式（6-26）由式（6-25）得到为

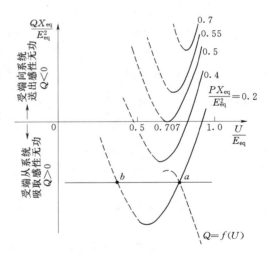

图 6-7 系统受端电压——无功功率特性

$$\left(\frac{U}{E_{\text{eq}}}\right)_{\text{min}} = \sqrt{\frac{1}{2} - \frac{QX_{\text{eq}}}{E_{\text{eq}}^2}} = \sqrt{\frac{1}{4} + \left(\frac{PX_{\text{eq}}}{E_{\text{eq}}^2}\right)^2} \qquad (6-27)$$

有功负荷愈大，要求稳定运行的最低电压愈高。不同 $\frac{PX_{\text{eq}}}{E_{\text{eq}}^2}$ 值时的 $\left(\frac{U}{E_{\text{eq}}}\right)_{\text{min}}$ 如表 6-1 所示。

表 6-1   不同 $\dfrac{PX_{eq}}{E_{eq}^2}$ 值时的 $\left(\dfrac{U}{E_{eq}}\right)_{min}$ 值

$\dfrac{PX_{eq}}{E_{eq}^2}$	0.20	0.30	0.40	0.45	0.5	0.55	0.70	0.80
$\left(\dfrac{U}{E_{eq}}\right)_{min}$	0.539	0.583	0.640	0.673	0.707	0.743	0.860	0.943

（3）由式（6-26）可见，当 $\dfrac{PX_{eq}}{E_{eq}^2}=0.5$ 时，必有 $\dfrac{QX_{eq}}{E_{eq}^2}=0$，此时 $\left(\dfrac{U}{E_{eq}}\right)_{min}=\dfrac{1}{\sqrt{2}}=0.707$ 正好在 $\dfrac{U}{E_{eq}}$ 轴上。因此，当 $\dfrac{PX_{eq}}{E_{eq}^2}>0.5$ 时，由式（6-26）得到 $\dfrac{QX_{eq}}{E_{eq}^2}<0$，所以 $\left(\dfrac{U}{E_{eq}}\right)_{min}$ 对应的曲线最低点在横轴上方。这说明，受端有功功率过大（P 过大），或等效电抗过大（X_{eq} 过大），或系统等效电动势过低（E_{eq} 过低）时，要使受端负荷稳定运行，受端地区必须有足够的感性无功功率补偿。不仅要供给地区负荷的无功功率（感性），而且还要向系统送出一定的感性无功功率，才能维持受端母线有足够高的运行电压，才能稳定运行。

当 $\dfrac{PX_{eq}}{E_{eq}^2}<0.5$ 时，由式（6-26）得到 $\dfrac{QX_{eq}}{E_{eq}^2}>0$，所以 $\left(\dfrac{U}{E_{eq}}\right)_{min}$ 对应的曲线最低点在横轴下方，曲线与横轴相交，在曲线的稳定段内，可工作在受端从系统吸取感性无功功率、也可工作在受端向系统送出感性无功功率的状况，视具体电压水平而定。前者受端母线电压低，后者受端母线电压高。稳定运行的条件是：$\dfrac{U}{E_{eq}}>\left(\dfrac{U}{E_{eq}}\right)_{min}$。

（4）由图 6-7 明显看出，$\dfrac{PX_{eq}}{E_{eq}^2}$ 逐渐增大时，曲线向右上方移动，相应的 $\left(\dfrac{U}{E_{eq}}\right)_{min}$ 也逐渐增大。E_{eq} 的变化，必然引起受端电压 U 的变化；而 U 的变化引起受端负荷 P、Q 的变化。注意到 P 随 U 的变化不敏感，所以当 E_{eq} 变化时可认为 P 基本不变，甚至可认为 P 是定值。因此，当 E_{eq} 降低时，$\dfrac{PX_{eq}}{E_{eq}^2}$ 增大，$\dfrac{U}{E_{eq}}=f\left(\dfrac{PX_{eq}}{E_{eq}^2}\right)$ 曲线上移，如图 6-8 所示，曲线 1、2、3 的 E_{eq} 关系为 $E_{eq1}>E_{eq2}>E_{eq3}$。

当 $E_{eq}=E_{eq1}$ 时，稳定运行在 a 点，其中曲线 4（5）为折算到该坐标系统的受端无功功率电压特性，受端母线电压由 a 点确定。当 E_{eq} 下降到 E_{eq2} 时，则稳定运行在曲线 2、4 的交点 b 点上，此时受端母线电压由 b 点确定，母线电压降低；如要维持原有受端母线电压，则要将受端无功功率电压特性上移到曲线 5 位置，此时稳定运行在曲线 2、5 的交点 c 上，与 a 点运行相比，受端从系统吸取的感性无功功率减小，即受端要进行无功功率补偿，补偿的无功功率与图 6-8 中 ac 线段长度成正比；若不能提供无功功率补偿，受端母线电压必然降低（b 点确定）。当 E_{eq} 降到 E_{eq3}，$\dfrac{U}{E_{eq}}=f\left(\dfrac{QX_{eq}}{E_{eq}^2}\right)$ 曲线上移到曲线 3 位置，如果受端系统没有无功功率补偿，则曲线 3 的最低点与曲线 4 交于 d 点上，受端母线电压处在稳定的临界电压上，受端系统将出现电压崩溃现象。

（5）若系统发生短路故障使 E_{eq} 突然降低，或短路故障后由于某些线路断开使 X_{eq} 突然增大，则$\frac{U}{E_{eq}}=f\left(\frac{QX_{eq}}{E_{eq}^2}\right)$曲线突然上移。一种情况是受端系统仍然能稳定运行；另一种情况是不能稳定运行。当危及稳定运行时，受端必须立即投入必要的无功功率补偿（相当于将受端无功功率电压特性上移）；或者是立即切除受端部分有功功率，包括相应的无功功率，因 P 减少使曲线 $\frac{U}{E_{eq}}=f\left(\frac{QX_{eq}}{E_{eq}^2}\right)$ 向下回移，同时负荷消耗的无功功率减少使受端无功功率电压特性上移，从而运行曲线交点增高，避免电压崩溃现象的发生。应当指出，自动减负荷在这种情况下是十分有效可行的措施。

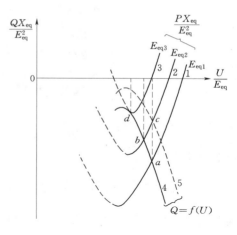

图 6-8　受端电压随 E_{eq} 变化的说明

三、系统受端电压——有功功率特性

在式（6-25）中，当$\frac{QX_{eq}}{E_{eq}^2}$为定数时，$\frac{U}{E_{eq}}=f\left(\frac{PX_{eq}}{E_{eq}^2}\right)$曲线，称为系统受端电压——有功功率特性。容易看出，该曲线对称于$\frac{U}{E_{eq}}$轴，即当$\frac{PX_{eq}}{E_{eq}^2}$为正值时，受端为负荷，接受有功功率；当$\frac{PX_{eq}}{E_{eq}^2}$为负值时，受端向系统送出有功功率。图 6-9 示出了$\frac{U}{E_{eq}}=f\left(\frac{PX_{eq}}{E_{eq}^2}\right)$曲线簇，每条曲线有不同的$\frac{QX_{eq}}{E_{eq}^2}$值。曲线有如下特点。

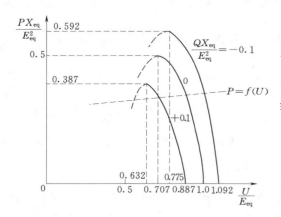

图 6-9　系统受端电压——有功功率特性

（1）$\frac{QX_{eq}}{E_{eq}^2}$ 为某一定值时，对应一个 $\frac{PX_{eq}}{E_{eq}^2}$值有两个 $\frac{U}{E_{eq}}$值。曲线最高点的右侧（实线表示）可稳定运行，最高点左侧（虚线表示）是不能稳定运行的。

（2）由式（6-25）可见，当

$$\sqrt{1-4\frac{QX_{eq}}{E_{eq}^2}-4\left(\frac{PX_{eq}}{E_{eq}^2}\right)^2}=0$$

即

$$\left|\frac{PX_{eq}}{E_{eq}^2}\right|=\sqrt{\frac{1}{4}-\frac{QX_{eq}}{E_{eq}^2}} \qquad (6-28)$$

时，$\frac{U}{E_{eq}}$只有一个值，相应的 $\frac{PX_{eq}}{E_{eq}^2}$值就是最大值，也是稳定运行的极限值，此时的 $\left(\frac{U}{E_{eq}}\right)_{min}$考虑到式（6-28）由式（6-25）得到为

$$\left(\frac{U}{E_{eq}}\right)_{min} = \sqrt{\frac{1}{2} - \frac{QX_{eq}}{E_{eq}^2}} = \sqrt{\frac{1}{4} + \left(\frac{PX_{eq}}{E_{eq}^2}\right)^2} \qquad (6-29)$$

式（6-29）与式（6-27）相同。当 $\frac{PX_{eq}}{E_{eq}^2}$ 小于式（6-28）值时，在其他条件不变情况下，有 $\frac{U}{E_{eq}} > \left(\frac{U}{E_{eq}}\right)_{min}$，受端系统能稳定运行；当 $\frac{PX_{eq}}{E_{eq}^2}$ 大于式（6-28）值时，同样在其他条件不变情况下，有 $\frac{U}{E_{eq}} < \left(\frac{U}{E_{eq}}\right)_{min}$，处在图 6-9 虚线段内，受端系统不能稳定运行，出现电压崩溃现象。

当 $\frac{QX_{eq}}{E_{eq}^2} = +0.1$、$0$、$-0.1$ 时（$Q>0$，表示受端从系统吸取感性无功、$Q<0$ 表示受端向系统送出感性无功），由式（6-28）求得 $\left|\frac{PX_{eq}}{E_{eq}^2}\right|_{max} = 0.387$、$0.5$、$0.592$，由式（6-29）求得 $\left(\frac{U}{E_{eq}}\right)_{min} = 0.632$、$0.707$、$0.775$；当 $\frac{PX_{eq}}{E_{eq}^2} = 0$ 时，由式（6-25）求得 $\frac{U}{E_{eq}} = 0.887$、1、1.092（曲线与 $\frac{U}{E_{eq}}$ 交点坐标）。图 6-9 示出了受端无功功率对曲线的影响。

（3）增加就地无功功率补偿，由式（6-28）、式（6-29）可见，$\frac{PX_{eq}}{E_{eq}^2}$ 增大，$\left(\frac{U}{E_{eq}}\right)_{min}$ 提高，即 $\frac{U}{E_{eq}} = f\left(\frac{PX_{eq}}{E_{eq}^2}\right)$ 曲线向右上方移动，有利于系统受端的电压稳定；相反，不利于系统受端的电压稳定。

（4）若系统短路故障使 E_{eq} 下降，或故障切除断开某些线路使 X_{eq} 增大，虽然 E_{eq} 下降使负荷吸取的无功功率 Q 减少，但 $\frac{QX_{eq}}{E_{eq}^2}$ 仍然增大，于是 $\frac{U}{E_{eq}} = f\left(\frac{PX_{eq}}{E_{eq}^2}\right)$ 曲线向左下方移动。由受端有功功率电压特性曲线 $P = f(U)$ 可看出受端电压将降低。当出现 $\frac{PX_{eq}}{E_{eq}^2} > \left|\frac{PX_{eq}}{E_{eq}^2}\right|_{max}$，电压崩溃现象发生。为保持受端电压的稳定，可采取以下两种措施：①提高 $\frac{U}{E_{eq}} = f\left(\frac{PX_{eq}}{E_{eq}^2}\right)$ 曲线，即受端立即投入必要的无功补偿；②降低受端有功功率电压特性，即立即切除受端部分有功功率（包括相应的无功功率），由于相应无功功率同时切除，使 $\frac{U}{E_{eq}} = f\left(\frac{PX_{eq}}{E_{eq}^2}\right)$ 曲线上移，有利于受端电压的稳定性。

可以看出，虽然图 6-9 与图 6-7 曲线特性不同，但得到的结论完全相同。事实上，图 6-9 和图 6-7 是经常用来研究分析复杂电网电压稳定性问题的，因为复杂电网中对某一节点来说，都可等效成图 6-5 的电路。

四、系统供电节点的稳定临界电压

不管电力系统结构如何复杂，对某一节点来说，均可等效成图 6-5 的单机系统。于是，稳定运行的最低电压或称稳定临界电压可由式（6-27）、式（6-29）确定：

$$\left(\frac{U}{E_{eq}}\right)_{cri} = \sqrt{\frac{1}{2} - \frac{QX_{eq}}{E_{eq}^2}} \qquad (6-30)$$

其相应的条件是式(6-26)、式(6-28),即

$$4P^2\left(\frac{X_{eq}}{E_{eq}^2}\right)^2 + 4Q\left(\frac{X_{eq}}{E_{eq}^2}\right) - 1 = 0$$

解得

$$\frac{X_{eq}}{E_{eq}^2} = \frac{\sqrt{P^2 + Q^2} - Q}{2P^2} \qquad (6-31)$$

代入式(6-30),就可得到系统中某一供电节点的稳定临界电压 U_{cri} 为

$$U_{cri}^2 = \left\{ E_{eq}^2\left(\frac{1}{2} - \frac{QX_{eq}}{E_{eq}^2}\right) \right\}_{cri}$$

$$= \left\{ \frac{2X_{eq}P^2}{\sqrt{P^2 + Q^2} - Q}\left[\frac{1}{2} - \frac{Q}{2P^2}\left(\sqrt{P^2 + Q^2} - Q\right)\right] \right\}_{cri}$$

$$= X_{eq}\left\{ \sqrt{P^2 + Q^2} \right\}_{cri} \qquad (6-32)$$

式中 P、Q——对应于稳定临界电压 U_{cri} 时的有功功率和无功功率。

当考虑等效阻抗中的电阻分量时,等效阻抗为 $Z_{eq}\angle\alpha$。令式(6-3)中的 $U_N=U$、$U_M=E_{eq}$、$Z=Z_{eq}$,得到系统受端的 P、Q 为

$$P = \frac{E_{eq}U}{Z_{eq}}\cos(\alpha - \delta) - \frac{U^2}{Z_{eq}}\cos\alpha$$

$$Q = \frac{E_{eq}U}{Z_{eq}}\sin(\alpha - \delta) - \frac{U^2}{Z_{eq}}\sin\alpha$$

消去 $\cos(\alpha-\delta)$、$\sin(\alpha-\delta)$,由上两式可得

$$\left(P + \frac{U^2}{Z_{eq}}\cos\alpha\right)^2 + \left(Q + \frac{U^2}{Z_{eq}}\sin\alpha\right)^2 = \left(\frac{E_{eq}U}{Z_{eq}}\right)^2 \qquad (6-33)$$

由式(6-33)解得系统受端电压 U 与受端负荷功率间的关系为

$$\frac{U^2}{Z_{eq}} = \frac{1}{2}\left\{ \frac{E_{eq}^2}{Z_{eq}} - 2\left(P\cos\alpha + Q\sin\alpha\right) \pm \sqrt{\left[2\left(P\cos\alpha + Q\sin\alpha\right) - \frac{E_{eq}^2}{Z_{eq}}\right]^2 - 4\left(P^2 + Q^2\right)} \right\}$$

$$(6-34)$$

当

$$\sqrt{\left[2(P\cos\alpha + Q\sin\alpha) - \frac{E_{eq}^2}{Z_{eq}}\right]^2 - 4(P^2 + Q^2)} = 0$$

即

$$\frac{E_{eq}^2}{Z_{eq}} - 2(P\cos\alpha + Q\sin\alpha) = 2\sqrt{P^2 + Q^2} \qquad (6-35)$$

时,系统受端运行电压有最低值,代入式(6-34)得到系统中某一供电节点的稳定临界电压 U_{cri} 为

$$U_{cri}^2 = Z_{eq}\left\{ \sqrt{P^2 + Q^2} \right\}_{cri} \qquad (6-36)$$

式(6-36)与式(6-32)完全相同,只是 X_{eq} 换成 Z_{eq}(模值)。

由式(6-32)、式(6-36)可得到如下几点。

(1) 由于电网中各供电节点负荷不同、系统的等值阻抗不同，所以各供电节点的稳定临界电压各不相同，需逐点校核。

(2) 如果某供电节点最低运行电压为 U_{min}，则该节点供电电压的稳定裕度 K_{sta} 为

$$K_{sta} = \frac{U_{min} - U_{cri}}{U_{cri}} \times 100\% \qquad (6-37)$$

应检查严重事故后的运行方式下供电节点的 K_{sta} 值，优先在 K_{sta} 值最小的供电节点采取措施。例如增加无功补偿，不仅该供电节点的 K_{sta} 会提高，而且可提高邻近供电节点的 K_{sta} 值。

(3) 如果某节点的负荷 $\sqrt{P^2+Q^2}$ 固定不变，则该节点的稳定临界电压仅与该节点的系统等值阻抗 Z_{eq} 有关，与电网中同步发电机的运行方式无关。但该节点实际的运行电压与电网中同步发电机的运行方式有关。只要系统事故后实际运行电压大于按事故后的 Z_{eq} 计算得到的 U_{cri} 值，该节点就不会发生电压崩溃现象。

(4) 当系统事故后某节点电压降低时，为维持系统受端负荷的电压水平，采用了带负荷自动调节变压器分接头措施，维持了原有的电压水平。然而，该节点稳定临界电压保持原有数值或因事故断开了某些线路，增大 Z_{eq} 使临界电压有所增大；而带负荷自动调变压器分接头措施使该节点负荷电流增大，导致在 Z_{eq} 上电压降增大，系统受端电压下降更快。这两方面的共同作用，容易出现电压崩溃现象。

(5) 对于一个负荷集中的地区，如果外部供电电压过低，或无功补偿能力不足，造成该供电节点电压不断降低时，则避免发生电压崩溃的最好措施是切去该地区部分有功负荷。其作用是：可有效降低稳定临界电压值，因为系统供给该地区的有功负荷远比无功负荷大，所以降低临界电压值显著；由于系统输送该地区的有功功率减小，使图6-7中的 $\frac{U}{E_{eq}} = f\left(\frac{QX_{eq}}{E_{eq}^2}\right)$ 曲线下移，提高受端母线电压（或在图6-9中，$P = f(U)$ 特性下移，同样提高受端母线电压），从而使该节点的电压稳定裕度 K_{sta} 增大。

随着电力工业的发展，受端系统往往集中了很大比重和容量的负荷，当电能大部分由外电源供给时，受端系统的电压稳定性问题应引起高度的重视。电网的不断发展，受端系统必然会增多，所以电压的稳定性对大电力系统的安全稳定运行显得愈来愈重要。受端系统的大部分无功负荷，不能由外部电源供给，必须由受端系统的无功补偿电源就地供给。否则，当发生严重无功功率缺额时，很可能发生电压崩溃。

从维持受端电压水平角度出发，带负荷自动调变压器分接头是一个有效措施，适合电网无功功率充足时使用；当电网无功功率不足时，若继续保持负荷侧电压水平，则势必造成上一级电网电压下降，进而造成无功功率缺额过多，迫使高压电网电压下降，导致电压崩溃的发生。

在有可能发生电压崩溃的负荷中心，除配置无功补偿设备外，还必须设置按电压降低自动减负荷设备。当该负荷中心电压不断降低时，应投入紧急无功功率补偿，若不能抑制电压的降低，则自动减负荷设备动作，切除该地区部分负荷，避免电压崩溃的发生。

当主系统与地区系统同时向某一地区负荷中心供电，即大系统与小系统向某一负荷中

心供电，如果该负荷中心无功功率补偿不足或没有无功功率补偿，则处在低电压水平下运行。当负荷中心的负荷变动有所增加时，母线电压将降低；于是，大系统与小系统的等效电动势与该母线电压间的相角差增大 $\left(按 P = \dfrac{EU}{X}\sin\delta 规律\right)$；当然小系统的相角差增大比大系统的相角差增大快，导致负荷中心的电压进一步降低；当小系统的等效电动势与负荷中心母线电压间的相角差超过 90°时，小系统失去同步运行，相角差快速增大，负荷中心母线电压迅速降低，发生电压崩溃。由分析可知，电压崩溃是逐渐缓慢发展起来的，若按电压降低自动切去部分负荷，则就可避免电压崩溃的发生。

第三节 系统电压控制

一、无功电源与电压调节设备

系统无功功率充分，电压水平就较高；无功功率缺乏时，电压水平就较低。根据无功功率地区平衡的原则，无功电源的分布也具有地区特点。在电力系统中，无功功率也应在高压、中压、低压各层间平衡，不宜在层间输送。这是因为功率的输送势必会引起电压损失，以及有功功率的损耗。系统中无功电源与电压调节设备包括同步发电机、输电线路、并联电抗器、并联电容器、同步调相机、变压器、静止补偿器 7 种。

1. 同步发电机

同步发电机是系统中最重要的无功补偿电源，具有调节方便的特点，电力系统中用户的无功负荷大部分是同步发电机供给的。

处在送电端的发电机组，特别是距负荷中心远的机组，根据无功功率不宜远送的特点，这些机组运行的功率因数较高，发出的无功功率主要用来补偿线路在重负荷期间的部分无功功率损耗。

对于接入到超高压电网的远方发电机组，在系统轻负荷期间还需要具有适当的进相运行能力，以吸取超高压线路的部分无功功率，使送电端电压不超过允许最高水平。

位于负荷中心附近的发电机，可送出较大的无功功率。但考虑到事故紧急储备无功功率的需要，保留一部分无功储备（旋转无功储备）是十分重要和必要的。

2. 输电线路

输电线路的感抗消耗无功功率，而输电线路的分布电容产生无功功率，当两者相互平衡时输电线路的传输功率称线路的自然功率。若线路传输的有功功率大于自然功率，则线路吸取感性无功功率；若线路传输的有功功率小于自然功率，则线路向系统送出感性无功功率。表 6 - 2 示出了不同电压等级线路的自然功率、充电功率、波阻抗值。

表 6 - 2　　线路的自然功率、充电功率、波阻抗

线路运行电压 （kV）	自然功率 （MW）	线路光电功率 Mvar/100km	波阻抗 （Ω）
230	130	13.5	400
340	400	40	300
525	1000	110	275

一般长线路传输的有功功率接近自然功率，较短线路传输的有功功率大于自然功率，

倍率可达 2 倍或更多。

超高压线路传输的有功功率小于自然功率时，线路送出感性无功功率；系统轻负荷时送出的感性无功功率更多，会导致超高压电网普遍性的过高电压。

3. 并联电抗器

并联电抗器用来吸收无功功率。

高压并联电抗器直接接在超高压输电线路上，用来限制工频过电压，特别是限制系统轻负荷时工频电压的升高；同时也可限制系统操作过电压，从而，在线路投运或电网恢复过程中限制了线路的过电压，无疑可加快电网恢复。高压电抗器中性点加适当小电抗接地可加快线路单相重合闸过程中潜供电流的熄弧，可缩短单相重合闸的时间，对系统稳定有利。

并联电抗器也可接在主变压器的第三绕组上，以吸取系统无功功率，实现电压控制。

此外，在供电网络中，也可采用并联电抗器吸取电网层中的无功功率，实现供电网络的电压控制。

4. 并联电容器

并联电容器是电力系统中很重要的专用无功补偿设备，广泛应用于供配电网络和用户，用来控制供配电网络的电压水平或控制负荷的功率因数。

因电容器组输出的无功功率为 $j\omega CU^2$，所以母线电压的降低将导致电容器组输出的无功功率以平方的关系减少，这是并联电容器组的一个缺陷。此外，电压变化时，电容器组将较频繁的切换，对切换设备有一定的要求，例如采用不重燃的断路器。

5. 同步调相机

同步调相机过激运行时可发出感性无功功率，欠激运行时可吸收感性无功功率，因此同步调相机是一种无功调节设备。但由于其投资大、维护复杂等原因，所以应用远没有并联电容器普遍。

就目前情况，远距离向弱受端系统送电时，在受端装设同步调相机，可提高受端系统电压水平，提高远方电厂向弱受端系统的送电能力。或者，用同步调相机在高压长距离输电的中途进行并联补偿，提高输电容量以及系统稳定水平。此外，高压直流输电出现后，在弱受端系统也可装设同步调相机以提供电压的支持。

可见，同步调相机并不作为无功补偿设备，而是作为特定系统中提高系统稳定的设备。

6. 变压器

变压器是消耗无功功率的设备，但通过分接头的调节可起到改变电压的作用。

电力系统中的变压器有三类：升压变压器、降压变压器（也称供电变压器）、联络变压器。大型发电机一般通过升压变压器直接接入主电力网，通过发电机的自动调节励磁对高压母线电压进行控制，所以在升压变压器上不设带负荷变换分接头的装置，只设置无负荷切换的分接头。对于联接主电网间的联络变压器，考虑到主电网容量一般远大于联络变压器容量，联络变压器带负荷调整分接头，并不会对主电网电压变化有很明显的影响，即起不到调整分接头改变主电网电压的直接效果。此外，电力系统中的无功功率基本上是分层平衡的，主电力网间不宜交换大量无功功率，所以联络变压器上因交换有功功率引起的电压损失较小。基于上述原因，联接主电网间的联络变压器没有设置带负荷调整分接头的必要。对降压变压器，根据系统实际电压的变化情况，可采用带负荷调整分接头使供电电压在规定范围内。但是，当系统无功功率缺额较多时，电压水平降低，若此时系统中的降压变压器都自动调整分接头维持供电电压，则因负荷消耗的无功功率、有功功率基本不变，造成主电网无功功率缺额增大。其后果是：主电网电压水平下降，使调整分接头的降压变压器的供电电压降低，即起不到调整分接头维持供电电压水平的预期作用；主电网电压水平的降低，容易引发系统事故。实际上，降压变压器分接头的自动调整与并联电容器组的自动投切是同时使用的。

虽然自动调整变压器分接头可以改变供电电压，但使用也有一定的条件。注意到大型电力变压器设置带负荷调整分接头装置不仅增加了变压器费用，而且带来了工作不可靠因素，同时也增加了变压器设计的复杂性。根据升压变压器、主网间联络变压器所起的作用，无需在这些变压器上采用带负荷调整分接头装置。

7. 静止补偿器

静止补偿器是一种新发展的无功功率补偿和电压调节设备，具有调节迅速、可靠性高、维护量小的特点。晶闸管切换电容器与晶闸管控制电抗器是较为普遍的一种静止补偿器。

由于静止补偿器反应速度快、灵活性好、损耗低，可在各电压级中使用。若使用在超高压系统联络线上，可增大系统正阻尼作用，提高系统动态稳定；应用在长距离输电线路中间站中，可提高输电容量和系统暂态稳定性；在不对称负荷中，可用来平衡负载，使系统负荷接近三相平衡；可无时滞的提供系统无功功率紧急备用，以保持故障后短时间内有关母线的电压水平。

静止补偿器的突出优点是无功功率调节极为迅速，在电力系统中的应用随着技术的发展也会日趋增多。

此外，电力系统中的串联补偿电容器，用以补偿输电线路的部分阻抗，提高系统的静态稳定和暂态稳定。但串联补偿电容器降低了输送功率时的无功功率损耗，所以也可看作是一种无功功率补偿设备。

二、系统电压控制

系统电压控制是合理地安排系统中的无功功率补偿容量以及充分利用无功功率调节能力，使正常运行情况下和事故情况后系统中各枢纽点电压不超过规定限额值，并保证系统的安全稳定运行。合理安排系统中无功功率补偿容量就是实行无功功率分层分区和就地平衡。无功功率的分层安排是力求在高压、中压、低压各电压层间无功功率平衡，层间的无功功率交换很小，以减少传送无功功率时的有功功率损耗；无功功率的分区安排则是在供电网络中实现分区和就地平衡。为满足事故后系统电压要求和保证系统的安全稳定运行，系统应留有足够的无功功率紧急储备容量，而且这些紧急无功储备容量在电压降低时能自动无时滞的调出。

由于无功功率分层分区和就地平衡，在复杂电力系统中，根据电网无功功率和电压分布特点，实现电网无功优化是一个复杂且很难实现的问题。现实的做法是：系统留有足够的无功功率紧急储备容量条件下，使系统中各点电压运行在允许的高水平上，这不仅有利于系统的稳定运行，而且也使无功功率分布接近优化的程度。

由于系统无功功率补偿按分层分区和就地平衡原则安排，所以系统电压一般也是分层分区控制，以最高层超高压系统电压作全电力系统的电压基础。

大型机组一般通过升压变压器直接接入主电力网，所以主电力网的电压水平也可以由大型机组运行方式来控制。大型发电机无一例外地装设自动励磁调节装置，设置适当的负调差系数后，可使高压母线电压维持在给定值水平。因此，正常运行时主电力网电压发生变化时，依靠反应快速的自动励磁调节装置可控制主电力网电压，使其在较高水平上运行。为避免长距离超高压线路充电功率在系统轻负荷情况下引起系统高电压，除线路两端的高压电抗器吸收线路多余的充电功率外，必要时可使发电机进相运行，平衡充电功率，达到控制主电力网电压的目的。如果某一发电机在运行中失磁，则系统不仅失去了这台发电机失磁前送出的无功功率，而且还需向系统吸取大约相等于发电机额定容量的无功功率，于是主电力网电压可能降低，机端电压降低。当主电力网高压母线电压降低到危及系统稳定的电压，或机端电压降低到危及厂用电安全运行的电压时，要切除失磁发电机，使主电力网电压恢复或将厂用电切换到备用电源上。这种切除失磁发电机组，实质上切除了一个无功功率大用户（同时发电功率也同时切除），从而控制了主电力网的电压水平。

根据主电力网接线的特点，可将主电力网划分为若干区，在某一个区内选定一个具有代表性的节点（可称主导节点），只要保持该节点电压在给定值水平上运行，则主电力网邻近节点电压变化也不大，从而达到系统电压的控制。令 U_M 为地区控制中心的主导节点电压，U_{set} 为主导节点电压给定值，当按比例积分规则调节时，在地区控制中心形成的偏差信号电压 p 可表示为

$$p = \alpha \frac{U_{set} - U_M}{U_N} + \beta \int_0^t \frac{U_{set} - U_M}{U_N} \mathrm{d}t \tag{6-38}$$

式中　　α——比例调节系数；

　　　　β——积分调节系数；

　　　　U_N——主电力网额定电压。

地区控制中心形成的 p 信号，送到该区内其他各控制机组，并与该控制机组的无功配额 Q_i 相乘后，修正该控制机组自动励磁调节装置的整定值，使机组的无功功率输出等于 pQ_i。显然，当主导节点电压 U_M 降低时，p 值增大，各控制机组增大励磁，使邻近节点电压提升；反之则降低。调节结束，主导节点电压处 U_{set} 水平上运行，其他邻近节点电压也处在相应给定值上运行，从而系统电压得到了控制。实际上，这就是该区内控制机组间无功功率成组调节，实现系统电压的控制。

由于无功成组调节控制系统电压的反应速度慢于自动励磁调节装置的调节速度，所以自动励磁调节称一次调节，无功成组调节称二次调节。

第四节　供　电　电　压　控　制

根据无功功率就地平衡原则，在供电网络的变电所中，广泛采用并联电容器进行无功功率补偿（有的变电所中还设有并联电抗器，吸收无功功率以降低供电电压），配合降压变压器分接头自动调整，可实现供电母线电压和无功功率控制，简称 VQC 控制。变电所

采用 VQC 控制后，可使供电母线电压和功率因数在合格范围内，因而 VQC 控制获得了广泛应用。

一、VQC 控制的基本原则

调整变压器分接头可控制供电母线电压，投切电容器组或电抗器同样可控制供电母线电压，而且还可控制变电所的功率因数，为使供电电压和变电所功率因数在合格范围内，VQC 控制的基本原则如下：

（1）电压优先保证原则。当电压和功率因数不能同时满足要求时，控制策略是先调变压器分接头，首先保证电压恢复到合格范围。

（2）关于优先投切电容器组/电抗器。电压过高或过低，当功率因数正常时，控制策略一般是调变压器分接头；有时为减少分接头调节次数，可设置优先投切电容器组/电抗器。

设置优先投切电容器组/电抗器后，在上述情况下将优先投切电容器组或电抗器，力求使电压和功率因数在合格范围内，只有当投切电容器组或电抗器后仍不能满足要求时，才调整变压器分接头。如果没有设置优先投切电容器组/电抗器，则在上述情况下先调整变压器分接头，仍不能满足要求时才投切电容器组或电抗器。

（3）关于强投、强切。设分接头设在降压变压器高压侧，在调节过程中若分接头已在最低档，但供电电压仍低于下限值，则应发出强投电容器组和强切电抗器的命令。在调节过程中若分接头已在最高档，但供电电压仍高于上限值，则应发出强切电容器组和强投电抗器的命令。

（4）关于无功功率倒送时的强切、强投。正常运行时，变压器仅向系统吸取少量感性无功功率，若不允许变压器向系统输送感性无功功率，则当出现倒送感性无功功率时，应发出强切电容器组再强投电抗器的命令。

（5）无功功率预测。VQC 在调节过程中，当控制策略是投电容器组时，要判断该电容器组的无功功率 Q_C 是否大于此时变压器从系统吸取的无功功率 Q_L，若 $Q_C > Q_L$，则不投电容器组；若 $Q_C \leqslant Q_L$，则投电容器组。当控制策略是切电容器组时，要判断切除该电容器组后的功率因数 $\cos\varphi$ 是否低于下限值，若低于下限值，则不切电容器组；若 $\cos\varphi$ 合格，则切除电容器组。

如果该变电所装设并联电抗器，则电抗器的投切同样可进行无功功率预测。

（6）变压器运行方式识别。VQC 在调节过程中，根据分段断路器或母联断路器位置，判定变压器是并列运行还是独立运行。若是独立运行，则可独立调压；若是并列运行，则应是同步调压。

（7）控制次数限制。VQC 在调节过程中，变压器分接头调节次数（升、降各算一次，手动调节也包括在内）、电容器组的投切次数、电抗器投切次数，一天内有次数限制。超过一天最大调节次数时，调节功能被闭锁。

二、按电压、无功调节的 VQC 控制

按电压、无功调节的控制情况下，就是要使变电所供电电压在合格范围内，同时使变

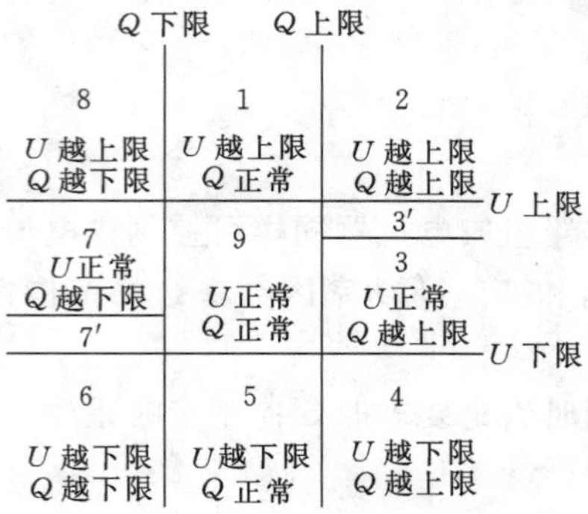

Q 下限	Q 上限	
8	1	2
U 越上限 Q 越下限	U 越上限 Q 正常	U 越上限 Q 越上限
7	9	3′ / 3
U 正常 Q 越下限	U 正常 Q 正常	U 正常 Q 越上限
7′		
6	5	4
U 越下限 Q 越下限	U 越下限 Q 正常	U 越下限 Q 越上限

图 6-10　电压—无功功率的九域图

压器吸取的感性无功功率也在规定范围内。根据变电所运行的具体要求，分别对电压、无功功率赋予上、下限定值，建立电压—无功功率运行图，通常称九域图，如图 6-10 所示。当变电所的电压和无功功率随运行工况发生变化时，U—Q 确定的运行点始终在九个区域中，根据运行点所处的不同区域，VQC 的控制策略如下。

（1）1 区域表示 U 越上限、Q 正常。控制策略为：切电容器组，投电抗器（切电容器组、投电抗器后 Q 仍正常）；若切电容器组、投电抗器后 Q 不正常，则提高变压器分接头，当分接头已处最高档位时，应强切电容器组，强投电抗器。

（2）2 区域表示 U 越上限、Q 越上限。控制策略为：升高变压器分接头；若分接头已在最高档位，则强切电容器组，强投电抗器。

（3）3 区域表示 U 正常、Q 越上限。控制策略为：切电抗器，投电容器组。

（4）3′区域表示 U 正常偏高、Q 越上限。控制策略为：若有电容器组未投或电抗器未切，则先升高变压器分接头，再切电抗器，投电容器组；当没有电容器组未投、电抗器未切或分接头已处最高档位时，保持不动。

（5）4 区域表示 U 越下限、Q 越上限。控制策略为：切电抗器，投电容器组；若电抗器已切除、电容器组已全投，则降低变压器分接头。

（6）5 区域表示 U 越下限、Q 正常。控制策略为：优先切电抗器、投电容器组（切电抗器、投电容器组后 Q 仍正常）；若切电抗器、投电容器组后 Q 不正常，则降低变压器分接头，当分接头已处最低档位时，应强切电抗器，强投电容器组。

（7）6 区域表示 U 越下限、Q 越下限。控制策略为：降低变压器分接头；若分接头已在最低档位，则强切电抗器、强投电容器组。

（8）7 区域表示 U 正常、Q 越下限。控制策略为：切电容器组，投电抗器。

（9）7′区域表示 U 正常偏低、Q 越下限。控制策略为：若有电容器组未切或电抗器未投，则先降低变压器分接头，再切电容器组，投电抗器；当没有电容器组未切、电抗器未投或分接头已处最低档位时，保持不动。

（10）8 区域表示 U 越上限、Q 越下限。控制策略为：切电容器组，投电抗器；若已无电容器组可切、无电抗器可投，则升高变压器分接头。

（11）9 区域表示 U 正常、Q 正常。控制策略为：保持不动。

上述控制策略是建立在设定的电压上、下限和无功功率上、下限边界基础上的，在实际应用中，还必须进行调节的预测计算；在边界附近设立动作死区（如电压死区设定 2%、无功功率死区设定 2%）；设定电容器组或电抗器投切/切投时间间隔、变压器分接头升升/升降/降降/降升时间间隔（可分别设定）；还要设定变压器分接头和电容器组/电抗器每日控制的最大次数。设定这些参数可避免在边界附近可能出现的频繁调节，提高工作安全性，使 VQC 调节达到预期目标。

三、按电压、功率因数调节的 VQC 控制

由于控制功率因数 $\cos\varphi$ 比控制无功功率 Q 更有意义，故通常应用 $\cos\varphi$ 代替 Q 作为控制调节对象。于是，电压—功率因数九域图如图 6-11 所示。基于 U—$\cos\varphi$ 九域图的 VQC 控制策略如下：

（1）1 区域表示 U 越上限、$\cos\varphi$ 正常。控制策略为：切电容器组，投电抗器（切、投后 $\cos\varphi$ 仍正常）；若切电容器组、投电抗器后 $\cos\varphi$ 不正常，则升高变压器分接头，当分接头已处最高档位时，应强切电容器组，强投电抗器。

（2）2 区域表示 U 越上限、$\cos\varphi$ 越下限。控制策略为：升高变压器分接头；若分接头已在最高档位，则强切电容器组，强投电抗器。

（3）3 区域表示 U 正常、$\cos\varphi$ 越下限。控制策略为：切电抗器，投电容器组。

（4）3′区域表示 U 正常偏高、$\cos\varphi$ 越下限。控制策略为：若有电容器组未投或电抗器未切。则先升高变压器分接头，再切电抗器，投电容器组；当没有电容器组未投、电抗器未切或分接头已处最高档位时，保持不动。

$\cos\varphi$ 上限		$\cos\varphi$ 下限	
8	1	2	
U 越上限 $\cos\varphi$ 越上限	U 越上限 $\cos\varphi$ 正常	U 越上限 $\cos\varphi$ 越下限	U 上限
7	9	3′	
U 正常 $\cos\varphi$ 越上限	U 正常 $\cos\varphi$ 正常	U 正常 $\cos\varphi$ 越下限	U 下限
7′		3	
6	5	4	
U 越下限 $\cos\varphi$ 越上限	U 越下限 $\cos\varphi$ 正常	U 越下限 $\cos\varphi$ 越下限	

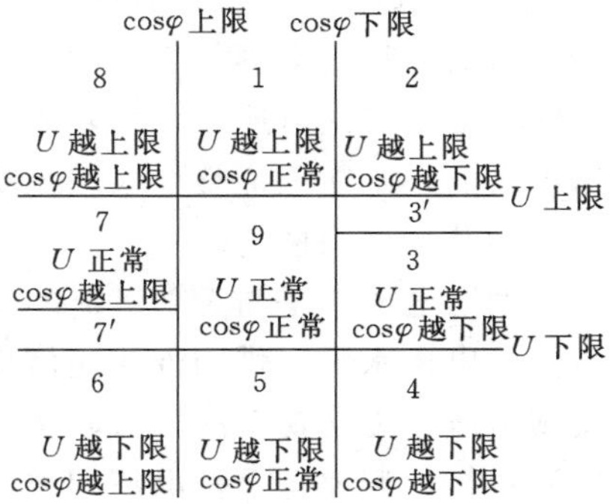

图 6-11　电压—功率因数的九域图

（5）4 区域表示 U 越下限、$\cos\varphi$ 越下限。控制策略为：切电抗器，投电容器组；若电抗器已全切且电容器组已全投，则降低变压器分接头。

（6）5 区域表示 U 越下限、$\cos\varphi$ 正常。控制策略为：优先切电抗器，投电容器组（切、投后 $\cos\varphi$ 仍正常）；若切电抗器、投电容器组后 $\cos\varphi$ 不正常，则降低变压器分接头，当分接头已在最低档位时，应强切电抗器，强投电容器组。

（7）6 区域表示 U 越下限、$\cos\varphi$ 越上限。控制策略为：降低变压器分接头；若分接头已在最低档位，则强切电抗器，强投电容器组。

（8）7 区域表示 U 正常、$\cos\varphi$ 越上限。控制策略为：切电容器组，投电抗器。

（9）7′区域表示电压正常偏低、$\cos\varphi$ 越上限。控制策略为：若有电容器组未切或电抗器未投，则先降低分接头，再切电容器组，投电抗器；当没有电容器组未切、电抗器未投或分接头已处最低档位时，保持不动。

（10）8 区域表示 U 越上限、$\cos\varphi$ 越上限。控制策略为：切电容器组，投电抗器；若已无电容器组可切、无电抗器可投，则升高变压器分接头。

（11）9 区域表示 U 正常、$\cos\varphi$ 正常。控制策略为：不动作。

（12）其他与按 U、Q 调节时相同。

不论按 U、Q 调节或是按 U、$\cos\varphi$ 调节，在主变压器断路器断开、被测母线电压过低、主变压器功率过大或过小、两段母线电压差大于设定值时，VQC 自动闭锁；主变压器保护动作、并列运行主变压器分接头档位差两档时，自动闭锁分接头调节；电容器组保护动作、电抗器保护动作时，同样自动闭锁电容器组、电抗器的投切。此外，变电所备用变压器或互为备用的母线段自动装置使备用断路器合闸前，应先将被投母线上的电容器组

联锁切除，并闭锁电容器组自投，以避免电容器组受过电压而损坏；电容器组不应设自动重合。

除上述 VQC 控制方式外，还有其他更复杂的控制方式。

四、关于电压无功区域联调概念

上述 VQC 控制只是应用于单个变电所，以电压和无功/功率因数为调节目标，调变压器分接头、投切电容器组/电抗器来控制变压器二次电压和变压器的无功功率/功率因数，使变电所二次电压、无功功率/功率因数在合格范围内。但这种 VQC 调节是从局部网络出发的，不能保证整个电网无功功率的合理分配，更不能保证整个电网的电压质量。因此，调节是局限性的。

电网的电压水平与无功潮流的分布密切相关，所以电网无功功率的合理分配，可以控制电网的电压水平。借助现代通信技术和计算技术，可对全电网的潮流进行分析计算，进而实现电压、无功功率的区域联调。电压、无功功率的区域联调是以电网的最优无功分配为控制目标，调控每个发电厂和重要变电所注入电网的无功功率，并以同一界面的母线电压为约束，实现该电压约束下的全网最优无功潮流运行，达到保证全网合格的电压质量，降低全网损耗，提高电压稳定储备水平。

显然，实现电网电压无功区域联调比单个变电所内采用 VQC 调节控制优越得多，但实现十分复杂且困难。就目前情况，电网电压无功区域联调是可以实现局部电网的无功功率分配优化与变电所电压、无功功率/功率因数控制的方式。

单变电所 VQC 控制方式应用十分普遍。

第五节　按电压降低自动减负荷装置

一、必要性

电压和频率是电能质量的两个重要指标。为保证电力系统频率在正常范围内，有功功率安排上必须留有足够的调频容量、调峰容量，保证电网频率质量；电网有功功率安排上还必须留有足够的运行备用容量以及设置发生大功率缺额时按频率降低自动减负荷装置，防止事件发生后的频率崩溃，保证频率稳定性，避免大停电事故的发生。电网电压与无功功率密切相关，注意到无功功率不能远距离输送，所以无功功率必须分层分区安排和调节，使无功电源与无功负荷基本就地平衡，故电压具有区域性或地区性质。这与电网频率完全不同，全网有同一频率，电网中任一点的有功电源和有功负荷的增减对电网频率变化基本上是相同的；而电网中任一点的无功电源和无功负荷的增减在很大程度上仅影响该点电压。当电网发生大的无功功率缺额时，为防止电压崩溃的发生，应在该地区切去一定容量的有功功率负荷（包含相应的无功负荷），或者分区安排无功功率事故紧急备用容量。这与电网发生大的有功功率缺额引起频率降低切去一定容量的有功负荷、安排旋转备用容量所起的作用完全相类似。

在有可能发生电压崩溃的负荷中心区域，配置按电压降低自动减负荷，可有效防止发生大无功功率缺额时电压崩溃的发生，避免系统发生大停电事故。这与按频率降低自动减负荷一样，可防止大有功功率缺额时频率崩溃的发生。

随着电力系统的不断发展，远距离输电逐渐增大比重，负荷容量相对集中，受端系统也不断扩大；由于负荷容量的增大，变电单元容量也相应增大，因此调度命令集中切负荷变得愈来愈困难。此外，随着负荷对电压质量的要求愈来愈高，变压器分接头调整将是满足电压质量的技术措施。这些因素有可能导致受端主电网电压崩溃事故的发生，应引起足够的重视并严格实施按电压降低自动减负荷。

二、实现

图 6-12 示出了按电压降低自动减负荷逻辑框图。可满足下列任一情况时低电压减负荷自动闭锁：

(1) 电压互感器二次回路断线。

(2) 保护安装处出现负序电压，说明电压降低由不对称短路故障引起。负序动作电压应躲过负序电压元件的最大不平衡输出电压，可取 5～8V（线电压）。

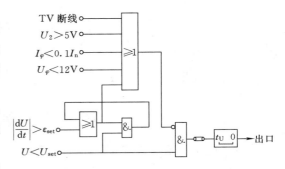

(3) 三相电流均小于 0.1 倍额定电流。在这种情况下切去负荷对防止电压崩溃无作用。

(4) 任意一相的相电压过低。这是非正常运行情况，相电压定值可取 12V。

图 6-12　按电压降低自动减负荷逻辑框图

(5) 电压变化率 $\left|\dfrac{\mathrm{d}U}{\mathrm{d}t}\right|>\varepsilon_{set}$，而 ε_{set} 为设定的电压变化率。在确定 ε_{set} 值时应考虑如下三种情况：

1) 电力系统振荡时，母线电压要降低，为防止误动作，可采用 $\left|\dfrac{\mathrm{d}U}{\mathrm{d}t}\right|$ 闭锁。图 6-13 (a) 示出了振荡的电力系统图，令 $\dot{E}_M=E\varphi\underline{/0°}$，则 $\dot{E}_N$ 可表示为（设 $E_N=E_M=E_\varphi$）

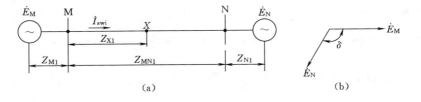

(a)　　　　　　　　　　　　　　(b)

图 6-13　电力系统振荡

(a) 系统图；(b) 两侧等值电动势相量关系

$$\dot{E}_N = E_N\mathrm{e}^{-\mathrm{j}\delta} = E_\varphi\mathrm{e}^{-\mathrm{j}\delta} \tag{6-39}$$

其中 δ 为两侧等值电动势间相角差，振荡时 δ 作 0°～360° 变化，M 母线电压表示为

$$\dot{U}_M = \dot{E}_M - \dot{I}_{swi} Z_{M1}$$

$$= E_\varphi - \frac{E_\varphi - E_\varphi e^{-j\delta}}{Z_{11}} Z_{M1}$$

$$= E_\varphi [1 - \rho_M (1 - e^{-j\delta})] \qquad (6-40)$$

式中　ρ_M——反映 M 母线电气位置的系数，$\rho_M = \dfrac{Z_{M1}}{Z_{11}}$，而 $Z_{11} = Z_{M1} + Z_{MN1} + Z_{N1}$。

$\dot{U}_M$ 的变化率为

$$\frac{d\dot{U}_M}{dt} = -j\rho_M e^{-j\delta} \frac{d\delta}{dt} E_\varphi$$

考虑到 $\dfrac{d\delta}{dt} = \omega_\Delta$，而 $\omega_\Delta = 2\pi\Delta f = \dfrac{2\pi}{T_\Delta}$，上式写成

$$\left| \frac{d\dot{U}_M}{dt} \right| = \rho_M \frac{2\pi}{T_\Delta} E_\varphi \qquad (6-41)$$

式中　T_Δ——振荡周期。

当取最长振荡周期 $T_\Delta = 3s$、$E_\varphi = \dfrac{100}{\sqrt{3}}$V 时，式（6-41）为

$$\left| \frac{d\dot{U}_M}{dt} \right|_{min} = 120.9 \rho_M (\text{V/s}) \qquad (6-42)$$

式（6-42）说明，系统振荡时，电压变化率与 ρ_M 有关。一般情况下，可取 $\rho_M = 0.2$，故系统振荡时，有

$$\left| \frac{dU}{dt} \right| > 24.2 (\text{V/s}) \qquad (6-43)$$

2) 电力系统三相短路故障时，同样母线电压要降低，采用 $\left| \dfrac{dU}{dt} \right|$ 闭锁防止其误动作。设短路故障点较远，从额定电压降到 80% 额定值需 40ms，于是相电压的变化率为

$$\frac{dU}{dt} > \frac{(1 - 80\%)}{40 \times 10^{-3}} \times \frac{100}{\sqrt{3}} = 288.7 (\text{V/s}) \qquad (6-44)$$

3) 考虑供电电源中断时负荷反馈的影响。在送电线路重合闸期间，负荷与电源短时解列，负荷的综合电压逐渐衰减。当变电所母线上有其他线路时，负荷的反馈电流可能使低电流闭锁（反馈电流大于 $0.1I_n$）失效，为防止误动作，可借助 $\left| \dfrac{dU}{dt} \right|$ 闭锁。设供电电源中断 2s，负荷的综合电压从额定值 $\dfrac{100}{\sqrt{3}}$V 降到 12V（低于 12V 装置自行闭锁），于是电压变化率为

$$\left| \frac{dU}{dt} \right| = \frac{\dfrac{100}{\sqrt{3}} - 12}{2} = 22.9 (\text{V/s}) \qquad (6-45)$$

由式（6-43）～式（6-45），相电压变化率的设定值 ε_{set} 可取

$$\varepsilon_{set} = (20 \sim 25) \text{ V/s} \qquad (6-46)$$

由图 6-12 可见，电压变化率经低电压元件动作后自保持，直到电压恢复到整定电压以上才复归，解除 $\left|\dfrac{\mathrm{d}U}{\mathrm{d}t}\right| > \varepsilon_{\mathrm{set}}$ 的闭锁。

低电压元件的整定值应高于电压崩溃的临界电压，并留有一定的裕度。临界电压值见式(6-36)、式(6-32)。

动作延时 t_{U} 可取 0.5s。

【复　习　思　考　题】

6-1　为何有功功率可以长距离输送？为何无功功率不能长距离输送？

6-2　试说明无功功率补偿提高电压水平的作用原理。

6-3　系统无功功率为何要实现分层分区就地平衡？

6-4　何谓负荷的电压特性？

6-5　何谓系统受端电压—无功功率特性？何谓系统受端电压—有功功率特性？

6-6　何谓电压崩溃？有何危害性？

6-7　发生电压崩溃与哪些因素有关？采取何种措施来防止可能发生的电压崩溃？

6-8　何谓系统的无功功率紧急备用容量？起何作用？有何要求？

6-9　何谓系统供电节点的稳定临界电压？与哪些因素有关？

6-10　降低系统供电节点的稳定临界电压可采用哪些措施？

6-11　采用调节变压器分接头来控制供电电压有不利因素吗？试说明。

6-12　在有些负荷中心区域，为何要装设按电压降低自动减负荷装置？

6-13　何谓输电线路的自然功率？

6-14　超高压长距离输电线路两端为何要装设并联电抗器？试说明具体作用。

6-15　在一般情况下如何使供电电压、供电变压器的无功功率在合格范围内？

6-16　如何使供电变压器的功率因数、供电电压在合格范围内？

6-17　电力系统振荡时，某母线上电压变化率与哪些因素有关？

6-18　在按电压降低自动减负荷装置中，为何要采用电压变化率闭锁措施？

6-19　试说明供电电压质量与电网运行经济性间的关系。

第七章　电力系统调频和其他自动装置

第一节　功率频率电液调速系统

发电机在运行中为保证机端电压水平，几乎所有的发电机都装设了自动励磁调节装置。为保证系统频率在合格范围内，系统有功功率必须随时处平衡状态，注意到系统负荷随时有增加或减少，所以必须随时调整发电机的有功功率出力，即增加或减少进入发电机组的动力元素。因此，运行发电机上还装设了根据频率（转速）变化自动调整动力元素进入量的自动装置。在汽轮发电机组上，这种进汽量的自动调整是由功率频率电液调速系统实现的，简称功频电调。在大型汽轮发电机组上，广泛采用的是数字式功率频率电液调速系统，简称 DEH 或数字电调。

发电机组在调整出力维持系统频率在合格范围内的同时，应使电网处在最经济的运行状态，即按经济原则在电厂和机组间分配有功负荷。

一、功频电调系统的组成

图 7-1 示出了功频电调系统示意框图（图中未示出主蒸汽压力、主蒸汽温度控制），主要由转速测量、功率测量、PID 环节、D/A 变换、功率放大、电液转换、高压和中压油动机等构成。转速测量元件的输出电压 U_ω 与汽轮发电机组的转速 n（单位为 r/s）成正比，即

$$U_\omega = K_\omega n \qquad (7-1)$$

其中 K_ω 为转速转换系数（单位为 $\dfrac{\mathrm{Vs}}{\mathrm{r}}$）。在稳定状态下，电网频率 f 与转速 n 成正比，f

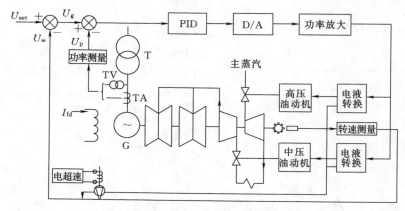

图 7-1　功频电调系统示意方框图

$=pn$（p 为极对数，$p=1$），于是式（7-1）可改写为

$$U_\omega = K_\omega f \tag{7-2}$$

注意式中 K_ω 的单位为 [Vs]。为稳定汽轮发电机组的转速，转速测量在功频电调系统中处负反馈工作状态。功率测量元件的输出电压 U_P 与发电机的输出功率 P（单位为 MW）成正比，即

$$U_P = K_P P \tag{7-3}$$

其中 K_P 为功率转换系数（单位为 V/MW）。同样，为稳定发电机的输出功率，功率测量在功频电调系统中处负反馈工作状态。转速误差信号、功率误差信号经 PID（比例、积分、微分）运算后，输出的数字量经 D/A 变换器转换为模拟量，再经功率放大，送入电液转换器。电液转换器将电控制信号转换为液压控制信号，通过油动机调整高压、中压进汽阀（主汽阀和调节汽阀），调整进汽量，实现发电机的功率频率调节。

系统负荷增加时，汽轮发电机组转速下降，因此时发电机实发功率尚未变化，即功率测量元件输出变化量为零，所以正比于转速差 $\Delta n = n - n_N$（n_N 为额定转速）的信号 U_g 输入 PID 调节器，U_g 代表当时要求汽轮机功率增大的数值。U_g 经 PID、D/A、功率放大、电液转换器后，经油动机开大进汽量阀门，使汽轮机实发功率增大，最终使发电机增加的功率与系统负荷增加的功率相平衡。汽轮机进汽量增加后，功率测量元件检测到这一功率的变化值，同样通过负反馈调节，直到功频电调系统处在新的平衡状态。可见，当功频电调系统处新的平衡状态时，功率测量元件输出电压（U_P）的变化完全抵消了转速测量元件输出电压（U_ω）的变化。

当系统负荷减少时，汽轮发电机组转速升高，功频电调系统的调节过程与上述相反。

功频电调系统除转速控制、负荷控制外，还具有超速保护控制、超速跳闸保护、主蒸汽压力控制、发电机同期并网、汽轮机自起动、汽阀管理等功能，通过 DEH 系统的 CRT 还能显示运行状态有关参数。在大型发电厂中，普遍采用了分散控制系统（简称 DCS 系统）对整个电厂进行监控，DCS 系统通过 DEH 系统提供的接口，可对汽轮发电机组进行完全的控制，当然 DCS 系统同时实现对机组运行参数的监视。

二、功频电调系统的静态特性

功频电调系统的静态特性是在稳定状态下汽轮发电机组转速 n（或 f）与发电机有功功率 P 的关系曲线。

设电网处在额定频率 f_N 下运行，此时汽轮发电机组的转速为 n_N，令功率测量元件的输出电压为 $U_{p[0]}$、转速测量元件的输出电压为 $U_{\omega[0]}$，因 PID 调节器具有积分特点，故在稳定状态下输入电压为零，有关系式

$$U_{set} - U_{\omega[0]} - U_{p[0]} = 0 \tag{7-4}$$

式中　U_{set}——给定电压值。

当系统负荷增加或减少时，引起汽轮发电机组转速发生变化，功频电调系统作用的结果使发电机输出功率发生变化，最终达到新的稳定状态。令此时功率测量元件的输出电压为 U_p、转速测量元件的输出电压为 U_ω，同样因 PID 调节器的积分特点，在 U_{set} 不变时有关系式

$$U_{\text{set}} - U_\omega - U_p = 0 \tag{7-5}$$

如令

$$\Delta U_\omega = U_\omega - U_{\omega[0]} \tag{7-6a}$$

$$\Delta U_p = U_p - U_{p[0]} \tag{7-6b}$$

则式（7-5）改写为

$$U_{\text{set}} - (U_{\omega[0]} + \Delta U_\omega) - (U_{p[0]} + \Delta U_P) = 0$$

考虑到式（7-4），上式变成

$$\Delta U_\omega + \Delta U_p = 0 \tag{7-7}$$

式（7-7）说明，功频电调系统调节结束后，在新的稳定状态下，功率测量元件的输出电压变化量 ΔU_P 与转速测量元件的输出电压变化量 ΔU_ω 正好完全抵消。

由式（7-1）可得 $\Delta U_\omega = K_\omega \Delta n$，由式（7-3）可得 $\Delta U_P = K_P \Delta P$，代入式（7-7）得到

$$\Delta n + \frac{K_P}{K_\omega} \Delta P = 0 \tag{7-8}$$

式中　ΔP——发电机输出功率变化量，$\Delta P = P - P_{[0]}$；

　　　Δn——汽轮发电机转速变化量，$\Delta n = n - n_N$。

当采用标么值表示时，$\Delta P_* = \dfrac{\Delta P}{P_N}$、$\Delta n_* = \dfrac{\Delta n}{n_N}$，代入式（7-8）得到

$$\Delta n_* n_N + \frac{K_P}{K_\omega} \Delta P_* P_N = 0$$

或

$$\Delta n_* + K_G \Delta P_* = 0 \tag{7-9}$$

式中　K_G——功频电调系统的调差系数，或称发电机组的调差系数，或称转速不等率，

$K_G = \dfrac{K_P P_N}{K_\omega n_N}$，$K_G$ 无量纲为一个系数。

在稳定状态下，发电机转速 n 与电网频率 f 成正比，因此式（7-9）也可表示为

$$\Delta f_* + K_G \Delta P_* = 0 \tag{7-10}$$

式（7-8）或式（7-9）、式（7-10）即是功频电调系统的静态特性。当发电机发出的有功功率增加即 $\Delta P > 0$ 时，由式（7-8）得到 $\Delta n = -\dfrac{K_P}{K_\omega} \Delta P < 0$，即发电机转速下降。作出式（7-8）表示的功频电调系统的静态特性如图 7-2 所示，是一条下倾的斜线。由式（7-8）得到

$$\frac{\Delta n}{\Delta P} = -\frac{K_P}{K_\omega} \tag{7-11}$$

即斜线下倾的斜率为 $\dfrac{K_P}{K_\omega}$。当纵坐标以 n_*（f_*）、横坐标以 P_* 表示时，功频电调系统静态特性下倾的斜率为 K_G，汽轮发电机的 K_G 一般在 $4\% \sim 6\%$。

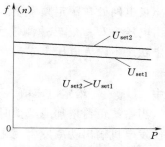

图 7-2　功频电调系统的静态特性

三、功频电调系统静态特性的调整

静态特性的调整包括斜率的调整和特性曲线的上下移动。

因 K_P、K_ω 接近常数，所以静态特性曲线的斜率也可认为是一个常数，故静态特性曲线可用斜线段表示。

增大 K_P 或减小 K_ω，可使静态特性下倾斜率增大；减小 K_P 或增大 K_ω 可使静态特性下倾斜率减小。

当 $P=0$ 时，由式（7-3）得到 $U_p=0$；考虑到式（7-1），式（7-5）可写成

$$n \big|_{P=0} = \frac{U_{set}}{K_\omega} \tag{7-12}$$

式（7-12）说明：给定电压 U_{set} 增大时，静态特性曲线上移；U_{set} 减小时，静态特性曲线下移。如图 7-2 中所示。

四、功频电调机组的一次调频能力

带有功频电调系统的汽轮发电机组称功频电调机组，当系统负荷变化时，功频电调机组要作出相应反应，力求使系统恢复到额定频率运行，这种功频电调机组直接对系统频率作调整，称一次调频。

设功频电调系统的静态特性如图 7-2 所示，不考虑特性曲线的限幅。在系统稳定运行情况下，全系统有同一频率 f，同时有 $f_* = n_*$，或 $\Delta n_* = \Delta f_*$。因此，当系统负荷发生变化时，参与频率调整的功频电调机组在调频结束时均满足式（7-10）。若系统负荷的功率变化为 ΔP_Σ，各调频机组的调差系数分别为 K_{G1}、K_{G2}、$\cdots$、K_{Gi}，则各调频机组的功率变化量 ΔP_1、ΔP_2、$\cdots$、ΔP_i，在调频结束时由式（7-10）得到为

$$\Delta P_1 = -\frac{1}{K_{G1}} \Delta f_* \, P_{N1}$$

$$\Delta P_2 = -\frac{1}{K_{G2}} \Delta f_* \, P_{N2}$$

$$\vdots$$

$$\Delta P_i = -\frac{1}{K_{Gi}} \Delta f_* \, P_{Ni}$$

式中　P_{N1}、P_{N2}、$\cdots$、P_{Ni}——参与调频机组的额定功率。

调频结束时，系统达到新的稳定状态，当仅考虑功频电调机组的一次调频能力时（不自动移动功频电调机组的特性曲线）注意到全系统有同一频率，于是有

$$\Delta P_\Sigma = \Delta P_1 + \Delta P_2 + \cdots + \Delta P_i$$

$$= -\Delta f_* \left(\frac{P_{N1}}{K_{G1}} + \frac{P_{N2}}{K_{G2}} + \cdots + \frac{P_{Ni}}{K_{Gi}} \right)$$

故

$$\Delta f_* = -\frac{\Delta P_\Sigma}{\sum\limits_{k=1}^{i} \frac{P_{Nk}}{K_{Gk}}} \tag{7-13}$$

将 Δf_* 代入 ΔP 的表达式，就可得到功频电调机组在调频结束时机组功率变化量分别为

$$\Delta P_1 = \frac{P_{N1}}{K_{G1}} \frac{\Delta P_\Sigma}{\sum\limits_{k=1}^{i} \frac{P_{Nk}}{K_{Gk}}} \tag{7-14a}$$

$$\Delta P_2 = \frac{P_{N2}}{K_{G2}} \frac{\Delta P_\Sigma}{\sum\limits_{k=1}^{i} \frac{P_{Nk}}{K_{Gk}}} \qquad (7-14b)$$

$$\vdots$$

$$\Delta P_i = \frac{P_{Ni}}{K_{Gi}} \frac{\Delta P_\Sigma}{\sum\limits_{k=1}^{i} \frac{P_{Nk}}{K_{Gk}}} \qquad (7-14c)$$

由上分析可得到功频电调机组一次调频有如下特点：

（1）系统有功功率平衡破坏时，系统频率要发生变化，各功频电调机组同时参加对系统频率的调整，没有先后之分。

（2）系统有功功率平衡破坏时，有功功率变化量按一定比例在各调频机组间分配。由式（7-14）可见，各调频机组所承担的有功功率变化量与该功频电调机组的调差系数成反比，改变调差系数可改变该调频机组承担的有功功率变化量。

（3）频率调整的结果，由式（7-13）明显可见，$\Delta f_* \neq 0$，即调整的结果不能保持原有系统频率，调整是有误差的，并且系统有功功率变化量 ΔP_Σ 愈大，Δf_* 也愈大。设功频电调机组的调差系数 $K_{G1} = K_{G2} = \cdots = K_{Gi} = 5\%$、有功功率变化量 ΔP_Σ 与调频机组额定功率 $\sum\limits_{k=1}^{i} P_{Nk}$ 之比为 15%，则由式（7-13）得到

$$\Delta f_* = -\frac{\Delta P_\Sigma}{\frac{1}{5\%}\sum\limits_{k=1}^{i} P_{Nk}} = -5\% \times 15\% = -0.75\%$$

即 $\Delta f = -0.75\% \times 50 = -0.375\text{Hz}$。其中"－"号表示系统有功负荷增加（$\Delta P_\Sigma > 0$）时调频的结果频率仍然降低，不能调整到额定频率；同时，调整结果频率仍然偏离额定频率较大，频差超出了合格范围。

五、功频电调机组的二次调频能力

功频电调机组一次调频的结果，当有功功率变化量 ΔP_Σ 较大时，系统频率仍然偏离额定值较多。为使系统频率在合格范围内，应自动平移 $f = f(P)$ 静态特性曲线。这种自动平移功频电调机组静态特性曲线使系统频率在合格范围内，称为功频电调机组的二次调频。二次调频并不是功频电调系统本身的功能，而是属于电力系统自动调频的内容，本节仅说明工作原理。

当将参与系统调频的 $1、2、\cdots、i$ 台机组合并成一台机组（等值发电机组）时，即将式（7-13）中的 $\sum\limits_{k=1}^{i} \frac{P_{Nk}}{K_{Gk}}$ 表示为 $\frac{P_{N\cdot eq}}{K_{G\cdot eq}}$，则式（7-13）变为

$$\Delta f_* = -\frac{\Delta P_\Sigma}{\frac{P_{N\cdot eq}}{K_{G\cdot eq}}} = -K_{G\cdot eq}\Delta P_{\Sigma *} \qquad (7-15a)$$

或 $$\Delta f_* + K_{G\cdot eq}\Delta P_{\Sigma *} = 0 \qquad (7-15b)$$

式中　$K_{G \cdot eq}$——等值发电机组的调差系数；

$\Delta P_{\Sigma *}$——系统有功功率变化量标么值，$\Delta P_{\Sigma *} = \dfrac{\Delta P_{\Sigma}}{P_{N \cdot eq}}$，而 $P_{N \cdot eq}$ 为系统调频机组的等值发电机的额定有功功率。

图 7-3 中直线 1 为等值发电机组的静态特性曲线，当等值发电机组所带负荷的频率特性为 P_{L1} 时，等值发电机的有功功率为 P_1，此时在图中 a 点运行，系统频率为额定值 f_N。当等值发电机所带负荷频率特性为 P_{L2} 即系统负荷增加时，运行点由 a 点变到 b 点，等值发电机的有功功率为 P_2，系统频率为 f_b。a 点到 b 点的有功功率变化量为 ΔP_{Σ}，与负荷有功变化量平衡，但 b 点的频率低于 a 点的频率，即 $f_b < f_N$，$\Delta f = f_b - f_N < 0$。再次说明功频电调机组一次调频是有误差的。

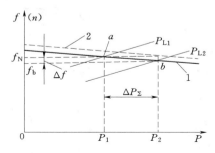

图 7-3　二次调频维持系统额定频率的说明

由图 7-3 可见，为使等值发电机在有功负荷为 P_2 时系统频率保持 f_N，只要将静态特性曲线 1 上移到 2 即可，如图中虚线所示。这种自动平移过程就是二次调频。

当系统负荷减少时，即 $\Delta P_{\Sigma} < 0$，此时只需下移静态特性曲线，同样可维持系统额定频率。

实际上，平移静态特性曲线可增加或减少发电机的有功功率出力，使之与系统有功负荷变化量平衡，从而可维持系统频率为额定值。注意到调频机组分散在电力系统中，同时考虑到经济运行，这种平移特性曲线是自动进行的，即二次调频是由自动调频系统控制的。

为保证系统频率在合格范围内，系统应具有足够的旋转备用容量。

六、功频电调系统静态特性类型

图 7-4 示出了功频电调系统的三种静态特性，可设置选择。机组并网时使用图 7-4（a）特性，特性曲线不限幅、不具死区，为一条下倾斜线。机组参与一次调频时应使用图 7-4（b）静态特性，功率具有限幅特性，当频率下降、发电机出力增加时，受最大出力限制；考虑到电网频率升高，减负荷方向的限幅意义不大，故一般只采用增负荷方向的单

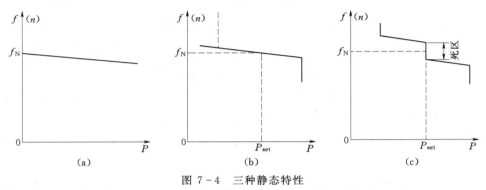

图 7-4　三种静态特性

（a）并网时的特性；（b）参与调频时的特性；（c）带基本负荷时的特性

向限幅。

对于大容量发电机组，运行比较经济，为使其平稳运行，不受电网频率波动影响，则可采用图 7-4（c）具有死区的静态特性，死区宽度可取± （0.1～0.2）Hz。

汽轮发电机组的功率频率电液调速系统，由机械液压式调节系统经电气液压式调节系统、模拟式电气液压调节系统，发展到目前的数字式电气液压调节系统，其性能不断提高，功能也不断强大，可靠性和灵敏性也不断提高。数字式电气液压调节系统在大型汽轮发电机组上应用相当普遍，不过其他调节系统因仍能满足运行机组基本要求，所以并未完全退役。

第二节　电力系统调频基本方法

电力系统调频指的是对系统频率进行二次调整，即通过系统调频装置对调频机组的静态特性曲线进行适当平移，以保持额定频率；在频率调整的同时，实现系统有功功率经济分配，使整个系统处于最经济的运行状态。

一、虚有差调节法

虚有差（或称假有差）调节法是将计划外的负荷分配给各调频机组，使系统频率维持给定值。为实现虚有差调节，各调频机组在图 7-1 基础上要装设有功功率分配装置，实现静态特性曲线的移动。虚有差调节时，调节过程中是有差的，但调节结束时是无差的。按式（7-10）的调频方程，各调频机组的调频准则如下：

$$\Delta f + K_{G1}(P_1 - \alpha_1 \sum_{k=1}^{i} P_k) = 0 \qquad (7-16a)$$

$$\Delta f + K_{G2}(P_2 - \alpha_2 \sum_{k=1}^{i} P_k) = 0 \qquad (7-16b)$$

$$\vdots$$

$$\Delta f + K_{Gi}(P_i - \alpha_i \sum_{k=1}^{i} P_k) = 0 \qquad (7-16c)$$

式中　　　　P_1、P_2、$\cdots$、P_i——各调频机组发出功率；

$\qquad \sum_{k=1}^{i} P_k$——各调频机组发出功率之总和；

$\qquad \alpha_1$、α_2、$\cdots$、α_i——各调频机组功率分配系数；

$\qquad K_{G1}$、K_{G2}、$\cdots$、K_{Gi}——各调频机组调差系数。

系统负荷发生变化时，调频系统开始工作，直到符合式（7-16），调节才终止。将式（7-16）各式相加得到

$$\Delta f \sum_{k=1}^{i} \frac{1}{K_{Gk}} + \left(\sum_{k=1}^{i} P_k - \sum_{k=1}^{i} P_k \sum_{k=1}^{i} \alpha_k \right) = 0$$

注意到 $\sum_{k=1}^{i} \alpha_k = 1$，代入上式得到 $\Delta f = 0$，即频率维持不变。调节过程结束时，各调频机

组的出力为

$$P_k = \alpha_k \sum_{k=1}^{i} P_k \quad (k = 1、2、\cdots、i) \tag{7-17}$$

可见，各调频机组按功率分配系数比例承担功率。显然，在调节过程中是有差的，但调节结果是无差的，故称虚有差调节。

要实现这种调频方法，各调频机组应具有有功功率分配装置。当系统内有多个电厂参加调频时，先将各调频电厂的总功率（各调频机组实发功率之和）之和，借助远动通道传送到调频控制中心，相加后经功率分配装置分配，再将分配信号送回各调频电厂，再分配到各调频机组，于是各调频机组发出预定功率，实现调频机组间经济功率分配。

虚有差调频方法有如下特点：

（1）调节过程中是有差的，调节结束是无差的。

（2）调频时所有调频机组一起动作，因而调速速度较快。

（3）调频结束后，调频机组按预定比例分配有功功率。

（4）由于功率测量误差或功率分配误差，或其中一台调频机组功率受到限制，甚至跳闸，因而使 $\sum_{k=1}^{i} \alpha_k \neq 1$，从而导致调频结束后出现频率误差，即 $\Delta f \neq 0$。为补救这一缺点，可将其中一台调频机组改为无差特性，即可将式（7-16）中的某台调频机组的 K_G 设为 0，当 $K_{G1} = 0$ 时，调频准则如下：

$$\Delta f = 0$$

$$\Delta f + K_{G2}(P_2 - \alpha_2 \sum_{k=1}^{i} P_k) = 0$$

$$\vdots$$

$$\Delta f + K_{Gi}(P_i - \alpha_i \sum_{k=1}^{i} P_k) = 0$$

显然，调节结束后，频率为给定值。第 2、3、$\cdots$、i 台调频机组承担的功率为

$$P_k = \alpha_k \sum_{n=1}^{i} P_n \quad (k = 2、3、\cdots、i)$$

而第一台调频机组承担的功率为

$$P_1 = (1 - \sum_{k=2}^{i} \alpha_k) \sum_{k=1}^{i} P_k$$

即使 $\sum_{k=1}^{i} \alpha_k \neq 1$，因第一台调频机组承担了剩余功率，故可维持系统频率为给定值。

（5）虚有差调节虽可维持系统频率为给定值，但参加调频的机组只能固定为几个电厂，因此很难实现系统的经济功率分配。随着系统容量的扩大，计划外负荷变动相对增大，要求有更多的电厂参与频率调整，实现也较困难。

二、积差调节法

频率积差调节法又称同步时间法，是按频率偏差对时间的积分进行调节的。

1. 一台调频机组的积差调频

积差调频的工作方程为

$$m\Delta P + \int \Delta f \mathrm{d}t = 0 \tag{7-18}$$

式中　　　m——调频功率比例系数；

　　　　　ΔP——调频机组功率变化量，$\Delta P > 0$ 表示出力增加，$\Delta P < 0$ 表示出力减少；

　　　　　Δf——与额定频率的频率偏差，$\Delta f = f - f_\mathrm{N}$。

当式（7-18）满足时，调节过程结束。当出现计划外负荷时，则频率降低，$\Delta f < 0$，于是有

$$\Delta P = -\frac{1}{m}\int \Delta f \mathrm{d}t \tag{7-19}$$

所以调频机组增加出力（$\Delta P > 0$），紧接着 Δf 减小，不断调整结果，最后 Δf 趋近于零，调节过程结束，频率维持额定值。此时，调频机组增加的出力正好等于计划外负荷。若系统负荷减少，调节过程与上述过程相仿，只是调频机组出力减少，最后 Δf 同样趋近于零。

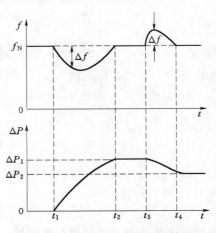

图 7-5 示出了积差调节的工作过程。在 $0 \sim t_1$ 时间内，无计划外负荷，系统有功功率处平衡状态，调频机组按原出力运行，$\Delta P = 0$，系统频率为额定值，$\Delta f = 0$。在 t_1 瞬间，计划外负荷出现，频率开始下降，$\Delta f < 0$，所以调频机组按式（7-19）增加出力，只要 $\Delta f \neq 0$，$\int \Delta f \mathrm{d}t$ 不断累积，调节过程就不会终止，直到 t_2 时刻系统频率恢复额定值，调节过程才结束，此时调频机组增加的出力 $\Delta P_1 = -\dfrac{1}{m}\displaystyle\int_{t_1}^{t_2} \Delta f \mathrm{d}t$ 保持不变。$t_2 \sim t_3$ 期间；系统处新的功率平衡状态，$\Delta f = 0$。在 t_3 时刻，系统负荷减少，系统频率升高，$\Delta f > 0$，调频机组按式（7-19）减少出力，同样，只要 $\Delta f \neq 0$，调

图 7-5　积差调节工作过程说明

节过程不会终止，直到 t_4 时刻系统频率恢复额定值，调节过程才结束，此时调频机组减少的出力 $\Delta P_1 - \Delta P_2 = -\dfrac{1}{m}\displaystyle\int_{t_3}^{t_4} \Delta f \mathrm{d}t$ 保持不变。

由上分析可见，按式（7-19）工作的积差调频，调节结束可维持系统频率为额定值，实现了无差调节。调频机组承担的功率变化量等于计划外负荷的数值。因 $\int \Delta f \mathrm{d}t$ 滞后 Δf 变化，所以调频过程缓慢，这是积差调频的缺点。

2. 多台调频机组的积差调频

在大电力系统中，必须要多台调频机组参与调频，此时的工作方程为

$$m_1 \Delta P_1 + \int \Delta f \mathrm{d}t = 0$$

$$m_2 \Delta P_2 + \int \Delta f \mathrm{d}t = 0$$

$$\vdots$$

$$m_{i}\Delta P_{i} + \int \Delta f \mathrm{d}t = 0$$

频率调节结束，可维持系统频率额定值，每台调频机组承担计划外负荷求得如下。

若系统频率各处相同，即各调频机组的 $\int \Delta f \mathrm{d}t$ 相等，于是由上方程组可得到

$$\sum_{k=1}^{i}\Delta P_{k} + \sum_{k=1}^{i}\frac{1}{m_{k}}\int \Delta f \mathrm{d}t = 0 \qquad (7-20)$$

所以有

$$\int \Delta f \mathrm{d}t = -\frac{\displaystyle\sum_{k=1}^{i}\Delta P_{k}}{\displaystyle\sum_{k=1}^{i}\frac{1}{m_{k}}} \qquad (7-21)$$

代入前方程组，得到每台调频机组承担的计划外负荷为

$$\Delta P_{k} = \frac{1}{m_{k}}\frac{\displaystyle\sum_{k=1}^{i}\Delta P_{k}}{\displaystyle\sum_{k=1}^{i}\frac{1}{m_{k}}} \qquad (k = 1、2、\cdots、i) \qquad (7-22)$$

可见，每台调频机组出力的变化量是按一定比例自动分配的。

如果将参与调频的机组合并为一台等值发电机组，将式（7-20）改写如下

$$\frac{1}{\displaystyle\sum_{k=1}^{i}\frac{1}{m_{k}}}\sum_{k=1}^{i}\Delta P_{k} + \int \Delta f \mathrm{d}t = 0 \qquad (7-23)$$

式（7-23）与式（7-18）比较，等值发电机调频功率比例系数 m、调频功率变化量 ΔP 分别为

$$m = \frac{1}{\displaystyle\sum_{k=1}^{i}\frac{1}{m_{k}}}$$

$$\Delta P = \sum_{k=1}^{i}\Delta P_{k}$$

可知多台调频机组积差调频与一台调频机组积差调频的工作原理并无本质上区别。

多台机组的积差调频方法有如下特点：

（1）系统负荷变化引起频率变化时，所有调频机组同时参与频率调节，调节结束时系统频率维持额定值。

（2）系统稳定运行情况下，系统有同一频率，所以参与调频的机组原则上可不受限制，因此适合大电力系统的调频。

（3）调节结束时，各调频机组可按预定调频功率比例系数承担系统计划外负荷。

（4）积差调频时，每台调频机组均按式（7-19）工作的，ΔP 总是滞后 Δf，在负荷变动后的一小段时间内，$\int \Delta f \mathrm{d}t$ 还不够大，从而造成调节过程的缓慢。为加快调节过程，

又保留积差调频的优点，在式（7－19）中引入频率偏差 Δf 信息量，于是式（7－19）改写为

$$\Delta P_k = -\frac{\Delta f}{K_{Gk}} - \alpha_k \int p \Delta f \mathrm{d}t \qquad (7-24\mathrm{a})$$

或

$$\Delta f + K_{Gk}\left(\Delta P_k + \alpha_k \int p \Delta f \mathrm{d}t\right) = 0 \qquad (7-24\mathrm{b})$$

式中　k——调频机组序号，$k=1、2、\cdots、i$；

　　α_k——第 k 台调频机组的功率分配系数；

　　p——功率与频率的转换常数，$\int p \Delta f \mathrm{d}t$ 可认为是系统计划外负荷值；

　　K_{Gk}——第 k 台调频机组的调差系数。

实际上，式（7－24a）是一个比例积分调节。当系统出现计划外负荷时，就引起系统频率变化，产生 Δf，式（7－24a）右边第一项与 Δf 成正比，频差愈大，相应的 ΔP_k 也愈大，加快了频率调节过程。式（7－24a）右边第二项作用与式（7－19）相同。在频率调节过程中，Δf 必然逐渐缩小，最后趋近于零，调节结束，式（7－24a）变为

$$\Delta P_k = -\alpha_k \int p \Delta f \mathrm{d}t \qquad (7-25)$$

考虑到计划外负荷 $\Delta P_\Sigma = \sum\limits_{k=1}^{i} \Delta P_k$，由上式得到

$$\Delta P_\Sigma = -\sum_{k=1}^{i} \alpha_k \int p \Delta f \mathrm{d}t$$

即

$$\int p \Delta f \mathrm{d}t = -\frac{\Delta P_\Sigma}{\sum\limits_{k=1}^{i} \alpha_k}$$

代入式（7－25），得到按式（7－24）调频时各调频机组承担的出力变化为

$$\Delta P_k = \frac{\alpha_k}{\sum\limits_{k=1}^{i} \alpha_k} \Delta P_\Sigma \qquad (k=1、2、\cdots、i) \qquad (7-26)$$

可见，承担的计划外负荷是按一定比例在各调频机组间自动分配的。

明显看出，按式（7－24）进行调频，不仅调频速度较快，而且调频结束后系统频率为额定值。

（5）在调频的同时，实现全系统功率的经济分配仍然是十分困难的。

电力系统积差调频有集中制调频和分散制调频两种方式。集中制调频是在中心调度所设置一套高精度标准频率发生器，再取用系统频率，集中产生频差积分信号 $\int p \Delta f \mathrm{d}t$，通过远动通道送向各调频电厂，在调频电厂中，根据运行方式再进行分配各机组所应承担的功率。这种集中制调频的优点是各调频电厂的频差积分信号 $\int p \Delta f \mathrm{d}t$ 保持一致性，但需要较多的远动通道。分散制调频是各调频电厂都设一套频差积分信号发生器，即 $\int p \Delta f \mathrm{d}t$ 信号是分散产生的，因系统频率具有同一性，所以各调频电厂的 $\int p \Delta f \mathrm{d}t$ 保持一致。这种调

频方法不需远动通道，同时采用近代电子技术，可使各调频电厂的 $\int p\Delta f\mathrm{d}t$ 具有很高的一致性，因而不会产生功率分配上的误差。

三、联合电力系统调频

随着电力系统容量的不断增加，大负荷中心的出现，逐渐形成联合电力系统。一般联合电力系统由几个区域电力系统通过联络线连接而成。图7-6示出了由区域电力系统 A 和 B 组成的联合电力系统。

当将图7-6看作一个电力系统时，可采用积差调频方法对全电力系统进行调频。这种调频方法存在的问题是：电力系统容量大，实现起来有困难；若调频电厂不位于负荷中心，

图7-6　联合电力系统

则可能引起联络线上的功率超出允许值，将危及系统稳定。也可将图7-6看作区域电力系统 A 和 B 组成，通过联络线交换功率，达到相互支援的目的，区域电力系统只对本系统引起的频率变化进行调节，其优点是：联络线上的功率可以进行控制，系统负荷即使变化较大，也不会引起很大变化，有利于系统的稳定运行；由于分区管理和调节，调度也较方便。因此，积差调频方法在联合电力系统中获得了较多的应用。

为达到联合系统频率调节，如图7-6中 A 系统负荷变化时（B 系统负荷未变化），则由 A 系统进行调频，B 系统中不进行调频，这样联络线中功率不发生变化。反之，B 系统负荷变化时（A 系统负荷未变化），也有上述类似情况。当 A 系统、B 系统负荷同时变化时，则 A 系统、B 系统同时调频，保持联络线功率基本无变化。

1. 频率—变换功率特性

在联合电力系统中，系统只有一个频率，而联络线的功率可发生变化，联合电力系统频差 Δf 与联络线交换功率变化量 ΔP_{AB} 间的关系曲线称频率—交换功率特性。

如图7-6中所示，交换功率 P_{AB} 从 A 系统流向 B 系统时为正，并假定 A、B 两系统无自动调频器作用，仅有机组的一次调频作用。当 A 系统负荷增加、B 系统负荷不变时，则系统频率下降，各机组进行一次调频，A 系统和 B 系统机组要增加出力，使系统频率回升，稳定在略低于原有频率上运行。对于负荷不变的 B 系统，因机组出力增加，使联络线功率 P_{AB} 减小，所以 $\Delta P_{AB}<0$，同时 $\Delta f<0$（对 A 系统来说，有 $\Delta P_{AB}<0$、$\Delta f<0$）。当 A 系统负荷减少、B 系统负荷不变时，则系统频率升高，各机组进行一次调频，A 系统和 B 系统机组减少出力，使系统频率回落，稳定在略高于原有频率上运行。对负荷不变的 B 系统来说，因机组出力减少，使联络线功率 P_{AB} 增加，所以 $\Delta P_{AB}>0$，同时 $\Delta f>0$（对 A 系统来说，有 $\Delta P_{AB}>0$、$\Delta f>0$）。作出负荷不变的 B 系统的 Δf 与 ΔP_{AB} 的关系曲线如图7-7所示。

当 A 系统负荷不变、B 系统负荷增加时，与上情况类似，由于系统频率下降 A 系统机组进行一次

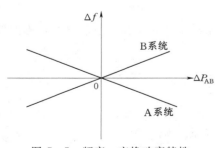

图7-7　频率—交换功率特性

调频，增加出力，联络线功率 P_{AB} 增加，所以对于负荷不变的 A 系统，有 $\Delta P_{AB}>0$、$\Delta f<0$；当 A 系统负荷不变、B 系统负荷减少时，A 系统有 $\Delta P_{AB}<0$、$\Delta f>0$。作出 A 系统的 Δf 与 ΔP_{AB} 的关系曲线如图 7-7 所示。

由图 7-7 可见，A 系统或 B 系统负荷变化时，系统频率要发生变化，联络线功率要发生变化。当另一系统负荷增加时，负荷不变的系统随频率的降低其输出的交换功率将增加（或吸收的交换功率减少）。当另一系统负荷减少时，负荷不变的系统随频率的升高其输出的交换功率将减少（或吸收的交换功率增加）。

2. 调频方法

为达到分区域调频的目的，要判断出系统频率变化是由哪个区域电力系统负荷变化引起的，从而确定该区域电力系统进行调频。

观察图 7-7，对于 A 系统，ΔP_{AB} 与 Δf 有相反的符号；对于 B 系统，ΔP_{AB} 与 Δf 有相同的符号。写出图 7-7 中频率—交换功率特性方程为

$$\text{A 系统：} \qquad \Delta f + K_A \Delta P_{AB} = 0 \qquad\qquad (7-27)$$

$$\text{B 系统：} \qquad \Delta f - K_B \Delta P_{AB} = 0 \quad \text{或} \quad \Delta f + K_B \Delta P_{BA} = 0 \qquad (7-28)$$

式中 K_A、K_B——A、B 两系统频率—交换功率直线特性斜率的绝对值；

Δf——频率偏差值，$\Delta f = f - f_N$，f_N 为额定频率。

当 A 系统、B 系统按式（7-27）、式（7-28）实现调频时，就能满足本区域电力系统引起频率偏差时才进行调频的要求。若正常运行 A 系统向 B 系统输送有功功率，则当 A 系统负荷增加而 B 系统负荷不变时，系统频率要降低，即 $\Delta f<0$，同时联络线功率要减小，即 $\Delta P_{AB}<0$。这样，B 系统的频率—交换功率特性处图 7-7 中第 Ⅳ 象限，式（7-28）成立，故 B 系统调频器不动作。对于 A 系统，因 $\Delta f<0$、$\Delta P_{AB}<0$，式（7-27）不满足，调频方程平衡破坏，调频器动作，使调频机组增加出力。当 A 系统内调频机组增加的出力等于负荷增加量时，系统频率恢复额定值，此时 $\Delta f=0$，$\Delta P_{AB}=0$，式（7-27）、式（7-28）均成立，调频器停止调频，联络线交换功率保持原有数值，达到了分区调频的目的。A 系统负荷减少而 B 系统负荷不变、A 系统负荷不变而 B 系统负荷增加（或减少）时，调频情况是相似的，同样是分区调频。

当 A 系统和 B 系统的负荷同时变化时，式（7-27）、式（7-28）全不满足，A 系统和 B 系统的调频器同时动作，各自调整机组出力，直到式（7-27）、式（7-28）均成立时调频才终止，此时 $\Delta f=0$、$\Delta P_{AB}=0$，即系统保持额定频率，联络线交换功率保持原有数值。

在联合电力系统中，各区域的调度中心，其调频系统是按系统频率及联络线功率的偏差进行工作的，调频方程为

$$\int (K\Delta f + P_L - P_{set})dt + \sum_{k=1}^{i} \Delta P_k = 0 \qquad (7-29)$$

式中 Δf——系统频率偏差，$\Delta f = f - f_N$；

P_L——联络线功率的实际值，从该区域送出时为正，输入为负；

P_{set}——联络线功率的计划值，其正、负方向与上相同；

$\sum\limits_{k=1}^{i}\Delta P_{k}$——该区域调频机组总的出力增量；

K——频率与联络线功率转换系数。

若令 $\Delta P_{L}=P_{L}-P_{set}$，则式（7-29）变为

$$\int(K\Delta f+\Delta P_{L})\mathrm{d}t+\sum\limits_{k=1}^{i}\Delta P_{k}=0 \tag{7-30}$$

式中包含频差积分项，在调频过程结束时，负荷变化量与 $\sum\limits_{k=1}^{i}P_{k}$ 平衡，必有

$$ACE=K\Delta f+\Delta P_{L}=0 \tag{7-31}$$

式（7-31）称联络线调频方程，与式（7-27）、式（7-28）一致，称 ACE 为分区控制误差。

对于图 7-6 所示的联合电力系统，分区调频方程组为

$$\int(K'_{A}\Delta f+\Delta P_{L\cdot A})\mathrm{d}t+\Big(\sum\limits_{k=1}^{i}\Delta P_{k}\Big)_{A}=0 \tag{7-32a}$$

$$\int(K'_{B}\Delta f+\Delta P_{L\cdot B})\mathrm{d}t+\Big(\sum\limits_{k=1}^{i}\Delta P_{k}\Big)_{B}=0 \tag{7-32b}$$

设 B 系统的负荷突然增加，全系统频率下降，联络线功率 P_{AB} 增加，A 区的调频系统有 $\Delta P_{AB}>0$、同时 $\Delta f<0$，故 A 区的 $ACE_{A}=K'_{A}\Delta f+\Delta P_{L\cdot A}$ 数值甚小，故 A 区调频机组出力增量 $\Big(\sum\limits_{k=1}^{i}\Delta P_{k}\Big)_{A}$ 不大，对 B 区属支援性质。B 区的调频系统有 $\Delta P_{BA}<0$、$\Delta f<0$，故 B 区的 $ACE_{B}=K'_{B}\Delta f+\Delta P_{L\cdot B}$ 具有很大的数值（绝对值），使 B 区各调频机组均加大出力，即 $\Big(\sum\limits_{k=1}^{i}\Delta P_{k}\Big)_{B}$ 较大，调频以满足调频方程。由此可见，各区的调频系统具有一定的判断能力，达到了"区内为主，区外支援"的分区调频目的。

分区调频结束，各区控制误差应等于零，任何调频机组不再出现新的功率变化量，即

$$ACE_{A}=K'_{A}\Delta f+(P_{L\cdot A}-P_{set\cdot A})=0$$

$$ACE_{B}=K'_{B}\Delta f+(P_{L\cdot B}-P_{set\cdot B})=0$$

由于 $P_{L\cdot A}+P_{L\cdot B}=0$，当各区没有调频装置误差时，则调频结束时，有 $\Delta f=0$，即 $f=f_{N}$。

对于多个分区的联合电力系统，当各分区按式（7-30）进行调频时，则调频结束后同样可维持系统频率为额定值。

第三节　失步解列控制

一、概述

电力系统安全自动装置大致可分为两大类：第一类是为了维持电力系统稳定不被破坏和提高供电可靠性的自动装置，如自动重合闸、备用电源和备用设备自动投入、同步电机自动励磁调节和继电强励、电气制动、发电厂快速减出力（对汽轮发电机实现快速压出力

和切除某些水轮机组）、串联和并联电容装置的强行补偿、快速继电保护等。第二类是当电力系统失去稳定后或当电力系统频率或电压过度降低时防止事故继续扩大的自动装置，如实现对电厂快速减出力、水轮发电机自起动和调相改发电、抽水蓄能机组由抽水改发电、按频率降低自动减负荷、按电压降低自动减负荷、无功功率紧急补偿、低频解列和失步解列等。此外，电力系统自动调频、电力系统电压控制可保证电能质量，同步发电机自动并列可保证发电机并网的正确性和安全性。故障记录也属安全自动装置的内容。

为了在系统频率降低时，减轻弱互联系统的相互影响，以及为保证发电厂厂用电和其他重要用户的供电安全，在系统的适当地点设置低频解列控制。

二、失步解列控制的作用

并列运行的系统或发电厂失去同步的现象称为振荡，一般也可称失步。电力系统失去同步运行时，系统两侧等值电动势间的夹角 δ 在 $0°\sim360°$ 间作周期性变化。引起系统失步运行的原因较多，大多数是由于严重故障时切除故障时间过长或断路器拒动引起系统暂态稳定破坏；在联系较弱的系统中，也可能由于发电机失磁或故障跳闸、断开某一线路或设备、误操作而造成系统失步运行。

为防止系统失步，首先应注意防止暂态稳定破坏。除采用提高系统暂态稳定措施外，可根据系统具体情况采用如下措施：

（1）对功率过剩地区采用发电机快速减出力、切除部分发电机或投入动态电阻制动等。

（2）对功率短缺地区采用切除部分负荷（含抽水运行的蓄能机组）等。

（3）励磁紧急控制，串联及并联电容装置的强行补偿，切除并联电抗器和高压直流输电紧急调制等。

（4）在预定地点将某些局部电网解列以保持主网稳定。

当电力系统稳定破坏出现失步振荡时，应根据系统的具体情况采取消除失步振荡的控制措施。

（1）对于局部系统，若经验算或试验可能短时失步运行及再同步不会导致负荷、设备和系统稳定进一步损坏，则可采用再同步控制，使失步的系统恢复同步运行。

（2）对于送端孤立的大型发电厂，在失步时应优先采用切机再同步措施。

（3）为消除失步振荡，可采用失步解列控制装置，在预先安排的适当的系统断面，将系统解列为各自保持同步的供需尽可能平衡的区域。

三、系统失步振荡的检测方法

（一）检测输电线路两侧母线电压的相角差及其变化判别失步振荡

设在图 6-13（a）中，发生失步振荡时两侧等值电动势幅值相等，令 $\dot{E}_M=E_\varphi\underline{/0°}$，有 $\dot{E}_N=E_\varphi e^{-j\delta}$，而 δ 作 $0°\sim360°$ 变化。考虑到振荡电流 $\dot{I}_{swi}$ 为

$$\dot{I}_{swi}=\frac{\dot{E}_M-\dot{E}_N}{Z_{11}}=\frac{E_\varphi}{Z_{11}}(1-e^{-j\delta}) \tag{7-33}$$

则 M 母线电压 $\dot{U}_M$ 如式（6-40）所示，N 母线电压 $\dot{U}_N$ 为

$$\dot{U}_N = \dot{U}_M - \dot{I}_{swi} Z_{MN1}$$

$$= \dot{E}_M - \dot{I}_{swi}(Z_{M1} + Z_{MN1})$$

$$= E_\varphi[1 - \rho_N(1 - e^{-j\delta})] \tag{7-34}$$

式中 ρ_N——反映 N 母线电气位置的系数，有 $\rho_N = \dfrac{Z_{M1} + Z_{MN1}}{Z_{11}}$，$Z_{11} = Z_{M1} + Z_{MN1} + Z_{N1}$。

由式（6-40）、式（7-34）得到

$$\frac{\dot{U}_M}{\dot{U}_N} = \frac{1 - \rho_M(1 - e^{-j\delta})}{1 - \rho_N(1 - e^{-j\delta})}$$

$$= \frac{(1 - \rho_M + \rho_M\cos\delta) - j\rho_M\sin\delta}{(1 - \rho_N + \rho_N\cos\delta) - j\rho_N\sin\delta} \tag{7-35}$$

设 $\dot{U}_M$ 超前 $\dot{U}_N$ 的相角为 δ_{MN}，则由式（7-35）得到

$$\delta_{MN} = \arg\left\{\frac{\rho_N(1 - \rho_M + \rho_M\cos\delta)\sin\delta - \rho_M(1 - \rho_N + \rho_N\cos\delta)\sin\delta}{(1 - \rho_M + \rho_M\cos\delta)(1 - \rho_N + \rho_N\cos\delta) + \rho_M\rho_N\sin^2\delta}\right\}$$

$$= \arg\left\{\frac{(\rho_N - \rho_M)\sin\delta}{(1 - \rho_M + \rho_M\cos\delta)(1 - \rho_N + \rho_N\cos\delta) + \rho_M\rho_N\sin^2\delta}\right\} \tag{7-36}$$

可以看出，失步振荡时 δ_{MN} 随 δ 角变化而变化。表 7-1 示出了失步振荡时不同 ρ_M、ρ_N 时的 δ_{MN} 角。

表 7-1 失步振荡时不同 ρ_M、ρ_N 时的 δ_{MN}

δ	0°	30°	60°	90°	120°	150°	180°	210°	240°	270°	300°	330°	360°
$\rho_M = 0.2$ $\rho_N = 0.4$	0°	6.1°	12.5°	19.7°	27°	29.2°	180°	330.8°	333°	340.3°	347.5°	353.9°	360°
$\rho_M = 0.2$ $\rho_N = 0.6$	0°	12.2°	25.7°	42.3°	65.2°	102.7°	180°	257.3°	294.8°	317.7°	334.3°	347.8°	360°

由表 7-1 可知，失步振荡线路两侧等值电动势间夹角 δ 作 0°～360°变化时，振荡线路两侧母线电压间相角差 δ_{MN} 同样作 0°～360°变化。因此，检测 δ_{MN} 越限并作 0°～360°变化，可检测出失步振荡。

（二）检测监视点电压、电流及相角的变化判别失步振荡

1. 监视点电流变化

设图 6-13（a）中 X 为监视点，与 M 母线间的线路正序阻抗为 Z_{X1}。监视点电流 $\dot{I}_{swi}$ 如式（7-33）所示，考虑到 $|1 - e^{-j\delta}| = 2\sin\dfrac{\delta}{2}$，由式（7-33）得到

$$|\dot{I}_{swi}| = \frac{2E_\varphi}{Z_{11}}\sin\frac{\delta}{2} \tag{7-37}$$

可见，失步振荡时，监视点电流 $|\dot{I}_{swi}|$ 随 δ 角变化而大幅值变化。当 $\delta = 0°$ 时，$|\dot{I}_{swi}| = 0$；当 $\delta = 180°$ 时，$|\dot{I}_{swi}| = \dfrac{2E_\varphi}{Z_{11}}$ 为最大值；当 $\delta = 360°$ 时，$|\dot{I}_{swi}| = 0$。

监视点 X 处电流可在 M 母线直接测量得到。

2. 监视点电压变化

在图 6-13（a）中，M 母线处测得监视点 X 处的电压表示式为

$$\dot{U}_X = \dot{U}_M - \dot{I}_{swi} Z_{X1} \tag{7-38}$$

由于 $\dot{U}_M$、$\dot{I}_{swi}$ 在 M 母线处可直接测量，所以在 M 母线处可测量到 $\dot{U}_X$ 值。

将 $\dot{U}_M = \dot{E}_M - \dot{I}_{swi} Z_{M1}$ 代入，考虑到式（7-33），得到

$$\dot{U}_X = E_\varphi - \frac{Z_{X1} + Z_{M1}}{Z_{11}} E_\varphi (1 - e^{-j\delta})$$

$$= E_\varphi [1 - \rho_X (1 - e^{-j\delta})] \tag{7-39}$$

式中　ρ_X——反映监视点电气位置的系数，$\rho_X = \dfrac{Z_{X1} + Z_{M1}}{Z_{11}}$。

对 $\dot{U}_X$ 取模值，有

$$|\dot{U}_X| = E_\varphi \sqrt{1 - 4\rho_X(1 - \rho_X)\sin^2 \frac{\delta}{2}} \tag{7-40}$$

当 $\delta = 0° \sim 360°$ 变化时，监视点电压 $|\dot{U}_X|$ 作大幅度变化。表 7-2 示出了失步振荡时不同 ρ_X 时的 $\left|\dfrac{\dot{U}_X}{E_\varphi}\right|$ 值。

表 7-2　　　　　　失步振荡时不同 ρ_X 时的 $\left(\dfrac{U_X}{E_\varphi}\right)$ 值

δ	0°	30°	60°	90°	120°	150°	180°	210°	240°	270°	300°	330°	360°
$\rho_X = 0.2$	1	0.978	0.917	0.825	0.721	0.635	0.6	0.635	0.721	0.825	0.917	0.978	1
$\rho_X = 0.4$	1	0.967	0.872	0.721	0.529	0.323	0.2	0.323	0.529	0.721	0.872	0.967	1
$\rho_X = 0.5$	1	0.966	0.866	0.707	0.5	0.259	0	0.259	0.5	0.707	0.866	0.966	1

由表 7-2 可见，失步振荡时监视点电压随 δ 角发生变化。ρ_X 愈越近 0.5，$|\dot{U}_X|$ 随 δ 角变化愈严重，当 $\rho_X = 0.5$ 时，$|\dot{U}_X|$ 随 δ 角变化最大，此时 $|\dot{U}_X|$ 的表示式为

$$|\dot{U}_X|_{\rho_X = 0.5} = E_\varphi \left| \cos \frac{\delta}{2} \right| \tag{7-41}$$

3. 监视点电压、电流间相角差变化

图 6-13（a）中监视点 X 处电压、电流间的相角差 φ_X 由式（7-39）、式（7-33）得到为

$$\varphi_X = \arg \frac{\dot{U}_X}{\dot{I}_{swi}} = \arg \left\{ Z_{11} \left(\frac{1}{1 - e^{-j\delta}} - \rho_X \right) \right\}$$

$$= \varphi_\Sigma + \arg \left\{ \left(\frac{1}{2} - \rho_X \right) - j \frac{1}{2} \text{ctg} \frac{\delta}{2} \right\}$$

$$= \varphi_\Sigma - \arg \left\{ \frac{\text{ctg} \dfrac{\delta}{2}}{1 - 2\rho_X} \right\} \tag{7-42}$$

式中　φ_Σ——Z_{11} 的阻抗角，$\varphi_\Sigma = \arg Z_{11}$。

当 δ 在 $0° \sim 360°$ 变化时，监视点电压、电流间相角差作大范围变化。表 7-3 示出了失步振荡时不同 ρ_X 时的 φ_X 角。

表 7 − 3						失步振荡时不同 ρ_X 时的 φ_X 角（$\varphi_\Sigma = 85°$）						
δ	10°	30°	60°	90°	120°	150°	180°	210°	240°	270°	300°	330°	350°
$\rho_X = 0.2$	−2°	4.1°	14.1°	26°	41.1°	60.9°	85°	109.1°	128.9°	144°	155.9°	165.9°	172°
$\rho_X = 0.4$	−4°	−1.9°	1.6°	6.3°	14.1°	31.7°	85°	138.3°	155.9°	163.7°	168.4°	171.9°	174°

由表 7 − 3 可见，失步振荡时监视点电压、电流间相角差在 0°～180° 范围内变化。

检测监视点电压、电流间相角差变化，同时检测监视点电压、电流变化，可判别出系统发生了失步振荡。

（三）检测监视点测量阻抗的变化判别失步振荡

在图 6 − 13（a）中，X 监视点的测量阻抗为

$$Z_{m(x)} = \frac{\dot{U}_X}{\dot{I}_{swi}} = \frac{\dot{U}_M - \dot{I}_{swi} Z_{X1}}{\dot{I}_{swi}} \tag{7-43}$$

所以在线路的 M 侧通过 $\dot{U}_M$、$\dot{I}_{swi}$ 可检测到 $Z_{m(x)}$。

图 6 − 13（a）失步振荡时，有如下电压关系式

$$\dot{U}_N = \dot{E}_N + \dot{I}_{swi} Z_{N1}$$

$$\dot{U}_X = \dot{U}_N + \dot{I}_{swi} Z_{XN1} = \dot{E}_N + \dot{I}_{swi}(Z_{N1} + Z_{XN1})$$

$$\dot{U}_M = \dot{U}_X + \dot{I}_{swi} Z_{X1}$$

$$\dot{E}_M = \dot{U}_M + \dot{I}_{swi} Z_{M1}$$

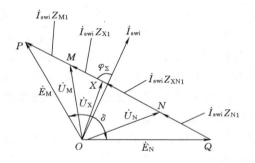

图 7 − 8　失步振荡时电压相量关系

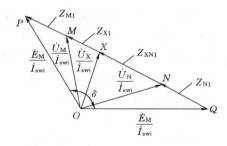

图 7 − 9　失步振荡时的阻抗图

作出失步振荡时上述电压相量关系如图 7 − 8 所示，其中 $\dot{I}_{swi}$ 滞后 $\dot{E}_M - \dot{E}_N$ 的角度为 φ_Σ。若将各量除以 $\dot{I}_{swi}$，则相量关系相对不变，构成图 7 − 9 的阻抗图。图中 $QN = Z_{N1}$、$NX = Z_{XN1}$、$XM = Z_{X1}$、$MP = Z_{M1}$，$OP = \dfrac{\dot{E}_M}{\dot{I}_{swi}}$、$OQ = \dfrac{\dot{E}_N}{\dot{I}_{swi}}$，$XO = \dfrac{\dot{U}_X}{\dot{I}_{swi}}$ 即为监视点 X 处的测量阻抗（MO、NO 分别是母线 M、N 处的测量阻抗）。容易看出，P、M、N、Q 与 X 点相对位置固定，由系统阻抗及监视点位置确定。当将 P、M、N、Q 和 X 看作定点，失步振荡即 δ 在 0°～360° 变化时，只要求出 O 点轨迹，就可得到 XO（MO、NO）变化轨迹，即 X 监视点（或母线 M、母线 N 处）测量阻抗的变化轨迹。

因为

$$\left| \frac{OP}{OQ} \right| = \left| \frac{\dot{E}_M}{\dot{E}_N} \right| = k_e$$

所以，当 δ 在 $0\sim360°$ 变化时，若 $\dot{E}_{\mathrm{M}}$ 与 $\dot{E}_{\mathrm{N}}$ 的比值 k_{e} 保持不变，则问题可归结为：求一动点（O 点）到两定点（P、Q 点）距离之比为常数的轨迹。

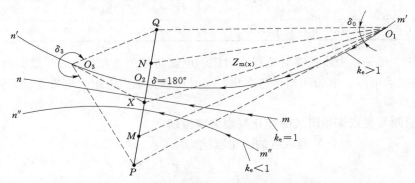

图 7-10　系统失步振荡时测量阻抗的变化

可以证明，动点 O 的轨迹为直线或圆，如图 7-10 所示。当 $k_{\mathrm{e}}=1$ 时，O 点轨迹为 PQ 的中垂线，如直线 mn 所示；当 $k_{\mathrm{e}}>1$ 时，O 点轨迹为包含 Q 点的一个圆，图中示出了该圆的一部分圆弧 $\overparen{m'n'}$；当 $k_{\mathrm{e}}<1$ 时，O 点轨迹为包含 P 点的一个圆，图中示出了该圆的一部分圆弧 $\overparen{m''n''}$。由于 k_{e} 接近于 1，所以图 7-10 中的圆很大，与直线轨迹 mn 很接近。轨迹线与 PQ 线段交点处，对应 $\delta=180°$；轨迹线与 PQ 延长线交点处，对应 $\delta=0°$。

设正常运行时在 O_{1} 点，此时 $\dot{E}_{\mathrm{M}}$ 超前 $\dot{E}_{\mathrm{N}}$ 的相角为 δ_{0}，X 监视点的测量阻抗为 XO_{1}（M 母线、N 母线处的测量阻抗为 MO_{1}、NO_{1}）；失步振荡时 δ 角增大，O_{1} 点沿 $\overparen{m'n'}$ 圆弧箭头方向移动，相应的 X 点（M 点、N 点）测量阻抗发生变化；当 δ 达到 $180°$ 时，X 点的测量阻抗为 XO_{2}（M 点、N 点的测量阻抗为 MO_{2}、NO_{2}）；δ 角增大到 δ_{3} 时，X 点的测量阻抗为 XO_{3}（M 点、N 点的测量阻抗为 MO_{3}、NO_{3}）；O 点沿该圆变化一周，即测量阻抗完成一个振荡周期的变化。$k_{\mathrm{e}}=1$、$k_{\mathrm{e}}<1$ 时同样有相同的变化规律。

当正常运行在图 7-10 中 O_{1} 点时，因 $\dot{E}_{\mathrm{M}}$ 超前 $\dot{E}_{\mathrm{N}}$，所以 M 侧为送电侧，N 侧为受电侧。失步振荡时，M 侧为功率过剩侧、N 侧为功率短缺侧，此时测量阻抗轨迹沿图 7-10 中箭头所示方向变动。若正常运行时在图 7-10 中 O_{3} 点，因 $\dot{E}_{\mathrm{N}}$ 超前 $\dot{E}_{\mathrm{M}}$，所以 M 侧为受电侧，N 侧为送电侧。失步振荡 δ 角（$\dot{E}_{\mathrm{N}}$ 超前 $\dot{E}_{\mathrm{M}}$ 的角度）增大时，测量阻抗轨迹沿图 7-10 中箭头反方向变动，此时 M 侧为功率短缺侧、N 侧为功率过剩侧。可见，只要判断出测量阻抗轨迹线变动的方向，就可判断出失步振荡时功率过剩侧和功率短缺侧。

因此，检测监视点测量阻抗的变化与变化方向，就可判别出系统发生了失步振荡，同时检测出功率过剩侧和功率短缺侧。

由式（7-42）、式（7-43）可见，φ_{X} 即是 $Z_{\mathrm{m(x)}}$ 的阻抗角，失步振荡时图 7-10 中 $Z_{\mathrm{m(x)}}$ 的阻抗角作大范围变化，φ_{X} 也同样作大范围变化，这与表 7-3 示出的 φ_{X} 角变化结果一致。

（四）检测监视点功率变化判别失步振荡

监视点 X 处的电压标幺值由式（7-40）得到

$$|\dot{U}_{\mathrm{X}}|_{*}=\sqrt{1-4\rho_{\mathrm{X}}(1-\rho_{\mathrm{X}})\sin^{2}\frac{\delta}{2}} \tag{7-44}$$

其中基准电压为 E_φ。监视点 X 处的电流标么值由式（7-37）得到为

$$|\dot{I}_{swi}|_* = \frac{|\dot{I}_{swi}|}{\left(\dfrac{2E_\varphi}{Z_{11}}\right)} = \sin\frac{\delta}{2} \tag{7-45}$$

其中基准电流为 $\dfrac{2E_\varphi}{Z_{11}}$。监视点 X 处电压、电流间相角差 φ_X 由式（7-42）得到，当 $\varphi_\Sigma = 85°$ 时，有

$$\cos\varphi_X = \cos\left\{85° - \arg\left[\frac{\operatorname{ctg}\dfrac{\delta}{2}}{1-2\rho_X}\right]\right\} \tag{7-46}$$

监视点 X 处的三相功率标么值为

$$P_* = \sqrt{1-4\rho_X(1-\rho_X)\sin^2\frac{\delta}{2}}\cos\left\{85° - \arg\left[\frac{\operatorname{ctg}\dfrac{\delta}{2}}{1-2\rho_X}\right]\right\}\sin\frac{\delta}{2} \tag{7-47}$$

其中功率基准值为 $2\sqrt{3}\dfrac{E_\varphi^2}{Z_{11}}$。

由式（7-47）可见，失步振荡 δ 在 $0°\sim360°$ 变化时，监视点 X 处的功率随 δ 变化而发生变化。表 7-4 示出了失步振荡时不同 ρ_X 时的 P_* 值。

表 7-4 　　　　　　　　　　　**失步振荡时不同 ρ_X 时的 P_* 值**

δ	$0°$	$30°$	$60°$	$90°$	$120°$	$150°$	$180°$	$210°$	$240°$	$270°$	$300°$	$330°$	$360°$
$\rho_X=0.2$	0	0.252	0.445	0.524	0.471	0.298	0.052	-0.201	-0.392	-0.472	-0.419	-0.245	0
$\rho_X=0.4$	0	0.250	0.436	0.507	0.444	0.265	0.017	-0.233	-0.418	-0.489	-0.427	-0.247	0

由表 7-4 可见，失步振荡时监视点的有功功率不仅幅值有大幅度变化，而且方向还发生变化。检测到有功功率大小和方向的变化，可判别出系统发生了失步振荡。

（五）检测振荡中心电压变化判别失步振荡

系统失步振荡过程中电压最低的一点称振荡中心，振荡中心用 Z 表示。图 6-13（a）系统失步振荡时，如两侧等值电动势幅值相等、系统各元件阻抗角相等时，振荡中心位于 $\dfrac{1}{2}Z_{11}$ 处，并不随 δ 角变化而移动。令 $\rho_X = 0.5$，图 6-13（a）中的 X 点就是振荡中心。由式（7-39）得到振荡中心的电压表示式为

$$U_Z = E_\varphi\cos\frac{\delta}{2} \tag{7-48}$$

当 $0°<\delta<180°$ 时，$U_Z>0$；当 $180°<\delta<360°$ 时，$U_Z<0$。同时，失步振荡 δ 在 $0°\sim 360°$ 变化时，U_Z 幅值作大幅度变化。图 7-11 示出了 U_Z 的幅值和极性的变化。检测 U_Z 幅值变化和极性变化，就可判别出系统发生了失步振荡。

须在失步解列控制点测量振荡中心电压 U_Z。图 6-13（a）失步振荡，令失步解列控制点在 M 侧，作出失步振荡时 $\dot{U}_M$、$\dot{I}_{swi}$、$\dot{U}_Z$ 如图 7-12 所示。由图 7-12 求得 U_Z 为

$$U_Z = U_M\cos(\varphi_M + 90° - \varphi_\Sigma) \tag{7-49}$$

而

$$\varphi_M = \arg\left(\frac{\dot{U}_M}{\dot{I}_{swi}}\right)$$

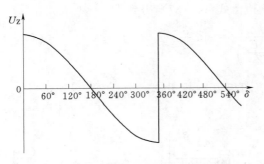

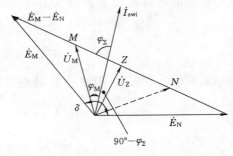

图 7-11　失步振荡时振荡中心电压的幅值和极性变化　　图 7-12　失步振荡时 $\dot{U}_{\mathrm{M}}$、$\dot{I}_{\mathrm{swi}}$、$\dot{U}_{\mathrm{Z}}$ 相量关系

为便于计算,将式(7-49)作如下变换:

$$U_{\mathrm{Z}} = U_{\mathrm{M}}\frac{I_{\mathrm{swi}}}{I_{\mathrm{swi}}}\big[\cos\varphi_{\mathrm{M}}\cos(90^{\circ}-\varphi_{\Sigma}) - \sin\varphi_{\mathrm{M}}\sin(90^{\circ}-\varphi_{\Sigma})\big]$$

$$= \left\{\frac{U_{\mathrm{M}}(\cos\varphi_{\mathrm{M}}+\mathrm{j}\sin\varphi_{\mathrm{M}})I_{\mathrm{swi}}[\cos(90^{\circ}-\varphi_{\Sigma})+\mathrm{j}\sin(90^{\circ}-\varphi_{\Sigma})]}{I_{\mathrm{swi}}}\right\}_{\text{取实部}}$$

在失步振荡过程中,$\dot{U}_{\mathrm{M}}$、$\dot{I}_{\mathrm{swi}}$ 相量不断变化,当以 $\dot{I}_{\mathrm{swi}}$ 作参考相量时,有关系式

$$U_{\mathrm{M}}(\cos\varphi_{\mathrm{M}}+\mathrm{j}\sin\varphi_{\mathrm{M}}) = \dot{U}_{\mathrm{M}}$$

$$I_{\mathrm{swi}}[\cos(90^{\circ}-\varphi_{\Sigma})+\mathrm{j}\sin(90^{\circ}-\varphi_{\Sigma})] = [\dot{I}_{\mathrm{swi}}\mathrm{e}^{-\mathrm{j}(90^{\circ}-\varphi_{\Sigma})}]_{\text{共轭}}$$

于是 U_{Z} 可表示为

$$U_{\mathrm{Z}} = \left\{\frac{\dot{U}_{\mathrm{M}}[\dot{I}_{\mathrm{swi}}\mathrm{e}^{-\mathrm{j}(90^{\circ}-\varphi_{\Sigma})}]_{\text{共轭}}}{|\dot{I}_{\mathrm{swi}}|}\right\}_{\text{取实部}} \tag{7-50}$$

令 $\dot{U}_{\mathrm{M}}=U_{\mathrm{M(R)}}+\mathrm{j}U_{\mathrm{M(I)}}$、$\dot{I}_{\mathrm{swi}}=I_{\mathrm{swi(R)}}+\mathrm{j}I_{\mathrm{swi(I)}}$,代入式(7-50)整理得

$$U_{\mathrm{Z}} = \frac{(U_{\mathrm{M(R)}}I_{\mathrm{swi(R)}}+U_{\mathrm{M(I)}}I_{\mathrm{swi(I)}})\sin\varphi_{\Sigma}+(U_{\mathrm{M(R)}}I_{\mathrm{swi(I)}}-U_{\mathrm{M(I)}}I_{\mathrm{swi(R)}})\cos\varphi_{\Sigma}}{\sqrt{I_{\mathrm{swi(R)}}^{2}+I_{\mathrm{swi(I)}}^{2}}} \tag{7-51}$$

其中　$U_{\mathrm{M(R)}}$、$I_{\mathrm{swi(R)}}$——$\dot{U}_{\mathrm{M}}$、$\dot{I}_{\mathrm{swi}}$ 的实部,见式(4-64a)、式(4-66a);

　　　　$U_{\mathrm{M(I)}}$、$I_{\mathrm{swi(I)}}$——$\dot{U}_{\mathrm{M}}$、$\dot{I}_{\mathrm{swi}}$ 的虚部,见式(4-64a)、式(4-66b)。由式(7-51),

　　　　根据取得的 $\dot{U}_{\mathrm{M}}$、$\dot{I}_{\mathrm{swi}}$,可方便地计算出振荡中心电压的幅值。

四、失步解列控制装置的构成

上述五种系统失步振荡检测方法,都是建立在 δ 角在 $0^{\circ}\sim360^{\circ}$ 变化的基础上,不同的是直接检测有关电气量的相角变化,或间接测量 δ 角变化引起的有关点测量阻抗、功率以及振荡中心电压变化等。在构成失步解列控制装置时,应注意满足如下要求:

(1)应正确区分短路故障和失步振荡,对转换性故障,也应正确判别。

(2)应在稳定确已破坏,δ 角摆开到 180° 前判别出失步振荡。

(3)判别出失步振荡后,应能判别出装置安装侧是功率过剩侧或功率短缺侧,以便根据需要发出不同的执行命令。

装置由起动部分和失步振荡判别两部分组成。起动部分一般采用电流元件或正序电流元件,其整定电流应躲过正常运行时安装处的最大负荷电流;当 δ 角摆开到 $60^{\circ}\sim70^{\circ}$ 时,应能可靠起动。失步振荡判别,可采用前述的失步振荡检测方法,不论采用何种检测方法，均将被检测量分成若干区，以循序判别方式检测失步振荡；也可用前述检测方法组合来判别。

本节主要讨论检测监视点测量阻抗变化判别失步振荡的构成原理。

（一）动作方程及动作特性

在数字式阻抗继电器中，绝大部分采用比相原理构成。设比相的两个电压 $\dot{U}_W$、$\dot{U}_P$（$\dot{U}_W$ 可称工作电压，$\dot{U}_P$ 可称极化电压）分别为

$$\dot{U}_W = \dot{U}_{\varphi\varphi} - \dot{I}_{\varphi\varphi} Z_{set1}$$
$$\dot{U}_p = \dot{U}_{\varphi\varphi} + \dot{I}_{\varphi\varphi} Z_{set2}$$

动作方程为

$$\left| \arg \frac{\dot{U}_W}{\dot{U}_p} \right| \geqslant \theta_{set}$$

或

$$\left| \arg \frac{\dot{U}_{\varphi\varphi} - \dot{I}_{\varphi\varphi} Z_{set1}}{\dot{U}_{\varphi\varphi} + \dot{I}_{\varphi\varphi} Z_{set2}} \right| \geqslant \theta_{set} \tag{7-52}$$

式中　　$\dot{U}_{\varphi\varphi}$——装置安装处相间电压，其中 $\varphi\varphi$＝AB、BC、CA；

$\dot{I}_{\varphi\varphi}$——装置安装处由母线流向线路的电流，$\varphi\varphi$＝AB、BC、CA；

θ_{set}——设定的动作角度；

Z_{set1}、Z_{set2}——设定的阻抗值，其阻抗角等于线路阻抗角。

装置安装处的测量阻抗 $Z_m = \dfrac{\dot{U}_{\varphi\varphi}}{\dot{I}_{\varphi\varphi}}$，于是式（7-52）可改写为

$$\left| \arg \frac{Z_m - Z_{set1}}{Z_m + Z_{set2}} \right| \geqslant \theta_{set} \tag{7-53}$$

作出 Z_m 的动作特性如图 7-13 所示。图中 $OA = Z_{set1}$、$OB = -Z_{set2}$，当 $90° < \theta_{set} < 180°$ 时，Z_m 的动作特性呈透镜形，透镜轴线为 A、B 两点连线，如图 7-13（a）所示，θ_{set} 增大时透镜特性变"瘦"，θ_{set} 减小时透镜特性变"胖"，当 $\theta_{set} = 90°$，特性变圆形特性，圆内是 Z_m 的动作区；当 $0° < \theta < 90°$ 时，Z_m 的动作特性呈苹果形，θ_{set} 增大时苹果特性变小，θ_{set}

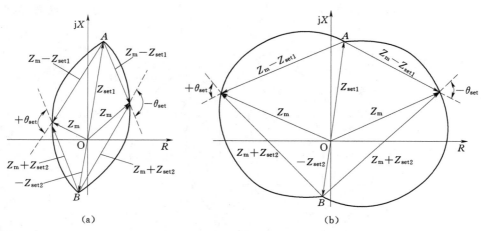

(a) 　　　　　　　　　　　　(b)

图 7-13 $\left| \arg \dfrac{Z_m - Z_{set1}}{Z_m + Z_{set2}} \right| \geqslant \theta_{set}$ 动作特性

(a) $90° < \theta_{set} < 180°$；(b) $0° < \theta_{set} < 90°$

减小时苹果特性变大，苹果特性如图 7-13（b）所示，同样图形内是 Z_m 的动作区。

在式（7-52）中，只要设定不同的 θ_{set} 角，就可得到不同的阻抗动作特性。

（二）判别失步振荡的阻抗动作特性

图 7-14 示出了失步振荡判别逻辑，失步阻抗元件用来检测系统是否发生了失步振荡，并同时判别装置安装侧是功率过剩侧（加速失步）还是功率短缺侧（减速失步）；区域阻抗元件用来配合失步阻抗元件，只有振荡中心在本线路上时才能出口解列，保证失步阻抗元件动作的选择性；通过计数控制可设定经多个振荡周期解列，当设定为一次时，只要判别失步振荡且振荡中心在本线路上时就立即解列。

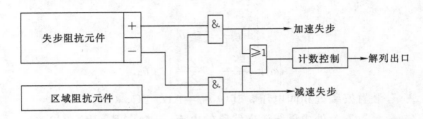

图 7-14 失步振荡判别逻辑

1. 失步阻抗元件

图 7-15 示出了失步阻抗元件的动作特性，其中 Z_1、Z_2、Z_3、Z_4、Z_5、Z_6 的 θ_{set} 分别为 72°、90°、108°、126°、144°、162°。当振荡线路等效成图 6-13（a）所示电力系统时，若失步解列控制装置装于 M 侧，则阻抗复平面的原点应为 M 点，且 Z_{MN} 应处在线路阻抗角方向上（如取 80°）；取 $MQ=Z_{MN1}+Z_{N1}$、$PM=Z_{M1}$，则阻抗动作特性上的 θ_{set} 角度就是失步振荡过程中相应的 δ 角。

$Z_1 \sim Z_6$ 阻抗特性构成了 Ⅰ、Ⅱ、Ⅲ、Ⅳ、Ⅴ、Ⅵ 和 Ⅰ′、Ⅱ′、Ⅲ′、Ⅳ′、Ⅴ′、Ⅵ′ 各六个区域。当系统失步振荡时，测量阻抗轨迹线如图中 $\overset{\frown}{m'n'}$ 圆弧线所示，循序进入 Ⅰ、Ⅱ、Ⅲ、Ⅳ、Ⅴ、Ⅵ 区域，再循序由 Ⅵ′、Ⅴ′、Ⅳ′、Ⅲ′、Ⅱ′、Ⅰ′ 穿出；或者循序进入

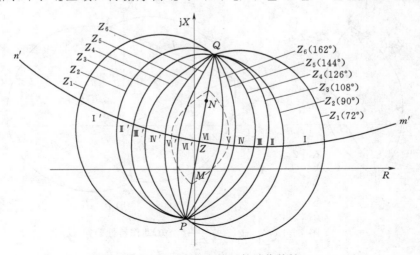

图 7-15 失步阻抗元件动作特性

Ⅰ′、Ⅱ′、Ⅲ′、Ⅳ′、Ⅴ′、Ⅵ′区域，再循序由Ⅵ、Ⅴ、Ⅳ、Ⅲ、Ⅱ、Ⅰ穿出。由于动作特性每隔18°形成一个区域，当振荡周期 T_Δ 为 0.5s（设为最短振荡周期）时，则测量阻抗在上述每个区域内最短的时间 t_{min} 为

$$t_{min} = \frac{18°}{360°} \times T_\Delta = \frac{18°}{360°} \times 0.5 \times 10^3 = 25(\text{ms}) \tag{7-54}$$

当振荡周期为 1s 时，测量阻抗在上述每个区域的时间为 50ms。当Ⅰ、Ⅱ、Ⅲ、Ⅳ、Ⅴ、Ⅵ或Ⅰ′、Ⅱ′、Ⅲ′、Ⅳ′、Ⅴ′、Ⅵ′循序动作，应用循序判别逻辑，采用六取五方式，即测量阻抗进入Ⅴ区或Ⅴ′区时，就可判别出系统失步振荡（δ 角未摆开到180°就判别出失步振荡了）；并且前者循序动作时，M 侧（装置安装侧）为功率过剩侧，后者循序动作时，M 侧为功率短缺侧。

当发生短路故障时，测量阻抗同时穿越Ⅰ、Ⅱ、Ⅲ、Ⅳ、Ⅴ、Ⅵ区，不可能循序动作，因而装置不可能动作。系统发生同步摇摆时，δ 角不会超过120°，因此测量阻抗可能依次进入Ⅰ、Ⅱ、Ⅲ区，不可能进入Ⅴ、Ⅵ区，故装置不会动作。

2. 区域阻抗元件

区域阻抗元件用来保证失步阻抗元件动作选择性，只有振荡中心在本线路上时失步阻抗元件才能动作出口，因此，区域阻抗元件应与失步阻抗元件密切配合。当采用透镜形阻抗特性时，一般取 $\theta_{set}=115°\sim120°$；图 7-15 中的虚线透镜特性即为区域阻抗元件动作特性。显而易见，当振荡中心不在本线路上时，失步阻抗元件不会动作出口，从而保证了选择性。

（三）整定阻抗

失步阻抗元件与区域阻抗元件的整定阻抗角相同，一般等于线路阻抗角，如取 80°。

1. 失步阻抗元件的整定阻抗

失步阻抗元件的正向整定阻抗 Z_{set1} 一般取装置安装点线路方向的等值阻抗，反向整定阻抗 Z_{set2} 取装置安装点反方向的等值阻抗。Z_{set1}、Z_{set2} 应尽量与等值双机系统的阻抗相符，当等值双机系统如图 6-13（a）所示、且失步解列控制装置安装于线路 MN 的 M 侧时，则 Z_{set1}、Z_{set2} 为

$$Z_{set1} = Z_{MN1} + Z_{N1} \tag{7-55a}$$
$$Z_{set2} = -Z_{M1} \tag{7-55b}$$

这样测量阻抗的轨迹线 $\overset{\frown}{m'n'}$ 穿过阻抗特性曲线的中心附近，即振荡中心 Z 点位于 Z_6 阻抗特性曲线的中心附近。

此外，装置安装侧的最小负荷阻抗 $Z_{loa\cdot min}$ 应在 Z_1 动作特性曲线外，即正常运行时 Z_1 阻抗元件应处不动作状态，否则 Z_{set1}、Z_{set2} 应适量缩小。

2. 区域阻抗元件的整定阻抗

区域阻抗元件的 Z_{set1}、Z_{set2} 应根据实际具体情况确定，当振荡中心落入该区域阻抗特性曲线内时，装置才允许出口跳闸。为此，该区域阻抗特性应包含失步解列线路的阻抗。对图 6-13（a）所示系统来说，Z_{set1}、Z_{set2} 应满足

$$Z_{11} - (Z_{M1} + Z_{N1}) \leqslant Z_{set1} < Z_{MN1} + Z_{N1} \tag{7-56a}$$
$$|Z_{set2}| \leqslant Z_{M1} \tag{7-56b}$$

在满足式（7-56）条件下，尽量使区域阻抗特性的中心在振荡中心附近。当系统参数变化振荡中心移到相邻线路上时，本线失步解列控制装置不会动作，此时邻线的失步解列控制装置进行失步解列。当然，两区域阻抗特性应进行配合，保证失步解列控制装置动作选择性。

（四）躲负荷阻抗能力的校核

设失步解列控制装置安装于图 6-13（a）的 M 侧，则正常运行时最小负荷阻抗在 R 轴上的投影为

$$R_{\text{loa}\cdot\text{min}} = \frac{0.9U_{\text{N}\cdot\varphi\varphi}}{\sqrt{3}\,I_{\text{loa}\cdot\text{max}}}\cos\varphi_{\text{loa}} \tag{7-57}$$

式中　$U_{\text{N}\cdot\varphi\varphi}$——线路额定线电压；

$I_{\text{loa}\cdot\text{max}}$——失步解列线路的最大负荷电流；

φ_{loa}——负荷阻抗角。

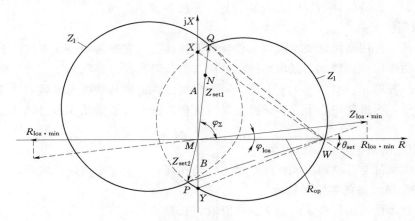

图 7-16　躲负荷阻抗能力的校核

图 7-16 示出了失步阻抗元件 Z_1 动作特性，令 Z_1 动作特性与 $+R$ 轴交点为 W、与 $+jX$ 轴交点为 X、与 $-jX$ 轴交点为 Y，由于 φ_Σ 很接近 $90°$，所以 $\angle XWY\approx\angle QWP=\theta_{\text{set}}$；设 $MX=A$、$MY=B$、$MW=R_{\text{op}}$，则 $\triangle WXY$ 的面积可表示为

$$\triangle WXY = \frac{1}{2}(A+B)R_{\text{op}}$$

$$\triangle WXY = \frac{1}{2}(XW)(YW)\sin\theta_{\text{set}} = \frac{1}{2}\sqrt{A^2+R_{\text{op}}^2}\sqrt{B^2+R_{\text{op}}^2}\sin\theta_{\text{set}}$$

由此可得到方程

$$R_{\text{op}}^4 - \left\{\left(\frac{A+B}{\sin\theta_{\text{set}}}\right)^2 - (A^2+B^2)\right\}R_{\text{op}}^2 + (AB)^2 = 0$$

解得 R_{op} 为

$$R_{\text{op}} = \sqrt{\frac{1}{2}\left\{\left(\frac{A+B}{\sin\theta_{\text{set}}}\right)^2 - (A^2+B^2)\right\} + \sqrt{\frac{1}{4}\left\{\left(\frac{A+B}{\sin\theta_{\text{set}}}\right)^2 - (A^2+B^2)\right\}^2 - (AB)^2}}$$

$$\tag{7-58}$$

注意到 φ_Σ 很接近 $90°$，所以可近似地取

$$A = Z_{set1}$$

$$B = |Z_{set2}|$$

考虑到 Z_1 阻抗特性的 $\theta_{set} = 72°$，故由式（7-58）得到 R_{op} 值，要求

$$\frac{|R_{loa \cdot min}|}{R_{op}} \geqslant 1.3 \tag{7-59}$$

当式（7-59）不能满足要求时，可将 Z_{set1}、Z_{set2} 适量缩小。对于有些负荷电流较大的线路，Z_1 阻抗特性躲不过负荷阻抗时，应采取相应措施，如失步振荡判据中增加振荡中心电压过零的判据。

判别失步振荡的阻抗元件也可采用四边形或其他特性的阻抗元件来构成。

第四节　故障记录装置

为分析电力系统事故和继电保护、安全自动装置在事故过程中的动作情况，以及为迅速判定线路故障点的位置，在主要发电厂、220kV 及以上变电所和 110kV 重要变电所应装设专用故障记录装置。单机容量为 200MW 及以上的发电机或发电机变压器组宜装设专用故障记录装置。220kV 及以上电压等级变压器可装设专用故障记录装置。

一、故障记录装置的作用

故障记录装置的作用如下：

（1）为正确分析电力系统事故、研究防范对策提供原始资料。根据事故过程记录的信息，可分析电流、电压的暂态过程，分析过电压发生的原因和可能出现的铁磁谐振现象，分析事故性质，从而可得出事故原因，研究出防范对策。

（2）评价继电保护和安全自动装置的行为，特别是高速继电保护的行为。根据记录的信息，可正确反映故障类型、相别、故障电流和电压大小、断路器跳闸和合闸情况，以及转换性故障电气量变化情况，从而使评价继电保护和安全自动装置的行为既正确又快速。

（3）确定线路故障点的位置，便于寻找故障点并作相应处理。

（4）分析研究振荡规律，为继电保护和安全自动装置参数整定提供依据。系统发生振荡时，从振荡发生、失步、再同步全过程以及振荡周期、电流和电压特征的电气量信息全部记录下来，因此有关系统振荡的参数可方便获取。

（5）借助记录装置，可实测系统在异常情况下的有关参数，以便提高运行水平。

二、故障记录装置基本技术要求

故障记录装置应满足下列基本技术要求。

1. 记录量

故障记录装置的记录量有模拟量和开关量两大类。当系统连续发生大扰动时，应能无遗漏地记录每次系统大扰动发生后的全过程数据。记录的模拟量包括：输电线路有三个相电流和零序电流（包括旁路断路器带线路时），高频保护的高频信号，母线电压的三个相

电压和零序电压，主变压器的三个相电流和零序电流，发电机机端和中性点三相电流，发电机有功功率和无功功率，发电机励磁电压和励磁电流，发电机零序电压，发电机负序电压和负序电流，发电机三相电压，发电机频率等。记录的开关量包括：输电线路的 A 相跳闸、B 相跳闸、C 相跳闸、三相跳闸信号，线路两套保护的 A 相动作、B 相动作、C 相动作、三相动作、重合闸动作信号，线路纵联保护接收和输出信号，母联断路器跳闸信号，母线差动保护动作、充电保护动作、失灵保护动作信号，远跳信号，主变压器保护动作信号，发电机主汽门动作、灭磁开关动作信号以及各种保护和安全自动装置动作信号等。

故障记录装置分变电所故障记录装置和发电机——变压器故障记录装置。220kV 变电所故障记录装置，应考虑 8 条线路、2 台主变压器、2 条母线的记录量；500kV 变电所故障记录装置，应考虑 6 条线路、2 台主变压器及 2 条母线的记录量。发电机——变压器故障记录装置，应考虑发电机、主变压器、励磁变压器、高压厂用变压器、起动/备用变压器的记录量。

变电所故障记录装置，模拟量记录通道一般取 60 路，高频量记录通道 8 路，开关量记录通道 128 路。发电机——变压器故障记录装置，模拟量通道一般取 64/96 路，开关量记录通道 64/128/192 路。

2. 数据记录时间和采样速率

为便于分析，应将系统大扰动前、扰动过程中以及扰动平息后整个过程的数据完整清晰地记录下来，同时为减少数据存储容量，模拟量采集方式如图 7-17 所示，其中：

（1）A 时段记录系统大扰动开始前的状态数据，输出原始记录波形及有效值，记录时间不小于 0.04s，采样频率 10000Hz。

（2）B 时段记录系统大扰动后初期的状态数据，可直接输出原始记录波形，可观察到五次谐波，同时也可输出每一工频周期的工频有效值及直流分量值，记录时间不小于 0.1s，采样频率 10000Hz。

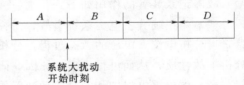

图 7-17 模拟量采样时段顺序

（3）C 时段记录系统大扰动后中期状态数据，可输出原始记录波形和连续工频有效值，记录时间不小于 2s，采样频率不低于 2000Hz。

（4）D 时段记录系统大扰动后长期过程数据，每 0.1s 记录一个工频有效值，记录时间一般取 600s，当出现振荡、长期低电压、低频等工况时，可持续记录，也可加长 C 时段减少 D 时段时间。

对于记录的开关量，要求分辨率不大于 1ms。

3. 记录起动方式

记录装置一经起动，就将接入的记录量按前述方式全部记录下来。记录起动方式有人工起动、开关量起动、模拟量起动三种。

人工起动包括就地手动起动和远方起动。远方起动也称遥控起动，是上级调度部门通过远动通道命令的起动。

开关量起动可设定为变位起动、开起动、闭起动或不起动。开关量起动方式设定后，条件满足故障记录装置就起动。

模拟量起动有模拟量越限、突变起动。变电所故障记录装置包括：电流和电压量越限起动、突变起动，负序量越限起动、突变起动，零序量越限起动、突变起动。在发电机—变压器故障记录装置中，除上述起动量外，还有直流量越限起动、突变起动和机组专项起动。机组专项起动有逆功率起动、过励磁起动、95%定子绕组接地起动、三次谐波电压起动、负序增量方向起动、发电机欠励失磁起动、频率越限起动、机组振荡起动。

故障记录装置一经起动，按图 7-17 中 A→B→C→D 顺序记录输入量，若在记录过程中，有新的起动量动作，则重新按 A→B→C→D 顺序记录。

当所有起动量全部复归或末次记录时间达到规定时间，故障记录装置自动终止记录。

4. 关于存储容量和记录数据输出方式

故障记录装置的存储容量应足够大，当系统发生大扰动时，应能无遗漏地记录每次系统大扰动后的全过程数据。因此，记录数据应自动存于记录主机模块和监控管理模块的硬盘中，存储容量仅受硬盘容量的限制。

故障记录装置应能接受监控计算机、分析中心主机和就地人机接口设备指令，快速安全可靠输出记录数据；数据可通过以太网、MODEM 通信输出；另可使用 USB 移动存储介质。传送的数据格式符合 IEC870—5—103 标准规约，实现故障回放功能。

记录数据还可打印输出。

5. GPS 对时功能

故障记录装置记录的数据应带有时标，由装置内部时钟提供。为适应全网故障记录装置同步化的要求，全网的故障记录装置应有统一的时标，因此故障记录装置应能接收外部同步时钟信号（如 GPS 的 IRIG—B 时钟同步信号）进行同步的功能，全网故障记录系统的时钟误差应不大于 1ms，装置内部时钟 24h 误差应不大于 ±5s。

6. 关于分析软件

故障记录装置应具有分析软件的功能，主要用于实现故障记录装置的记录参数设置和起动值整定；标明起动时间、故障发生时刻、标注故障性质；记录波形的编辑、分析；序电压/电流分析；谐波分析；故障测距；输出故障报告和录波分析报告等。

此外，故障记录装置对输入模拟量应有足够的线性工作范围，对交流输入电流应有 $0.1\sim20I_N$ 线性工作范围，其中 I_N 为电流互感器二次额定电流（1A 或 5A）；对交流输入电压应有 $0.01\sim2U_N$ 线性工作范围，其中 $U_N=\dfrac{100}{\sqrt{3}}V$。

故障记录装置应有足够的信号指示灯及告警信号输出接点。其绝缘试验标准及抗干扰能力要求与继电保护装置相同。

三、故障记录装置的构成

为满足故障记录装置的技术要求，在构成故障记录装置时应注意如下问题：

（1）数据的记录与存储不应依赖于网络及后台操作，避免短时间内发生多次起动时因系统资源严重不足造成数据丢失或系统死机。

（2）当采用串行通信或一般的现场总线通信时，因速度较慢，难于满足实时性要求。

（3）在结构上不宜将模拟量变换部分与记录主机完全分开，造成弱电信号引出总线之外，这样不仅使装置抗干扰能力差，而且容易造成记录波形失真和死机。

（4）应采用高性能硬件，以满足高采样速率下实时性要求。

图 7-18 示出了故障记录装置结构框图，由模拟量变换模块、开关量隔离模块、记录主机模块、监控管理模块组成，故障记录与分析装置采用多 CPU 并行处理的分布式主从结构。

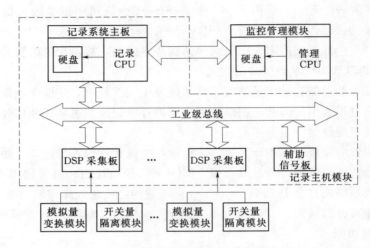

图 7-18 故障记录装置结构框图

模拟量变换模块将交、直流强电信号转换为适合 DSP 采集的弱电信号。

开关量隔离模块完成输入开关量的隔离变换。

记录主机模块为多 CPU 并行处理的分布式主从结构，数据采集采用高速数据处理的 DSP，高分辨率的 16 位 A/D 变换。多 CPU 之间采用双口 RAM、工业总线交换记录数据，使大容量数据流交换不会有瓶颈问题，从而不会造成数据丢失。记录主机模块带有大容量硬盘，直接进行数据记录与存储，不依赖网络与监控管理模块，以提高数据记录的可靠性。

监控管理模块通过内部总线与记录主机模块交换数据，完成监控、通信、管理、波形分析及记录数据的备份存储（有的装置中是镜像双存储）。因此，图 7-18 故障记录装置无需再配后台机，避免了后台机或网络不稳定带来的使故障记录装置不能正常工作的现象。

（一）记录主机模块

记录主机模块以高性能的嵌入式微处理系统（32 位）、工业级总线为核心，由记录系统主板、DSP 采集板、辅助信号板组成。

1. 记录系统主板

以高性能的嵌入式微处理系统（32 位）为核心，在该模块上集成了几乎全部的 PC 计算机的标准设备。

正常运行时，将 DSP 采集板传送来的采样数据存于指定的 RAM 区中，循环刷新；同时穿插进行硬件自检，并向监控管理模块传送实时采样数据。

故障记录装置一经起动，按故障记录时段的要求进行数据记录，同时起动相关信号继电器及装置面板信号灯。记录数据文件就地存放于记录主机模块自带的硬盘中，并自动上传至监控管理模块实现记录数据的备份存储（有的装置中是镜像双存储）。

分时段记录数据和变速率记录功能是由记录主机模块软件功能实现。

2. DSP 采集板

DSP 采集板主要由高性能的 DSP 芯片、高速转换的 16 位 A/D 转换器构成。接收采样频率发生器通过总线统一发出同步采样脉冲信号，同步控制所有采样保持器，实现各路模拟量、开关量的同步采集；再经过 16 位高速 A/D 转换器转换成并行数据输出，由 DSP 读入处理，结果移入双口 RAM 内，供主 CPU 读取；DSP 经计算判别是否起动故障录波装置，供主 CPU 处理。

3. 辅助信号板

辅助信号板将装置运行、记录、自检等状态量输出，包括记录动作信号接点输出以及各种运行状态的灯光信号输出。

（二）监控管理模块

监控管理模块与记录主机模块紧密相关且相互联系，又在软、硬件上相互独立，互不依赖互不干扰。监控管理模块既可迅速进行数据记录、存储，又能进行监控、通信、管理及波形分析，还完成记录数据的备份存储。监控管理模块配有大屏真彩液晶显示，具有 Windows 的图形化界面。其主要功能如下：

1. 实时监视 SCADA/DAS 功能

（1）实时数据监视。正常运行时实时监测各项运行参数，显示实时数据的有效值。

（2）密码管理。系统设置了授权密码管理，密码设置可创建、修改和删除。

（3）修改定值。模拟量起动的投退及定值整定；开关量起动的投退及起动方式整定。A 时段记录时间的设定。

（4）修改时钟。记录主机模块和监控管理模进行人工对时（设有 GPS 对时）。

（5）手动起动。用于检查装置整体的运行状态。

（6）通信远传。记录文件可集中通过监控管理模块和调制解调器经电话线或专网远传。

对发电机—变压器故障记录装置，还应具有画面编辑功能，用于制作、修改主接线画面，并设有常用电气设备的图库。

2. 故障记录数据的波形分析和管理

该功能用来查看故障数据文件，将二进制数据转化为可视波形曲线，以实现对故障波形的分析。

（1）波形编辑、分析。功能包括：电压、电流波形的滚动、放大、缩小、比较；同屏显示任一时段各模拟量、开关量波形，并可显示或隐藏任一波形；电压、电流幅值、峰值、有效值分析。

（2）标明记录起动时间、故障发生时刻。

（3）标注故障性质。判断是模拟量起动还是某开关量起动。

（4）序电压/电流的分析、显示。

（5）谐波分析。

（6）有功功率和无功功率分析。

（7）故障测距。

（8）有效值计算和分析。

（9）记录文件管理。包括数据的存取、拷贝、删除、排序。

（10）输出打印故障报告、分析报告。包括记录文件路径名、起动时间、起动方式、系统频率、模拟量波形、开关量动作情况等。

对发电机—变压器故障记录装置，还应具有功角 δ 的分析。

故障记录装置也可以是分散式的。分散式故障记录装置由故障记录主站、打印机和设置在每一继电器小室和站控制室中数字数据采集单元组成。数字采集单元将故障记录传送给设在控制室内的故障记录主站。但分散式故障记录装置存在一定的缺陷。

四、故障记录装置的起动定值

故障记录装置可由开关量起动、模拟量起动，对发电机—变压器故障记录装置还有机组专项起动。起动定值说明如下。

1. 模拟量起动定值

（1）相电压过量不小于 $110\%U_n$（$U_n = \dfrac{100}{\sqrt{3}}V$），建议取 $63\sim69V$。

（2）相电压欠量不大于 $90\%U_n$，建议取 $45V$。

（3）相电压突变量不小于 $\pm5\%U_n$，建议取 $8V$。

（4）零序电压过量不小于 $2\%U_n$，建议取 $2\sim8V$。

（5）零序电压突变量不小于 $2\%U_n$，建议取 $2\sim8V$。

（6）负序相电压过量不小于 $3\%U_n$，建议取 $4\sim6V$。

（7）正序相电压过量为 $110\%U_n$，建议取 $63\sim69V$。

（8）正序相电压欠量不大于 $90\%U_n$，建议取 $45V$。

（9）220kV 线路相电流过量（一次值）建议取 $960\sim1080A$，可视具体负荷电流而定。

（10）220kV 线路相电流突变量（一次值）建议取 $240A$。

（11）220kV 线路 $3I_0$ 过量（一次值）建议取 $300A$。

（12）220kV 线路 $3I_0$ 突变量（一次值）建议取 $240A$。

（13）发电机、变压器相电流过量不小于 $110\%I_N$，I_N 为发电机、变压器额定电流。

（14）发电机、变压器相电流突变量不小于 $10\%I_N$。

（15）发电机、变压器负序电流过量不小于 $10\%I_N$。

（16）变压器中性点零序电流过量不小于 $10\%I_N$，220kV 变压器建议取 $180A$。

（17）变压器零序电流突变量不小于 $10\%I_N$。

（18）直流电压过量不小于 $110\%U_{fdN}$，U_{fdN} 为发电机额定励磁电压。

（19）直流电压突变量不小于 $5\%U_{fdN}$。

（20）直流电流过量不小于 $110\%I_{fdN}$，I_{fdN} 为发电机额定励磁电流。

（21）直流电流突变量不小于 $10\%I_{fdN}$。

（22）高频为 $50.5\mathrm{Hz}$。

（23）低频为 $49.5\mathrm{Hz}$。

（24）频率变化 $\left(\dfrac{\mathrm{d}f}{\mathrm{d}t}\right)$ 不小于 $0.1\mathrm{Hz/s}$。

（25）电流变差系数不小于 0.1，电流变差系数 $\dfrac{|I_{max}|-|I_{min}|}{2I_{VER}}$，其中 $|I_{max}|$、$|I_{min}|$ 为 $1.5\mathrm{s}$ 内电流的最大值、最小值，I_{VER} 为 $1.5\mathrm{s}$ 内电流平均值。

2. 机组专项起动定值

（1）机端负序功率方向定值为 $1\%P_N$，P_N 为发电机的额定功率。

（2）95%定子接地不小于 $2\%U_n\left(U_n=\dfrac{100}{\sqrt{3}}\mathrm{V}\right)$，建议取 $1.15\sim2\mathrm{V}$。

（3）三次谐波电压比值 $\left(\dfrac{U_{S3}}{U_{N3}}\right)$ 为 1.1，U_{S3}、U_{N3} 分别为发电机机端、中性点的三次谐波电压。

（4）逆功率起动为 $0.8\%P_N$。

（5）励磁低电压为 $0.8U_{fdN}$。

（6）发电机线电压欠量（反应低励、失磁）为 90%额定线电压，即 TV 二次线电压为 $90\mathrm{V}$。

（7）发电机过励磁 $\left(\dfrac{U}{f}\right)$ 为 1.1。

（8）变压器过励磁 $\left(\dfrac{U}{f}\right)$ 为 1.1。

（9）发电机低频为 $49.5\mathrm{Hz}$。

（10）发电机过频为 $50.5\mathrm{Hz}$。

（11）发电机电流变差系数为 0.1。

【复习思考题】

7-1 功频电调系统的静态特性与哪些因素有关？如何实现该静态特性的斜率、平移调整？

7-2 何谓系统频率的一次调整和二次调整？两者有何本质上的不同？

7-3 参加系统频率调整的发电机，在调频时承担的系统额外负荷与该发电机功频电调系统静态特性参数有怎样的关系？

7-4 系统频率的积差调节有何特点？

7-5 何谓系统联络线的频率—交换功率特性？说明特性的含义？

7-6 试述联合电力系统频率调整的方法与过程？

7-7 试述失步振荡的检测方法？

7-8 何谓系统振荡中心？失步振荡时振荡中心电压如何变化？如何测量振荡中心的电压？

7-9 失步振荡时，系统监视点测量阻抗怎样变化？与 δ 角的变化有怎样的对应关系？

7-10 失步振荡时，怎样从系统监视点测量阻抗的变化来判别失步解列控制安装侧是功率过剩侧还是功率短缺侧？

7-11 在循序判别监视点测量阻抗变化的失步解列控制装置中，区域阻抗元件起何作用？

7-12 在故障记录装置中，模拟量经过哪些环节形成输出波形？试说明。

7-13 全网的故障记录装置为何要统一时标？

7-14 故障记录装置在记录数据时，为何要分时段并且各时段有不同的采样速率？

7-15 集中式故障记录装置与分散式故障记录装置相比，有何优点？

附　　录

附录一　自并励发电机的短路电流

根据外部发生短路故障时发电机供给的短路电流的简化条件，写出同步发电机的基本方程如下（$p = \dfrac{d}{dt}$）：

$$U_{d*} = -\psi_{q*} = I_{q*} X_{q*} \tag{1}$$

$$U_{q*} = \psi_{d*} = I_{fd*} X_{ad*} - I_{d*} X_{d*} \tag{2}$$

$$U_{fd*} = I_{fd*} R_{fd*} + p\psi_{fd*} \tag{3}$$

$$\psi_{fd*} = I_{fd*} X_{fd*} - I_{d*} X_{ad*} \tag{4}$$

式中　　U_{d*}、U_{q*}——定子电压 d、q 轴分量标么值；

　　　　I_{d*}、I_{q*}——定子电流 d、q 轴分量标么值；

　　　　ψ_{d*}、ψ_{q*}——磁链 d、q 轴分量标么值；

　　　　U_{fd*}、I_{fd*}——励磁电压、电流标么值；

　　　　　　　ψ_{fd*}——转子磁链标么值；

　　　　X_{fd*}、R_{fd*}——转子绕组电抗、电阻标么值；

　　　　X_{d*}、X_{q*}——发电机 d、q 轴同步电抗标么值；

　　　　　　　X_{ad*}——d 轴定子、转子间互感抗标么值。

当发电机经外电抗 X_s 发生三相短路时，有

$$X_{d\Sigma*} = X_{d*} + X_{s*}$$

$$X_{q\Sigma*} = X_{q*} + X_{s*}$$

其中 X_{s*} 为 X_s 的标么值（以定子侧基准阻抗为基准）。因故障点处三相电压为零，即 $U_{d*} = 0$、$U_{q*} = 0$，代入式（1）、式（2）得到

$$I_{q*} = 0$$

$$I_{fd*} = \frac{X_{d\Sigma*}}{X_{ad*}} I_{d*} = bI_{d*} \tag{5}$$

式中　b——系数，$b = \dfrac{X_{d\Sigma*}}{X_{ad*}}$。

因定子中 q 轴周期分量电流为零，只有 d 轴周期分量，所以机端电压 U_{G*} 可表示为

$$U_{G*} = I_{d*} X_{s*} \tag{6}$$

为便于求解，需建立机端电压 U_G 与励磁电流 I_{fd} 的关系式，这就是自并励发电机三相

全控桥的外特性，即

$$U_{fd} = 1.35 n_T U_G \cos\alpha - \frac{3}{\pi} I_{fd} X_T - \sum \Delta U \tag{7}$$

注意，式（7）中的 U_{fd}、U_G、I_{fd}、X_T、$\sum \Delta U$ 均为有名值。

为将式（7）中的各量转换为标么值，取定子侧基准电压为发电机额定电压 U_N、定子侧基准电流为发电机额定电流 I_N，当转子侧基准电压为 U_{fdB}、基准电流为 I_{fdB} 时，应满足关系式

$$U_{fdB} I_{fdB} = U_N I_N$$

于是有

$$U_{fd*} = \frac{U_{fd}}{U_{fdB}}$$

$$U_{G*} = \frac{U_G}{U_N}$$

$$I_{fd*} = \frac{I_{fd}}{I_{fdB}}$$

$$\sum \Delta U_* = \frac{\sum \Delta U}{U_{fdB}}$$

式（7）改写为

$$\begin{aligned}U_{fd*} &= 1.35 n_T U_{G*} \frac{U_N}{U_{fdB}} \cos\alpha - \frac{3}{\pi} X_T I_{fd*} \frac{I_{fdB}}{U_{fdB}} - \sum \Delta U_* \\ &= m U_{G*} \cos\alpha - R_{d*} I_{fd*} - \sum \Delta U_* \end{aligned} \tag{8}$$

式中　m——系数，$m = 1.35 n_T \dfrac{U_N}{U_{fdB}}$；

R_{d*}——励磁变压器电抗折算到转子回路的电阻标么值，$R_{d*} = \dfrac{3}{\pi} X_{T*}$，$\dfrac{3}{\pi}$ 可理解为转换系数。

当发电机处强励状态时，控制角 $\alpha = \alpha_K$，式（8）为

$$U_{fd*} = m U_{G*} \cos\alpha_K - R_{d*} I_{fd*} - \sum \Delta U_* \tag{9}$$

至此，由式（3）、式（4）、式（5）、式（6）、式（9）消去 I_{fd*}、ψ_{fd*}、U_{fd*}、U_{G*} 得到 I_{d*} 方程式。

考虑到式（5），将式（4）代入式（3）可得

$$\begin{aligned}U_{fd*} &= I_{fd*} R_{fd*} + p\psi_{fd*} \\ &= b I_{d*} R_{fd*} + p(b I_{d*} X_{fd*} - I_{d*} X_{ad*}) \\ &= b R_{fd*} I_{d*} + (b X_{fd*} - X_{ad*}) p I_{d*} \end{aligned}$$

将式（5）、式（6）代入式（9）可得

$$U_{fd*} = m I_{d*} X_{s*} \cos\alpha_K - b I_{d*} R_{d*} - \sum \Delta U_*$$

由上两式消去 U_{fd*}，得到

$$p I_{d*} + \frac{b R_{fd*} + b R_{d*} - m X_{s*} \cos\alpha_K}{b X_{fd*} - X_{ad*}} I_{d*} = \frac{-\sum \Delta U_*}{b X_{fd*} - X_{ad*}} \tag{10}$$

令

$$R_{\Sigma K*} = R_{fd*} + R_{d*} - \frac{m}{b} X_{s*} \cos\alpha_K$$

考虑到 $b = \dfrac{X_{d\Sigma*}}{X_{ad*}}$，将 $\dfrac{bX_{fd*} - X_{ad*}}{bR_{\Sigma K*}}$ 作如下化简：

$$\frac{bX_{fd*} - X_{ad*}}{bR_{\Sigma K*}} = \frac{X_{d\Sigma*} X_{fd*} - X_{ad*}^2}{X_{d\Sigma*} R_{\Sigma K*}}$$

$$= \frac{1}{R_{\Sigma K*}}\left(X_{fd*} - \frac{X_{ad*}^2}{X_{d\Sigma*}}\right)$$

$$= \frac{R_{fd*}}{R_{\Sigma K*}} \frac{X_{fd*} - \dfrac{X_{ad*}^2}{X_{d\Sigma*}}}{R_{fd*}} \tag{11}$$

而
$$X_{fd*} - \frac{X_{ad*}^2}{X_{d\Sigma*}} = X_{f\sigma*} + \frac{X_{ad*}(X_{d\sigma*} + X_{s*})}{X_{ad*} + (X_{d\sigma*} + X_{s*})} \tag{12}$$

其中 $X_{f\sigma*}$、$X_{d\sigma*}$ 为转子绕组漏抗、定子绕组漏抗标么值。式（12）表示的是发电机经 X_s 三相短路在转子绕组侧的等值电抗（标么值），于是式（11）中的 $\dfrac{1}{R_{fd*}}\left(X_{fd*} - \dfrac{X_{ad*}^2}{X_{d\Sigma}}\right)$ 即为 $T_d{}'$，令

$$T_{dK} = T_d{}' \frac{R_{fd*}}{R_{\Sigma K*}} \tag{13}$$

式（10）改写为

$$pI_{d*} + \frac{1}{T_{dK}} I_{d*} = \frac{-\sum \Delta U_*}{bX_{fd*} - X_{ad*}} \tag{14}$$

其中 T_{dK} 为自并励发电经外电抗 X_s 三相短路时励磁回路等值时间常数。解出式（14）中的 I_{d*} 得

$$I_{d*} = \left(I'_{do*} + \frac{\sum \Delta U_*}{bR_{\Sigma K*}}\right)e^{-\frac{t}{T_{dK}}} - \frac{\sum \Delta u_*}{bR_{\Sigma K*}} \tag{15}$$

此式即为式（4-119），只是 I_{d*} 符号右上角未标明三相短路符号。

附录二　$\dfrac{R_{\mathrm{K}}}{R_{\mathrm{fd}}+R_{\mathrm{d}}}$ 的变换

自并励发电机经外电抗 X_{s} 发生三相短路前，三相全控桥控制角 $\alpha=\alpha_0$；励磁电流 I_{fd0} 与励磁电压 U_{fd0} 的关系为 $U_{\mathrm{fd0}}=I_{\mathrm{fd0}}R_{\mathrm{fd}}$；对大型发电机来说 $\sum\Delta U$ 比 U_{fd0} 小得多，在工程分析上可取 $\sum\Delta U=0$；考虑到 $R_{\mathrm{d}}=\dfrac{3}{\pi}X_{\mathrm{T}}$ 后，式（4-115）可表示为

$$U_{\mathrm{fd0}}=1.35n_{\mathrm{T}}U_{\mathrm{G0}}\cos\alpha_0-I_{\mathrm{fd0}}R_{\mathrm{d}}$$

即

$$I_{\mathrm{fd0}}(R_{\mathrm{fd}}+R_{\mathrm{d}})=1.35n_{\mathrm{T}}U_{\mathrm{G0}}\cos\alpha_0$$

$$R_{\mathrm{fd}}+R_{\mathrm{d}}=1.35n_{\mathrm{T}}U_{\mathrm{G0}}\cos\alpha_0\frac{1}{I_{\mathrm{fd0}}}\tag{1}$$

式中　U_{G0}——短路故障前的发电机端电压。

令

$$R_{\mathrm{K}*}=\frac{m}{b}X_{\mathrm{s}*}\cos\alpha_{\mathrm{K}}\tag{2}$$

因 $m=1.35n_{\mathrm{T}}\dfrac{U_{\mathrm{N}}}{U_{\mathrm{fdB}}}$、$b=\dfrac{X_{\mathrm{d}}+X_{\mathrm{s}}}{X_{\mathrm{ad}}}$，所以 $R_{\mathrm{K}*}$ 值与自并励发电机三相短路前的运行工况无关。为使分析简化，设发电机三相短路前为空载状态。发电机经外电抗 X_{s} 三相短路故障时，令机端电压为 U'_{G}、励磁电流为 I'_{fd}、励磁电压为 U'_{fd}、当不计 $\sum\Delta U$ 时，附录一中的式（7）为

$$U'_{\mathrm{fd}}+I'_{\mathrm{fd}}R_{\mathrm{d}}-1.35n_{\mathrm{T}}U'_{\mathrm{G}}\cos\alpha_{\mathrm{K}}=0$$

两边同除以 I'_{fd}，得到

$$\frac{U'_{\mathrm{fd}}}{I'_{\mathrm{fd}}}+R_{\mathrm{d}}-1.35n_{\mathrm{T}}\frac{U'_{\mathrm{G}}\cos\alpha_{\mathrm{K}}}{I'_{\mathrm{fd}}}=0\tag{3}$$

根据 $R_{\Sigma\mathrm{K}*}$ 表示式，结合式（2）、式（3），有

$$R_{\mathrm{K}}=1.35n_{\mathrm{T}}\frac{U'_{\mathrm{G}}\cos\alpha_{\mathrm{K}}}{I'_{\mathrm{fd}}}\tag{4}$$

发电机空载经外电抗发生三相短路时，励磁电流从 I_{fd0} 变到 I'_{fd}、定子电流从 0 变到 I'_{d0}（无 q 轴分量）、机端电压从 U_{G0}（U_{N}）变到 U'_{G}（无 d 轴分量），考虑到附录一式（5）、式（4-120），有关系式

$$I'_{\mathrm{fd}}=\frac{X_{\mathrm{d}}+X_{\mathrm{s}}}{X_{\mathrm{ad}}}I'_{\mathrm{d0}}=\frac{X_{\mathrm{d}}+X_{\mathrm{s}}}{X_{\mathrm{ad}}}\frac{U_{\mathrm{G0}}}{X'_{\mathrm{d}}+X_{\mathrm{s}}}$$

$$=\frac{U_{\mathrm{G0}}}{X_{\mathrm{ad}}}\frac{X_{\mathrm{d}}+X_{\mathrm{s}}}{X'_{\mathrm{d}}+X_{\mathrm{s}}}$$

$$=I_{\mathrm{fd0}}\frac{X_{\mathrm{d}}+X_{\mathrm{s}}}{X'_{\mathrm{d}}+X_{\mathrm{s}}}$$

$$U'_{\mathrm{G}}=I'_{\mathrm{d0}}X_{\mathrm{s}}=\frac{U_{\mathrm{G0}}}{X'_{\mathrm{d}}+X_{\mathrm{s}}}X_{\mathrm{s}}$$

将上两式代入式（4），得到

$$R_{\mathrm{K}} = 1.35 n_{\mathrm{T}} U_{\mathrm{G0}} \cos\alpha_{\mathrm{K}} \frac{X_{\mathrm{s}}}{X_{\mathrm{d}}+X_{\mathrm{s}}} \frac{1}{I_{\mathrm{fd0}}} \tag{5}$$

将式（5）除以式（1），可得

$$\frac{R_{\mathrm{K}}}{R_{\mathrm{fd}}+R_{\mathrm{d}}} = \frac{X_{\mathrm{s}}}{X_{\mathrm{d}}+X_{\mathrm{s}}} \frac{\cos\alpha_{\mathrm{K}}}{\cos\alpha_{0}} \tag{6}$$

此式即为式（4-125）。

参 考 文 献

1 许正亚. 电力系统自动装置，北京：水利电力出版社. 1990

2 许正亚. 电力系统故障分析，北京：水利电力出版社. 1993

3 王梅义等. 大电网系统技术，北京：水利电力出版社. 1991

4 王维俭，侯炳蕴. 大型机组继电保护理论基础，北京：水利电力出版社. 1989

5 国家电力调度通信中心. 电力系统继电保护实用技术问答（第二版），北京：中国电力出版社. 2000

6 A. A. 尤尔甘诺夫，B. A. 科日夫尼科夫. 同步发电机的励磁调节，王晓玲，常林译. 北京：中国电力出版社. 2000

7 许正亚. 输电线路新型距离保护，北京：中国水利水电出版社，2002

8 许正亚. 变压器及中低压网络数字式保护，北京：中国水利水电出版社. 2004

9 А. И. ВАЖНОВ. ОСНОВЫ ТЕОРИИ ПЕРЕХОДНЫХ ПРОЦЕССОВ СИНХРОННОЙ МАШИНЫ, Государственное энергетическое издательство. 1960